山西省高等学校特色专业

——动物科学专业建设专项基金资助

饲料营养价值评定方法与技术

Methods and Technology in Feed Nutritive Value Evaluation

裴彩霞　张延利　主编

中国农业大学出版社

·北京·

内 容 简 介

本书按照农业高校动物营养与饲料科学专业研究生教学应具备的饲料营养价值评定的基础知识、基本原理和基本技能要求编写。全书分为 17 章,重点介绍常规成分的测定、纯养分的测定、抗营养因子及有毒有害物质的测定、消化试验与营养价值的评定、代谢试验与营养价值的评定、净能测定与营养价值评定、饲养试验与营养价值评定、同位素示踪技术与营养价值评定、饲料的采食与适口性评价、粗饲料的品质评定、青贮饲料品质评定、矿物质与维生素的生物学效价评定、饲料的组合效应、TMR 品质评价、饲料的安全学评价、益生菌品质评价、酶制剂质量评价等内容。本书可以作为农业高校动物营养与饲料科学专业研究生教学用书,也可以作为本科生、畜牧兽医科研人员、管理人员、饲料和养殖企业技术人员的参考用书。

图书在版编目(CIP)数据

饲料营养价值评定方法与技术 / 裴彩霞,张延利主编. --北京:中国农业大学出版社,2022.9
ISBN 978-7-5655-2849-1

Ⅰ. ①饲… Ⅱ. ①裴… ②张… Ⅲ. ①饲料营养成分-营养价值 Ⅳ. ①S816.15

中国版本图书馆 CIP 数据核字(2022)第 139408 号

书　名	饲料营养价值评定方法与技术
	Siliao Yingyang Jiazhi Pingding Fangfa yu Jishu
作　者	裴彩霞　张延利　主编

策划编辑	李卫峰　赵　中	**责任编辑**	胡晓蕾
封面设计	郑　川		
出版发行	中国农业大学出版社		
社　址	北京市海淀区圆明园西路 2 号	**邮政编码**	100193
电　话	发行部 010-62723489,1190	**读者服务部**	010-62732336
	编辑部 010-62732617,2618	**出　版　部**	010-62733440
网　址	http://www.caupress.cn	**E-mail**	cbsszs@cau.edu.cn
经　销	新华书店		
印　刷	北京溢漾印刷有限公司		
版　次	2022 年 9 月第 1 版　　2022 年 9 月第 1 次印刷		
规　格	185mm×260mm　　16 开本　　18.75 印张　　465 千字		
定　价	59.00 元		

图书如有质量问题本社发行部负责调换

编写人员

主　　编　裴彩霞　张延利

副 主 编　刘　强

编　　者　（按姓氏拼音排序）

　　　　　陈红梅　陈　雷　郭　刚　韩苗苗

　　　　　霍文婕　刘　强　裴彩霞　宋献艺

　　　　　王　聪　夏呈强　杨　阳　杨致玲

　　　　　张春香　张建新　张　静　张拴林

　　　　　张亚伟　张延利　张元庆

前　言

随着畜牧科技的发展，畜牧业生产日益追求饲料效率，希望能以最低成本生产出符合品质标准要求的全价配合饲料，满足动物营养需要，生产更多更好的畜产品，丰富人民的生活，保证人民的健康与安全。因此，饲料的质量监测成为现代畜牧生产重要的一环。为此，本书编写组成员在查阅大量资料的基础上，总结实验室多年来的教学科研实践，编写了本书。

通过借鉴他人研究结果，并结合动物营养学者的研究实践，本书从常规成分的测定、纯养分的测定、抗营养因子及有毒有害物质的测定、消化试验与营养价值的评定、代谢试验与营养价值的评定、净能测定与营养价值评定、饲养试验与营养价值评定、同位素示踪技术与营养价值评定、饲料的采食与适口性评价、粗饲料的品质评定、青贮饲料品质评定、矿物质与维生素的生物学效价评定、饲料的组合效应、TMR 品质评价、饲料的安全学评价、益生菌品质评价、酶制剂质量评价等方面较为系统地介绍饲料营养价值评定方法与技术，目的是满足动物科学专业本科生的教学、动物营养与饲料科学专业研究生的培养和科研工作者从事科学研究对饲料营养价值评定方法与技术学习与参考的需要。

本书撰写历时较长，又经反复修改和校对，但难免仍有疏漏和不当之处，恳切希望广大读者提出宝贵意见，共同商榷，以便再版时修正。在本书的审校过程中，各位编者及实验室博士和硕士做了大量的工作，在此一并致谢。

本书的编写和出版得到山西省高等学校特色专业——动物科学专业建设专项基金资助，在此表示衷心的感谢！

编　者
2022 年 2 月 9 日

目　　录

第一章　常规成分的测定

饲料常规成分分析也称饲料概略养分分析或饲料近似成分分析,即对饲料中 6 种组分进行分析测定:水分、粗蛋白质、粗纤维、粗脂肪、粗灰分和无氮浸出物。常规成分分析方法简便、快捷,同时经过了长期而广泛的应用,已不断修正,积累了大量的数据,是饲料营养价值评定的基础,因此在饲料营养价值评定中发挥了十分重要的作用。本章将对饲料中水分、粗蛋白质、粗纤维、粗脂肪、粗灰分 5 种成分分析和无氮浸出物的计算进行详细介绍。

第一节　水分的测定

由于饲料中水分含量多少不一,要比较饲料的营养价值,首先要测定饲料中水分的含量。饲料营养价值表中多以干物质为基础表示各种成分含量。饲料中的水分以游离水、吸附水和结合水 3 种形式存在。新鲜的青绿饲料或者青贮饲料中含有大量的游离水和吸附水,这两者的总水量占样本重的 70%～90%。而风干的饲料样本(如糠麸、油饼、干草、血粉等)不含有游离水,仅含有吸附于饲料蛋白质、淀粉等的吸附水。水分的测定通常有以下 5 种方法:恒温干燥法、真空干燥法、低温干燥法、蒸馏法和水分快速测定法等。本节主要介绍恒温干燥法测定饲料鲜样中的初水分含量以及饲料样本中吸附水的含量。

一、初水分的测定

1.概述

饲料鲜样中水分含量较高,不易粉碎和保存,因此需要将其水分除去以获得半干样品。

2.原理

将新鲜样本置于 65 ℃烘箱中烘 8～12 h,然后在室内自然冷却,通过回潮使其与周围环境条件的空气温度保持平衡,在这种条件下样品逸失的质量即为初水分。

3.仪器和设备

普通天平(1%感量)、鼓风烘箱、称量皿(瓷盘)。

4.测定步骤

(1)瓷盘称重

洁净、干燥的瓷盘,放于天平上称重。

(2)样品称重

在已知重量的瓷盘上放入 200～300 g 新鲜样品,天平称重。

(3)灭活酶类

将装有样品的瓷盘放入 120 ℃烘箱中,烘 10~15 min,灭活新鲜饲料中的各种酶类,以减少饲料养分分解造成的损失。

(4)样品烘干

将灭活酶类后的瓷盘立刻放入 60~70℃烘箱中烘 8~12 h,直到样品干燥。

(5)回潮和称重

取出烘干后的瓷盘,置于室温下冷却 24 h,用普通天平称量。

(6)再烘干

将瓷盘再次放入烘箱中烘 2 h。

(7)再回潮和称重

再次取出瓷盘,置于室温下冷却 24 h,用普通天平称量。如果 2 次质量之差大于 0.5 g,则将瓷盘再次放入烘箱,重复步骤(5)和(6),直至 2 次称量之差小于 0.5 g。

5.结果计算

样本初水分含量计算公式:

$$初水分 = \frac{新鲜样品重 - 半干样品重}{新鲜样品重} \times 100\%$$

6.注意事项

瓷盘应放于烘箱中央,勿靠近箱壁。

含糖量高、易分解或易焦化的样品,应采用减压干燥法。

二、干物质(吸附水)的测定

1.概述

对于一般的饲料原料或产品,采用推荐性国家标准《饲料中水分含量测定》(GB/T6435—2014)中的方法进行测定。

2.原理

风干样品在 103 ℃烘箱中,在 1 个大气压下烘干到恒重,样品逸失的重量即为吸附水,余重为干物质的含量。

3.仪器和设备

分析天平(感量 0.000 1 g)、电热式恒温烘箱(可控制温度在 130 ℃)、称量瓶、干燥器(用变色硅胶作干燥剂)、坩埚钳和角匙。

4.测定步骤

(1) 称量瓶称重

洁净的称量瓶,放于(103±2)℃烘箱中烘(30±1)min 后,盖上称量瓶盖,取出并放于干燥器中冷却至室温(30 min),在分析天平上准确称重,其质量记为(m_1),准确至 1 mg。

(2)样品称重

在已称重的称量瓶内放入 5 g 样品(m_2),用分析天平准确称重,准确至 1 mg。

(3)样品烘干

将装有样品的称量瓶放回(103±2)℃烘箱中,将盖子打开烘(4±0.1)h。盖上称量瓶盖,取出放入干燥器中冷却至室温。称重,其质量记为(m_3),准确至 1 mg。将称量瓶再次放入烘箱烘干(2 ± 0.1)h,冷却,称重,直至 2 次称重之差小于 0.2%,即为恒重。

5.结果计算

①半干样本与干样本水分含量(%)计算公式如下:

$$水分=\frac{m_2-(m_3-m_1)}{m_2}\times100\%$$

式中:m_1为称量瓶的质量(g);m_2为样品的重量(g);m_3为称量瓶和干燥后样品的质量(g)。

②新鲜样品的总水分含量(%)计算公式如下:

$$总水分=初水分+\frac{100-初水分}{100}\times吸附水$$

③重复性和再现性。

每个试样,应取 2 个平行样进行测定,以其算术平均值为结果。2 个平行样测定值相差不得超过 0.2%,否则应重做。

6.注意事项

脂肪含量较高的样本在加热时,可能会因脂肪氧化而增加样品质量,因此测定这类样本的水分含量时,需要用真空干燥法测定进行。

挥发性物质含量高的样本,需要采用冷冻干燥法测量样本的水分含量。

第二节　饲料中粗蛋白质的测定

1.概述

饲料中含氮物质包括蛋白质和非蛋白质含氮化合物(氨基酸、酰胺、硝酸盐及铵盐等),两者总称为粗蛋白(crude protein,CP)。测量 CP 含量的方法有很多,比如凯氏定氮法、杜马斯燃烧定氮法和强碱直接蒸馏法。目前,饲料中 CP 测定最常用的方法是凯氏定氮法。凯氏定氮法是 19 世纪初由丹麦人开道尔建立的经典方法,该方法所用设备简单,测定结果可靠,但操作费时。长期以来人们在经典法的基础上不断改进,通过添加催化剂以及改进氨的蒸馏和测定方法,有效提高了分析速度和测定效率。本节将着重介绍采用凯氏定氮法测定饲料中的 CP。

2.原理

饲料中的有机物质在还原性催化剂(如 $CuSO_4$、K_2SO_4、Na_2SO_4 或 Se 粉)的帮助下,用浓硫酸进行消化,使蛋白质和其他有机态氮(在一定处理下也包括硝酸态氮)都转变成 NH_4^+,并与 H_2SO_4 化合成($NH_4)_2SO_4$;而非含氮物质,则以 $CO_2\uparrow$、$H_2O\uparrow$、$SO_2\uparrow$ 状态逸出。消化液在浓碱的作用下进行蒸馏,释放出 NH_3,用硼酸溶液吸收并与之结合成为硼酸铵,然后以甲基红-溴甲酚绿作指示剂,用 HCl 标准溶液滴定,求出氮的含量,根据不同的饲料再乘以一定的系数(通常用 6.25 计算),即为 CP 的含量。

其主要化学反应如下:

$2CH_3CHNH_2COOH+13H_2SO_4\rightarrow(NH_4)_2SO_4+6CO_2\uparrow+12SO_2\uparrow+16H_2O$

$(NH_4)_2SO_4+2NaOH\rightarrow2NH_3\uparrow+2H_2O+Na_2SO_4$

$H_3BO_3+NH_3\rightarrow NH_4H_2BO_3$

$$NH_4H_2BO_3 + HCl \rightarrow NH_4Cl + H_3BO_3$$

3.试剂和溶液

①浓硫酸:化学纯。

②混合催化剂:0.4 g 五水硫酸铜,6 g 无水硫酸钾或硫酸钠,磨碎混匀。

③400 g/L 氢氧化钠溶液:40 g 氢氧化钠溶于 100 mL 蒸馏水中。

④20 g/L 硼酸溶液:2 g 的硼酸溶于 100 mL 蒸馏水中。

⑤混合指示剂:由 1 g/L 甲基红乙醇溶液与 5 g/L 溴甲酚绿乙醇溶液等体积混合配成,贮于棕色瓶中配用,阴凉处保存 3 个月以内。

⑥盐酸标准溶液:0.05 mol/L、4.5 mL 浓盐酸注入 1 000 mL 蒸馏水中。其浓度用无水碳酸钠法标定,标定方法如下:称取灼烧至恒重的无水乙酸钠(高温炉,270～300 ℃)0.1 g,溶于 50 mL 水中,加 10 滴溴甲酚绿-甲基红指示液,用配制好的盐酸溶液滴定至溶液由绿色变为暗红色,煮沸 2 min,冷却后继续滴定至溶液再呈暗红色。同时做空白试验。盐酸标准滴定溶液的浓度[c(HCl)],数值以摩尔每升(mol/L)表示,按下列公式进行计算:

$$c(\text{HCl}) = \frac{m \times 1\,000}{(V - V_0) \times M}$$

式中:m 为无水碳酸钠的质量,g;V 为盐酸溶液的体积,mL;V_0 为空白试验盐酸溶液的体积,mL;M 为无水碳酸钠的摩尔质量[$M(1/2\ Na_2CO_3) = 52.994$],g/mol。

4.仪器和设备

样品粉碎机、分析筛(孔径 0.45 mm,40 目)、分析天平(感量 0.000 1 g)、毒气柜或通风橱、消煮炉或电炉、滴定管(酸式,25 mL 或 50 mL)、凯式烧瓶、凯氏蒸馏装置(图 1-1)、锥形瓶、容量瓶、移液管。

5.测定步骤

(1)称样和消化

称取 0.5～1 g 试样(准确至 0.000 2 g),无损地放入干燥的凯氏烧瓶底部,加入混合催化剂约 3 g,与试样混合均匀,再加浓硫酸 10 mL。在凯氏瓶上放一小漏斗,在毒气柜内的消煮炉上小心加热,不时转动凯氏瓶使其受热均匀,待样品焦化,泡沫消失,再加强火力(温度保持在 360～410 ℃)直至溶液澄清后,再加热消化 15 min。

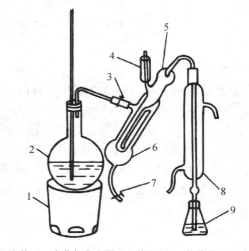

1—电炉,2—水蒸气发生器(2L 烧瓶),3—螺旋夹,4—小玻杯及棒状玻塞,5—反应室,6—反应室外层,7—橡皮管和螺旋夹,8—冷凝管,9—蒸馏液受瓶

图 1-1 凯氏蒸馏装置

(2)氨的蒸馏

蒸馏前先检测蒸馏装置是否漏气,并通过水的流出液将管道洗净。蒸馏装置的蒸汽发生器的水中应加甲基红指示剂数滴、硫酸数滴,且保持此液为橙红色,否则应补加少许硫酸。

将试样消煮液冷却至室温,加入 20 mL 蒸馏水,摇匀后转入 100 mL 容量瓶,冷却后用蒸馏水稀释至刻度,摇匀,为试样分解液。取洁净锥形瓶,加入 20 g/L 硼酸溶液 20 mL,滴入 2 滴混合指示剂,置于半微量蒸馏装置的冷凝管口下端,并使管口浸入该吸收液中。准确移取试样分解液 10 mL,通过入口 4 注入蒸馏装置的反应室中,用少量蒸馏水冲洗,塞好入口玻璃塞,再加 400 g/L 氢氧化钠溶液 10 mL,小心提起玻璃塞使之流入反应室,将玻璃塞塞好,并在小玻杯内加水密封,防止漏气。吸收液变色后,蒸馏 5 min,使冷凝管管口离开吸收液面,并用蒸馏水清洗管口,洗液均流入吸收液,停止蒸馏。移开锥形瓶待滴定用。

(3)滴定

微量滴定管内装入 0.05 mol/L 的 HCl 标准溶液,开始滴定,溶液由蓝绿色变为灰红色为终点(记录盐酸标准液的用量)。

(4)空白测定

在测定饲料样本中含氮量的同时,应做空白对照测定,即各种试剂的用量及操作步骤完全相同,但不加样本(或用分析纯的蔗糖 0.01 g),这样可以校正因药品不纯发生的误差。

6.结果计算

①CP 含量计算公式如下:

$$CP \text{ 含量} = \frac{(v_2 - v_1) \times c \times 0.014 \times 6.25}{m \times \frac{v'}{v}} \times 100\%$$

式中:v_2 是试样滴定时所需盐酸标准溶液的体积,mL;v_1 是空白滴定时所需盐酸标准溶液的体积,mL;c 是盐酸标准溶液的浓度,mol/L;m 是试样的质量,g;v 是试样的分解液总体积,mL;v' 是试样分解液蒸馏用体积,mL;0.014 是每毫升 HCl 标准溶液相当于 N 的克数;6.25 是氮换算成蛋白质的平均系数(蛋白质平均含氮 16%)。

②重复性和再现性。

每个试样取 2 个平行样进行测定,以其算术平均值为结果。CP 含量在 25% 以上,允许相对偏差为 1%;CP 含量在 10%~25%,允许相对偏差为 2%;CP 含量在 10% 以下,允许相对偏差为 3%。

7.注意事项

在试样消化时,经常转动凯氏烧瓶。瓶颈上若发现有黑色颗粒,应小心地将凯氏瓶倾斜振摇,用消化液将它冲洗下来。

蒸馏结束后,先取下接收瓶,再关闭电源,以防止酸液倒流。

蒸馏结束后,彻底洗净碱液,以免下次测量时产生误差。

第三节　饲料中粗纤维的测定

1.概述

纤维性物质是植物细胞壁的主要组成部分。它为不溶于水或有机溶剂的高分子聚合物,在稀酸或稀碱中性质也比较稳定,但是当与强酸(硫酸或盐酸)共热时可水解为葡萄糖。饲料中的粗纤维(crude fiber,CF)不是一个确切的化学实体,只是在公认强制规定的条件下,测出的概略养分,其中以纤维素为主,还有少量半纤维素和木质素,不是一种纯的化合物,并且测定的结果要低于实际含量。鉴于此,Van Soest 提出了中性洗涤纤维和酸性洗涤纤维。中性洗涤纤维用中性洗涤剂法测得,其中包括半纤维素、纤维素、木质素和硅酸盐。酸性洗涤纤维用酸性洗涤法测得,主要成分为纤维素、木质素和少量矿物质。本节主要介绍采用酸碱消煮法测定饲料中的 CF。

2.原理

在规定条件下,用一定容量和一定浓度的预热硫酸和氢氧化钠,在特定条件下消煮样品,饲料中的淀粉、果胶和大部分蛋白质被水解,再用乙醇、乙醚除去醚溶物,经高温灼烧扣除矿物质的量,所余残渣称为 CF,包括纤维素、少量半纤维素和木质素。

3.试剂和溶液

①1.25%硫酸溶液:量取比重 1.84 的分析纯硫酸 7 mL,溶于 1 000 mL 水中。

②5%NaOH 溶液:称取 5 g 分析纯 NaOH,溶于 100 mL 水中。

③乙醇:95%乙醇,化学纯。

④乙醚:化学纯。

⑤防泡剂:正辛醇,分析纯。

4.仪器和设备

分析天平(感量 0.000 1 g)、电热恒温箱、电炉和电热板、马弗炉、坩埚、消煮器、抽滤装置、滤器、干燥器、坩埚钳。

5.测定步骤

(1)预处理

将洁净的带编号坩埚放于(105±2)℃烘箱中烘 1 h(开盖烘干),盖好盖,取出立即放入干燥器中,在干燥器中冷却至室温(30 min,盖子盖严),快速放在分析天平上准确称重,再放回烘箱烘干 30 min,同样冷却,称重,直至 2 次重量之差小于 0.000 5 g 为恒重。然后取定量分析滤纸 1 张,叠好放入坩埚内,放于(105±2)℃烘箱中烘 1 h(开盖烘干),盖好盖,取出,在干燥器中冷却至室温,在分析天平上准确称重,再放回烘箱烘干 30 min,同样冷却,称重,直至 2 次重量之差小于 0.000 5 g 为恒重。得出滤纸的重量。

(2)称样

称取 1~2 g 试样,置入 500 mL 刻度烧杯。

(3)酸处理

量筒量取 200 mL 预热的 1.25%硫酸溶液,置于加样品的烧杯中,置电炉上 1~3 min 使其沸腾,在电热板上保持微沸(30±1)min。注意保持硫酸浓度不变,样品不可损失。铺滤布于布氏漏斗上,将酸处理后的烧杯拿下,开始抽滤,用热的蒸馏水反复冲洗烧杯及残渣,直到洗至中性为止。转移残渣到原烧杯,并用热蒸馏水将滤布上的残渣无损转入。

(4)碱处理

向烧杯内加入浓度为 5%的预热的氢氧化钠溶液 50 mL,补充热蒸馏水至 200 mL 刻度,依照酸处理方法同样微沸 30 min。将处理后的样品液抽滤,抽滤和洗涤同步骤(3),转移时注意,预先将步骤(1)中已知重量的滤纸放于漏斗架上的漏斗内,将碱处理完毕的残渣转入此滤纸内。

(5)醇、醚处理

待滤纸中水过滤完后,先加 10 mL 乙醇溶液,滤净后再加 10 mL 乙醚冲洗。当乙醚滤净后将残渣用滤纸包好,移入已称至恒重的原坩埚中。

（6）烘干称重

待乙醚挥发完毕，将带有滤纸及残渣的坩埚放入（105±2）℃烘箱中烘 3 h（开盖烘干），盖好盖，取出，于干燥器内冷却 30 min 后称重，再烘 1 h，冷却后称重，直到 2 次重量之差小于 0.001 g 为恒重。

（7）炭化和灰化

将坩埚盖半开置于电炉上加热，无烟为止，然后转入马弗炉内，于（550±20）℃灼烧 1 h，取出，于干燥器内冷却 30 min 后称重，再灼烧 30 min，冷却称重至恒重（2 次重量之差小于 0.001 g）。

6.结果计算

①CF 的计算公式如下：

$$CF = \frac{m_1 - m_2 - m_3}{m} \times 100\%$$

式中：m_1 为 105 ℃烘干后坩埚＋样品残渣重，g；m_2 为 550 ℃灼烧后坩埚＋样品残渣重，g；m_3 为滤纸重，g；m 为风干样品重，g。

②重复性和再现性。

每个试样取 2 个平行样进行测定，以其算术平均值为结果。CF 含量在 10% 以下，允许误差（绝对值）在 0.4% 以内；CF 含量在 10% 以上，允许误差（绝对值）在 4% 以内。

7.注意事项

酸、碱处理后应稍微静置片刻，待残渣下沉后迅速滤过上清液，并用热水冲洗残渣至中性，否则抽滤困难。

在酸碱处理的加热过程中，要保持体积不变，火力不可过猛，保持微沸即可。碱处理加热时小心泡沫溢出。

第四节　饲料中粗脂肪的测定

1.概述

饲料中粗脂肪的测定通常是将样品放在特制的仪器中，用脂溶性溶剂（如石油醚、乙醚、三氯甲烷等）反复抽提，将脂肪提取出来，浸出的物质除脂肪外还有一部分类脂物质，如磷脂、色素、蜡以及脂溶性纤维等，所以称为粗脂肪（crude fat）。测定粗脂肪的方法有油重法、残余法、浸泡法和水解法等，传统的索氏脂肪浸提法因它的准确性和重复性好而被世界所公认。因此，本节主要介绍索氏脂肪浸提法。

2 原理

饲料中脂类均可溶于乙醚，用乙醚反复浸提，使溶于乙醚中的脂肪随乙醚流集于盛醚瓶中，乙醚蒸发后，盛醚瓶增加的重量或样品减少的重量即为粗脂肪的量。由于提取的物质中，除脂肪外，还有有机酸、磷脂、固醇、脂溶性维生素、叶绿素等，因而测定结果称为粗脂肪或醚浸出物（ether extract，EE）。

3.试剂

乙醚：化学纯。

4.仪器和设备

分析天平(感量 0.000 1 g)、电热恒温水浴锅、电热干燥箱、索氏脂肪浸提器、滤纸、干燥器。

5.测定步骤

(1)索式浸提器的准备

索式浸提器由 3 部分组成,下部为盛醚瓶,中间为浸提管,上部为冷凝管。浸提器应洗净烘干[(105±2)℃,30 min,2 次称重之差小于 0.000 8 g],然后安装在水浴锅上,冷凝管上端加棉花塞,以防乙醚逸出。

(2)取样、包样和烘样

将脱脂滤纸折叠成滤纸包,滤纸包的长度约为虹吸管的 2/3,以全部浸泡于乙醚中为准。用铅笔在滤纸包上编号。称取试样 1～2 g,准确至 0.000 2 g,放于滤纸包中包好,然后置入有编号的铝盒内,放入 105 ℃烘箱中,烘干 3 h 后取出,在干燥器中冷却至室温(30 min),称重。再同样烘干 1 h,冷却,称重,直至 2 次称重之差小于 0.002 g。

(3)浸提

将烘干后包有样品的滤纸包放入浸提管,加无水乙醚 80～100 mL 加热,开通冷凝水,使乙醚回流,控制乙醚回流次数为每小时 10～15 次,共回流约 50 次。检测是否浸提完全,可用载玻片接 1 滴浸提管流出的乙醚,挥发后不留下油迹即可。

(4)滤纸包烘干及称重

脂肪浸提干净后取出滤纸包,置于原铝盒,揭开盖子晾干 20～30 min,然后放入(105±2)℃烘箱中烘干 2 h,干燥器中冷却 30 min,称重,再烘干 30 min,同样冷却称重,2 次称重之差小于 0.001 g 为恒重。

(5)回收乙醚

继续蒸馏,当乙醚积聚到虹吸管高度的 2/3 时,取下盛醚瓶回收乙醚,直至乙醚全部收完。

6.结果计算

①粗脂肪计算公式如下:

$$EE = \frac{m_2 - m_1}{m} \times 100\%$$

式中:m 是风干样品重,g;m_1 是浸提后已恒重的铝盒+滤纸包+样品重,g;m_2 是浸提前已恒重的铝盒+滤纸包+样品重,g。

②重复性和再现性。

每个试样取 2 个平行样进行测定,以其算术平均值为结果。粗脂肪含量在 10%以上(含10%),允许相对偏差为 3%;粗脂肪含量在 10%以下,允许相对偏差为 5%。

7.注意事项

样品称量与包装时,均需要戴乳胶手套进行操作。

浸提时,保持室内良好通风。

第五节　饲料中粗灰分的测定

1.概述

试样经 550 ℃ 灼烧完全后,余下的残余物质称为粗灰分(crude ash,CA),主要包括矿物元素的氧化物、盐类、二氧化硅、沙石等。CA 根据其在水中的溶解性,分为水溶性灰分和水不溶性灰分。水溶性灰分主要为钾、钠、钙、镁等氧化物和可溶性盐,水不溶性灰分主要有泥沙,铁、铝等的氧化物以及碱土金属的碱式磷酸盐。

2.原理

饲料样品经 550 ℃ 的高温灼烧,失去所有有机物,所剩余的残渣即为 CA。残渣用质量分数表示即试样中 CA 的含量。

3.仪器和设备

分析天平(感量 0.000 1 g)、高温炉(马弗炉)、坩埚、坩埚钳、干燥器。

4.测定步骤

(1)坩埚预处理

将干净坩埚放入马弗炉,在(550±20)℃ 下灼烧 30 min,取出,放入干燥器,1 min 后盖严干燥器盖,冷却 30 min,用分析天平称重。再重复灼烧,冷却,称重,直至 2 次称重之差小于 0.000 5 g 为恒重。

(2)样品处理与称重

在已恒重的坩埚中称取 1～2 g 样品,在电炉上小心炭化,再放入马弗炉,于(550±20)℃ 下灼烧 3 h,取出,放入干燥器,1 min 后盖严干燥器盖,冷却 30 min,用分析天平称重。再同样灼烧 1 h,称重,直至 2 次称重之差小于 0.001 g 为恒重。

5.结果计算

①粗灰分计算公式如下:

$$CA = \frac{m_2 - m_0}{m_1 - m_0} \times 100\%$$

式中:m_0 是已恒重的空坩埚重,g;m_1 是坩埚＋样品重,g;m_2 是灰化后坩埚＋灰分重,g。

②重复性与再现性。

每个样品应取 2 个平行样测定,以其算术平均值为结果。粗灰分含量在 5% 以上,允许相对偏差为 1%;粗灰分含量在 5% 以下,允许相对偏差 5%。

6.注意事项

坩埚在马弗炉中尽量往里放,勿靠近炉门。

炭化时要小火,以防炭化过快,试样飞溅。坩埚盖要稍留一缝隙,炭化至不冒烟为止。

灰化后的残渣一般为灰白色,呈红棕色是饲料中含铁高,呈蓝色是含锰高,如有黑色碳粒说明灰化不完全,应延长灼烧时间。

干燥器密封不严时,可在沿口涂敷适量凡士林以增加其密闭性。

第六节　无氮浸出物的计算

1.概述

饲料中无氮浸出物(nitrogen-free extract,NFE)的含量一般是根据相差计算法得到的,即1减去水分、CP、EE、CF、CA等的质量分数,所得到的差即为NFE的质量分数。由于不直接进行测定,所以只能概括说明饲料中这部分成分的含量。

2.实验原理

NFE是以各种概略养分的百分含量之和为100%,减去水分、CP、EE、CF、CA百分含量后的差值。在常规饲料分析法中不能直接单独测定,而是通过计算求出。NFE不是单一的化学物质,其中包括有单糖、双糖、五碳糖、淀粉及部分可溶性木质素、半纤维素、有机酸以及可溶性非淀粉多糖类等。NFE计算值受许多因素的影响,在实际应用这一参数时,应根据其资料来源、测试环境条件等对数据的客观意义做出评价。

3.计算方法

①无氮浸出物计算公式如下:

$$NFE＝100\%－(水分＋CP＋EE＋CF＋CA)$$

②新鲜样品的总水分计算公式如下:

$$总水分＝初水分\%＋吸附水\%×(1－初水分\%)$$

例如:测得某青草的初水分含量为70%,然后用其风干样品测得水分(吸附水)含量为15%,则该青草的天然水分含量为:

$$70\%＋15\%×(1－70\%)＝74.5\%$$

★ **本章主要参考文献**

张丽英,2016.饲料分析及饲料质量检测技术[M].北京:中国农业大学出版社.

袁缨,2006.动物营养学实验教程[M].北京:中国农业大学出版社.

(编写:夏呈强;审阅:张延利、杨致玲)

第二章　纯养分的测定

虽然饲料常规成分分析有简便、快捷等优点,但也有测定的不是养分准确的含量,测定结果不够准确等缺点。随着动物营养科学与相关学科的发展,更准确的纯营养分析法逐步完善,纯营养分析包括各种氨基酸、脂肪酸、维生素、矿物质的分析等,纯营养分析需要精密的仪器和先进的分析技术。

第一节　氨基酸的测定

一、概述

氨基酸是组成蛋白质的基本单位,自然界中有 20 余种,包括甘氨酸、丙氨酸、缬氨酸、亮氨酸、异亮氨酸、苯丙氨酸、脯氨酸、色氨酸、酪氨酸、丝氨酸、蛋氨酸、天冬酰胺、谷氨酰胺、苏氨酸、天冬氨酸、谷氨酸、赖氨酸、精氨酸、组氨酸等。氨基酸在动物体内通过不同的蛋白质发挥作用,动物缺乏必需氨基酸,会造成机体蛋白质代谢异常。因此,氨基酸的测定在动物饲养、营养生理、蛋白质代谢、理想蛋白质模型的研究及实际应用中具有重要意义。

氨基酸的测定主要包括两种情况:一是氨基酸添加剂中氨基酸含量的测定,二是饲料原料和配合饲料中以蛋白质形式或游离氨基酸存在的氨基酸含量的测定。目前,添加剂中氨基酸含量的测定,除了发酵法生产的赖氨酸硫酸盐等产品外,一般采用简单的化学分析法,而饲料原料和配合饲料中氨基酸的测定需要通过一定的前处理,如酸水解、氧化水解和碱水解等,将以结合态存在的氨基酸变成游离的氨基酸,然后通过氨基酸自动分析仪或高效液相色谱法进行分离测定。

二、常规酸水解法

(一)原理

饲料中蛋白质在 110 ℃、6 mol/L 盐酸溶液作用下水解成氨基酸,经离子交换色谱分离和茚三酮柱后衍生化,脯氨酸于 440 nm 波长处测定,其他氨基酸于 570 nm 波长处测定。水解过程中色氨酸全部被破坏,不能用常规酸水解法进行测定。胱氨酸和蛋氨酸在水解过程中会发生部分氧化,使测定结果偏低。

(二)试剂和溶液

除特殊说明外,本方法所用试剂均为分析纯。

①水:应符合 GB/T 6682 中一级水的规定。

②液氮。

③盐酸水解溶液(6 mol/L):将 500 mL 盐酸(优级纯)与 500 mL 水混合,加 1 g 苯酚,混匀。

④柠檬酸钠缓冲溶液[pH = 2.2,$c(Na^+)$=0.2 mol/L]:称取柠檬酸三钠 19.6 g 于 1 000 mL 容量瓶中,加水溶解后加入盐酸(优级纯)16.5 mL,硫二甘醇 5.0 mL,苯酚 1 g,用水定容并过滤。

⑤氨基酸标准储备溶液:含 17 种常规蛋白质水解液分析用氨基酸(天冬氨酸、苏氨酸、丝氨酸、谷氨酸、脯氨酸、甘氨酸、丙氨酸、胱氨酸、缬氨酸、蛋氨酸、异亮氨酸、亮氨酸、酪氨酸、苯丙氨酸、赖氨酸、组氨酸和精氨酸),各组分浓度均为 2.50 μmol/mL,应使用有证标准溶液。

⑥氨基酸标准工作溶液:准确移取 2 mL 的氨基酸标准储备溶液置于 50 mL 容量瓶中,在 2～8 ℃中保存,有效期 3 个月。

⑦不同 pH 和离子强度的柠檬酸钠缓冲溶液与茚三酮溶液:按照仪器说明书配制或购买。

(三)仪器和设备

氨基酸自动分析仪(具备阳离子交换柱、茚三酮柱后衍生装置及 570 nm 和 440 nm 光度检测器)、天平(感量 0.1 mg 和 0.01 mg)、真空泵、喷灯、恒温干燥箱[(110±2)℃]、离心机(4 000 r/min)、旋转蒸发器或浓缩器(调温室温至 65 ℃,控温精度±1 ℃,真空度可降至 3.3× 10^3 Pa 即 25 mmHg)。

(四)测定步骤

1.样品制备

按 GB/T 20195 进行样品制备,粉碎过 0.25 mm 孔径筛,混合均匀,装入密闭容器中保存,备用。对于粗脂肪含量大于等于 5%的样品,需脱脂后装入密闭容器中备用;对于粗脂肪小于 5%的样品,可直接称样。

2.样品前处理

称取试样 50～100 mg(含蛋白质 7.5～25 mg,精确至 0.1 mg)于 20 mL 安瓿瓶或水解管中,准确加入 10 mL 盐酸水解溶液(6 mol/L),置于液氮中冷冻,使用真空泵抽真空至 7 Pa (5×10^{-2} mmHg),用喷灯封口或充氮气 1 min,旋紧管盖。将安瓿瓶或水解管放在(110±2)℃恒温干燥箱中,水解 22～24 h。冷却,混匀,开管,过滤,用移液管精确吸取适量的滤液,置于旋转蒸发器或浓缩器中,60 ℃下抽真空蒸发至干,必要时加少许水,重复蒸干 1～2 次。加入 3～ 5 mL 柠檬酸钠缓冲溶液[pH=2.2,$c(Na^+)$=0.2 mol/L]复溶,使试样溶液中氨基酸浓度达到 50～250 nmol/mL,摇匀,过滤或离心,上清液待上机测定。

3.上机测定

将氨基酸标准工作溶液注入氨基酸自动分析仪,以不同 pH 和离子强度的柠檬酸钠缓冲溶液与茚三酮溶液作为流动相和衍生剂,适当调整仪器操作程序及参数和洗脱用缓冲溶液试剂配比,均应符合氨基酸分析仪检定规程的要求,并保证苏氨酸-丝氨酸、甘氨酸-丙氨酸以及亮氨酸-异亮氨酸分离度分别不小于 85%、90%和 80%,其标准溶液色谱图参见图 2-1、图 2-2。注入制备好的试样溶液和相应的氨基酸标准工作溶液进行测定,每 5 个样品(即 10 个单样)为 1 组,组间插入氨基酸标准工作溶液进行校准。以保留时间定性,单点外标法定量。试样中氨基酸的峰面积应在标准工作溶液相应峰面积的 30%~200%,否则应用柠檬酸钠缓冲溶液稀释后重测。

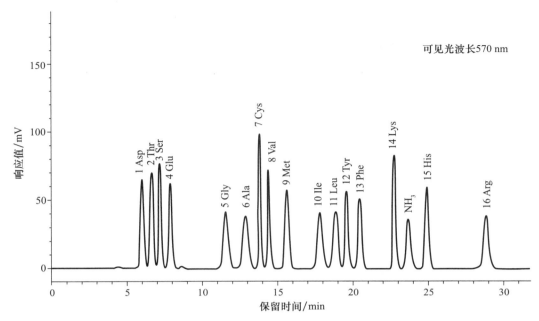

注:1—天冬氨酸(Asp),2—苏氨酸(Thr),3—丝氨酸(Ser),4—谷氨酸(Glu),5—甘氨酸(Gly),6—丙氨酸(Ala),7—胱氨酸(Cys),8—缬氨酸(Val),9—蛋氨酸(Met),10—异亮氨酸(Ile),11—亮氨酸(Leu),12—酪氨酸(Tyr),13—苯丙氨酸(Phe),14—赖氨酸(Lys),15—组氨酸(His),16—精氨酸(Arg)。

图 2-1　氨基酸标准溶液(100 nmol/mL,570 nm)色谱图

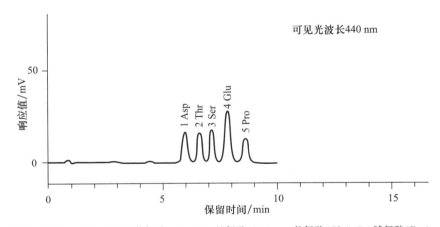

注:1—天冬氨酸(Asp),2—苏氨酸(Thr),3—丝氨酸(Ser),4—谷氨酸(Glu),5—脯氨酸(Pro)。

图 2-2　氨基酸标准溶液(100 nmol/mL,440 nm)色谱图

（五）结果计算

1.计算

试样中氨基酸含量以其质量分数 ω 计,数值单位为 g/100 g,未脱脂试样按公式(1)计算,脱脂试样按公式(2)计算。

$$\omega = \frac{n \times A_i \times V \times c \times M \times V_{st}}{A_{st} \times m \times V_i \times 10^6} \times 100 \qquad (1)$$

$$\omega = \frac{n \times A_i \times V \times c \times M \times V_{st}}{A_{st} \times m \times V_i \times 10^6} \times 100 \times (1-F) \qquad (2)$$

式中：n 为试样水解溶液稀释倍数；A_i 为试样溶液中对应氨基酸的峰面积；V 为试样水解溶液体积，mL；c 为标准工作溶液中对应氨基酸的浓度，nmol/mL；M 为氨基酸的摩尔质量，g/mol；各氨基酸摩尔质量见表 2-1；V_{st} 为氨基酸标准溶液进样体积，μL；A_{st} 为氨基酸标准溶液中对应氨基酸的峰面积；m 为试样质量，mg；V_i 为试样溶液进样体积，μL；F 为粗脂肪含量，%。

表 2-1　各种氨基酸的摩尔质量和定量限

氨基酸名称	摩尔质量/(g/mol)	定量限/%
天冬氨酸	133.1	0.04
苏氨酸	119.1	0.03
丝氨酸	105.1	0.03
谷氨酸	147.1	0.03
脯氨酸	115.1	0.05
甘氨酸	75.1	0.02
丙氨酸	89.1	0.02
胱氨酸	240.3	0.01
缬氨酸	117.2	0.03
蛋氨酸	149.2	0.01
异亮氨酸	131.2	0.04
亮氨酸	131.2	0.04
酪氨酸	181.2	0.05
苯丙氨酸	165.2	0.04
赖氨酸	146.2	0.04
组氨酸	155.2	0.04
色氨酸	204.2	0.02（液相色谱） 0.04（分光光度）
精氨酸	174.2	0.05

以 2 个平行试样测定结果的算术平均值报告结果，保留 2 位小数。

2.重复性

在重复性条件下获得的 2 次独立测定结果与其算术平均值的绝对差值。当氨基酸含量不大于 0.5% 时，不超过其算术平均值的 5%；当氨基酸含量大于 0.5% 时，不超过 4%。

三、氧化酸水解法

本方法规定了饲料中含硫氨基酸(蛋氨酸和胱氨酸)的离子交换色谱测定法。适用于饲料原料、配合饲料、浓缩饲料和精料补充料中含硫氨基酸的测定。胱氨酸(含半胱氨酸)和蛋氨酸的定量限均为 0.01%。

(一)原理

饲料中的含硫氨基酸在水解过程中,常伴有一定的损失,因此通常可先将其氧化成为稳定的化合物来进行测定。用过甲酸氧化,使胱氨酸和蛋氨酸分别被氧化成为半胱磺酸和甲硫氨酸砜,这两种化合物在酸水解中是稳定的,且易与其他氨基酸分离。用氢溴酸或偏重亚硫酸钠终止反应,然后采用普通酸水解方法,经离子交换色谱法分离,茚三酮柱后衍生,分光光度法检测,外标法定量。

(二)试剂和溶液

除特殊说明外,所用试剂均为分析纯。

①水:应符合 GB/T 6682 中一级用水的规定。

②盐酸:优级纯。

③甲酸:浓度为 88%。

④氢氧化钠:优级纯。

⑤过甲酸溶液 I:将过氧化氢:甲酸＝1:9,混合,并按每毫升添加 5 mg 比例加入苯酚,于室温下放置 1 h,置冰水浴中冷却 30 min。临用现配。

⑥过甲酸溶液 II:在过甲酸溶液 I 中按每毫升添加 3 mg 比例加入硝酸银。

⑦过甲酸溶液 III:在过甲酸溶液 I 中加入适量硝酸银,每毫升添加量按下式计算:

$$m_R \geqslant 1.454 \times m \times C_N$$

式中:m_R 为每毫升过甲酸中硝酸银的量,mg;m 为样品质量,mg;C_N 为样品中氯化钠含量,%。

⑧盐酸溶液(6 mol/L):量取盐酸 500 mL,用水稀释至 1 000 mL,混匀。

⑨盐酸溶液(6.8 mol/L):量取盐酸 1 133 mL,用水稀释至 2 000 mL,混匀。

⑩氢氧化钠溶液(7.5 mol/L):取氢氧化钠 30 g,加水溶解并定容至 100 mL。

⑪柠檬酸钠缓冲液:称取柠檬酸三钠 19.6 g,用水溶解后加入盐酸 16.5 mL、硫二甘醇 5.0 mL、苯酚 1 g,最后加水定容至 1 000 mL,过滤。

⑫偏重亚硫酸钠溶液:称取 33.6 g 偏重亚硫酸钠加水溶解并定容至 100 mL。

⑬洗脱用柠檬酸钠缓冲溶液:按仪器说明书配制或购买。

⑭茚三酮溶液:取茚三酮适量,按仪器说明书配制或购买。

⑮磺基丙氨酸-蛋氨酸砜标准贮备液:准备称取磺基丙氨酸(纯度≥99.0%)105.7 mg 和蛋氨酸砜(纯度≥99.0%)113.3 mg,加水溶解并定容至 250 mL,浓度均为 2.50 μmol/mL,2～8 ℃保存,有效期 1 年。

⑯氨基酸标准贮备液:含 17 种常规蛋白质水解液分析用氨基酸(天冬氨酸、苏氨酸、丝氨酸、谷氨酸、脯氨酸、甘氨酸、丙氨酸、胱氨酸、缬氨酸、蛋氨酸、异亮氨酸、亮氨酸、酪氨酸、苯丙氨酸、赖氨酸、组氨酸和精氨酸),各组分浓度均为 2.50 μmol/mL,应使用有证标准溶液。

⑰混合氨基酸标准工作液:吸取磺基丙氨酸-蛋氨酸砜标准贮备液和氨基酸标准贮备液各 1.00 mL 置于 50 mL 容量瓶中,加柠檬酸钠缓冲液定容,摇匀。有关各组分浓度均为 50 nmol/mL,2~8 ℃保存,有效期 3 个月。

(三)仪器和设备

氨基酸自动分析仪(具有阳离子交换柱、茚三酮柱后衍生装置及 570 nm 和 440 nm 光度检测器)、分析天平(感量 0.1 mg 和 0.01 mg)、喷灯、旋转蒸发器或浓缩器[可在室温至 65 ℃间调温,控温精度±1 ℃,真空度可低至 3.3×10^3 Pa(25 mm Hg)]、恒温干燥箱[温度可达 (110±2)℃]。

(四)测定步骤

1.样品制备

按 GB/T 14699.1 采集有代表性的样品,按 GB/T 20195 进行样品制备。粉碎过 0.25 mm 孔径筛,混合均匀,装入密闭容器,备用。

浓缩饲料应首先根据 GB/T 6439 测定其 NaCl 含量。

2.样品前处理

氧化和水解。平行做 2 份试验,称取试样 50~75 mg(约含蛋白质 7.5~25 mg,精确至 0.1 mg),置于 20 mL 试管中,于冰水浴中冷却 30 min 后加入已冷却的过甲酸溶液Ⅰ,如样品是浓缩饲料,视其氯化钠含量加过甲酸溶液(氯化钠含量小于等于 3%的加入过甲酸溶液Ⅱ,氯化钠含量大于 3%加入过甲酸溶液Ⅲ)2 mL,加液时需将样品全部润湿,但不要摇动,盖好瓶塞,连同冰浴一同置于 0~4 ℃冰箱中,反应 16 h。

以下步骤依使用不同的氧化终止剂而不同。

①若以氢溴酸为终止剂。

于各管中加入氢溴酸 0.3 mL 振摇,放回冰浴,静置 30 min,然后移到旋转蒸发器或浓缩器上,在 60 ℃、低于 3.3×10^3 Pa(25 mm Hg)下浓缩至干。用盐酸溶液约 15 mL 将残渣定量转移到 20 mL 安瓿瓶或水解管中,封口或旋紧管盖,置于恒温箱中,(110±2)℃下水解 22~24 h。

取出安瓿瓶或水解管,冷却,用水将内容物定量转移至 50 mL 容量瓶中,定容。充分混匀,过滤,取 1~2 mL 滤液,置于旋转蒸发器或浓缩器中,在低于 50 ℃的条件下,减压蒸发至干。加少许水重复蒸干 2~3 次。准确加入一定体积(2~5 mL)的柠檬酸钠缓冲液振摇,充分溶解后离心,取上清液供仪器测定用。

②若以偏重亚硫酸钠作为终止剂。

于样品氧化液中加入偏重亚硫酸钠溶液 0.5 mL,充分摇匀后,直接加入盐酸溶液 17.5 mL 置(110±2)℃恒温箱中水解,水解 22~24 h。

警告:在水解开始时,不要封安瓿瓶瓶口或旋动水解管的管帽,待水解 1 h 后再封口或旋紧管帽,否则容易引起水解管爆裂。

取出安瓿瓶或水解管,冷却,用水将内容物转移到 50 mL 容量瓶中,用氢氧化钠溶液中和至 pH 约 2.2,并用稀释上机用柠檬酸钠缓冲液定容,离心,取上清液供仪器测定用。

注:有些氨基酸分析仪,上机试样溶液的 Na^+ 浓度会影响色谱峰出峰时间或氨基酸的分离,对此需先将水解溶液定容过滤,取 2~5 mL 滤液,于 50 ℃下,减压蒸发至约 0.5 mL(切勿

蒸干),用稀释上机用柠檬酸钠缓冲液将其转移至 10 mL 容量瓶中,用氢氧化钠溶液调至 pH 2.2,并用稀释缓冲液定容,混匀,离心,取上清液供仪器测定用。

3.上机测定

使用混合氨基酸标准工作液注入氨基酸自动分析仪,适当调整仪器操作程序及参数和洗脱用缓冲溶液试剂配比,应符合氨基酸分析仪检定规程的要求并保证蛋氨酸砜与天冬氨酸的分辨率大于 85%,其标准溶液色谱图参照图 2-3。测定中每 5 个样品(即 10 个单样)为 1 组,组间插入混合氨基酸标准工作液进行校准。以保留时间定性,单点外标法定量。试样中氨基酸的峰面积应为相应标准工作液该峰面积的 30%～200%,否则应用柠檬酸钠缓冲液稀释后重测。

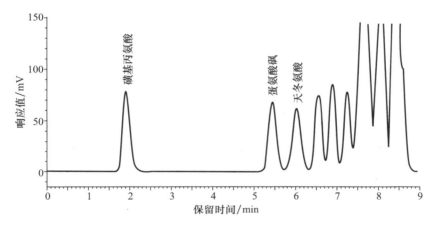

图 2-3　磺基丙氨酸和蛋氨酸砜与氨基酸混合标准溶液(50 nmol/L)的色谱图

(五)结果计算

1.计算

试样中胱氨酸(蛋氨酸)含量以其质量分数 ω 表示,数值单位为 g/100 g,按下式计算:

$$\omega = \frac{n \times A_i \times V \times c \times M \times V_{st}}{A_{st} \times m \times V_i \times 10^6} \times 100$$

式中:A_i 为试样溶液中磺基丙氨酸(蛋氨酸砜)的峰面积;V 为试样水解溶液体积,mL;c 为标准工作溶液中磺基丙氨酸(蛋氨酸砜)浓度,nmol/mL;V_i 为试样溶液进样体积,µL;n 为试样水解溶液稀释倍数;V_{st} 为氨基酸标准溶液进样体积,µL;A_{st} 为氨基酸标准溶液中磺基丙氨酸(蛋氨酸砜)的峰面积;m 为试样质量,mg;M 为胱氨酸(蛋氨酸)的摩尔质量,g/mol(胱氨酸实为胱氨酸与半胱氨酸之和,以胱氨酸计,$M_{胱氨酸} = 120.2$,$M_{蛋氨酸} = 149.2$)。

以 2 个平行试样测定结果的算术平均值报告结果,保留 2 位小数。

2.重复性

在重复性条件下,获得的 2 次独立测定结果与其算术平均值的差值。当胱氨酸(蛋氨酸)含量不大于 0.5% 时,不超过其算术平均值的 5%;当胱氨酸(蛋氨酸)含量大于 0.5% 时,不超过 4%。

四、饲料中色氨酸的测定(碱水解法)

饲料中色氨酸含量测定方法有高效液相色谱法和分光光度法,均适用于饲料原料、配合饲料、浓缩饲料和精料补充料中色氨酸的测定。高效液相色谱法的定量限为 0.02%；当试样最大称样量为 700 mg，水解液稀释倍数为 25 倍时，分光光度法的定量限为 0.04%。分光光度法与高效液相色谱法方法相比，精密度与高效液相色谱法检测的结果基本一致，误差在 2% 以内，显色稳定，结果准确且不受其他氨基酸干扰，适合 L-色氨酸含量的快速检测。高效液相色谱法测定饲料中色氨酸含量具有方法准确、分析时间较短、灵敏度高等优点，适用于饲料中色氨酸大规模测定，且高效液相色谱法为仲裁法，故在此仅介绍高效液相色谱法。

（一）原理

试样蛋白质在 110 ℃、碱的作用下水解，水解出来的色氨酸可用高效液相色谱法分离，紫外或荧光检测器检测，外标法定量。

（二）试剂和溶液

除特殊注明外，本方法所用试剂均为分析纯。

①水：符合 GB/T 6682 中一级水的规定。

②甲醇：色谱纯。

③氢氧化钾溶液（0.1 mol/L）：称取 0.56 g 氢氧化钾，溶解于 100 mL 水中。

④氢氧化锂溶液（4 mol/L）：称取 83.9 g 氢氧化锂，溶解于 500 mL 水中。

⑤乙酸钠缓冲溶液（0.008 5 mol/L Na^+，pH=4.5）：称取 0.70 g 无水乙醇钠，溶解于 1 000 mL 水中，用冰乙酸调节 pH 为 4.5。

⑥流动相：乙酸钠缓冲溶液：甲醇=95:5。

⑦L-色氨酸标准储备溶液：准确称取 25 mg（精确到 0.000 1 g）色氨酸（纯度大于 99%），置于 25 mL 烧杯中，用滴管滴加氢氧化钾溶液使其溶解，将其定量转移至 250 mL 棕色容量瓶中，用水定容，浓度为 100 μg/mL。2～8 ℃ 保存，有效期为 1 个月。

⑧L-色氨酸标准系列溶液：准确移取 L-色氨酸标准储备溶液 5.00 mL、7.50 mL、10.00 mL、12.50 mL、15.00 mL、17.50 mL 分别置于 25 mL 棕色容量瓶中，用水定容至刻度，摇匀。其溶液浓度分别为 20 μg/mL、30 μg/mL、40 μg/mL、50 μg/mL、60 μg/mL 和 70 μg/mL。2～8 ℃ 保存，有效期为 2 周。

（三）仪器和设备

天平（感量 0.000 1 g、感量 0.001 g）、聚四氟乙烯水解管（配衬管和密封垫）、恒温干燥箱[可达到(110±2)℃]、离心机（转速不低于 4 000 r/min）、高效液相色谱仪（配紫外检测器或者荧光检测器）。

（四）测定步骤

1.样品制备

按照 GB/T 14699.1 的规定，抽取有代表性的饲料样品，用四分法缩减取样。按 GB/T 20195 制备试样，磨碎，全部通过 0.25 mm 孔筛，混匀，装入密闭容器中，备用。脂肪含量大于 4% 的试样先测定脂肪含量再进行测定。

2.水解

平行做 2 份试样。称取未脱脂试样 50～100 mg（精确至 0.000 1 g），置于聚四氟乙烯水解管衬管中，加 1.5 mL 氢氧化锂溶液，充氮 1 min，旋紧密封盖后放入(110±2)℃ 恒温干燥箱中,水解 20 h。取出水解管,冷却至室温,用乙酸钠缓冲溶液将水解液定量转移至 25 mL 容量瓶中,并用上述缓冲溶液定容,离心或者过 0.45 μm 滤膜后上液相色谱仪测定。

3.上机测定

参考色谱条件。色谱柱:C_{18},长 250 mm、内径 4.6 mm、粒度 5 μm,或性能相当者;流动相:乙酸钠缓冲溶液:甲醇=95:5;流速:1.0 mL/min;柱温:室温。

进样体积:10～20 μL。

检测器:紫外或二极管矩阵检测器,检测波长 280 nm;荧光检测器,激发波长 283 nm;发射波长 343 nm。

按上述规定的色谱条件平衡色谱柱,向色谱柱注入相应的色氨酸标准系列溶液和试样溶液,以保留时间定性;在线性范围内,用外标法单点校正定量。色氨酸标准溶液色谱图参见图 2-4。

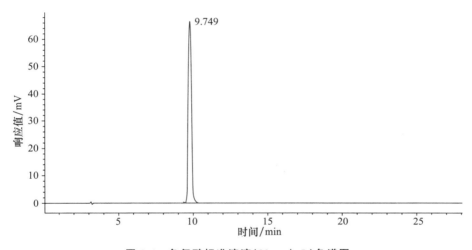

图 2-4　色氨酸标准溶液(30 μg/mL)色谱图

(五)结果计算

1.未脱脂试样中的色氨酸含量的计算

以质量分数 ω_1 计,数值单位为 g/100 g,按下式计算:

$$\omega_1 = \frac{A_i \times V \times \rho \times V_{st}}{A_{st} \times m \times V_i} \times 10^{-4}$$

式中:A_i 为试样溶液峰面积值;V 为试样稀释体积,mL;ρ 为色氨酸溶液的质量浓度,μg/mL;V_{st} 为色氨酸溶液进样体积,μL;A_{st} 为色氨酸溶液峰面积平均值;m 为试样质量,g;V_i 为试样溶液进样体积,μL。

2.脱脂试样中的色氨酸含量的计算

以质量分数 ω_2 计,数值单位为 g/100 g,按下式计算:

$$\omega_2 = \frac{A_i \times V \times \rho \times V_{st}}{A_{st} \times m \times V_i} \times (1-F) \times 10^{-4}$$

式中:A_i 为试样溶液峰面积值;V 为试样稀释体积,mL;ρ 为色氨酸溶液的质量浓度,μg/mL;V_{st} 为色氨酸溶液进样体积,μL;A_{st} 为色氨酸溶液峰面积平均值;m 为试样质量,g;V_i 为试样溶液进样体积,μL;F 为脂肪含量,%。

测定结果用平行测定的算数平均值表示,保留 2 位小数。

3.重复性

在重复性条件下,当试样中色氨酸含量小于 0.1%时,2 次独立测定结果的绝对差值应不大于 0.01%;当含量在 0.1%~0.5%时,2 次独立测定结果与其平均值的绝对差值,应不大于该平均值的 3%;当含量大于 0.5%时,2 次独立测定结果与其平均值的绝对差值,应不大于该平均值的 2%。

第二节 中性洗涤纤维、酸性洗涤纤维及酸性洗涤木质素的测定

一、概述

CF 的测定方法(Weende 法)已沿用了一个多世纪,对饲料工业和畜牧业的发展起到了非常重要的作用。但 CF 的测定不能给出饲料中纤维素成分更精确的信息,也不能反映家畜利用纤维物质的真实情况,因而开发了更精确的纤维素成分分析方法。其中 Van Soest 等提出的中性洗涤纤维(neutral detergent fibre,NDF)、酸性洗涤纤维(acid detergent fibre,ADF)和酸性洗涤木质素(acid detergent lignin,ADL)的测定方法被广泛采用。本方法由 Goering 和 Van Soest 在 1970 年提出,1991 年经 Van Soest 改进,简称范氏法,1992 年被收录入 AOAC 方法中。1975 年中国农业科学院畜牧兽医研究所将该法译成中文,并根据我国国情设计制造了成套仪器,在全国推广使用。1993 年我国将此法列为农业高校教材从而被广泛应用。依据 Van Soest 纤维分析方案,我国制定了饲料中 NDF(GB/T 20806—2006)、ADF(NY/T 1459—2007)以及 ADL(GB/T 20805—2006)的测定方法。

VanSoest 纤维分析方案

VanSoest 纤维分析方案如图 2-5 所示。该方案各步骤的测定原理如下:

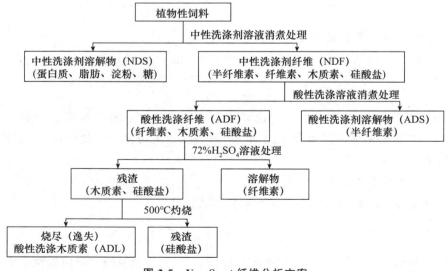

图 2-5 Van Soest 纤维分析方案

应用中性洗涤剂 30 g/L 十二烷基硫酸钠溶液消煮饲料,使植物性饲料中大部分细胞内容物溶解于洗涤剂中,称之为中性洗涤剂溶解物(neutral detergent solubles,NDS),其中包括脂肪、糖、淀粉和蛋白质。剩余的不溶解残渣主要是细胞壁组分,称为 NDF,其中包括半纤维素、纤维素、木质素、硅酸盐和很少量的蛋白质。

应用酸性洗涤剂 20 g/L 十六烷基三甲基溴化铵溶液消煮饲料,可将 NDF 各组分进一步细分。植物性饲料中可溶于酸性洗涤剂的部分称为酸性洗涤剂溶解物(acid detergent solubles,ADS),包括 NDS 和半纤维素;剩余的残渣称为 ADF,包括纤维素、木质素和硅酸盐。由 NDF 和 ADF 之差,可得到饲料半纤维素含量。

应用 72%硫酸消化 ADF,纤维素被溶解,其残渣为木质素和硅酸盐。从 ADF 值中减去硫酸消化后的残渣部分,为纤维素的含量。

将经 72%硫酸消化后的残渣灰化,留下的灰分即为饲料中硅酸盐的含量。在灰化中逸失的部分即为 ADL。

综上所述,利用洗涤剂纤维分析法,可以准确地获得植物性饲料中所含纤维素、半纤维素、木质素和酸不溶灰分的含量,从而解决了传统的常规分析中测定 CF 时带来的问题,这无疑是对纤维测定的一项重大改革。饲料中纤维素、半纤维素的含量计算公式分别如下所示:

$$\omega(半纤维素) = \omega(NDF) - \omega(ADF)$$
$$\omega(纤维素) = \omega(ADF) - \omega(硫酸消化后的残渣)$$

目前,ADF 测定法已经获得公认,而 NDF 测定法由于还存在某些缺点,尚在继续研究改进之中。

另外,滤袋(Ankom F57 滤袋,如果样品非常细,选用 F58 滤袋)和纤维分析仪(如 Ankom 220 纤维分析仪等)在 NDF、ADF 和 ADL 的测定中的应用使测定过程更方便、快捷。如果样品同时测定 NDF 和 ADF,可以先测定 NDF,然后将测定完装有残渣的滤袋放在样品架子上,直接加酸性洗涤溶液,然后按照 ADF 测定步骤测定。

二、饲料中中性洗涤纤维的测定

本方法适用于各种单一饲料和配合饲料,不适用于无机盐类饲料添加剂。

(一)原理

中性洗涤纤维(NDF)是用中性洗涤剂去除饲料中的脂肪、淀粉、蛋白质和糖类等成分后,残留的不溶解物质的总称。

饲料如一般饲料、牧草和粗饲料在一定温度下,经中性洗涤剂处理,可洗涤分解大部分细胞内容物,如脂肪、淀粉、蛋白质和糖类等,而不溶解的残渣称为 NDF,包括构成细胞壁的半纤维素、纤维素、木质素及少量硅酸盐等杂质。

(二)试剂和溶液

本方法所用水,一律指 GB/T 6682 中的三级水,化学试剂为分析纯。

①α-高温淀粉酶(活性 100 kU/g,105 ℃,工业级)。

②十二烷基硫酸钠($C_{12}H_{25}NaSO_4$)。

③乙二胺四乙酸二钠($C_{10}H_{14}N_2O_8Na_2 \cdot 2H_2O$,EDTA 二钠盐)。

④四硼酸钠($Na_2B_4O_7 \cdot 10H_2O$)。

⑤无水磷酸氢二钠（Na_2HPO_4）。

⑥乙二醇乙醚（$C_4H_{10}O_2$）。

⑦正辛醇（$C_8H_{18}O$，消泡剂）。

⑧丙酮（CH_3COCH_3）。

⑨中性洗涤剂（3%十二烷基硫酸钠溶液）：称取 18.6 g 乙二胺四乙酸二钠（$C_{10}H_{14}N_2O_8Na_2 \cdot 2H_2O$）和 6.8 g 四硼酸钠（$Na_2B_4O_7 \cdot 10H_2O$），放入 100 mL 烧杯中，加适量蒸馏水溶解（可加热），再加入 30 g 十二烷基硫酸钠（$C_{12}H_{25}NaSO_4$）和 10 mL 乙二醇乙醚；称取 4.56 g 无水磷酸氢二钠（Na_2HPO_4）置于另一烧杯中，加蒸馏水加热溶解，冷却后将上述两溶液转入 1 000 mL 容量瓶并用水定容。此溶液 pH6.9~7.1（pH 一般不用调整）。

（三）仪器和设备

植物样品粉碎机或研钵、试验筛[孔径 0.42 mm(40 目)]、分析天平（分度值 0.000 1 g）、电热恒温箱、高温电阻炉、消煮器（配冷凝球 600 mL 高型烧杯或配冷凝管的三角烧瓶）、玻璃砂漏斗（G_2）、干燥器（无水氯化钙或变色硅胶为干燥剂）、抽滤装置（抽滤瓶和真空泵或水抽泵）、100 mL 量筒。

（四）测定步骤

1.样品采集与处理

按 GB/T 14699.1 进行采样。将采样的样品用四分法缩分至 200 g 左右，风干或 65 ℃烘干，用植物粉碎机或研钵将样品粉碎至过孔径 0.42 mm 试验筛（40 目），封入样品袋，作为试样。

2.消煮

准确称取 0.4~1.0 g 试样（准确至 0.000 2 g）于 600 mL 高型烧杯中，用量筒加入 100 mL 中性洗涤剂和 2~3 滴正辛醇（如果饲料中淀粉含量高，可加 0.2 mL α-高温淀粉酶）。

如果样品中脂肪和色素含量≥10%，可先用乙醚进行脱脂后再消煮。若样品中脂肪和色素含量<10%，一般可不脱脂，在丙酮洗涤后增加乙醚洗涤 2 次。

将烧杯放在消煮器上，盖上冷凝球，开冷却水，快速加热至沸消煮，并调节功率保持微沸状态，从开始沸腾计时，消煮 1 h。

3.洗涤

G_2玻璃砂漏斗预先放在 105 ℃烘箱中烘干至恒量，将消煮好的试样趁热倒入并抽滤。用热水（90~100 ℃）冲洗烧杯和剩余物，直至滤出液清澈无泡沫为止。抽干后用丙酮冲洗剩余物 3 次，确保剩余物与丙酮充分混合，至滤出液无色为止。

4.测定

将玻璃砂漏斗和剩余物放入 105 ℃烘箱内烘干 3~4 h 至恒量，在干燥器内冷却后称量。再烘干 30 min，冷却，称量，直至 2 次称量之差小于 0.002 g 为恒量。

（五）结果计算

1.计算

NDF 质量分数以 ω（%）表示，按下式计算：

$$\omega = \frac{m_1 - m_2}{m} \times 100\%$$

式中：m_1 为玻璃砂漏斗和剩余物质的总质量，g；m_2 为玻璃砂漏斗质量，g；m 为试样质量，g。

2.重复性

每试样称取 2 个平行样进行测定，取平均值为分析结果。

NDF 含量≤10％，允许相对偏差≤5％；NDF 含量＞10％，允许相对偏差≤3％。

三、饲料中酸性洗涤纤维的测定

本方法适用于各种植物性单一饲料中酸性洗涤纤维的测定方法。

（一）原理

酸性洗涤纤维（ADF）是用酸性洗涤剂去除饲料中的脂肪、淀粉、蛋白质和糖类等成分后，残留的不溶解物质的总称，包括纤维素、木质素及少量的硅酸盐等。

植物性饲料经酸性洗涤剂浸煮，再用水、丙酮洗涤后不溶解的残渣为酸性洗涤纤维（ADF）。

（二）试剂和溶液

本方法所用水符合 GB/T 6682 中的三级水，化学试剂为分析纯。

①硫酸。

②丙酮。

③十六烷基三甲基溴化铵（$C_{19}H_{42}NBr$，CTAB）。

④1.00 mol/L 硫酸（1/2 H_2SO_4）溶液：量取 30 mL 硫酸缓缓注入 1 000 mL 水中，冷却，摇匀。

⑤酸性洗涤剂（2％十六烷基三甲基溴化铵溶液）：称取 20 g CTAB 溶于 1 000 mL 1.00 mol/L 硫酸（1/2 H_2SO_4）溶液中，搅拌溶解。

注：十六烷基三甲基溴化铵对黏膜有刺激，需戴口罩；丙酮是高挥发可燃试剂，进入烘箱干燥前，确保其挥发干。

（三）仪器和设备

同 NDF。也可使用纤维测定仪（符合本方法测定原理）。

（四）测定步骤

1.样品采集与制备

同 NDF。

2.分析

①称取约 1 g 试样，准确至 0.002 g，放入烧杯中，如果样品中脂肪含量大于 10％，必须用丙酮进行脱脂：将试样放入预先 105 ℃烘箱中烘干至恒重的烧结玻璃过滤坩埚中，用 30～40 mL 丙酮脱脂 4 次，每次浸泡 3～5 min，抽真空以去除残余丙酮，空气干燥 10～15 min，将残渣转移至烧杯中。使用同一个坩埚收集酸性洗涤剂提取后的试样纤维残渣。

②在盛试样的烧杯中加入热的酸性洗涤剂 100 mL，盖上冷凝球，打开冷却水，快速加热试样至沸腾。调节电炉使溶液保持微沸的状态，持续消煮（60±5）min。如果试样沾到烧杯壁上，用不大于 5 mL 的酸性洗涤剂进行冲洗。

③准备好抽滤装置，将试样消煮液缓缓倒入烧结玻璃过滤坩埚，抽真空过滤，用玻璃棒捣

散滤出的试样残渣,并用热水(95～100 ℃)清洗坩埚壁和试样残渣 3～5 次,确保所有酸被清除。再用约 40 mL 丙酮清洗滤出物 2 次,每次浸润 3～5 min,抽滤,如果滤出物有颜色,需重复清洗、抽滤。

④将过滤坩埚置通风橱,待丙酮挥发尽放在(105±2)℃电热恒温箱内干燥 4 h,然后放在干燥器中冷却 30 min 后称量,直至恒重。

用纤维测定仪,按仪器说明操作。

(五)结果计算

1.计算

饲料中 ADF 含量 X(%),以质量分数表示,按下式计算:

$$X = \frac{m_2 - m_1}{m} \times 100\%$$

式中:m_1 为过滤坩埚的质量,g;m_2 为过滤坩埚及试样残渣的总质量,g;m 为试样质量,g。

每个试样做 2 个平行测定,取平均值为分析结果,结果保留 1 位小数。

2.重复性

ADF 含量≤10%,允许相对偏差≤15%;ADF 含量>10%,允许相对偏差≤3%。

四、饲料中酸性洗涤木质素的测定

本方法适用于各种单一饲料和配合饲料,不适用于无机盐类饲料添加剂。

(一)原理

酸性洗涤木质素(ADL):经酸性洗涤剂和浓酸处理除去饲料中的脂肪、淀粉、蛋白质、糖类和纤维素等成分后,残留的不溶解物质的总称。

植物性饲料如一般饲料、牧草和青贮等粗饲料在规定温度下分别经酸性洗涤剂和浓酸处理,可分解大部分细胞内容物,如脂肪、蛋白质、糖类和纤维素等,不溶解的残余物称为 ADL。

(二)试剂和溶液

本方法除需要测定 ADF 的试剂和溶液外,还需要下列试剂和溶液,试剂均为分析纯。

①正辛醇($C_8H_{18}O$,消泡剂)。

②α-高温淀粉酶(活性 100 kU/g,105 ℃,工业级)。

③酸洗石棉:将市售酸洗石棉在 800 ℃高温电阻炉内灼烧 1 h,冷却后用 12.0 mol/L 硫酸(H_2SO_4)洗涤溶液浸泡 4 h,过滤,用水洗至中性,在 105 ℃烘干备用。

④12.0 mol/L 硫酸(H_2SO_4)洗涤溶液:准确移取 666.0 mL 或称取 1 235.5 g 硫酸(ρ=1.84,96%～98%)慢慢倒入内装 300 mL 蒸馏水的烧杯内,注意不断搅拌和冷却,并用水定容至 1 000 mL,必要时用标准氢氧化钠溶液标定。

⑤乙醚。

(三)仪器和设备

同 NDF。

（四）测定步骤

1.样品采集与制备

同 NDF。

2.消煮

根据饲料样品中纤维的含量,称取 1.000～2.000 g 试样(m)于 600 mL 高型烧杯中,用量筒加入 100 mL 酸性洗涤剂和 2～3 滴正辛醇。

将烧杯放在消煮器上,盖上冷凝球,开冷却水冷却,快速加热至沸,并调节功率保持微沸状态,消煮 1 h。如果样品中脂肪含量大于 10%,应先用乙醚进行脱脂后再消煮;如果饲料样品中淀粉含量高,可加 0.3 mL α-高温淀粉酶再消煮测定。

3.酸洗

将 G_2 玻璃砂漏斗(内铺 1.000 g 酸洗石棉)预先在 105℃烘箱中恒量,趁热将消煮液倒入抽滤,抽干后将玻璃砂漏斗放在浅搪瓷盘或 50 mL 烧杯中,加入 15 ℃、12.0 mol/L 硫酸洗涤溶液至半满,用玻璃棒打碎结块,搅成均匀糊状。

根据硫酸流出量,随时加入 12.0 mol/L 硫酸洗涤溶液,保持在 20～25 ℃消解 3 h。立即抽滤,并用热水洗至中性(pH 试纸检验)。

4.干燥、称量

将玻璃砂漏斗和残余物放入 105 ℃干燥箱干燥 4 h 至恒量,在干燥器内冷却 30 min 后称量(m_1)。再将玻璃砂漏斗移入 500 ℃高温电阻炉内灼烧 3～4 h,至无炭粒为止。冷却至 100 ℃后放入干燥器内冷却 30 min 再称量(m_2)。再将玻璃砂漏斗放入 500 ℃高温电阻炉内再灼烧 30 min,冷却称量直至 2 次称量之差<0.002 g 为恒量。

5.空白

按同样步骤称取 1.000 g 酸洗石棉测定空白值(m_0)。如果空白值小于 0.002 g,则该批的酸洗石棉的空白值可以不再测。

（五）结果计算

1.计算

ADL 的质量分数以 ω(%)表示,按下式计算:

$$\omega = \frac{m_1 - m_2 - m_0}{m} \times 100\%$$

式中:m_1 为硫酸洗涤后玻璃砂漏斗和残余物质的总质量,g;m_2 为灰化后玻璃砂漏斗和灰分质量,g;m_0 为 1.000 g 酸洗石棉空白值,g;m 为试样质量,g。

2.重复性

每个试样做 2 个平行测定,取平均值作为分析结果,方法允许相对偏差小于等于 10%。

第三节　脂肪酸及共轭亚油酸的测定

一、概述

依据动物体内能否合成满足动物需要的量,将脂肪酸(fatty acid)分为非必需脂肪酸和必需脂肪酸。依据碳氢链骨架是否含有碳碳双键,可将脂肪酸分为不饱和脂肪酸和饱和脂肪酸。其中,不饱和脂肪酸包括单不饱和脂肪酸和多不饱和脂肪酸。共轭亚油酸是一组亚油酸的异构体,是一类具有共轭双键的十八碳双烯酸的位置和几何异构体的总称。共轭亚油酸不是必需脂肪酸,但是可预防或缓解一些疾病,具有免疫调节和抗癌的作用。本节主要介绍了饲料中脂肪酸含量的测定。共轭亚油酸的测定方法依照脂肪酸的测定方法即可。

二、饲料中脂肪酸含量的测定

本方法适用于动植物脂肪、配制动物饲料的油类和混合脂肪酸以及配合饲料脂肪的提取物(包括脂肪和含有丁酸的脂肪酸混合物)中脂肪酸的测定。不适用于聚合脂肪酸。

(一)原理

脂肪酸甲酯化后,用毛细管气相色谱分离,色谱图中色谱峰用已知组成的标准品参比样品进行鉴别,并以内标法定量。

(二)脂肪的抽提

1.A 类样品 (除 B 类以外的动物饲料)

根据 GB/T 6433—2006 中的 9.5.1 的方法用石油醚抽提脂肪。

在不超过 40 ℃的水浴中用旋转蒸发仪除去溶剂,然后在(40±2)℃的真空干燥箱中干燥残留物 2 h。

2.B 类样品

纯动物性饲料,包括乳制品;脂肪不经预先水解不能提取的纯植物性饲料,如谷蛋白、酵母、大豆及马铃薯蛋白以及加热处理的饲料;含有一定数量加工产品的配合饲料,其脂肪含量至少有 20%来自这些加工产品。

通过 2 步提取脂肪。

第一步,按 GB/T 6433—2006 的 9.5.1 进行,试料的处理同 GB/T 6433—2006 的 9.3 中处理 A 类样品一致。

第二步,根据 GB/T 6433—2006 中 9.4 对残渣进行水解。水解后,在(40±2)℃的真空干燥箱中干燥 60 min。根据 GB/T 6433—2006 中 9.5.1 方法提取残渣中的脂肪。将脂肪提取物加入第一次提取物中。

在不超过 40 ℃水浴中用旋转蒸发仪蒸干溶剂,在(40±2)℃的真空干燥箱中干燥残留物 2 h。

(三)脂肪或脂肪提取物试样的制备

如果脂肪或脂肪提取物样品不能完全熔化,则加热样品到不超过其熔点 10 ℃的温度予以熔化。

(四)脂肪酸甲酯的制备

脂肪酸甲酯化有三氟化硼法和氢氧化钾-氯化氢法 2 种方法,四碳或四碳原子以上的脂肪酸均可使用氢氧化钾-氯化氢法,六碳或六碳以上的脂肪酸还可使用三氟化硼法。这里仅介绍氢氧化钾-氯化氢法。

1.原理

脂肪酸甘油酯在绝对甲醇中甲醇化钾的作用下通过酯基转移反应转化为脂肪酸甲酯,游离脂肪酸则被氯化氢的甲醇溶液甲酯化。

2.试剂和溶液

只能使用分析纯的溶剂和试剂。

①水:GB/T 6682—1992,至少三级。

②十七烷酸(内标物):纯度≥七烷酸。

③正己烷或正庚烷。

④正戊烷。

⑤甲醇化钾的甲醇溶液:$c(CH_3OK) \approx 2$ mol/L。将 7.8 g 的金属钾溶于 100 mL 的绝对甲醇中,现用现配。也可以使用同浓度的甲醇化钠溶液。

⑥无水硫酸钠。

⑦无水甲醇:在盛有 250 mL 甲醇的烧瓶中加入 5 g 硫酸钠,塞好瓶盖,剧烈摇动。用滤纸过滤到锥形瓶中,塞好瓶盖。

⑧氯化氢的甲醇溶液:$w(HCl) \approx 20\%$(质量分数)。称取 80 g 的甲醇置于锥形瓶中,精确到 0.1 g,在冷却条件下,将氯化氢气体导入不断搅拌的该溶剂中,直到溶液的质量增加 20 g 为止。令溶液进一步冷却。如果锥形瓶密闭良好,且在黑暗处储存,此溶液可以保存 3 个月。

3.仪器与设备

除实验室常用设备外,还需具备下述仪器。

锥形瓶(250 mL,磨口,配有磨口玻璃塞子)、反应瓶(约 10 mL,配有隔膜和螺帽)、量筒(10 mL)、电热块[温度能控制在(85±3)℃,装有磁力搅拌装置]。

4.步骤

于 2 个反应瓶中,分别称取 50～70 mg 制备好的试样,精确到 0.1 mg。在其中一个瓶中加入约为其质量 20% 的十七烷酸作为内标物,精确到 0.1 mg。

用下面同样的方法处理这 2 个平行样。

加入 4 mL 正己烷,低于 10 碳的脂肪酸在进行气相色谱分析时,如应用冷柱头进样,需要以正戊烷代替正己烷。

加入约 75 mg 的无水硫酸钠,振摇溶解试样。

加入 0.20 mL 的甲醇化钾,密闭反应瓶,剧烈振摇 20～50 s。由于有甘油生成,溶液会立即变浑浊,并能快速分层。加入 2 mL 的盐酸溶液和磁转子,盖好反应瓶,将反应瓶置于升温到 85 ℃ 的加热块上,在持续搅拌下加热 20 min,在此期间需振摇混合物数次。

在冷的自来水冲洗下用力振摇,使反应瓶冷却至室温。

轻轻倒出含有脂肪酸甲酯的上层清液,无须将脂肪酸甲酯中的溶剂移除,如果试料的质量为 50～70 mg,溶液中脂肪酸甲酯的浓度大约为 2%(质量分数)。溶液可直接进行气相色谱分析。

如果气相色谱分析用冷柱头进样,需用移液管移取 0.25 mL 的溶液于 25 mL 容量瓶中,并以正己烷定容,制成稀释溶液。

5.储存

制备好的甲酯溶液应当立即进行气相色谱分析。必要时,脂肪酸甲酯溶液在惰性气体和 4～8 ℃ 条件下可以储存数周。

需较长时间储存时,为了防止甲酯的氧化,建议在溶液中加入不影响气相色谱分析的抗氧化剂,例如在每升溶液中加入 0.05 g 的 BHT(丁基羟基甲苯)。

(五)测定(气相色谱法)

1.试剂和溶液

只能使用分析纯试剂。

①水:GB/T 6682—1992,至少三级。

②正己烷或正庚烷。

③正戊烷。

④参比样品:已知确切脂肪酸组成的油类或脂肪类样品,或是参比脂肪酸甲酯的混合物或者参比脂肪酸的混合物。

注:如果甲酯化用三氟化硼法,碳链长度低于 10 碳原子参比脂肪酸甲酯的混合物不能用作校准曲线和计算校正因子的物质,因为此类脂肪酸甲酯在水中有一定的溶解度。

2.仪器和设备

常用的实验室设备,特别要具备下列设备。

气相色谱仪(包括毛细管柱和与毛细管柱匹配的进样系统。可以是分流、不分流或冷柱头进样器。然而,热的不分流进样器不适合于乳类脂肪酸的分析,因为溶剂峰会与丁酸峰相互重叠产生干扰)、毛细管柱[柱材用惰性材料,如熔融硅胶或玻璃,最好是化学键合到柱壁上。柱的尺寸和膜厚度是决定分离效率和柱容量的重要因素。该柱对于 C16:0 和 C16:1,以及 C18:0 和 C18:1 的分辨率应至少达到 1.25。注:在多数情况下,宜应用中等极性固定相。在特殊情况下,例如顺反异构和(或)位置异构,或不能确定匹配峰的物质,使用强极性相。欲获得满意的柱效和柱容量,也要选择柱的尺寸和膜厚度。中等极性固定相通常是聚乙烯基乙二醇的酯类物质,极性固定相则用氰基丙基聚硅烷类物质]、进样系统(与进样口匹配的最大容量 10 μL 手动进样器,分刻度为 0.1 μL,或者使用自动进样系统。注:推荐使用自动进样器,这样可以提高分析的重复性和再现性)、信号记录仪[配有记录仪并能将检测信号转化为色谱图的电子系统(积分仪或数据工作站)]。

3.测定步骤

(1)仪器操作条件的优化和选择

①根据厂家提供的操作说明书优化仪器条件。

②根据色谱柱制造商推荐优化载气流量。

③检测器的温度高于柱子程序升温的最高温度 20~50 ℃,至少为 150 ℃。

④进样口的温度根据进样器的类型确定,遵循仪器手册说明书的规定。

⑤使用分流进样器时,设定分流比为 1:100~1:30。

(2)分析

①用正己烷溶解加有内标试料中的脂肪酸甲酯。如果使用分流进样器,内标的含量为 1%(质量分数),如果使用不分流进样器或冷柱头柱上进样器,使其含量达 0.05%(质量分数)。用正己烷配制相应浓度的参比样品脂肪酸甲酯的溶液。注入 0.1~1 μL 的试样,加有内标,如果必要注入参比样。

当用冷柱头进样时,需用正戊烷做溶剂,这样可以使链长低于 10 个碳原子的脂肪酸甲酯很好地分离。注意以相同的溶剂溶解试样和参比样中的脂肪酸甲酯。

②根据脂肪酸的组成选择温度程序,参考上述(1)中提到的标准,要求能够在尽可能短的时间内达到很好的分辨率。如果样品中含有链长低于 12 碳的脂肪酸,柱温程序从 60 ℃开始。如果需要,程序升温达到最高温度后,可保持恒温直到所有的成分被洗脱。

当用冷柱头进样口时,开始箱温应不超过当时压力下溶剂沸点 10 ℃(正己烷 50 ℃)。

进样后立即开始升温程序,按制造商的操作说明书进行分析。

③峰的辨认。根据参比样中的已知脂肪酸甲酯的保留时间来判断试样中的脂肪酸甲酯。如果与参比样中的脂肪酸甲酯具有相同的保留时间则认为是相同的脂肪酸。

（六）结果计算

1.试样中十七烷基酸的修正

用下式校正加有内标物质试料中十七烷基酸的峰面积:

$$A_{rsr} = A_{sr17:0} - \frac{A_{sl7:0}(A_{sr16:0} + A_{sr18:0} + A_{sr18:1})}{(A_{s16:0} + A_{s18:0} + A_{s18:1})}$$

式中：A_{rsr} 为加入内标的试料中内标物峰面积的修正值；$A_{sr17:0}$ 为加有内标的试料中十七烷酸峰面积；$A_{s17:0}$ 为未加内标的分析样品中十七烷酸峰面积；$A_{sr16:0}$ 为加有内标的试料中十六烷酸峰面积；$A_{sr18:0}$ 为加有内标的试料中十八烷酸峰面积；$A_{sr18:1}$ 为加有内标的试料中油酸的峰面积，$A_{s16:0}$ 为未加内标的分析样品中十六烷酸的峰面积；$A_{s18:0}$ 为未加内标的分析样品中十八烷酸峰面积；$A_{s18:1}$ 为未加内标的分析样品中油酸的峰面积。

如果试样中十七烷酸的相对量不超过总脂肪酸的 0.5%,可以不予修正。

2.相对校正因子的测定

碳链长度少于 10 个碳原子的脂肪酸的校正因子的测定。如果不使用冷柱头进样口,有必要说明脂肪酸甲酯的挥发选择性。在此情况下,要测定整个范围的脂肪酸甲酯的相对校正因子。校正因子的作用是将峰面积转化为质量分数。测定校正因子需用与试样分析的相同条件参比样分析的色谱图。通过下式计算脂肪酸的校正因子。

$$k_i = \frac{m_i}{A_i}$$

式中：k_i 为脂肪酸 i 的校正因子；m_i 为参比样中脂肪酸 i 的质量；A_i 为参比样中脂肪酸 i 对应的峰面积。

如果因没有参比脂肪酸而不能测定校正因子,可以使用此前有参比脂肪酸时最近一次的接近脂肪酸的校正因子。

校正因子可以用内标物 C17：0 的校正因子的相对值来表达,此相对校正因子 k'_i 的计算见下式。

$$k'_i = \frac{k_i}{k_r}$$

式中：k'_i 为脂肪酸 i 的相对校正因子；k_i 为脂肪酸 i 的校正因子；k_r 为内标脂肪酸的校正因子。

3.相对校正因子的范围

相对校正因子可能与相对响应系数的倒数值略有不同。响应可以认为是火焰离子检测器对于某种脂肪酸响应信号的大小。直链饱和脂肪酸甲酯的相对响应因子的理论值可以通过下式计算。

$$R_i = \frac{M_r(n_i - 1)}{M_i(n_r - 1)}$$

式中：R_i 为脂肪酸 i 的理论相对响应系数；M_r 为内标脂肪酸（C17：0）的摩尔质量，g/mol；n_i 为脂肪酸 i 的碳原子数目；M_i 为脂肪酸 i 的摩尔质量，g/mol；n_r 为内标脂肪酸的碳原子数目。

相对校正因子 k'_i 与 R_i^{-1} 的差异应不超过 5%，如果有较大的偏差，应检查是不是产生了系统偏差。若分析时正确使用了 1 个或更多的参比物，较大的偏差也是允许的。

注：最常见的系统误差来自进样器的进样针上组分的选择性挥发，或者在分流进样器中选择性分流。在这些情况下，短链的脂肪酸可以忽略。短链脂肪酸校正因子会比理论值要低一些。系统偏差的另一个原因是在烷烃有机相中短链脂肪酸甲酯的不完全萃取。

4.脂肪酸含量的计算

脂肪酸含量：在油、脂肪、脂肪提取物、游离脂肪酸或皂类等饲料中脂肪酸的质量分数，脂肪酸含量用克每千克（g/kg）表示。单一脂肪酸的含量可以通过下式计算：

$$\omega_i = \frac{A_{isr} \times m_r}{A_{rsr} \times m_s} \times k'_i \times 1\ 000$$

式中：ω_i 为脂肪样品中脂肪酸 i 的质量分数，g/kg；A_{isr} 为加内标的脂肪样品脂肪酸 i 的峰面积；m_r 为脂肪样品中加入内标物质量，g；A_{rsr} 为加内标的试样中内标物的峰面积；m_s 为脂肪样品中试料的质量，g；k'_i 为脂肪酸 i 的相对校正因子。

结果精确到 1.0 g/kg。

5.可流出物的计算

可流出物含量（content of elutable material）：本标准所述的气相色谱柱中流出的所有脂肪酸之和的质量分数。

流出物的计算是通过单一脂肪酸测定值的加和获得的。

6.含脂肪材料中脂肪酸的计算

单一脂肪酸含量的计算可以将脂肪材料中脂肪的含量乘以脂肪中该脂肪酸的含量。

7.精密度

（1）重复性

由同一人在相同的实验室用相同的仪器和方法在间隔较短的时间内，对同种材料进行测试所得到的 2 个独立测试结果的绝对相差超过表 2-2 数据的重复性限（r）的概率应不超过 5%。

表 2-2　重复性限（r）和再现性限（R）

含脂肪酸的样品		r/(g/kg)	R/(g/kg)
B 类样品需要水解	C16：0（棕榈酸：十六烷酸）	9	30
	C18：1（油酸：cis-9-十八烷酸）（含量<200 g/kg）	3	10
	C18：1（油酸：cis-9-十八烷酸）（含量>200 g/kg）	22	38
A 类样品不需要水解	Cl6：0（棕榈酸：十六烷酸）	8	15
	C18：1（油酸：cis=9-十八烷酸）（含量<200 g/kg）	4	15
	C18：1（油酸：cis-9-十八烷酸）（含量>200 g/kg）	9	40

（2）再现性

由不同实验室的不同操作者用不同的仪器,但用相同的方法对同种材料进行测试所得到的数据的绝对相差超过表 2-2 数据的再现性限(R)的概率应不超过 5%。

第四节　矿物元素的测定

一、概述

矿物元素是动物营养中一大类无机营养素。根据矿物元素在动物体内的生物学作用,将动物体内的矿物元素分为必需、无害及有害 3 类。目前已证明的动物必需的矿物元素包括:常量矿物元素(钙、磷、钠、钾、氯、镁、硫)和微量矿物元素(铁、铜、锰、锌、碘、硒、钴、钼、铬、氟、硅及硼)等。必需矿物元素是构成机体组织的重要原料,是细胞内外液的重要组成部分,可以维持体内的酸碱平衡,可作为酶的组成成分等。本节主要介绍了饲料中钙、磷、硫以及水溶性氯化物的测定方法。此外,介绍了原子吸收光谱法测定饲料中钙、铜、铁、镁、锰、钾、钠和锌的含量,该方法能够同时测定多种矿物元素,准确且高效。

二、饲料中钙的测定

饲料中钙含量的测定方法有高锰酸钾滴定法、乙二胺四乙酸二钠(EDTA)络合滴定法和原子吸收光谱法等,均适用于饲料原料、配合饲料、浓缩饲料、精料补充料和添加剂预混合饲料中钙的测定,滴定法检出限为 0.015%,定量限为 0.05%。其中,高锰酸钾滴定法费时而准确,是钙含量的仲裁法;EDTA 络合滴定法具有快速的优点,适合大批量的样品的测定。这里仅介绍高锰酸钾滴定法。

（一）原　理

将试样中有机物破坏,钙变成溶于水的离子,再用草酸铵溶液,使钙成为草酸钙沉淀,过滤沉淀后用硫酸溶解草酸钙,再用高锰酸钾标准溶液滴定草酸。根据高锰酸钾标准溶液的用量,可对试样中钙含量进行计算。

（二）试剂和溶液

本标准所有试剂均为分析纯,水符合 GB/T 6682 规定的三级水。

①浓硝酸。

②高氯酸:70%～72%。

③盐酸溶液,体积分数 25%:V(盐酸)：V(水)＝1：3。

④硫酸溶液,体积分数 25%:V(硫酸)：V(水)＝1：3。

⑤氨水溶液,体积分数 50%:V(氨水)：V(水)＝1：1。

⑥氨水溶液,体积分数 1.96%:V(氨水)：V(水)＝1：50。

⑦草酸铵溶液(42 g/L):称取 4.2 g 草酸铵溶于 100 mL 水中。

⑧高锰酸钾标准溶液[$c(\frac{1}{5}KMnO_4)=0.05$ mol/L]的配制和标定按 GB/T 601 规定。

⑨甲基红指示剂(1 g/L):称取 0.1 g 甲基红溶于 100 mL 95%乙醇中。

⑩有机微孔滤膜:0.45 mm。

⑪定量滤纸:中速,7~9 cm。

(三)仪器和设备

实验室用样品粉碎机或研钵、分析天平(感量 0.000 1 g)、高温炉[可控温度在(550±20)℃]、坩埚(瓷质,50 mL)、容量瓶(100 mL)、滴定管(酸式,25 mL 或 50 mL)、玻璃漏斗(直径 6 cm)、移液管(10 mL,20 mL)、烧杯(200 mL)、凯氏烧瓶(250 mL 或 500 mL)。

(四)测定步骤

1.样品的采集和制备

按 GB/T 14699.1 的规定,抽取有代表性的饲料样品,用四分法缩减取样,按 GB/T 20195 制备试样。粉碎至全部过 0.45 mm 孔筛,混匀装于密封容器,备用。

2.试样分解液的制备

试样分解液的制备有干法和湿法 2 种方法。

(1)干法

称取试样 0.5~5 g 于坩埚中,精确至 0.000 1 g,在电炉上小心炭化,再放入高温炉于 550 ℃ 下灼烧 3 h,在盛有灰分的坩埚中加入盐酸溶液 10 mL 和浓硝酸 2~3 滴,在电炉上小心煮沸,将此溶液过滤转入 100 mL 容量瓶中,并用 60 ℃ 左右热水洗涤坩埚及漏斗中滤纸,冷却至室温,用水定容、摇匀,此为试样分解液。

(2)湿法

称取试样 0.5~5 g 于 250 mL 凯氏烧瓶中,精确至 0.000 2 g,加入浓硝酸 10 mL,在电热板上小心加热煮沸,至二氧化氮黄烟逸尽,冷却后加入高氯酸 10 mL,小心煮沸至溶液无色,溶液不得蒸干。冷却后加水 50 mL,且煮沸驱逐二氧化氮,冷却后过滤移入 100 mL 容量瓶中,用水定容至刻度,摇匀,为试样分解液。

警示:小心加热,煮沸过程中如果溶液变黑需要立刻取下,冷却后补充加入高氯酸,小火煮沸至溶液无色;在加入高氯酸后,溶液不得蒸干,蒸干可能发生爆炸。

3.测定

准确移取试样分解液 10~20 mL(含钙量 20 mg 左右)于 200 mL 烧杯中,用量筒加水 100 mL,甲基红指示剂 3~4 滴,用玻璃棒搅拌均匀,滴加氨水溶液(体积分数 50%),边加边搅拌至溶液由红色变橙黄色,再滴加盐酸溶液至溶液又呈粉红色(pH 为 2.5~3.0)为止。在电炉上小心煮沸,慢慢滴加热草酸铵溶液 10 mL,且不断搅拌。如溶液由粉红色变橙色,则应补加盐酸溶液使其呈粉红色,煮沸 2~3 min 后,在烧杯上放置一表面皿,放置过夜使沉淀陈化(或在沸水浴上加热 2 h)。

用定量滤纸过滤上述沉淀溶液,用氨水溶液(体积分数 1.96%)洗沉淀 6~8 次,至无草酸根离子为止(检验方法:用试管接滤液 2~3 mL,加硫酸溶液数滴,加热至 75~80 ℃,再加 0.05 mol/L 高锰酸钾标准滴定溶液 1 滴,溶液呈微红色,且 30 s 不褪色)。将带沉淀的滤纸转入原烧杯中,加硫酸溶液 10 mL,水 50 mL,加热至 75~80 ℃,立即用 0.05 mol/L 高锰酸钾标准溶液滴定,溶液呈微红色且 30 s 不褪色为终点。

同时进行空白试验的测定:在干净烧杯中加滤纸 1 张,硫酸溶液 10 mL,水 50 mL,加热至 75~85 ℃,立即用 0.05 mol/L 高锰酸钾标准滴定溶液滴定至呈微红色且 30 s 不褪色为止。

(五)结果计算

1.计算

试样中钙的含量 X（%），按下式计算。

$$X = \frac{(V - V_0) \times c \times 0.02}{m \times \dfrac{V'}{100}} \times 100\%$$

式中：V 为试样消耗高锰酸钾标准滴定溶液的体积，mL；V_0 为空白滴定消耗高锰酸钾标准滴定溶液的体积，mL；c 为高锰酸钾标准溶液的浓度，mol/L；V' 为滴定时移取试样分解液体积，mL；m 为试样的质量，g；0.02 为与 1.00 mL 高锰酸钾标准溶液 $\left[c\left(\dfrac{1}{5}KMnO_4\right) = 1.000\ mol/L\right]$ 相当的以克表示的钙的质量。

测定结果用平行测定的算术平均值表示，结果保留 3 位有效数字。

2.重复性

当含钙量为 10% 以上时，在重复性条件下获得的 2 次独立测定结果的绝对差值不大于这 2 个测定值的算术平均值的 3%；当含钙量为 5%～10% 时，绝对差值不大于算术平均值的 5%；当含钙量为 1%～5% 时，绝对差值不大于算术平均值的 9%；当含钙量为 1% 以下时，绝对差值不大于算术平均值的 18%。

三、饲料中总磷和植酸磷的测定

(一)饲料中总磷的测定

饲料中总磷含量的测定方法有钼黄比色法和原子吸收光谱法等，均适用于饲料原料及饲料产品中磷的测定。其中，钼黄比色法为常用方法，这里进行详细介绍，当取样量 5 g，定容至 100 mL 时，检出限为 20 mg/kg，定量限为 60 mg/kg。

1.原理

试样中的磷经消解，在酸性条件下与钒钼酸铵生成黄色的钒钼黄 $[(NH_4)PO_4NH_4VO_3 \cdot 16MoO_3]$ 络合物。在波长 400 nm 下测定试样溶液中钒钼黄的吸光度值，钒钼黄的吸光度值与总磷的浓度成正比。

2.试剂和溶液

本标准所用试剂为分析纯试剂，水符合 GB/T 6682 中规定的三级水。

①硝酸。

②高氯酸。

③盐酸溶液，体积分数 50%：V(盐酸)∶V(水)＝1∶1。

④磷标准贮备液(50 μg/mL)：取 105 ℃ 干燥至恒重的磷酸二氢钾，置干燥器中，冷却后，精密称取 0.219 7 g，溶解于水，定量移入 1 000 mL 容量瓶中，加硝酸 3 mL，加水稀释至刻度，摇匀，即得。置聚乙烯瓶中 4 ℃ 下可储存 1 个月。

⑤钒钼酸铵显色剂：称取偏钒酸铵 1.25 g，加水 200 mL 加热溶解，冷却后再加入 250 mL 硝酸，另称取钼酸铵酸 25 g，加水 400 mL 加热溶解，在冷却的条件下，将 2 种溶液混合，用水稀释至 1 000 mL，避光保存，若生成沉淀，则不能继续使用。

3.仪器和设备

分析天平(感量 0.000 1 g)、紫外-可见分光光度计(带 1 cm 比色皿)、高温炉[可控温度在(550±20)℃]、可调温电炉(1 000 W)。

4.测定步骤

(1)样品的采集和制备

同钙样品的采集和制备。

(2)试样分解液的制备

试样分解液的制备有干法、湿法和盐酸溶解法 3 种方法,其中干法和湿法同钙的测定。因此,这里仅介绍盐酸溶解法制备试样分解液,此方法适用于微量元素预混料中磷的测定。

盐酸溶解法制备试样分解液需称取试样 0.2～1 g(精确到 1 mg),置于 100 mL 烧杯中,缓缓加入盐酸溶液 10 mL,使其全部溶解,冷却后转入 100 mL 容量瓶中,加水稀释至刻度,摇匀,为试样分解液。

(3)磷标准工作液的制备

准确移取磷标准贮备液 0 mL、1 mL、2 mL、5 mL、10 mL、15 mL 于 50 mL 容量瓶中(即相当于含磷量为 0 μg、50 μg、100 μg、250 μg、500 μg、750 μg),于各容量瓶中分别加入钒钼酸铵显色剂 10 mL,用水稀释至刻度,摇匀,常温下放置 10 min 以上,形成各种磷标准工作液。以不含磷的磷标准工作液为参比,用 1 cm 比色皿,在 420 nm 波长下用分光光度计测各磷标准工作液的吸光度。以磷含量为横坐标,吸光度为纵坐标,绘制工作曲线。

(4)试样的测定

准确移取试样溶液 1～10 mL(含磷量 50～750 μg)于 50 mL 容量瓶中,加入钒钼酸铵显色剂 10 mL,用水稀释至刻度,摇匀,常温下放置 10 min 以上,用 1 cm 比色皿,在 420 nm 波长下用分光光度计测定试样溶液的吸光度,通过工作曲线计算试样溶液的磷含量。若试样溶液磷含量超过磷标准工作曲线范围,应对试样溶液进行稀释。

5.数据处理

(1)计算

试样中磷的含量 ω（%），以质量分数计,结果按下式计算。

$$\omega = \frac{m_1 \times V}{m \times V_1 \times 10^6} \times 100\%$$

式中:m_1 为通过工作曲线计算出试样溶液中磷的含量,μg;V 为试样溶液的总体积,mL;m 为试样质量,g;V_1 为试样测定时移取试样溶液的体积,mL;10^6 为换算系数。

每个试样称取 2 个平行样进行测定,以其算术平均值为测定结果,所得到的结果应表示至小数点后 2 位。

(2)重复性

当含磷量<0.5%时,允许相对偏差 10%;当含磷量≥0.5%时,允许相对偏差 3%。

(二)饲料中植酸磷的测定

饲料中植酸磷的测定采用三氯乙酸法(TCA 法),该方法适用于配合饲料、浓缩饲料和单一饲料中植酸磷的测定。

1.原理

用三氯乙酸溶液提取试样中植酸盐,然后加入铁盐使植酸盐生成植酸铁沉淀,再与氢氧化钠反应生成可溶性植酸钠和棕色氢氧化铁沉淀,植酸钠用硝酸和高氯酸分解后释放出磷,然后用钼黄吸光光度法测定植酸磷含量。

2.试剂和溶液

①三氯乙酸溶液:30 g/L。

②三氯化铁溶液(1 mL 相当于 2 mg 铁):称取三氯化铁($FeCl_3 \cdot 6H_2O$)0.97 g,用 30 g/L 三氯乙酸溶液溶解,并定容至 100 mL,混匀。

③氢氧化钠溶液:60 g/L。

④浓硝酸:煮沸赶去游离 NO_2,使其成为无色。

⑤硝酸溶液,体积分数 50%:V(硝酸):V(水)= 1:1。

⑥硝酸溶液,体积分数 25%:V(硝酸):V(水)= 1:3。

⑦混酸:V(硝酸):V(高氯酸)= 2:1。

⑧钒钼酸铵显色剂:同总磷的测定。

⑨标准磷溶液:同总磷的测定。

3.仪器和设备

分析天平(感量 0.000 1 g)、分光光度计(有 10 mm 比色池,可在 420 nm 下进行测定)、容量瓶(50 mL,100 mL)、移液管(10 mL,50 mL)、吸量管(5 mL,10 mL)、卧式振荡机、三角瓶(50 mL 或 100 mL)、具塞三角瓶(250 mL)、离心机、具塞离心管(50 mL)。

4.测定步骤

(1)磷标准曲线的绘制

磷的标准曲线的绘制方法同总磷的测定。

(2)试样的测定

①称取试样 3～6 g(含植酸磷 5～30 mg)于干燥的 250 mL 具塞三角瓶中,准确加入 30 g/L 三氯乙酸溶液 50 mL,浸泡 2 h,机械振荡浸提 30 min,用漏斗、干滤纸和干烧杯进行过滤。

②准确吸取上层清液 10 mL 于 50 mL 离心管中,迅速加入 4 mL 三氯化铁溶液,置于沸水浴中加热 45 min,冷却后,4 000 r/min 离心 10 min,除去上层清液,加入 30 g/L 三氯乙酸溶液 20～25 mL,进行洗涤(沉淀必须搅散),沸水浴加热 10 min,冷却后 4 000 r/min 离心 10 min,除去上层清液,如此重复 2 次,再用 20～25 mL 水洗涤 1 次。

③洗涤后的沉淀加入 3～5 mL 水及 60 g/L 氢氧化钠溶液 3 mL,摇匀,用水稀释至 30 mL 左右,置沸水浴中 30 min,趁热用中速定量滤纸过滤,滤液用 100 mL 容量瓶盛接,再用热水 60～70 mL,分数次洗涤沉淀。滤液经冷却至室温后,定容至刻度。

④准确吸取 5～10 mL 滤液(含植酸磷 0.1～0.4 mg)于 50 mL 或 100 mL 三角瓶中,加入混酸 3 mL 于电炉上低温消化至冒白烟,至剩余约 0.5 mL 溶液为止(切忌蒸干!)。

⑤冷却后用 30 mL 水,分数次洗入 50 mL 容量瓶中,加入 3 mL 硝酸溶液(体积分数 50%),显色剂 10 mL,用水定容至刻度,混匀,静置 20 min 后,用分光光度计上在波长 420 nm 处测定吸光度。查对磷标准曲线,并计算植酸磷的含量。

5.结果计算

试样中植酸磷的质量分数 ω（％）按下式计算：

$$\omega = \frac{a \times 50 \times 10^{-6}}{m} \times 100\%$$

式中：a 为由磷标准曲线查得的含磷量（即测定时 50 mL 容量瓶中所含磷数量），$\mu g/mL$；50 为试样溶液的稀释倍数；m 为试样质量，g；10^{-6} 为从 μg 转化为 g 的系数。

每个试样称取 2 个平行样进行测定，以其算术平均值为结果。所得结果应精确到 2 位小数。

6.注意事项

试样粉碎粒度要求至少过 60 目样品筛。颗粒太大会导致试样浸提不完全，从而使分析结果波动太大，重现性差。

在离心法反复洗涤植酸铁沉淀过程中，注意不要损失铁沉淀物。

显色时的硝酸酸度要求在 5％～8％（体积比）。

显色时温度不低于 15 ℃，否则显色缓慢。

四、饲料中硫的测定

1.原理

饲料中硫的测定采用硝酸镁法，其原理是用硝酸镁固定、氧化饲料中的硫，使硫氧化为硫酸根，在酸性条件下，用氯化钡将硫酸根沉淀为硫酸钡，沉淀经过滤、洗涤和灼烧后，以硫酸钡的形式称重，从而求得硫含量。

2.试剂和溶液

本标准试剂均使用分析纯，水符合 GB/T 6682 中三级水的规格或相当纯度的水。

①盐酸。

②硝酸镁溶液：称取 95 g 硝酸镁[$Mg(NO_3)_2 \cdot 6H_2O$]溶于水并稀释至 100 mL。

③氯化钡溶液：10 g 氯化钡溶于 100 mL 水中。

④硝酸银溶液：浓度 $c(AgNO_3)$ 为 0.1 mol/L。

警告：硝酸镁易燃、易爆、有刺激性，储存时应避光，远离火种、热源，加热时一定要小火，谨慎操作，避免直接与人体接触。

3.仪器和设备

除常用实验室设备外，其他仪器设备为：分样筛[孔径为 0.42 mm（40 目）]、分析天平（感量为 0.000 1 g）、高温炉[可控温度在（820±20）℃]、瓷坩埚（50 mL）、调温电炉。

4.样品的采集和制备

同钙样品的采集和制备。

5.测定步骤

称取试样 2～5 g（精确至 0.000 1 g）于 50 mL 瓷坩埚中，加入 15 mL 硝酸镁溶液，使溶液与样品充分接触，混合均匀。于调温电炉上小火加热无水分后继续加热炭化至无烟。趁热移入高温炉内，500 ℃下灼烧，使样品无黑色颗粒，否则压碎后继续灼烧。取出瓷坩埚，待冷却后加入 15 mL 水、7 mL 盐酸，煮沸，过滤，用热蒸馏水洗涤滤渣每次 10～20 mL，直至滤液约

200 mL。再将滤液加热煮沸，不断搅拌下滴加 20 mL 氯化钡热溶液。继续煮沸 5 min。静置过夜。用慢速定量滤纸过滤，再用热蒸馏水洗涤至无氯离子存在为止（用硝酸银溶液检验滤液，无白色沉淀），将沉淀和滤纸移入已在（820 ± 20）℃下灼烧至恒重的瓷坩埚中[恒重条件为干净瓷坩埚，在（820±20）℃下灼烧 30 min，在空气中冷却约 1 min，放入干燥器中冷却 30 min，称其质量，再重复灼烧、冷却、称量，直至 2 次质量之差小于 0.000 5 g 为恒重（$m_{坩埚}$）]，在电炉上小火干燥炭化后，再于（820±20）℃下灼烧 1 h，取出，在空气中冷却约 1 min，放入干燥器内冷却 30 min，称量，再同样灼烧 30 min，冷却、称量，直至 2 次质量之差小于 0.001 g 为恒重（$m_{坩埚+硫酸钡}$）。

6.结果计算

（1）计算

试样中硫的含量 X（%），以质量分数计，按下式计算：

$$X = \frac{m_1 \times 0.137\ 4}{m} \times 100\%$$

式中：m_1 为沉淀的质量，即 $m_{坩埚+硫酸钡} - m_{坩埚}$，g；0.137 4 为硫酸钡与硫的转换系数；m 为试样的质量，g。

每个试样取 2 个平行样进行测定，以其算术平均值为测定结果，所得结果表示到小数点后 2 位。

（2）重复性

含硫量 0.3% 以上时，允许相对偏差 10%；含硫量在 0.2%～0.3% 时，允许相对偏差 15%；含硫量在 0.2% 以下时，允许相对偏差 20%。

五、饲料中水溶性氯化物的测定

本方法规定了以氯化钠表示的饲料中水溶性氯化物含量的测定，适用于各种配合饲料、浓缩饲料和饲料原料中水溶性氯化物的测定，测定方法为硫氰酸铵反滴定法。

1.原理

试样中的氯离子溶解于水溶液中，如果试样含有有机物质，需将溶液澄清，然后用硝酸酸化，在酸性的条件下，加入过量的硝酸银标准溶液使试样溶液中的氯化物生成氯化银沉淀，过量的硝酸银溶液用硫氰酸铵或硫氰酸钾标准溶液滴定，根据消耗的硫氰酸铵或硫氰酸钾标准溶液的体积，计算出试样中氯化物的含量，反应式如下。

$AgNO_3 + Cl^- = NO_3^- + AgCl\downarrow$（白色）

$AgNO_3 + NH_4SCN = NH_4NO_3 + AgSCN\downarrow$（白色）

$6NH_4SCN + Fe(SO_4)_3 = 3(NH_4)_2SO_4 + 2Fe(SCN)_3$（血红色）

2.试剂和溶液

所使用试剂为分析纯。

①硝酸。

②氯化钠标准储备溶液：基准级氯化钠于 500 ℃灼烧 1 h，干燥器中冷却保存。称取 5.845 4 g 溶解于水中，转入 1 000 mL 容量瓶中，用水定容至刻度，摇匀。该氯化钠标准储备溶液的浓度为 0.100 0 mol/L。

③氯化钠标准工作液：准确吸取氯化钠标准储备溶液 20.00 mL 于 100 mL 容量瓶中，用

水定容至刻度,摇匀。该氯化钠标准溶液的浓度为 0.020 0 mol/L。

④硫酸铁溶液,60 g/L:称取硫酸铁 60 g,加水微热溶解后,定容至 1 000 mL。

⑤硫酸铁指示剂:250 g/L 硫酸铁溶液,过滤除去不溶物,与等体积的硝酸混合均匀。

⑥氨水溶液:V(氨水):V(水)=1:19。

⑦硫氰酸铵溶液,$c(NH_4SCN)=0.02$ mol/L:称取硫氰酸铵 1.52 g 溶于 1 000 mL 水中。

⑧硝酸银标准滴定溶液,$c(AgNO_3)=0.02$ mol/L:称取硝酸银 3.4 g 溶于 1 000 mL 水中,贮存于棕色瓶内。

体积比:吸取硝酸银标准滴定溶液 20.00 mL,加硝酸 4 mL,硫酸铁指示剂 2 mL,在剧烈摇动下用硫氰酸铵标准滴定溶液滴定,滴至终点为持久的淡红色,由此计算两溶液体积比 F,如下式所示。

$$F = \frac{20.00}{V_2}$$

式中:20.00 为移取的硝酸银标准滴定溶液的体积(V_1),mL;V_2 为消耗的硫氰酸铵标准滴定溶液的体积,mL。

标定:准确移取氯化钠标准工作液 10.00 mL 于 100 mL 容量瓶中,加硝酸 4 mL,硝酸银标准滴定溶液 25.00 mL,振荡使沉淀凝结,用水稀释至刻度,摇匀,静置 5 min,干过滤于干燥锥形瓶中。吸取滤液 50 mL,加硫酸铁指示剂 2 mL,用硫氰酸铵标准滴定溶液滴定出现淡红棕色,且 30 s 不褪色即为终点。硝酸银标准滴定溶液的浓度按下式计算。

$$c(AgNO_3) = \frac{m \times (20/100\ 0) \times (10/100)}{0.058\ 45 \times (V_1 - F \times V_2 \times 100/50)}$$

式中:$c(AgNO_3)$ 为硝酸银标准滴定溶液物质的浓度,mol/L;m 为氯化钠质量,g;V_1 为硝酸银滴定标准溶液体积,mL;V_2 为硫氰酸铵标准滴定溶液体积,mL;F 为硝酸银标准滴定溶液与硫氰酸铵标准滴定溶液的体积比;0.058 45 为与 1.00 mL 硝酸银标准滴定溶液[$c(AgNO_3)=1.000\ 0$ mol/L]相当的、以克(g)表示的氯化钠质量。

每个试样取 2 个平行样测定,以其算数平均值为测定结果。结果保留 4 位有效数字。

3.仪器和设备

分析天平(感量 0.000 1 g)、刻度移液管(2 mL,10 mL)、滴定管(酸式,25 mL 或 50 mL)、容量瓶(100 mL,1 000 mL)、滤纸(快速,直径 15.0 cm;慢速,直径 12.5 cm)。

4.测定步骤

(1)氯化物的提取

称取适量试样(氯含量低于 0.8%,称取试样约 5 g;氯含量为 0.8%～1.6%,称取试样为 3 g;氯含量为 1.6%以上,称取试样约 1 g),准确加入硫酸铁溶液 50 mL,氨水溶液 100 mL,搅拌数分钟,放置 10 min,用干的快速滤纸过滤。

(2)滴定

准确移取滤液 50 mL 于 100 mL 容量瓶中,加硝酸 10 mL,硝酸银标准溶液 25.00 mL,用力振荡使其沉淀凝结,用水稀释至刻度,摇匀,静置 5 min,干过滤于 150 mL 干燥锥形瓶中。吸取试样滤液 50.00 mL,加硫酸铁指示剂 2 mL,用硫氰酸铵标准滴定溶液滴定,出现淡橘红色,且 30 s 不褪色即为终点。

5.结果计算

（1）计算

试样中氯离子的质量分数 $\omega(\%)$ 按下式计算：

$$\omega(Cl^-) = \frac{(V_1 - V_2 \times F \times 100/50) \times c \times 150 \times 0.035\,5}{m \times 50} \times 100\%$$

试样中氯化钠的质量分数 $\omega(\%)$ 按下式计算：

$$\omega(Cl^-) = \frac{(V_1 - V_2 \times F \times 100/50) \times c \times 150 \times 0.058\,45}{m \times 50} \times 100\%$$

式中：m 为试样的质量，g；V_1 为移取的硝酸银标准滴定溶液体积，mL；V_2 为滴定时硫氰酸铵标准滴定溶液消耗体积，mL；F 为硝酸银标准滴定溶液与硫氰酸铵标准滴定溶液的体积比；c 为硝酸银标准滴定溶液浓度，mol/L；0.035 5 为与 1.00 mL 硝酸银标准滴定溶液 $[c(AgNO_3) = 1.000\,0\ mol/L]$ 相当的、以克（g）表示的氯元素的质量；0.058 45 为与 1.00 mL 硝酸银标准滴定溶液 $[c(AgNO_3) = 1.000\,0\ mol/L]$ 相当的、以克（g）表示的氯化钠质量。

每个试样取 2 个平行样测定，以其算数平均值为测定结果。结果保留小数点后 2 位。

（2）重复性

氯化钠含量在 3％以下（含 3％），绝对相差不超过 0.05％；氯化钠含量在 3％以上，相对偏差不超过 3％。

（3）注意事项

①在标定硝酸银标准滴定溶液或滴定试样滤液时，速度应快、且又不要过分剧烈摇动，以防发生下列反应。

$$AgCl + SCN^- = AgCSN\downarrow + Cl^-$$

这样会因氯化银沉淀转化成硫氰酸银沉淀，使消耗的硫氰酸铵标准滴定溶液体积增加，从而使测定结果偏低。

②该法是根据氯离子（Cl^-）来计算氯化钠含量，但由于添加到配合饲料、浓缩饲料和添加剂预混合饲料中的氨基酸、维生素和抗生素等添加剂都可能带入氯离子，所以通过此法测定的氯化钠的含量往往比实际添加的氯化钠的含量高。

③滴定时，如果 1 滴就到终点，表明没有过量的 $AgNO_3$ 与之反应，需补加 $AgNO_3$ 5～10 mL，然后再滴定。导致这种情况发生的原因是样品中氯化物含量高或称样量过大。

六、原子吸收光谱法测定饲料中的微量元素

原子吸收光谱法适用于配合饲料、浓缩饲料、精料补充料、添加剂预混合饲料和饲料原料中钙（Ca）、铜（Cu）、铁（Fe）、镁（Mg）、锰（Mn）、钾（K）、钠（Na）和锌（Zn）等微量元素含量的测定。各元素含量的检出限为，K、Na：500 mg/kg，Ca、Mg：50 mg/kg，Cu、Fe、Mn、Zn：5 mg/kg。

（一）原理

试料在高温电阻炉（550±15）℃下灰化之后，用盐酸溶液溶解，然后导入原子吸收分光光度计，形成原子蒸气，特定元素吸收特征谱线的光波，根据辐射光减弱的程度，即可求出该元素的含量。

（二）试剂和溶液

除非另有说明，分析时均使用符合国家标准的分析纯试剂。

①水：GB/T 6682，三级。

②盐酸，$c(HCl)=12 \text{ mol/L}(\rho=1.19 \text{ g/mL})$。

③盐酸溶液，$c(HCl)=6 \text{ mol/L}$：盐酸：水=1:1。

④盐酸溶液，$c(HCl)=0.6 \text{ mol/L}$：盐酸：水=5:100。

⑤硝酸镧溶液：溶解 133 g 的 $La(NO_3)_3 \cdot 6H_2O$ 于 1 L 水中。如果配制的溶液镧含量相同，可以使用其他镧盐配制。

⑥氯化铯溶液：溶解 100 g 氯化铯（CsCl）于 1 L 水中。如果配制的溶液铯含量相同，可以使用其他铯盐配制。

⑦Cu、Fe、Mn、Zn 的标准贮备溶液：取 100 mL 水、125 mL 盐酸于 1 L 容量瓶中，混匀。称取下列试剂于容量瓶中溶解并用水定容：392.9 mg 硫酸铜（$CuSO_4 \cdot 5H_2O$）、702.2 mg 硫酸亚铁铵[$(NH_4)_2SO_4 \cdot FeSO_4 \cdot 6H_2O$]、307.7 mg 硫酸锰（$MnSO4 \cdot H_2O$）、439.8 mg 硫酸锌（$ZnSO_4 \cdot 7H_2O$）。此贮备溶液中 Cu、Fe、Mn、Zn 的含量均为 100 $\mu g/mL$。

注：可以使用市售的标准溶液。

⑧Cu、Fe、Mn、Zn 的标准溶液：准确移取 20.0 mL 的贮备溶液加入 100 mL 容量瓶中，用水稀释定容。此标准溶液中 Cu、Fe、Mn、Zn 的含量均为 20 $\mu g/mL$。该标准溶液使用时当天配制。

⑨Ca、K、Mg、Na 的标准贮备溶液：称取下列试剂于 1 L 容量瓶中，1.907 g 氯化钾（KCl）、2.028 g 硫酸镁（$MgSO_4 \cdot 7H_2O$）、2.542 g 氯化钠（NaCl）。另称取 2.497 g 碳酸钙（$CaCO_3$）放入烧杯中，加入 50 mL 6 mol/L 盐酸溶液（注意：当心产生的二氧化碳）。在电热板上加热 6 min，冷却后将溶液转移到含有 K、Mg、Na 盐的容量瓶中，用 0.6 mol/L 盐酸溶液定容。此贮备溶液中 Ca、K、Na 的含量均为 1 mg/mL，Mg 的含量为 200 $\mu g/mL$。

注：可以使用市售的标准溶液。

⑩Ca、K、Mg、Na 的标准液：准确移取 25.0 mL 贮备溶液，加入 250 mL 容量瓶中，用 0.6 mol/L 盐酸溶液定容。此标准溶液中 Ca、K、Na 的含量均为 100 $\mu g/mL$，Mg 的含量为 20 $\mu g/mL$。配制的标准溶液贮存在聚乙烯瓶中，可以在 1 周内使用。

⑪镧/铯空白溶液：取 5 mL 硝酸镧溶液、5 mL 氯化铯溶液和 5 mL 6 mol/L 盐酸溶液加入 100 mL 容量瓶中，用水定容。

（三）仪器和设备

分析天平（感量，0.1 mg），坩埚（铂金、石类或瓷质，不含钾、钠，内层光滑没有被腐蚀，上部直径为 4~6 cm，下部直径 2~2.5 cm，高 5 cm 左右，使用前用盐酸溶液煮沸），硬质玻璃器皿（使用前用盐酸溶液煮沸，并用水冲洗净），电热板，高温电阻炉[温度能控制在（550±15）℃]，原子吸收分光光度计（波长范围符合元素测定的波长要求，带有空气-乙炔火焰和背景校正功能），Ca、Cu、Fe、K、Mg、Mn、Na、Zn 空心阴极灯或无极放电灯，定量滤纸。

（四）测定步骤

1.样品的采集和制备

同钙样品的采集和制备。保存的样品要防止变质及其他变化。

2.试样分解液的制备

检验试样中是否存在有机物。用平勺取一些试样在火焰上加热。如果试样熔化没有烟，即不存在有机物。如果试样颜色有变化，并且不熔化，即试样含有有机物。不含有机物的试料，可以直接溶解，含有机物的试料，需要干灰化然后溶解。

(1)干灰化法(适合于含有机物试样)

准确称取1～5 g试样于坩埚中，将坩埚放在电热板上加热，直到试料完全炭化(要避免试料燃烧)。将坩埚转到550 ℃预热15 min以上的高温电阻炉中灰化3 h。冷却后用2 mL水湿润坩埚内试料。如果有炭粒，则将坩埚放在电热板上缓慢小心蒸干，然后放到高温电阻炉中再次灰化2 h,冷却后加2 mL水湿润坩埚内试料。

注:含硅化合物可能影响复合预混合饲料灰化效果，使测定结果偏低。此时称取试料后宜从下文"溶解法"溶解开始操作。

(2)溶解法(适合于不含有机物试样)

准确称取1～5 g试样于坩埚中，取10 mL 6 mol/L盐酸溶液，开始慢慢一滴一滴加入，边加边旋动坩埚，直到不冒泡为止(可能产生二氧化碳)，然后再快速加入，旋动坩埚并加热直到内容物接近干燥，在加热期间避免内容物溅出。用5 mL 6 mol/L盐酸溶液加热溶解残渣后，分次用5 mL左右的水将试料溶液转移到50 mL容量瓶。冷却后用水定容，摇匀并用滤纸过滤。滤液备用。

(3)空白溶液

每次测量，均按照上文"干灰化法"或"溶解法"步骤制备空白溶液。

3.铜、铁、锰、锌的测定

(1)测量条件

调节原子吸收分光光度计的仪器测试条件，使仪器在空气-乙炔火焰测量模式下处于最佳分析状态。Cu、Fe、Mn、Zn的测量波长分别为324.8 nm、248.3 nm、279.5 nm、213.8 nm。

(2)标准曲线

用0.6 mol/L盐酸溶液稀释标准溶液，配制一组适宜的标准工作溶液。测量0.6 mol/L盐酸溶液的吸光度和标准溶液的吸光度。用标准溶液的吸光度减去0.6 mol/L盐酸溶液的吸光度，以吸光度校正值分别对Cu、Fe、Mn、Zn的含量绘制标准曲线。

注:原子吸收分光光度计多具有自动绘制曲线的功能，非线性绘制曲线不是必需的。如果曲线呈现高次函数形状，非线性绘制曲线的方法能提高测定数据的准确性。

(3)试样溶液的测定

在同样条件下，测量试样溶液和空白溶液的吸光度，试样溶液的吸光度减去空白溶液的吸光度，由标准曲线求出试样溶液中元素的浓度。必要时用盐酸溶液稀释试样溶液和空白溶液，使其吸光度在标准曲线线性范围之内。

注:原子吸收分光光度计多具有自动计算试料溶液中元素浓度的功能，背景校正不是必需的。如果存在背景值，采用背景校正能提高测定数据的准确性。

4.钙、镁、钾钠的测定

(1)测量条件

调节原子吸收分光光度计的仪器测试条件，使仪器在空气-乙炔火焰测量模式下处于最佳分析状态。Ca、K、Mg、Na 的测量波长分别为 422.6 nm、766.5 nm、285.2 nm、589.6 nm。

（2）标准曲线

用水稀释标准溶液，每 100 mL 标准溶液加 5 mL 的硝酸镧溶液、5 mL 氯化铯溶液和 5 mL 6 mol/L 盐酸溶液配制一组适宜的标准工作液。

测量镧/铯空白溶液的吸光度和标准溶液的吸光度，测量标准溶液吸光度减去镧/铯空白溶液的吸光度。以校正后的吸光度分别对 Ca、K、Mg、Na 的含量绘制标准曲线。

（3）试样溶液的测定

用水定量稀释试样溶液和空白溶液，每 100 mL 溶液加 5 mL 硝酸镧溶液、5 mL 氯化铯溶液和 5 mL 6 mol/L 盐酸溶液。

在相同条件下，测量试样溶液和空白溶液的吸光度。用试样溶液的吸光度减去空白溶液的吸光度。如果必要，用镧/铯空白溶液再稀释试样溶液和空白溶液，使其吸光度在标准曲线线性范围之内。

（五）结果计算

1.计算

由校正曲线、试样的质量和稀释度分别计算出 Ca、Cu、Fe、Mn、Mg、K、Na 和 Zn 各元素的含量。

结果计算的修约为：当结果在 5～10 mg/kg 时，修约到 0.1 mg/kg；当结果在 10～100 mg/kg时，修约到1 mg/kg；当结果在 100 mg/kg～1 g/kg 时，修约到 10 mg/kg；当结果在 1～10 g/kg 时，修约到 100 mg/kg；当结果在 10～100 g/kg 时，修约到 1 g/kg。

2.精密度和再现性

同一操作人员在同一实验室，用同一方法使用同样设备对统一试样在短时期内所做的 2 个平行样结果之间的差值，超过表 2-3 或表 2-4 重复性限 γ 的情况，不大于 5%。

不同分析人员在不同实验室，用不同设备使用同一方法对同一试样所得到的 2 个单独试验结果之间的绝对差值，超过表 2-3 或表 2-4 再现性限 R 的情况，不大于 5%。

表 2-3　预混料的重复性限(γ)和再现性限(R)

元素	含量/(mg/kg)	γ	R
Ca	3 000～300 000	$0.07 \times \overline{W}$	$0.20 \times \overline{W}$
Cu	200～20 000	$0.07 \times \overline{W}$	$0.13 \times \overline{W}$
Fe	500～30 000	$0.06 \times \overline{W}$	$0.21 \times \overline{W}$
K	2 500～30 000	$0.09 \times \overline{W}$	$0.26 \times \overline{W}$
Mg	1 000～100 000	$0.06 \times \overline{W}$	$0.14 \times \overline{W}$
Mn	150～15 000	$0.08 \times \overline{W}$	$0.28 \times \overline{W}$
Na	2 000～250 000	$0.09 \times \overline{W}$	$0.26 \times \overline{W}$
Zn	3 500～15 000	$0.08 \times \overline{W}$	$0.20 \times \overline{W}$

表 2-4　饲料的重复性限(γ)和再现性限(R)

元素	含量/(mg/kg)	γ	R
Ca	3 000~50 000	$0.07 \times \overline{W}$	$0.28 \times \overline{W}$
Cu	10~100	$0.27 \times \overline{W}$	$0.57 \times \overline{W}$
Cu	100~200	$0.09 \times \overline{W}$	$0.16 \times \overline{W}$
Fe	50~1 500	$0.08 \times \overline{W}$	$0.32 \times \overline{W}$
K	5 000~30 000	$0.09 \times \overline{W}$	$0.28 \times \overline{W}$
Mg	1 000~10 000	$0.06 \times \overline{W}$	$0.16 \times \overline{W}$
Mn	15~500	$0.06 \times \overline{W}$	$0.40 \times \overline{W}$
Na	1 000~6 000	$0.15 \times \overline{W}$	$0.23 \times \overline{W}$
Zn	25~500	$0.11 \times \overline{W}$	$0.19 \times \overline{W}$

注：表 2-3 和表 2-4 指出的重复性限和再现性限对各元素和范围用一个计算式表示。式中的系数是调查研究一些样品在指出范围中求得的一个平均值，在特殊情况下对特定样品特定元素的测定所得的值较高，对这些样品没有考虑进去，大多数情况，这些偏差可能是样品的均匀度不好而致。两个表格中 $\overline{W}$ 为两试验结果的平均值(mg/kg)。

第五节　维生素的测定

一、概述

维生素是体内生物催化剂的组成成分或与一些生物活性物质有关，广泛参与机体的化学反应过程和维持内环境的稳定。现已确定机体组织中含有 15 种维生素，按照溶解性分为脂溶性维生素和水溶性维生素。脂溶性维生素包括维生素 A、维生素 D、维生素 E 以及维生素 K。水溶性维生素包括 B 族维生素和维生素 C。B 族维生素包硫胺素、核黄素、泛酸、烟酸、维生素 B_6、生物素、叶酸、维生素 B_{12}、肌醇和胆碱。维生素 E 和维生素 D_3 的测定方法包括皂化提取法和直接提取法，测定原理同维生素 A 的测定方法。因此，本节主要介绍饲料中维生素 A、维生素 K 的测定方法以及饲料添加剂 B 族维生素及抗坏血酸(维生素 C)的测定方法。

二、维生素 A 的测定

饲料中维生素 A 通常采用高效液相色谱法进行测定，本方法为皂化提取法，适用于配合饲料、浓缩饲料、复合预混合饲料、维生素预混合饲料中维生素 A 的测定，定量限为 1 000 IU/kg。

（一）原理

用碱溶液皂化试样后，乙醚提取皂化的化合物，蒸发乙醚，将残渣溶解于正己烷中，将正己烷提取物注入高效液相色谱仪分离，在波长 326 nm 条件下测定，外标法计算维生素 A 含量。

（二）试剂和溶液

除特殊注明外，本标准所用试剂均为分析纯，水符合 GB/T 6682 中三级用水规定，色谱用水符合 GB/T 6682 中一级用水规定，溶液按照 GB/T 603 配制。

①无水乙醚(不含过氧化物)。

过氧化物检查方法:用 5 mL 乙醚加 1 mL 10%碘化钾溶液,振摇 1 min,如有过氧化物则释放游离碘,水层呈黄色。若加 0.5%淀粉指示液,水层呈蓝色。该乙醚需处理后使用。

去除过氧化物的方法:乙醚用 5%硫代硫酸钠溶液振摇,静置,分取乙醚层,再用蒸馏水振摇,洗涤 2 次,重蒸,弃去首尾 5%部分,收集馏出的乙醚,再检查过氧化物,应符合规定。

②无水乙醇。

③正己烷:色谱纯。

④异丙醇:色谱纯。

⑤甲醇:色谱纯。

⑥2,6-二叔丁基对甲酚(BHT)。

⑦无水硫酸钠。

⑧氮气:纯度 99.9%。

⑨碘化钾溶液:100 g/L。

⑩淀粉指示液:5 g/L(临用现配)。

⑪硫代硫酸钠溶液:50 g/L。

⑫氢氧化钾溶液:500 g/L。

⑬L-抗坏血酸乙醇溶液,5 g/L:取 0.5 g L-抗坏血酸结晶纯品溶解于 4 mL 温热的水中,用无水乙醇稀释至 100 mL,临用前配制。

⑭酚酞指示剂乙醇溶液:10 g/L。

⑮维生素 A 乙酸酯标准品:维生素 A 乙酸酯含量≥99.9%。

⑯维生素 A 标准贮备液:称取维生素 A 乙酸酯标准品 34.4 mg(精确至 0.000 01 g)于皂化瓶中,按分析步骤皂化和提取,将乙醚提取液全部浓缩蒸发至干,用正己烷溶解残渣置入 100 mL 棕色容量瓶中并稀释至刻度,混匀,4 ℃保存。该贮备液浓度为 344 μg/mL(1 000 IU/mL),临用前用紫外分光光度计标定其准确浓度。

⑰维生素 A 标准工作液:准确吸取 1.00 mL 维生素 A 标准贮备液,用正己烷稀释 100 倍;若用反相色谱测定,将 1.00 mL 维生素 A 标准贮备液置入 10 mL 棕色容量瓶中,用氮气吹干,用甲醇稀释至刻度,混匀,再按照 1∶10 比例稀释,配制工作液浓度为 3.44 μg/mL(10 IU/mL)。

(三)仪器和设备

分析天平(感量 0.001 g、0.000 1 g、0.000 01 g)、圆底烧瓶(带回流冷凝器)、恒温水浴或电热套、旋转蒸发器、超纯水器、高效液相色谱仪(带紫外可调波长检测器或二极管矩阵检测器)。

(四)测定步骤

1.样品的采集和制备

按 GB/T 14699.1 的规定进行样品的采集,按 GB/T 20195 制备试样。粉碎至全部过0.28 mm 孔筛,混匀装于密封容器,避光低温保存备用。

2.试样溶液的制备

(1)皂化

称取试样配合饲料或浓缩饲料 10 g,精确至 0.001 g,维生素预混合饲料或复合预混合饲

料 $1\sim5$ g，精确至 0.000 1 g，置入 250 mL 圆底烧瓶中，加 50 mL L-抗坏血酸乙醇溶液，使试样完全分散、浸湿，加 10 mL 氢氧化钾溶液，混匀。置于沸水浴上回流 30 min，不时振荡防止试样黏附在瓶壁上，皂化结束，分别用 5 mL 无水乙醇、5 mL 水自冷凝管顶端冲洗其内部，取出烧瓶冷却至约 40 ℃。

（2）提取

定量转移全部皂化液于盛有 100 mL 无水乙醚的 500 mL 分液漏斗中，用 30～50 mL 水分 2～3 次冲洗圆底烧瓶并倒入分液漏斗，加盖，放气，随后混合，激烈振荡 2 min，静置分层。转移水相于第二个分液漏斗中，分次用 100 mL、60 mL 乙醚重复提取 2 次，弃去水相，合并 3 次乙醚相。用水每次 100 mL 洗涤乙醚提取液至中性，初次水洗时轻轻旋摇，防止乳化。乙醚提取液通过无水硫酸钠脱水，转移到 250 mL 棕色容量瓶中，加 100 mg BHT 使之溶解，用乙醚定容至刻度（V_1）。以上操作均在避光通风柜内进行。

（3）浓缩

从乙醚提取液（V_1）中分取一定体积（V_2）（依据样品标示量、称样量和提取液量确定分取量）置于旋转蒸发器烧瓶中，在水浴温度约 50 ℃，部分真空条件下蒸发至干或用氮气吹干。残渣用正己烷溶解（反相色谱用甲醇溶解），并稀释至 10 mL（V_3）使其维生素 A 最后浓度为每毫升 5～10 IU，离心或通过 0.45 μm 过滤膜过滤，收集滤液移入 2 mL 进样瓶中，用于高效液相色谱仪分析。以上操作均在避光通风柜内进行。

（4）上机测定

①色谱条件。

正相色谱条件。色谱柱：硅胶 Si60，长 125 mm，内径 4 mm，粒度 5 μm（或性能类似的分析柱）；流动相：正己烷：异丙醇＝98：2（V：V）；流速：1.0 mL/min；温度：室温；进样量：20 μL；检测波长：326 nm。

反相色谱条件。色谱柱：C_{18} 型柱，长 125 mm，内径 4.6 mm，粒度 5 μm（或性能类似的分析柱）；流动相：甲醇：水＝95：5（V：V）；流速：1.0 mL/min；温度：室温；进样量：20 μL；检测波长：326 nm。

②定量测定。

按高效液相色谱仪说明书调整仪器操作参数和灵敏度，向色谱柱注入相应的维生素 A 标准工作液和试样溶液，得到色谱峰面积响应值，用外标法定量测定。

（五）结果计算

试样中维生素 A 的含量，以质量分数 X_1 计，数值以国际单位每千克（IU/kg）或毫克每千克（mg/kg）表示，按下式计算：

$$X_1 = \frac{P_1 \times V_1 \times V_3 \times \rho_1}{P_2 \times m_1 \times V_2 \times f_1} \times 1\ 000$$

式中：P_1 为试样溶液峰面积值；V_1 为提取液的总体积，mL；V_3 为试样溶液最终体积，mL；ρ_1 为维生素 A 标准工作液浓度，μg/mL；P_2 为维生素 A 标准工作液峰面积值；m_1 为试样质量，g；V_2 为从提取液（V_1）中分取的溶液体积，mL；f_1 为转换系数，1 国际单位（IU）相当于 0.344 μg 维生素 A 乙酸酯，或 0.300 μg 视黄醇活性。

平行测定结果用算术平均值表示，保留 3 位有效数字。

当维生素 A 含量在 $1.00 \times 10^3 \sim 1.00 \times 10^4$ mg/kg 时，允许相对偏差 20%；当维生素 A 含

量在 $1.00\times10^4\sim1.00\times10^5$ mg/kg 时,允许相对偏差 15%;当维生素 A 含量在 $1.00\times10^5\sim$ 1.00×10^6 mg/kg 时,允许相对偏差 10%;当维生素 A 含量>1.00×10^6 mg/kg 时,允许相对偏差 5%。

三、维生素 K₃ 的测定

饲料中维生素 K₃(亚硫酸氢钠甲萘醌、二甲基嘧啶醇亚硫酸甲萘醌以甲萘醌计)含量的测定可采用高效液相色谱法和分光光度法等,其中高效液相色谱法适应性广,适用于配合饲料、浓缩饲料、添加剂预混合饲料和精料补充料中维生素 K₃ 的测定,定量限为 0.4 mg/kg。分光光度法仅适用于饲料添加剂中化学合成法制得的亚硫酸氢钠甲萘醌的含量。这里介绍高效液相色谱法测定饲料中维生素 K₃ 的含量。

(一)原理

试样经三氯甲烷和碳酸钠溶液提取并转化成游离甲萘醌,经反相 C₁₈ 柱分离,紫外检测器检测,外标法定量。

(二)试剂和溶液

除另有说明,本方法所有试剂均为分析纯试剂,试验用水符合 GB/T 6682 中三级用水规定,色谱用水符合 GB/T 6682 中一级用水规定,溶液按照 GB/T 603 配制。

①三氯甲烷。
②甲醇:色谱纯。
③无水碳酸钠。
④碳酸钠溶液:$c=1$ mol/L,称取无水碳酸钠 10.6 g,加 100 mL 水溶解,摇匀。
⑤无水硫酸钠。
⑥硅藻土。
⑦硅藻土和无水硫酸钠混合物:称取 3 g 硅藻土与 20 g 无水硫酸钠混匀。
⑧甲萘醌标准品:含量≥96%。
⑨甲萘醌标准贮备液:称取甲萘醌标准品约 50 mg(精确至 0.000 01 g)于 100 mL 棕色容量瓶中,用甲醇溶解,稀释至刻度,混匀。该贮备液浓度约为 500 μg/mL,-18 ℃保存,有效期 1 年。
⑩甲萘醌标准工作液:准确吸取 1.00 mL 甲萘醌标准贮备液于 100 mL 棕色容量瓶中,用甲醇溶解,稀释至刻度,混匀。该工作液浓度约为 5 μg/mL,-18 ℃保存,有效期 3 个月。

(三)仪器和设备

天平(感量 0.001 g、0.000 1 g、0.000 01 g)、旋转振荡器(200 r/min)、离心机(不低于 5 000 r/min)、氮吹仪(或旋转蒸发仪)、高效液相色谱仪(带紫外可调波长检测器或二极管矩阵检测器),以及实验室常用仪器设备。

(四)采样和试样制备

按照 GB/T 14699.1 抽取有代表性的饲料样品,用四分法缩减取样,按照 GB/T 20195 制备试样,磨碎,全部通过 0.25 mm 孔筛,混匀,装入密闭容器中,避光低温保存备用。

(五)测定步骤

警示:因维生素 K₃ 对空气和紫外光具敏感性,而且所用提取剂三氯甲烷溶液有一定毒性,所以全部操作均应避光并在通风处进行。

1.试验溶液的制备

称取维生素预混合饲料 0.25～0.5 g(精确至 0.000 1 g)或复合预混合饲料 1 g 或浓缩饲料 5 g(精确至 0.001 g)或配合饲料和精料补充料 5～10 g(精确至 0.001 g),置入 100 mL 具塞锥形瓶中,准确加入 50 mL 三氯甲烷放在旋转振荡器旋转振荡 2 min,加 5 mL 碳酸钠溶液旋转振荡 3 min。再加 5 g 硅藻土和无水硫酸钠混合物,于旋转振荡器上振荡 30 min,然后用中速滤纸过滤(或移入离心管,5 000 r/min 离心 10 min)。

依据样品预期量、称样量和提取液量确定分取量,准确吸取适量三氯甲烷提取液(V_2),用氮气吹干(或 40 ℃旋转减压蒸干)。用甲醇溶解,定容(V_3),使试样溶液浓度为甲萘醌 0.1～5 μg/mL。通过 0.45 μm 有机滤膜过滤,用于高效液相色谱仪分析。

2.测定

(1)参考色谱条件

色谱柱:C_{18}型柱,长 150 mm,内径 4.6 mm,粒度 5 μm,或性能类似的分析柱;流动相:甲醇：水(75：25);流速:1.0 mL/min;柱温:室温;进样量:5～20 μL;检测波长:251 nm。

(2)定量测定

依次注入相应的甲萘醌标准工作液和试样溶液,得到色谱峰面积响应值,用外标法定量测定。

(六)结果计算

1.计算

试样中甲萘醌的含量 X,以甲萘醌在样品中的质量分数表示,单位为 mg/kg,按下式计算：

$$X = \frac{P_1 \times V_1 \times V_3 \times \rho}{P_2 \times m \times V_2}$$

式中：P_1 为试样溶液峰面积值;V_1 为提取液的总体积,mL;V_3 为试样溶液定容体积,mL;ρ 为甲萘醌标准工作液浓度,μg/mL;P_2 为甲萘醌标准工作液峰面积值;m 为试样质量,g;V_2 为从提取液(V_1)中分取的溶液体积,mL。

注:维生素 K_3 的添加剂有亚硫酸氢钠甲萘醌、亚硫酸氢烟酰胺甲萘醌和二甲基嘧啶醇亚硫酸甲萘醌,与甲萘醌之间的转化系数为 1 mg 的甲萘醌相当于 1.918 2 mg 的亚硫酸氢钠甲萘醌、2.186 mg 的亚硫酸氢烟酰胺甲萘醌、2.198 mg 的二甲基嘧啶醇亚硫酸甲萘醌。

2.重复性

当维生素 K_3 含量小于 100 mg/kg 时,2 次独立测定结果与其算术平均值的差值不大于其算术平均值的 20%;当维生素 K_3 含量为 100～1 000 mg/kg 时,差值不大于算术平均值的 15%;当维生素 K_3 含量大于 1 000 mg/kg 时,差值不大于算术平均值的 10%。

四、维生素 B_1(盐酸硫胺和硝酸硫胺)的测定

本方法适用于以氨基丙腈为原料,经化学合成制得的饲料添加剂盐酸硫胺或硝酸硫胺(维生素 B_1)。

(一)鉴别试验

1.盐酸硫胺鉴别

①称取 0.005 g 试样加 2.5 mL 氢氧化钠溶液(43 g/L)溶解后,加铁氰化钾溶液(100 g/L,现配现用)0.5 mL、正丁醇 5 mL,强力振摇 2 min,静置分层,上层显强烈的蓝色荧光。加酸使其成酸性,荧光消失;再加碱使其成碱性,荧光又显出。

②氯化物的鉴别反应:称取 0.5 g 试样,置于干燥试管中,加二氧化锰 0.5 g,混匀,加硫酸湿润,缓慢加热,即产生氯气,能使湿润的碘化钾淀粉试纸(取滤纸条浸入含有碘化钾 0.5 g 的新制的淀粉指示剂 100 mL 中,润湿后,取出阴干。淀粉指示剂为 0.5 g 可溶性淀粉加水 5 mL 摇匀后缓慢倒入 100 mL 沸水中,搅拌煮沸 2 min,放冷后的上清液,现配现用)显蓝色。

③按照红外分光光度法测定,试样的红外吸收图谱应与对照的图谱一致(对照图谱参见图 2-6)。

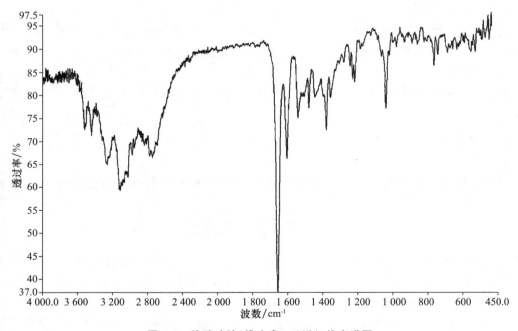

图 2-6 盐酸硫胺(维生素 B₁)近红外光谱图

2.硝酸硫胺鉴别

①称取约 0.05 g 试样加氢氧化钠溶液(100 g/L)2.5 mL 溶解后,加铁氰化钾溶液(100 g/L,现用现配)0.5 mL、异丁醇 5 mL,强力振摇 2 min,静置分层,上层显强烈的蓝色荧光。加酸使其成酸性,荧光消失;再加碱使其成碱性,荧光又显出。

②取 2% 试样溶液 2 mL,加硫酸 2 mL,放冷,缓慢加入硫酸亚铁溶液(取 $FeSO_4 \cdot 7H_2O$ 8 g,加新沸过的冷水 100 mL 使其溶解,摇匀,现用现配)2 mL,两层溶液接触处产生棕色环。

③溶解试样 0.005 g 于乙酸铅溶液(100 g/L:称取乙酸铅 10 g,加新沸过的冷水溶解后,滴加冰乙酸使溶液澄清,再加新沸过的冷水定容至 100 mL,摇匀)1 mL 和氢氧化钠溶液(100 g/L)1 mL 的混合溶液中,产生黄色。再在水浴上加热几分钟,溶液变成棕色,放置,有硫化铅析出。

④按照红外分光光度法测定,试样的红外吸收图谱应与对照的图谱一致(对照图谱参见图 2-7)。

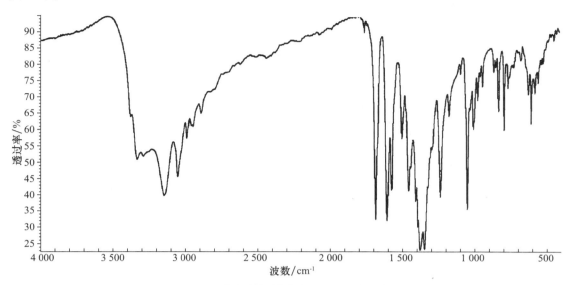

图 2-7　硝酸硫胺(维生素 B$_1$)近红外光谱图

(二)含量测定(硅钨酸沉淀法)

1.试剂和溶液

①盐酸。

②硅钨酸溶液:100 g/L。

③盐酸溶液:取盐酸 5 mL 加水稀释至 100 mL。

④丙酮。

2.仪器和设备

分析天平(感量为 0.1 mg)。

3.测定步骤

称取在 105 ℃干燥至恒重的试样 0.1 g,精确到 0.000 2 g,加水 50 mL 溶解后,加盐酸 2 mL,煮沸,立即滴加硅钨酸溶液 10 mL,继续煮沸 2 min,用 80 ℃干燥至恒重的 4♯垂熔坩埚过滤,沉淀先用煮沸的盐酸溶液 20 mL 分次洗涤,再用水 10 mL 洗涤 1 次,最后用丙酮洗涤 2 次,每次 5 mL,沉淀物在 80 ℃干燥至恒重。

4.结果计算

(1)盐酸硫胺的计算

盐酸硫胺含量以质量分数 ω_1(%)表示,按下式计算:

$$\omega_1 = \frac{m_1 \times 0.193\,9}{m_2} \times 100\%$$

式中:m_1 为干燥恒重后沉淀质量,g;0.193 9 为盐酸硫胺硅钨酸换算成盐酸硫胺的系数;m_2 为试样的质量,g。

（2）硝酸硫胺的计算

硝酸硫胺含量以质量分数 ω_1（％）表示，按下式计算：

$$\omega_1 = \frac{m_1 \times 0.188\,2}{m_2} \times 100\%$$

式中：m_1 为干燥恒重后沉淀质量，g；0.188 2 为硝酸硫胺硅钨酸盐换算成硝酸硫胺的系数；m_2 为试样的质量，g。

（3）重复性

试验结果以平行测定结果的算术平均值表示，保留 3 位有效数字。

在重复性条件下获得的 2 次独立测定结果的绝对差值不大于 0.5％。

五、维生素 B_2（核黄素）的测定

本方法适用于生物发酵法或化学合成法制得的维生素 B_2，在饲料工业中作为维生素类饲料添加，分子式为 $C_{17}H_{20}N_4O_6$。

（一）鉴别试验

①称取样品约 1 mg，加水 100 mL 溶解后，溶液在透射光下显黄绿色并有强烈的黄绿色荧光。分成 2 份，一份加无机酸或碱溶液，荧光即消失；另一份中加少许连二亚硫酸钠，摇匀后，黄色即消退，荧光即消失。

②按含量测定制备溶液，用分光光度计测定，以 1 cm 比色皿在 200～500 nm 波长范围内测定试样溶液的吸收光谱，应在（267±1）nm、（375±1）nm、（444±1）nm 的波长处有最大吸收。375 nm 处吸收度与 267 nm 处吸收度的比值应为 0.31～0.33，444 nm 处吸收度与 267 nm 处吸收度的比值应为 0.36～0.39。

（二）维生素 B_2 含量的测定

1.原理

试样中维生素 B_2 经碱溶解后，其在试液中的浓度与 444 nm 波长下的紫外吸收值成正比，以此测定其百分含量。

2.试剂和溶液

除非另有规定，在分析中仅使用确认为分析纯的试剂和符合 GB/T 6682 规定的三级水。

①氢氧化钠溶液：$c(NaOH)=2$ mol/L。

②冰乙酸。

③乙酸钠溶液：1.4％。

3.仪器和设备

实验室常用设备、紫外分光光度计（附 1 cm 比色皿）。

4.测定步骤

注意：避光操作！

称取试样约 0.065 g（精确至 0.000 2 g），置于 500 mL 棕色容量瓶中，加 5 mL 水，使样品完全湿润，加 5 mL 2 mol/L 氢氧化钠溶液使其全部溶解，立即加入 100 mL 水和 2.5 mL 冰乙酸，加水稀释至刻度，摇匀。精密吸取 10 mL 试液置于 100 mL 棕色容量瓶中，加 1.4％乙酸钠溶液 8 mL，并用水稀释至刻度，摇匀。另取乙酸钠溶液 1.8 mL 于 100 mL 棕色容量瓶中，用

水稀释至刻度,作为空白。于 1 cm 比色皿内,用紫外分光光度计在 444 nm 处测定吸光度。

5.结果计算

(1)计算

维生素 B_2 含量 X_1(%)以质量分数表示,按下式计算:

$$X_1 = \frac{A \times 5\,000}{328 \times m} \times 100\%$$

式中:A 为试液在(444±1)nm 波长处得到的吸光度;5 000 为稀释倍数;328 为维生素 B_2 在(444±1)nm 波长处得到的吸光系数;m 为试样质量。

(2)重复性

结果保留 3 位有效数字。同一分析者对同一试样同时 2 次平行测定结果的相对偏差应不大于 2%。

六、D-泛酸钙的测定

本方法适用于合成法制得的维生素类添加剂 D-泛酸钙,分子式为 $C_{18}H_{32}CaN_2O_{10}$。

(一)鉴别试验

①称取试样约 50 mg,加氢氧化钠溶液(43 g/L)5 mL,振摇,加硫酸铜溶液(125 g/L)2 滴,即显蓝紫色。

②称取试样约 50 mg,加氢氧化钠溶液(43 g/L)5 mL,振摇,煮沸 1 min,放冷,加酚酞指示液(按照 GB/T 603 的规定制备)1 滴,加盐酸溶液(1 mol/L)至溶液褪色,再多加 0.5 mL 盐酸溶液,加三氯化铁溶液(90 g/L)2 滴,即显鲜明的黄色。

③本品的水溶液显钙盐的鉴别反应:称取试样 0.5 g,加水 5 mL 溶解,加草酸铵溶液(35 g/L),即发生白色沉淀;分离,所将沉淀不溶于冰乙酸,但溶于盐酸。

④红外鉴别:按照《中华人民共和国药典》(2005 年版二部)附录Ⅳ 红外分光光度法,利用溴化钾压片法,试料的红外光吸收图谱与对照的图谱一致(光谱集 208 图)。

(二)D-泛酸钙含量的测定(高氯酸全自动电位滴定法)

1.试剂和溶液

本方法所用试剂和水,均为分析纯试剂和 GB/T 6682 中规定的三级水。

①冰乙酸。

②乙酸酐。

③高氯酸标准滴定溶液,$c(HClO_4)=0.1$ mol/L。按 GB/T 601 的规定制备、标定。

2.仪器和设备

实验室常用仪器和设备,以及分析天平(精确至 0.1 mg)、全自动电位滴定仪、红外分光光度计、气相色谱仪(配 FID)、高效液相色谱仪(带紫外检测器)。

3.测定步骤

准确称取试样 180～200 mg(精确至 0.000 02 g),加入大约 50 mL 冰乙酸溶解,加 3 mL 乙酸酐,用高氯酸(组合的玻璃电极)标准滴定溶液滴定,采用全自动电位滴定仪测定。若滴定试料的温度与标定高氯酸标准滴定溶液时的温度差超过 10 ℃,则应重新标定;若未超过 10 ℃,则可将高氯酸标准滴定溶液的浓度加以校正(见 GB/T 601 的修正方法)。

4.结果计算

(1)计算

D-泛酸钙含量 X_1（％，按干燥品计），按下式计算：

$$X_1 = \frac{V_1 \times c_1 \times 238.27}{m_1 \times 1\,000 \times (1 - X_5)} \times 100\%$$

式中：V_1 为试料溶液消耗高氯酸标准滴定溶液的体积，mL；c_1 为高氯酸标准滴定溶液的浓度，mol/L；238.27 为 D-泛酸钙的摩尔质量；m_1 为试料质量，g；X_5 为试料干燥失重，％。

计算结果表示至小数点后 1 位。

(2)允许差

取平行测定结果的算术平均值为测定结果，2 次平行测定结果相对偏差小于等于 0.5％。

七、烟酸的测定

本方法适用于以化学合成法制得的饲料添加剂烟酸，化学式为 $C_6H_5NO_2$。

（一）鉴别试验

①称取试样约 4 mg，加 2,4-二硝基氯苯 8 mg，研匀，置试管中，缓缓加热熔化后，再加热数秒钟，放冷，加乙醇制氢氧化钾溶液（0.5 mol/L）3 mL，即显紫红色。

②称取试样约 50 mg，加水 20 mL 溶解后，滴加氢氧化钠溶液（0.1 mol/L）至遇石蕊试纸显中性反应，加硫酸铜溶液（125 g/L）3 mL，即缓缓析出淡蓝色沉淀。

③称取试样，加水制成每毫升中含有 20 μg 的试样溶液，按照紫外-可见分光光度法测定，在 262 nm 处有最大吸收，在 237 nm 处有最小吸收，237 nm 处吸收度与 262 nm 处吸收度的比值应为 0.35～0.39。

④按照红外分光光度法测定，试样的红外光吸收图谱与对照的图谱一致（对照图谱参见图 2-8）。

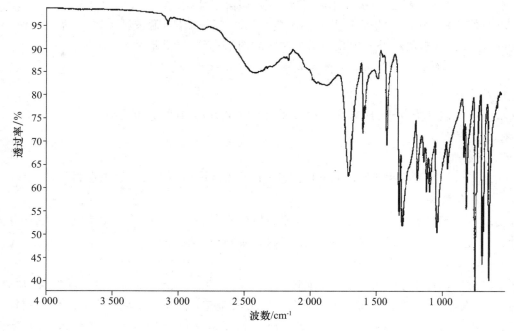

图 2-8　烟酸红外光谱图

(二)烟酸含量的测定(高氯酸电位滴定法)

1.试剂与溶液

①冰乙酸。

②乙酸酐。

③高氯酸。

④高氯酸滴定液:$c(HClO)=0.1$ mol/L。按照 GB/T 601 的规定制备和标定。

2.仪器和设备

分析天平(感量 0.01 mg)、全自动电位滴定仪。

3.测定步骤

称取烟酸试样 100～110 mg(精确至 0.1 mg),加冰乙酸 50 mL,加 3 mL 乙酸酐,按照电位滴定法,用高氯酸(组合的玻璃电极)标准滴定溶液滴定,并将滴定的结果用空白试验校正。

4.结果计算

(1)计算

烟酸含量 X_1(％,按干基计),按下式计算:

$$X_1 = \frac{(V_1-V_0)\times c\times 123.1}{m_1\times 1\,000\times(1-X)}\times 100\%$$

式中:V_1 为试样溶液消耗高氯酸滴定液的体积,mL;V_0 为空白溶液消耗高氯酸滴定液的体积,mL;c 为高氯酸滴定液的浓度,mol/L;123.1 为烟酸的摩尔质量,g/mol;m_1 为试样质量,g;X 为试样的干燥失重测定数值,％。

取平行测定的算术平均值为测定结果。结果表示至小数点后 1 位。

(2)重复性

平行测定结果的绝对差值不大于 0.3％。

八、维生素 B₆(盐酸吡哆醇)的测定

本方法适用于以化学合成法制得的饲料添加剂维生素 B₆(盐酸吡哆醇),分子式为 $C_8H_{11}NO_3\cdot HCl$。

(一)鉴别试验

①称取试样约 10 mg,加水 100 mL 溶解后,各取 1 mL,分别置甲、乙两个试管中,各加 200 g/L 乙酸钠溶液 2 mL,甲管中加水 1 mL,乙管加 40 g/L 硼酸溶液 1 mL,混匀,各迅速加 5 g/L 氯亚胺基-2,6-二氯醌乙醇溶液 1 mL,甲管中显蓝色,几分钟后即消失,并转变为红色,乙管中不显蓝色。

②取上述①中试样的水溶液,加氨试液(40 mL 氨水加水稀释至 100 mL)使其成碱性,再加硝酸溶液(105 mL 硝酸加水稀释至 1 000 mL)使其成酸性后,加 0.1 mol/L 硝酸银溶液,即产生白色凝胶状沉淀,加氨试液沉淀即溶解,再加硝酸溶液,沉淀复生成。

③按照红外分光光度法测定,试样的红外光吸收图谱应与对照的图谱一致(对照图谱参见图 2-9)。

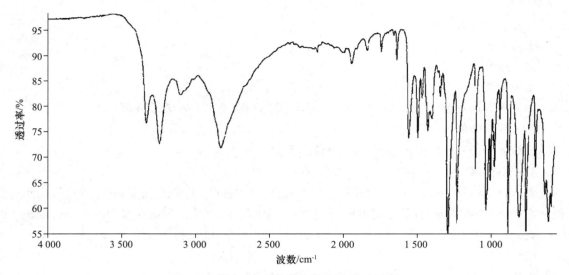

图 2-9　维生素 B_6（盐酸吡哆醇）红外光谱图

（二）维生素 B_6（盐酸吡哆醇）含量的测定

1.试剂和溶液

①冰乙酸。

②乙酸汞。

③高氯酸。

④结晶紫。

⑤乙酸汞溶液，50 g/L：取乙酸汞 5 g，研细，加温热的冰乙酸溶解并稀释至 100 mL。

⑥结晶紫指示液，5 g/L：取结晶紫 0.5 g，加冰乙酸溶解并稀释至 100 mL。

⑦高氯酸标准滴定溶液，$c(HClO_4)=0.1$ mol/L。按照 GB/T 601 制备和标定。

2.测定步骤

称取干燥至恒重的试样 0.15 g（准确至 0.001 g），加冰乙酸 20 mL 与 50 g/L 乙酸汞溶液 5 mL，温热溶解后，放冷，加结晶紫指示液 1 滴，用 0.1 mol/L 高氯酸标准滴定溶液滴定，至溶液显蓝绿色，并将滴定结果用空白试验校正。

3.结果计算

（1）计算

维生素 B_6（盐酸吡哆醇）含量 X_1（％，按干基计），按下式计算：

$$X_1 = \frac{(V-V_0) \times c \times 205.6}{m \times 1\,000} \times 100\%$$

式中：V 为试样溶液消耗高氯酸标准滴定溶液的体积，mL；V_0 为空白试验消耗高氯酸标准滴定溶液的体积，mL；c 为高氯酸标准滴定溶液的摩尔浓度，mol/L；205.6 为维生素 B_6 的摩尔质量的数值[$M(C_8H_{11}NO_3 \cdot HCl)=205.6$ g/mol]，g/mol；m 为试样质量，g。

取平行测定的算术平均值为测定结果。结果表示至小数点后 1 位。

（2）重复性

2 个平行测定结果的绝对差值不大于 0.5％。

九、2％ D-生物素的测定

本方法适用于以淀粉、糊精或乳糖等为载体，用喷雾法和稀释法工艺制得的含有 2％ D-生物素的饲料添加剂，分子式为 $C_{10}H_{16}N_2O_3S$。

（一）鉴别试验

1.试液的制备。

称取试样约 0.5 g（精确至 0.002 g），置于 50 mL 容量瓶中，加约 40 mL 提取剂［三氟乙酸溶液：乙腈（色谱纯）＝75：25(V:V)］，在超声波水浴中超声提取 15 min，冷却至室温，用提取剂定容至刻度，混匀，过滤，滤液过 0.45 μm 滤膜，供高效液相色谱仪分析。取试样溶液用高效液相色谱测定，样品溶液主峰的相对保留时间与对照溶液主峰的保留时间一致。

2.色谱条件

色谱柱：C_{18}柱，长 250 mm，内径 4.6 mm，粒度 3 μm；流动相：三氟乙酸溶液：乙腈＝75：25(V:V)；流速：1.0 mL/min；进样量：20 μL；检测波长：紫外可调波长检测器，210 nm。

（二）D-生物素含量测定

1.试剂和材料

①乙腈：色谱纯。

②三氟乙酸。

③盐酸溶液，c(HCl)＝3.0 mol/L：量取 250 mL 盐酸于 1 000 mL 容量瓶中，用水稀释至刻度。

④0.05％三氟乙酸溶液，0.05％（体积分数）：移取 0.5 mL 三氟乙酸于 1 000 mL 容量瓶中，用超纯水定容至刻度。

⑤提取剂：三氟乙酸溶液：乙腈＝75：25(V:V)。

⑥D-生物素对照品：D-生物素含量≥99％

⑦D-生物素标准储备溶液：称取约 100 mg（精确至 0.000 01 g）生物素对照品，置于 50 mL 的容量瓶中，用提取剂溶解，并稀释定容至刻度，摇匀。该标准贮备液每毫升含生物素 2.0 mg。

⑧D-生物素标准工作液：准确吸取 D-生物素标准贮备液 1.00 mL 于 100 mL 容量瓶中，用提取剂稀释定容至刻度，摇匀。该标准工作液每毫升含生物素 200 μg。

2.仪器和设备

分析天平（感量为 0.1 mg）、红外光谱仪超声波水浴、超纯水装置、高效液相色谱仪（带紫外可调波长检测器或二极管矩阵检测器）。

3.测定步骤

（1）试液的制备

称取试样约 0.5 g，置于 50 mL 容量瓶中，加约 40 mL 提取剂，在超声波水浴中超声提取 15 min，冷却至室温，用提取剂定容至刻度，混匀，过滤，滤液过 0.45 μm 滤膜，供高效液相色谱仪分析。

(2)液相色谱条件

同鉴别试验。

(3)定量测定

按照高效液相色谱仪说明书调整仪器操作参数,向色谱柱中注入 D-生物素标准工作液和试样溶液,记录色谱图,按外标法以峰面积计算。

4.结果计算

(1)计算

试样中的 D-生物素含量为 $X(\%)$,以质量分数表示,按下式计算:

$$X = \frac{P_i \times c \times 50}{P_{st} \times m} \times 10^{-6} \times 100\%$$

式中:P_i 为试液的峰面积;c 为 D-生物素标准工作液浓度,$\mu g/mL$;50 为试液稀释倍数;P_{st} 为生物素标准工作液的峰面积;m 为试样质量浓度,g。

测定结果用平行测定的算术平均值表示,计算结果保留 3 位有效数字。

(2)重复性

2 个平行测定结果的相对偏差不大于 5.0%。

十、叶酸的测定

本方法适用于化学合成制得的饲料添加剂叶酸,分子式为 $C_{19}H_{19}N_7O_6$。

(一)鉴别试验

①称取适量试样约 2 mg,加氢氧化钠溶液(0.1 mol/L)10 mL,振摇使其溶解,加高锰酸钾溶液(0.1 mol/L)1 滴,振摇混匀后,溶液显蓝绿色,在紫外灯光下,显蓝绿色荧光。

②取样后,加氢氧化钠溶液制成每 1 mL 中含 10 μg 样品的溶液。用分光光度计测定,在 $(256 \pm 1)nm$、$(283 \pm 2)nm$、$(356 \pm 4)nm$ 的波长处有最大吸收度。256 nm 处吸收度与 365 nm 处吸收度的比值应为 2.8~3.0。

(二)叶酸含量的测定(外标法)

1.试剂和溶液

①磷酸二氢钾:优级纯。

②磷酸氢二钾:优级纯。

③氢氧化钾溶液,$c(KOH) = 0.1$ mol/L:称取 0.56 g 氢氧化钾溶于 100 mL 水中。

④甲醇:色谱纯。

⑤流动相:称取 19.64 g 磷酸二氢钾和 9.68 g 磷酸氢二钾溶于水中,倒入 2 L 容量瓶中,加入 240 mL 甲醇,用水定容至刻度,用 0.1 mol/L 氢氧化钾溶液调节 pH 至 6.5。

⑥叶酸标准溶液,200 $\mu g/mL$:准确称取叶酸对照品(叶酸纯度≥91.4%,以 $C_{19}H_{19}N_7O_6$ 计)21.9 mg,置于 100 mL 容量瓶中,加入 0.1 mol/L 氢氧化钾溶液 1.8 mL 和流动相 10.0 mL 溶解,然后用流动相定容至刻度。此标准溶液每 1 mL 含叶酸 200 μg,现配现用。

2.仪器和设备

分析天平(感量为 0.000 1 g 和 0.000 01 g)、超声波清洗器、酸度计、液相色谱仪(配紫外检测器或二极管阵列检测器)。

3.测定步骤

（1）试样溶液的制备

称取试样 0.2 g，置于 100 mL 容量瓶中，加入 0.1 mol/L 氢氧化钾溶液 1.8 mL 和流动相 10.0 mL 溶解，然后用流动相定容至刻度。准确移取 10.0 mL 溶液，用流动相稀释至 100 mL，摇匀，待测。

（2）色谱条件

色谱柱：ODS C_{18} 型柱，粒度 4 μm，柱长 150 mm，内径 3.9 mm 或性能相当者；流速：0.6 mL/min；温度：30 ℃；进样量：10 μL；检测波长：280 nm。

4.结果计算

（1）计算

叶酸含量以质量分数 X（%）表示，按下式计算：

$$X = \frac{A_s \times c \times V}{A_{st} \times m \times 1\,000} \times 100\%$$

式中：A_s 为试样溶液中叶酸的峰面积；A_{st} 为标准溶液中叶酸的峰面积；V 为稀释体积，mL；m 为试样溶液中叶酸的质量，g；c 为标准溶液中叶酸浓度，μg/mL。

试验结果以 2 次平行测定结果的算术平均值表示，结果保留 3 位有效数字。

（2）重复性

在重复性条件下获得的 2 次独立测定结果的绝对差值不大于 2.0%。

十一、维生素 B_{12}（氰钴胺）的测定（外标法）

本方法适用于以维生素 B_{12}（氰钴胺）为原料，加入碳酸钙、玉米淀粉等其他适宜的稀释剂制成的维生素 B_{12} 粉剂（其标示量为 0.1%、0.5%、1%、…、5%），分子式为 $C_{63}H_{88}CoN_{14}O_{14}P$。

（一）鉴别试验

注意：需在避光条件下进行。

根据产品含量，称取试样 0.1～1 g，置于 100 mL 棕色容量瓶内，加约 60 mL 水，在超声波水浴中超声提取 15 min。冷却至室温，用水定容至刻度，混匀，过滤，滤液过 0.45 μm 滤膜。取试样溶液，用分光光度计测定，用 1 cm 石英比色皿在 300～600 nm 波长范围内测定试样溶液的吸收光谱，应在（361±1）nm、（550±2）nm 的波长处有最大吸收峰。

（二）维生素 B_{12}（氰钴胺）含量的测定

1.试剂和溶液

除特殊说明外，所用试剂均为优级纯，水为蒸馏水，色谱用水符合 GB/T 6682 中一级用水规定，标准溶液和杂质溶液的制备应符合 GB/T 602 和 GB/T 603。

①甲醇：色谱纯。

②冰乙酸。

③1-己烷磺酸钠：色谱级。

④维生素 B_{12} 标准品：符合《中华人民共和国药典》。

⑤维生素 B_{12} 标准贮备溶液：称取约 0.1 g（精确至 0.000 2 g）维生素 B_{12} 标准品，置于 100 mL

棕色容量瓶中,用水稀释定容至刻度,摇匀。该标准贮备液含维生素 B_{12} 质量浓度 1 mg/mL。

⑥维生素 B_{12} 标准工作液:准确吸取维生素 B_{12} 标准贮备液 1.00 mL 于 100 mL 棕色容量瓶中,用水稀释定容至刻度,摇匀。该标准工作液含维生素 B_{12} 质量浓度 10 μg/mL。

2.仪器和设备

实验室常用设备,以及超声波水浴、超纯水装置、高效液相色谱仪、带紫外可调波长检测器(或二极管矩阵检测器)。

3.测定步骤

(1)试液的制备

根据产品含量,称取试样 0.1~1 g(精确至 0.000 2 g),含维生素 B_{12} 1~2 mg,置于 100 mL 棕色容量瓶中,加约 60 mL 水,在超声波水浴中超声提取 15 min,冷却至室温,用水定容至刻度,混匀,过滤,滤液过 0.45 μm 滤膜,供高效液相色谱仪分析。

(2)色谱条件

固定相:C_{18} 柱,内径 4.6 mm,长 150 mm,粒度 5 μm;流动相:每升水溶液中含 300 mL 的甲醇,1 g 的己烷磺酸钠和 10 mL 的冰乙酸,过滤,超声脱气;流速:0.5 mL/min;检测器:紫外可调波长检测器(或二极管矩阵检测器),检测波长 361 nm;进样量:20 μL。

(3)定量测定

按高效液相色谱仪说明书调整仪器操作参数,向色谱柱中注入维生素 B_{12} 标准工作液及试样溶液,得到色谱峰面积响应值,用外标法定量。

也可采用 GB/T 17819—1999 中 6.2 的方法测定维生素 B_{12} 的含量。

4.结果计算

(1)计算

试样中维生素 B_{12} 含量 X_1(%)以质量分数表示,按下式计算:

$$X_1 = \frac{P_i \times c \times 100}{P_{st} \times m} \times 10^{-4} \times 100\%$$

式中:P_i 为试液峰面积;c 为维生素 B_{12} 标准工作液浓度,μg/mL;100 为试液稀释倍数;P_{st} 为维生素 B_{12} 标准工作液峰面积;m 为试样质量,g。

试样中维生素 B_{12} 占标示量的质量分数以 X_2(%)表示,按下式计算:

$$X_2 = \frac{X_1}{K} \times 100\%$$

式中:K 为产品中维生素 B_{12} 标示量。

2 个平行测定结果用算术平均值表示,保留 3 位有效数字。

(2)重复性

2 次平行测定结果的相对偏差应不大于 5%。

十二、氯化胆碱的测定

本方法适用于以三甲胺盐酸盐水溶液与环氧乙烷反应生成的氯化胆碱水剂和以氯化胆碱水剂为原料加入载体制成的氯化胆碱粉剂。载体种类包括二氧化硅、植物源性载体以及植物源性载体为主添加抗结块剂的混合载体,载体和抗结块剂应符合《饲料原料目录》《饲料添加剂品种目录》以及《饲料卫生标准》的规定。氯化胆碱分子式为 $C_5H_{14}NClO$。

（一）鉴别试验

1.水剂鉴别

①称取试样 0.5 g（精确至 0.1 mg），加 50 mL 水溶解，取其 5 mL，加 3 mL 雷氏盐（二氨基四硫代氰酸铬铵）甲醇溶液（2 g 雷氏盐溶于 100 mL 甲醇，过滤，有效期为 48 h），产生粉红色沉淀。

②称取试样 0.5 g（精确至 0.1 mg），加 10 mL 水溶解，取其 5 mL，加 2 滴碘化汞钾（1.36 g 氯化汞加 60 mL 水溶解，另取 5 g 碘化钾加 10 mL 水溶解。将两种溶液混合，加水稀释至 100 mL）溶液，产生浅黄色沉淀。

③称取试样 0.5 g（精确至 0.1 mg），加 5 mL 水溶解，取其 5 mL，加 2 g 氢氧化钾、数粒高锰酸钾，加热时放出氨能使润湿的红色石蕊试纸变蓝。

④称取试样 1.0 g（精确至 0.1 mg），加 10 mL 水溶解，加氨水溶液（氨水 10 mL，加水至 100 mL，摇匀）使其成碱性，分成 2 份。一份加硝酸溶液（10 mL 硝酸加 100 mL 水，摇匀）使其成酸性，加硝酸银溶液（硝酸银 1.7 g 加水溶解成 100 mL，摇匀）产生白色凝乳状沉淀，分离出的沉淀能在氨水溶液中溶解，再加硝酸溶液，沉淀又生成；另一份中加硫酸溶液（6 mL 硫酸加到 100 mL 水中，摇匀）使其成酸性，加入高锰酸钾数粒，加热放出氯气使润湿的淀粉-碘化钾试纸显蓝色。

2.粉剂鉴别

称取试样 2 g（精确至 0.1 mg），加 20 mL 水溶解，过滤，弃去滤渣。其他按水剂鉴别步骤的规定进行。

（二）氯化胆碱含量的测定（离子色谱法）

1.试剂和溶液

①盐酸。

②乙醇。

③氢氧化钠。

④甲基磺酸：含量≥99.5%。

⑤氯化胆碱对照品：含量≥98.0%。

⑥甲基红。

⑦亚甲基蓝。

⑧雷氏盐（二氨基四硫代氰酸铬铵）。

⑨氢氧化钠溶液：取氢氧化钠 40 g，加水溶解成 100 mL，摇匀。

⑩甲基磺酸溶液：取甲基磺酸适量，加水溶解稀释成 18 mmol/L 溶液，摇匀。

⑪氯化胆碱对照品贮备液：称取 0.1 g 已在 105 ℃干燥 2 h 的氯化胆碱对照品，置于 100 mL 量瓶中，加水溶解，用水稀释至刻度，摇匀。该溶液浓度约为 1 mg/mL，2～8℃保存，有效期 3 个月。

⑫氯化胆碱系列标准工作溶液：量取氯化胆碱对照品贮备液适量，用水稀释成浓度范围为 2～30 μg/mL 的工作液系列。

⑬甲基红-亚甲基蓝混合指示液：取甲基红 0.2 g，加乙醇溶解并稀释至 100 mL；另取亚甲基蓝 0.1 g，加乙醇溶解并稀释至 100 mL；临用前取二者等量混合，摇匀。

⑭雷氏盐(二氨基四硫代氰酸铬铵)甲醇溶液:称取 2 g 雷氏盐(二氨基四硫代氰酸铬铵),溶于 100 mL 甲醇,过滤,有效期为 48 h。

2.仪器和设备

分析天平(感量 0.01 g 和 0.000 1 g)、水浴锅、振荡器、离子色谱仪(具有弱酸型阳离子交换柱和带有连续自动再生膜阳离子抑制器的电导检测器)、电热干燥箱[可控温度在(105±2)℃]。

3.测定步骤

(1)试样的制备

①水剂的测定。称取试样 0.7 g(精确至 0.1 mg),置于 250 mL 量瓶中,用水稀释至刻度,摇匀。移取 1.00 mL,置于 100 mL 容量瓶中,用水稀释至刻度,摇匀。

②粉剂的测定。称取经 105 ℃ 干燥 2 h 的试样 1.0 g(精确至 0.1 mg),置于 250 mL 量瓶中,加约 200 mL 水,摇匀,在(70±3)℃水浴上加热 15 min,振荡 10 min,冷却至室温,用水稀释至刻度,摇匀后,用干燥的滤纸和漏斗过滤。移取滤液 1.00 mL 置于 100 mL 容量瓶中,用水稀释至刻度,摇匀。

(2)色谱条件

色谱柱:羧基/膦酸基弱酸型阳离子交换柱,粒径 8.5 μm,如 IonPac CS12A 250 mm×4 mm(带 IonPac CS12A 保护柱 50 mm×4 mm)或性能相当的离子色谱柱;流动相:甲基磺酸溶液 18 mmol/L;流速:1.0 mL/min;柱温:30℃;抑制器:连续电化学自动再生膜阳离子抑制器,或性能相当的膜型阳离子抑制器;检测器:电导检测器;进样体积:25 μL(可根据试样中被测离子含量进行调整)。

(3)氯化胆碱系列标准工作溶液的测定

取氯化胆碱系列标准工作溶液上机测定,平行测定的算术平均值为峰面积测定结果,以工作液浓度与峰面积平均值绘制标准曲线。

4.结果计算

(1)计算

氯化胆碱含量 X(%,以质量分数计),按下式计算:

$$X = \frac{c \times V_1 \times V_3 \times 10^{-6}}{m \times V_2} \times 100\%$$

式中:c 为根据标准曲线计算所得试样溶液中氯化胆碱的浓度,μg/mL;V_1 为试样定容的体积,mL;V_2 为试样溶液移取的体积,mL;V_3 为试样溶液最终定容的体积,mL;m 为试样质量,g。

取 2 次平行测定结果的算术平均值的测定结果。结果表示到小数点后 1 位。

(2)重复性

2 次平行测定结果的绝对差值不得超过算术平均值的 4.0%。

十三、L-抗坏血酸(维生素 C)的测定

本方法适用于以 D-山梨醇为原料发酵后再经化学合成制得的维生素添加剂 L-抗坏血酸(维生素 C),分子式为 $C_6H_8O_6$。

（一）鉴别试验

①称取约 0.2 g 样品，加水 10 mL 溶解后，取溶液 5 mL，加硝酸银溶液（17.5 g/L）0.5 mL，即生成银的黑色沉淀。

②称取约 0.2 g 样品，加水 10 mL 溶解后，取溶液 5 mL，加 2,6-二氯靛酚钠溶液（1 g/L）1～3 滴，试液的颜色即消失。

（二）L-抗坏血酸（维生素 C）含量的测定

1.试剂和溶液

①乙酸溶液，6%（体积分数）。

②淀粉指示液，5g/L（现用现配）。

③碘标准滴定溶液，$c\left(\frac{1}{2}I_2\right)=0.1$ mol/L。

2.测定步骤

称取约 0.2 g 样品（精确至 0.000 2 g），置于 250 mL 碘容量瓶中，加新煮沸过的冷水 100 mL 与乙酸溶液 10 mL 使之溶解，然后加淀粉指示液 1 mL，立即用碘标准滴定溶液滴定，至溶液呈蓝色，30 s 不褪色。同时做空白试验，除不加样品外，其他步骤与样品测定相同。

3.结果计算

（1）计算

L-抗坏血酸（维生素 C）（以 $C_6H_8O_6$ 计）的质量分数 X（%），按下式计算：

$$X = \frac{(V-V_0)\times c \times 0.088\ 06}{m}\times 100\%$$

式中：V 为试样消耗碘标准滴定溶液的体积数值，mL；V_0 为空白试验消耗碘标准滴定溶液的体积数值，mL；c 为碘标准滴定溶液浓度的准确数值，mol/L；m 为试样质量，g；0.088 06 为每 1 mL 的 1 mol/L 碘标准溶液相当于 0.088 06 g 的 L-抗坏血酸（维生素 C）。

每个试样取 2 个平行样测定，以其算数平均值为测定结果。结果保留 3 位有效数字。

（2）重复性

在重复性条件下，2 次平行测定结果的绝对差值不大于 0.50%。

第六节　康奈尔净碳水化合物净蛋白体系中各组分的测定

康奈尔净碳水化合物净蛋白体系（Cornell Net Carbohydrate and Protein System for Cattle，CNCPS）是美国康奈尔大学提出的牛用动态能量、蛋白质及氨基酸体系。该体系能够真实反映奶牛采食碳水化合物和蛋白质在瘤胃内的降解率、消化率、外流数量以及能量、蛋白质的吸收效率等情况。CNCPS 将微生物划分为两类，即发酵非结构性碳水化合物（NSC）微生物和发酵结构性碳水化合物（SC）微生物。SC 微生物仅利用氨作氮源，而 NSC 微生物可利用氨、氨基酸和肽等作氮源。同时根据饲料在瘤胃中的降解度，将碳水化合物分为快速可降解糖类、中速降解淀粉、慢速降解的细胞壁成分和不可降解的细胞壁成分 4 部分。将饲料中蛋白质划分为非蛋白氮、真蛋白和不可利用氮 3 部分，并进一步将真蛋白分为快速降解、中速降解和慢速降解 3 部分。其核心是以小肠中净吸收碳水化合物（NAC）或净吸收蛋白质（AP）或净吸收氨基酸（AAA）来评价饲料的能量和蛋白质营养价值。该体系的研究目的是设计一个针对牛的营养诊断和日粮评价工具的计算体系。CNCPS 将化学分析法和反刍动物的消化利用结合起来，操作简单，易于标准化和计算机模型化，可以精确估测反刍动物饲料蛋白质营养价值。

一、CNCPS 剖分碳水化合物组分

CNCPS 根据饲料的化学成分和消化代谢特点，将饲料中碳水化合物细分为 4 部分：CA 为快速降解碳水化合物，主要为糖类、寡糖以及有机酸；CB1 为中速降解碳水化合物，主要为淀粉和果胶；CB2 为缓慢降解碳水化合物，主要为可被微生物利用的植物细胞壁；CC 为不可降解碳水化合物，主要为纤维，在瘤胃内不被降解。经过学者的不断研究和完善，碳水化合物组分还可以被进一步细分。充分考虑有机酸的影响，将缓慢降解碳水化合物划分为淀粉和可溶性纤维，后者主要包括 β 葡聚糖和果胶。因此，碳水化合物被细化为 8 个组分：CA1，挥发性脂肪酸，如乙酸、丙酸以及丁酸；CA2，乳酸；CA3，有机酸；CA4，糖类；CB1，淀粉；CB2，可溶性纤维；CB3，可利用中性洗涤纤维；CC，不可降解中性洗涤纤维。新划分的碳水化合物体系更加准确反映饲料在瘤胃中的发酵特点，对于饲料非结构性碳水化合物部分的组成及饲料营养特性的描述更加精确。

饲料碳水化合物具体划分如图 2-10 所示。

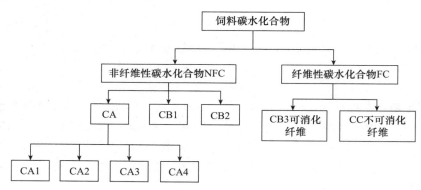

图 2-10　CNCPS 碳水化合物组分划分示意图

二、CNCPS 剖分蛋白质组分

不同饲料蛋白质组成不同，在瘤胃内的降解特性不同。根据饲料粗蛋白质的化学成分及其在瘤胃内的降解速率，CNCPS 可将饲料中的蛋白质分为 3 部分：PA 为非蛋白氮；PB 为真蛋白质；PC 为结合蛋白质。PA 主要有氨、肽及游离氨基酸等非蛋白氮（NPN），在瘤胃中能快速转化为氨。研究表明 PA 组分不是全部在瘤胃中降解，其中一部分小肽和氨基酸会通过瘤胃进入小肠，在小肠中吸收代谢。因此，将 PA 组分进一步细分为 2 部分：PA1 为氨态氮；PA2 为可溶性非氨态氮，包括小肽和氨基酸。根据真蛋白的瘤胃降解率的差异，进一步将 PB 细分为 3 部分：PB1 为快速降解真蛋白质；PB2 为中速降解真蛋白质；PB3 为慢速降解真蛋白质，是中性洗涤不可溶蛋白。其中，PB1 能够溶于硼酸盐-磷酸盐缓冲液，它可以由三氯乙酸（TCA）沉淀，此部分蛋白质可以被动物瘤胃微生物快速使用；PB2 是不溶于缓冲液但能溶解在中性洗涤剂中的蛋白；PB3 可溶于酸性洗涤剂。PC 是与木质素结合的热损耗蛋白质，既不能被瘤胃

微生物降解,也不能在反刍动物的后消化道消化。饲料蛋白质具体划分如图 2-11 所示。

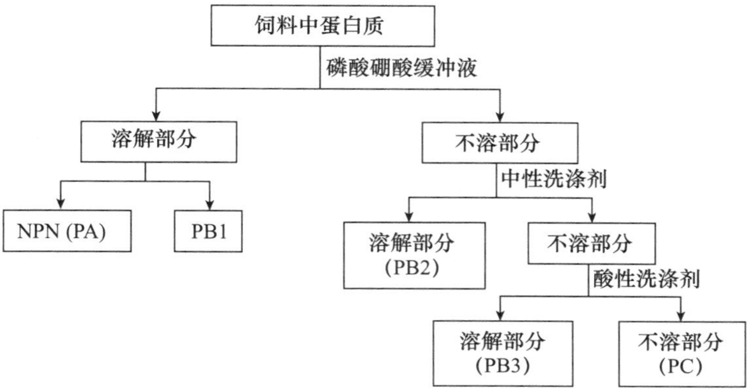

图 2-11 CNCPS 蛋白质组分划分示意图

三、CNCPS 剖分氨基酸组分、CNCPS 蛋白质组分和碳水化合物组分的计算

根据 CNCPS 所示的方法,饲料的蛋白质可以被剖分为 PA、PB 和 PC 3 部分,结合饲料瘤胃降解特性,PB 可进一步剖分为 PB1、PB2、PB3 3 个亚组分。按照碳水化合物的降解速率将其剖分为四个部分,分别为 CA、CB1、CB2、CC。各组分含义及计算方法见表 2-5,计算需要测定 DM、CP、NDF、ADF、ADL、EE、Ash、淀粉(starch)、中性洗涤不溶氮(neutral detergent insoluble crude protein,NDICP)、酸性洗涤不溶氮(acid detergent insoluble crude protein,ADICP)、可溶性蛋白(soluble crude protein,SCP)和非蛋白氮(non protein nitrogen,NPN)等指标。

表 2-5 利用 CNCPS 体系剖分饲料蛋白质和碳水化合物组分

CNCPS 组分	组分含义	计算公式
PA(%CP)	非蛋白氮	NPN(%SCP)× SCP(%CP)× 0.01
PB1(%CP)	快速降解真蛋白质	SCP(%CP)－PA(%CP)
PB2(%CP)	中速降解真蛋白质	100－PA(%CP)－PB1(%CP)－PB3(%CP)－PC(%CP)
PB3(%CP)	慢速降解真蛋白质	NDICP(%CP)－ADICP(%CP)
PC(%CP)	不可利用蛋白质	ADICP(%CP)
CHO(%DM)	碳水化合物	100－CP(%DM)－EE(%DM)－ash(%DM)
NSC(%DM)	非结构性碳水化合物	100－CB2(%CHO)－CC(%CHO)
CA(CHO)	快速降解碳水化合物	[100－starch(%NSC)]×[100－CB2(%CHO)－CC(%CHO)]
CB1(CHO)	中速降解碳水化合物	starch(%NSC)×[100－CB2(%CHO)－CC(%CHO)]
CB2(CHO)	慢速降解碳水化合物	NDF(%DM)－NDICP(%CP)×CP(%DM)－CC(%CHO)
CC(CHO)	不可利用碳水化合物	NDF(%CHO)×ADL(%CHO)×2.4/100

四、CNCPS 的测定指标

根据 CNCPS 对碳水化合物和蛋白质组分的划分,需要测定的指标有:DM、CP、EE、CA、NDF、ADF、ADL、ADICP、NDICP、SCP、NPN 以及 starch。其中,DM、CP、EE、ash 可依据本书第一章所讲述的方法测定。NDF、ADF 及 ADL 可依据本章第二节所讲述的方法测定。以下仅介绍其余指标的检测方法。

(一)酸性洗涤不溶蛋白质(ADICP)的测定

将测定 ADF 剩下的样品袋剪碎,无损失地移入消解管的底部,进行消化和凯氏定氮(操作步骤同 CP 的测定),测得的蛋白质含量即为 ADICP 含量。

(二)中性洗涤不溶蛋白质(NDICP)的测定

将测定 NDF 剩下的样品袋剪碎,无损失地移入消解管的底部,进行消化和凯氏定氮(操作步骤同 CP 的测定),测得的蛋白质含量即为 NDICP 含量。

(三)可溶性蛋白质(SCP)的测定

1.试剂和溶液

①BP 缓冲液(borate phosphate buffer):$NaH_2PO_4 \cdot H_2O$ 12.20 g/L,$Na_2B_4O_7 \cdot 10H_2O$ 8.91 g/L,叔丁醇 100 mL,此缓冲液 pH 应为 6.7~6.8。

②叠氮化钠(NaN_3)10%水溶液(现用现配)。

2.仪器和设备

125 mL 三角瓶、定量滤纸、分析天平、漏斗、真空抽滤泵和凯氏定氮仪。

3.测定步骤

准确称取 0.5 g 粉碎样品,放入 125 mL 三角瓶内。加 50 mL 的 BP 缓冲液和 10%的叠氮化钠 1 mL。在室温下放置 3 h,然后用定量滤纸进行真空过滤。残渣用 250 mL 冷蒸馏水或 BP 缓冲液冲洗数次。将剩余物连同定量滤纸一同进行消化和凯氏定氮,可测得饲料中不溶于 BP 缓冲液的蛋白质含量。饲料中 CP 含量减去不溶于 BP 缓冲液的蛋白质含量即为饲料中可溶性蛋白质含量。

(四)非蛋白氮(NPN)的测定(三氯乙酸法)

1.试剂和溶液

10%三氯乙酸(TCA)水溶液。

2.仪器和设备

125 mL 三角瓶、定量滤纸、分析天平、漏斗、真空抽滤泵和凯氏定氮仪。

3.测定步骤

准确称取 0.5 g 粉碎样品,放入 125 mL 三角瓶内,加 50 mL 蒸馏水,静置 30 min。加入 10%的三氯乙酸溶液 10 mL,静置 20~30 min。用定量滤纸过滤(真空过滤或重力过滤无明显差异)。用三氯乙酸溶液冲洗残渣 2 次,将剩余物连同滤纸一起进行凯氏定氮,可测出饲料中真蛋白质含量。饲料中 CP 含量减去饲料中的真蛋白质含量即为饲料的非蛋白氮含量。

（五）淀粉（starch）的测定

1.原理

淀粉是由葡萄糖残基组成的多糖,在酸性条件下加热使其水解成葡萄糖,然后在浓硫酸的作用下,使单糖脱水生成糠醛类化合物,利用苯酚或蒽酮试剂与糠醛化合物的显色反应,即可进行比色测定。

2.试剂和溶液

①浓硫酸（密度 1.84）。

②9.2 mol/L $HClO_4$。

③2%蒽酮试剂（蒽酮乙酸乙酯试剂）:取分析纯蒽酮 1 g,溶于 50 mL 乙酸乙酯中,贮于棕色瓶中,在黑暗中可保存数周,如有结晶析出,可微热溶解。

④淀粉标准液:准确称取 100 mg 纯淀粉,放入 100 mL 容量瓶中,加 60~70 mL 热蒸馏水,放入沸水浴中煮沸 0.5 h,冷却后加蒸馏水稀释至刻度,则每毫升含淀粉 1 mg,吸取此溶液 5.0 mL,加蒸馏水稀释至 50 mL,即为含淀粉 100 μg/mL 的标准液。

3.仪器和设备

电子天平、分光光度计、容量瓶、漏斗、试管、电炉、刻度吸管。

4.测定步骤

（1）标准曲线的制作

取洁净的 20 mL 试管 11 支,从 0~10 编号,按表 2-6 加入溶液和蒸馏水,然后按顺序向试管中加入 0.5 mL 蒽酮乙酸乙酯试剂和 5 mL 浓硫酸,充分振荡,立即将试管放入沸水浴中,逐管准确保温 1 min,取出后自然冷却至室温,以空白做对照,在 620 nm 波长下测其光密度,以光密度为纵坐标,以淀粉含量为横坐标,绘制标准曲线,并求出标准线性方程。

表 2-6　各试管加溶液和水的量

管号	0	1、2	3、4	5、6	7、8	9、10
100μg/mL 淀粉溶液/mL	0	0.4	0.8	1.2	1.6	2.0
水/mL	2.0	1.6	1.2	0.8	0.4	0
淀粉量/μg	0	40	80	120	160	200

（2）样品提取

称取饲料样品 1.0 g 放入刻度试管中,加入 5~10 mL 蒸馏水,用塑料薄膜封口,于沸水中提取 30 min（提取 2 次）,倾出提取液,反复冲洗试管及残渣。将残渣移入 50 mL 容量瓶中,加 20 mL 热蒸馏水,放入沸水中煮沸 15 min,再用 9.2 mol/L 高氯酸 2 mL 提取 15 min,冷却后,混匀,用滤纸过滤,并用蒸馏水定容（或以 2 500 r/min 离心 10 min）。

（3）显色测定

吸取样品提取液 0.5 mL 于 20 mL 刻度试管中（重复 2 次）,加蒸馏水 1.5 mL,以下步骤与标准曲线测定相同,测定样品的光密度。

5.结果计算

淀粉水解时,在单糖残基上加了 1 分子水,因而计算时所得的糖量乘以 0.9 才为扣除加入

水后的实际淀粉含量。淀粉的质量分数 $X(\%)$ 按下式计算:

$$X = \frac{C \times V_2}{m \times V_1 \times 10^6} \times 0.9 \times 100\%$$

式中:C 为标准曲线查得的淀粉含量,μg;V_2 为提取液总量,mL;V_1 为显色时取液量,mL;m 为样品重,g。

第七节　近红外光谱分析技术

一、概述

　　20 世纪 80 年代中后期,随着计算机技术的发展和化学计量学研究的深入,加之近红外光谱(near infrared reflection spectroscopy,NIRS)仪器制造技术的日趋完善,促进了现代 NIRS 技术的发展。NIRS 技术是一种无损的分析技术,采用透射或漫反射方式可以直接对样品分析,不需要预处理样品。在测量过程中不产生污染,通过光纤可对危险环境中的样品进行遥测。因此,NIRS 技术可称为对环境友好的绿色快速分析技术,在人们日益注重生存环境的今天,NIRS 技术的这一特点更引起人们的重视。

　　NIRS 具有固体、半固体、液体等各种物态的样品不需处理可直接测量,且不消耗样品,仪器的构造比较简单,易于维护,可同时测定多个营养成分的含量,分析速度快等优点。但其灵敏度差,特别在近红外短波区域需要较长的光程,对微量组分的分析仍较困难;而且最终的分析结果直接受定标模型的适用范围、基础数据的准确性及选择计量学方法的合理性等因素的影响。

　　NIRS 仪器一般由光源、分光系统、样品池、检测器和数据处理 5 部分构成。根据分光方式,NIRS 仪器可分为滤光片、光栅扫描、傅立叶变换、固定光路多通道和声光调试滤光器等几种类型。滤光片型近红外光谱仪设计最早,具有设计简单、成本低、光通量大、信号记录快、坚固耐用等特点;但只能在单一波长下测定,灵活性较差,如样品基体(样品粉碎的力度大小等状态或者形态)变化,往往会引起较大的测量误差。光栅扫描型近红外光谱仪具有可进行全谱扫描,分辨率较高,仪器价格适中,便于维护等特点;其最大弱点是光栅的机械轴长时间使用容易磨损,影响波长的精度和重现性,一般抗震性较差,特别不适于作为在线仪器使用。傅立叶变换近红外光谱仪扫描速度快、波长精度高、分辨率好,短时间内即可进行多次扫描,可使信号做累加处理,光能利用率高、输出能量大,仪器的信噪比和测定灵敏度较高,可对样品中的微量成分进行分析;这类仪器的缺点是干涉仪中有移动性部件,需要较稳定的工作环境。固定光路多通道检测近红外光谱仪分辨率和灵敏度高,适合现场分析和在线分析。声光调试滤光器近红外光谱仪最大特点是无机械移动部件,测量速度快、精度高、准确性好,可以长时间稳定地工作,且可以消除光路中各种材料的吸收、反射等干扰。

　　本节主要介绍 NIRS 技术的基本原理、分析过程和用 NIRS 技术测定饲料中水分、粗蛋白质、粗纤维、粗脂肪、赖氨酸、蛋氨酸的方法。

二、近红外光谱分析技术的基本原理

　　NIRS 的波长范围是 780～2 500 nm,通常又将这个范围划分为近红外短波区(780～

1 100 nm，又称 Herschel 光谱区）和近红外长波区（1 100～2 500 nm）。近红外光谱源于化合物中含氢基团，如 C—H，O—N，N—H，S—H 等振动光谱的倍频及合频的吸收。NIRS 技术利用有机物含有 C—H，N—H，O—H，C—C 等化学键的范频振动或转动，以漫反射方式获得在近红外区的吸收光谱，通过主成分分析、偏最小二乘法、人工神经网等现代化计量学的手段，建立物质光谱与待测成分含量间的线性或非线性模型，从而实现用物质 NIRS 信息对待测成分含量的快速预测。

当近红外光与固体样品作用时，会出现 6 种情形：全反射、漫反射、吸收、漫透射、折射和散射。近红外光谱的获得通常有 2 种基本方式，即漫透射方式和漫反射方式。透射测定方法与常见的分光光度法类似，用透射率（T）或吸光度（A）表示样品对光的吸收程度，吸收度的大小符合比尔-朗伯定律。透射光谱一般用于均匀透明的真溶液或固体样品。

$$A_i = \lg \frac{1}{T_i} = \varepsilon_i b c_i$$

式中：A_i 为样品中 i 组分的吸光度；T_i 为样品汇总 i 组分的透光率；ε_i 为摩尔吸光系数；c_i 为 i 组分的浓度；b 为样品池的厚度。

漫反射法是对固体样品进行近红外测定的常用的方法，当光源垂直于样品表面，有一部分漫反射光会向各个方向散射，将检测器放在与垂直光呈 45°角，测定的散射光强称为漫反射。

光的反射有 2 种：一种是表面反射，另一种是漫反射。所谓表面反射，就是光线照射在光滑物体表面上被有规则地放射出来的现象，它没有携带入射光与样品相互作用的信息，与样品相互作用无关。所谓漫反射，就是当光线照射到粗糙物体表面时，一部分被吸收，另一部分被反射出来，反射出来的光线反映了样品的吸收特性，更多地携带有样品的化学信息。

反射光强度与反射率 R 的关系如下：

$$R = \frac{反射光强}{完全不被吸收的表面反射光强}$$

反射光强度 A 与反射率 R 的关系为：反射光强度 $= \lg \frac{1}{R}$。因此，样品在近红外区的不同波长处便会产生相应的漫反射强度，反射强度的大小与样品某成分的含量有关。用波长及其对应的反射强度便可绘出样品的光谱图。光谱中峰位置与样品中组分的结构有关。

近红外漫反射分析的基础在于不同样品的不同组分在近红外区有特征吸收。被测组分含量与特征吸收波长处漫反射率倒数的对数呈线性关系，即：吸光度 $A = \lg(1/R) \propto C$。事实上，这种方法是相对简单和容易理解的。首先我们做一个简单的类比：想想花园中的绿草，我们假定它是绿色的，为什么它看起来是绿色的？因为当光照射到草上时，它吸收了红色的光谱区段，把黄色光和蓝色光反射回去，而反射回去的黄色光和蓝色光就形成了我们说看到的绿色。如果草是稀疏的，你看到的是一点点的绿色；如果是生长旺盛而浓密的草地，你看到的是深绿色。草越多，绿色越浓。你不仅得到草越多绿色越深的概念，而且你同样可以根据物体反射光的颜色把草与其他物体区分开来。

被测饲料样品的光谱特征是多种组分的吸收光谱的综合表现。对其中一个组分便可建立下面的回归方程：

$$y = C_0 + C_1 x_1 + C_2 x_2 + \cdots + C_n x_n$$

式中：y 为有机物某成分的百分含量；C_0，C_1，$\cdots$，C_n 代表回归系数；x_1，x_2，$\cdots$，x_n 代表各有机成分的反射光吸光度值。y 值可通过常规法求得。x_1，x_2，$\cdots$，x_n 值可用近红外光谱仪获得。

运用一套定标样品(50 个左右)，利用常规法求得的化学分析值及其在近红外光谱区的吸光度，通过多元回归计算，求出上述公式的回归系数，即可建立定标方程，并应用其对未知饲料样品进行检测。

三、近红外光谱的分析过程

近红外光谱分析过程可分为定标和预测 2 部分。

(一)定标的总则和程序

运用一套定标样品，根据其化学测定值和特征波长处的吸光度值，通过多元回归计算求出方程的系数，该过程主要包括以下几步。

1.样品筛选

参与定标的样品应具有代表性，即需涵盖将来所要分析样品的特性。创建一个新的校正模型。至少需要收集 50 个样品。通常以 70～150 个样品为宜。样品过少，将导致定标模型的欠拟合性；样品过多，将导致模型的过拟合性。

2.稳定样品组

为了使定标模型具有较好的稳定性，即其预测性能不受仪器本身波动和样品温度发生变化的影响。在定标中加上温度发生变化和仪器发生变化的样品。

3.定标样品选择的方法

对于定标样品的选择应使用主成分分析法(principal component analysis，PCA)和聚类分析法(cluster analysis)。根据某样品 NIRS 与其他样品光谱的相似性，仅选择其 NIRS 有代表性的样品，去除光谱非常接近的样品。

对于主成分分析法，通常选用 12 个目标值(score value)用于选择定标样品组，或者将每 1PCA 中选择具有最小和最大目标值的样品(Min/Max)，或者将每 1 PCA 中的样品分为等同 2 组，从每组中选择等同数量的代表性样品参与定标。2 种方法中以 Min/Max 法是最常用的方法。

对于聚类分析方法，使用马哈拉诺比斯距离(是由印度统计学家马哈拉诺比斯提出的，表示数据的协方差距离。它是一种有效的计算 2 个未知样本集的相似度的方法)或 H 值等度量样品光谱间的相似性。通常选择有代表性样品的边界 H 值为 0.6，即如果某样品 NIRS 与其他样品的 H 值统计值大于或等于 0.6，则将其选择进入定标样品；如果某样品 NIRS 与其他样品的 H 值小于 0.6，则不将其选入定标样品集。

4.定标样品真实值的测定

对于定标样品需要知道其各种成分含量的"真值"，在实际操作中采用目前国内外公认的化学法进行准确测定。

5.定标方法

利用样品成分含量及样品的光谱数据，通过主成分回归法(principal component regression，PCR)、偏最小二乘法(partial least square regression，PLSR)、人工神经网等现代化学计量学手段，建立物质光谱与待测成分间的线性或非线性模型，以实现用 NIRS 信息对待测成分含量的快速计算。其中,PLSR 是目前 NIRS 分析上应用最多的回归方法。在制订饲料中水分、粗蛋白质、粗纤维、粗脂肪、赖氨酸和蛋氨酸测定的定标模型时多采用此法。

6.定标模型的检验

定标模型优劣的评判:可选用定标标准差(standard error of calibration,SEC)、变异系数(CV)、定标相关系数 R_c 和 F 检验的 F 值等对定标结果做初步评价,如 SEC 和 CV 比较低,而 R_c 和 F 值比较高,说明其准确性较好,否则不好。这些参数的具体含义如下。

①标准分析误差(SEC 或 SEP):样品的 NIRS 法测定值与经典方法测定值间残差的标准差,表达为 $\sqrt{\dfrac{\sum\limits_{i=1}^{n}(d_i-\overline{d})^2}{n-1}}$,对于定标样品常以 SEC 表示,检验样品常用 SEP 表示。

②相对标准分析误差[SEC(C)]:样品标准分析误差中扣除偏差的部分,表达为 $\sqrt{\mathrm{SPC}^2-\mathrm{Bias}^2}$。

③残差(d):样品的 NIRS 法测定值与真实值(经典分析方法测定值)的差值。

④偏差(Bias):残差的平均值。

⑤相关系数(R 或 r):NIRS 测定值与真值的相关性,通常定标样品相关系数以 R 表示,检验样品相关系数以 r 表示。

⑥变异系数:SEC 占平均数的百分比。

⑦异常样品:样品 NIRS 与定标样品差别过大,即当样品的 H 值大于 0.6,则该样品被视为异常样品。

(二)预 测

预测是指考查定标方程用于测定未参与定标样品的准确性。预测所选样品应能代表被测样品的大致含量范围。用预测标准差(standard error of performance,SEP)、变异系数(CV)、预测相关系数(R_p)和偏差(Bias)对定标方程做最终评价。若预测样品的特性与定标样品相近,则预测效果好,否则效果差。

如果预测标准差和相关系数与定标值两者相差不大,则说明定标是可行的。

(三)实 际 测 定

如果预测的效果较好,就可把定标方程用于生产,进行实际监测。

(四)定标模型的更新

定标是一个由小样品估计整体的计量过程,因此定标模型预测能力的高低取决于定标样品的代表性和化学分析方法的准确性。由于预测样品的不确定性,因此,很难一下选择到大量的适宜定标样品。所以,在实际分析工作中,通常采用动态定标模型方法来解决这个问题。所谓动态定标模型方法就是在日常分析中边分析边选择异常样品,定期进行定标模型的升级,具体可概括为以下几个步骤。

定标设计—分析测定—定标运算—实际预测—异常数据检查—再定标设计—再分析测定—再定标运算。

NIRS 定标模型建立流程和未知样品成分含量预测流程分别如图 2-12 和图 2-13 所示。

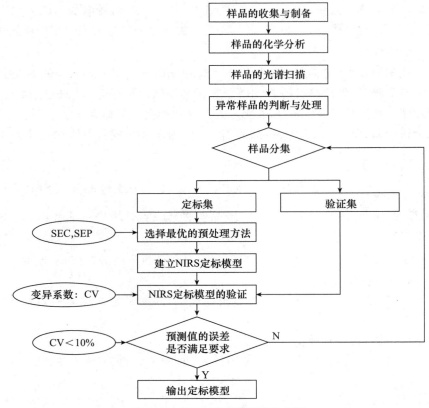

图 2-12　NIRS 定标模型建立流程

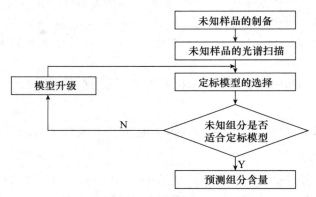

图 2-13　未知样品成分含量预测流程

（五）注意事项

漫反射分析检测器所检测到的信号是分析光与样品间经过多次反射、折射、衍射及吸收后返回样品表面的光。光与样品作用,在反射、折射、衍射等方面的差异都将影响漫反射系数,而这些差异又源于样品的粒径大小及分布和外观形态等方面的差异。另外,样品基体的变化对漫反射光的强度也有很大影响。其中,样品的粒径大小和均匀度对光漫反射强度影响很大。因此,要求待测样品的粒径大小、均匀度和基体与定标样品尽可能相同。

四、近红外光谱法快速测定饲料中水分、粗蛋白质、粗纤维、粗脂肪、赖氨酸、蛋氨酸

本方法规定了以 NIRS 仪快速检测饲料中的水分、CP、CF、EE、赖氨酸以及蛋氨酸的方法。对于仲裁检验应以经典方法为准。本方法适用于各种饲料原料和配合饲料中水分、CP、CF 和 EE,各种植物性蛋白类饲料原料中赖氨酸和蛋氨酸的测定。本方法的最低检出量为0.001%。

（一）仪器

NIRS 仪(带可连续扫描单色器的漫反射型近红外光谱仪或其他类产品,光源为 100 W 钨卤灯,检测器为硫化铅,扫描范围为 1 100～2 500 nm,分辨率为 0.79 nm,带宽为 10 nm,信号的线形为 0.3,波长准确度 0.5 nm,波长的重现性为 0.03 nm,在 2 500 nm 处杂散光为 0.08%,在 1 100 nm 处杂散光为 0.01%)、软件(为 DOS 或 Windows 版本,该软件由 C 语言编写,具有NIRS 数据的收集、存储、加工等功能)、样品磨(旋风磨,筛片孔径为 0.42 mm,或同类产品)、样品皿(长方形样品槽,10 cm×4 cm×1 cm,窗口为能透过红外线的石英玻璃,盖子为白色泡沫塑料,可容纳样品 5～15 g)。

（二）样品制备

将样品粉碎,使之全部通过 0.42 mm 孔筛(内径),并混合均匀。

（三）分析步骤

1.一般要求

每次测定前应对仪器进行以下诊断。

（1）仪器噪声

32 次(或更多)扫描仪器内部陶瓷参比,以多次扫描光谱吸光度残差的标准差来反映仪器的噪声。残差的标准差应控制在 $30 \lg(1/R)10^{-6}$ 以下。

（2）波长准确度和重现性

用加盖的聚苯乙烯皿来测定仪器的波长准确度和重现性。以陶瓷参比做对照,测定聚苯乙烯皿中聚苯乙烯的 3 个吸收峰的位置,即 1 680.3 nm、2 164.9 nm、2 304.2 nm,该 3 个吸收峰的位置的漂移应小于 0.5 nm,每个波长处漂移的标准差应小于 0.05 nm。

（3）仪器外用检验样品测定

将一个饲料样品(通常为豆粕)密封在样品槽中作为仪器外用检验样品,测定该样品中CP、CF、EE 和水分含量并做 T 检验,应无显著差异。

2.定标

NIRS 分析的准确性在一定程度上取决于定标工作,定标的总则和程序见本节三(一)。

（1）定标模型的选择

定标模型的选择原则为定标样品的 NIRS 能代表被测定样品的 NIRS。操作上是比较它们光谱间的 H 值,如果待测样品 H 值≤0.6,则可选用该定标模型,如果待测样品 H 值>0.6,则不能选用该定标模型,如果没有现有的定标模型,则需要对现有模型进行升级。

（2）定标模型的升级

定标模型升级的目的是为了使该模型在 NIRS 上能适应于待测样品。操作上是选择25～45 个当地样品,扫描其 NIRS,并用经典方法测定水分、CP、CF、EE 或赖氨酸和蛋氨酸含量,然

后将这些样品加入定标样品中,用原有的定标方法进行计算,即获得升级的定标模型。

(3)已建立的定标模型

①饲料中水分的测定。定标样品数为 101 个,以改进的偏最小二乘法(MPLS)建立定标模型,模型的参数为:SEP＝0.24％、Bias＝0.17％、MPLS 独立向量(Term)＝3,光谱的数学处理为:一阶导数、每隔 8 nm 进行平滑运算,光谱的波长范围为 1 308～2 392 nm。

②饲料中粗蛋白质的测定。定标样品数为 110 个,以改进的偏最小二乘法(MPLS)建立定标模型,模型的参数为:SEP＝0.34％、Bias＝0.29％、MPLS 独立向量(Term)＝7,光谱的数学处理为:一阶导数、每隔 8 nm 进行平滑运算,光谱的波长范围为 1 108～2 500 nm。

③饲料中粗脂肪的测定。定标样品数为 95 个,以改进的偏最小二乘法(MPLS)建立定标模型,模型的参数为:SEP＝0.14％、Bias＝0.07％、MPLS 独立向量(Term)＝8,光谱的数学处理为:一阶导数、每隔 16 nm 进行平滑运算,光谱的波长范围为 1 308～2 392 nm。

④饲料中粗纤维的测定。定标样品数为 106 个,以改进的偏最小二乘法(MPLS)建立定标模型,模型的参数为:SEP＝0.41％、Bias＝0.19％、MPLS 独立向量(Term)＝6,光谱的数学处理为:一阶导数、每隔 8 nm 进行平滑运算,光谱的波长范围为 1 108～2 392 nm。

⑤植物性蛋白类饲料中赖氨酸的测定。定标样品数为 93 个,以改进的偏最小二乘法(MPLS)建立定标模型,模型的参数为:SEP＝0.14％、Bias＝0.07％、MPLS 独立向量(Term)＝7,光谱的数学处理为:一阶导数、每隔 4 nm 进行平滑运算,光谱的波长范围为 1 108～2 392 nm。

⑥植物性蛋白类饲料中蛋氨酸的测定。定标样品数为 87 个,以改进的偏最小二乘法(MPLS)建立定标模型,模型的参数为:SEP＝0.09％、Bias＝0.06％、MPLS 独立向量(Term)＝5,光谱的数学处理为:一阶导数、每隔 4 nm 进行平滑运算,光谱的波长范围为 138～2 392 nm。

3.对未知样品的测定

根据待测样品 NIRS 选用对应的定标模型,对样品进行扫描,然后进行待测样品 NIRS 与定标样品间的比较。如果待测样品 H 值≤0.6,则仪器将直接给出样品的水分、CP、CF、EE 或赖氨酸和蛋氨酸含量;如果待测样品 H 值>0.6,则说明该样品已超出了该定标模型的分析能力,对于该定标模型,该样品被称为异常样品。

(1)异常样品的分类

异常样品可为"好""坏"两类,"好"的异常样品加入定标模型后可增加该模型的分析能力,而"坏"的异常样品加入定标模型后,只能降低分析的准确度。"好""坏"异常样品的甄别标准有二:一是 H 值,通常"好"的异常样品 H 值>0.6 或 H 值≤5,通常"坏"的异常样品 H 值>5;二是 SEC,通常"好"的异常样品加入定标模型后,SEC 不会显著增加,而"坏"的异常样品加入定标模型后,SEC 将显著增加。

(2)异常样品的处理

NIRS 分析中发现异常样品后,要用经典方法对该样品进行分析,同时对该异常样品类型进行确定,属于"好"的异常样品则保留,并加入定标模型中,对定标模型进行升级,属于"坏"的异常样品则放弃。

4.分析的允许误差

分析的允许误差见表 2-7。

表 2-7　分析的允许误差

样品中组分	含量	平行样间相对偏差	测定值与经典方法测定值之间的偏差
水分	＞20	＜5	＜0.40
	＞10,≤20	＜7	＜0.35
	≤10	＜8	＜0.30
粗蛋白质	＞40	＜2	＜0.50
	＞25,≤40	＜3	＜0.45
	＞10,≤25	＜4	＜0.40
	≤10	＜5	＜0.30
粗脂肪	＞10	＜3	＜0.35
	≤10	＜5	＜0.30
粗纤维	＞18	＜2	＜0.45
	＞10,≤18	＜3	＜0.35
	≤10	＜4	＜0.30
蛋氨酸	≥0.5	＜4	＜0.10
	＜0.5	＜3	＜0.08
赖氨酸		＜6	＜0.15

★ 本章主要参考文献

张丽英,2016.饲料分析及饲料质量检测技术[M].北京:中国农业大学出版社.

张丽英,2011.高级饲料分析技术[M].北京:中国农业大学出版社.

GB/T 18246—2019.饲料中氨基酸的测定[S].

GB/T 15400—2018.饲料中色氨酸的测定[S].

GB/T 15399—2018.饲料中含硫氨基酸的测定 离子交换色谱法[S].

GB/T 20806—2006.饲料中中性洗涤纤维(NDF)的测定[S].

NY/T 1459—2007.饲料中酸性洗涤纤维的测定[S].

GB/T 20805—2006.饲料中酸性洗涤木质素(ADL)的测定[S].

计成,2008.动物营养学[M].北京:高等教育出版社.

GB/T 21514—2008/ISO/TS 17764,2002.饲料中脂肪酸含量的测定[S].

ISO 5725,1986.Precision of test methods-Determination of repeatability and reproducibility for a standard test method by inter-laboratory tests.

ISO 5725—1,1994.Accuracy (trueness and precision) of measurement methods and results-Part 1:General principles and definitions.

ISO 5725—2,1994.Accuracy (trueness and precision) of measurement methods and results-Part 2:Basic method for the determination of repeatability and reproducibility of a standard measurement method.

ISO 6492.Animal feeding stuffs-Determination of fat content.

ISO 6497.Animal feeding stuffs-Sampling.

ISO 6498.Animal feeding stuffs-Preparation of test samples.

陈代文,2017.动物营养学[M].第 3 版.北京:中国农业出版社.

GB/T 6436—2018.饲料中钙的测定[S].

GB/T 6437—2018.饲料中总磷的测定[S].

GB/T 17776—2016.饲料中硫的测定 硝酸镁法[S].

GB/T 6439—2007/ISO 6495,1999.饲料中水溶性氯化物的测定[S].

ISO 6497. Animal feeding stuffs Sampling.

GB/T 13885—2017.饲料中钙、铜、铁、镁、锰、钾、钠和锌含量的测定 原子吸收光谱法[S].

GB/T 17817—2010.饲料中维生素 A 的测定 高效液相色谱法[S].

GB/T 18872—2017.饲料中维生素 K_3 的测定 高效液相色谱法[S].

GB 7295—2018.饲料添加剂 盐酸硫胺(维生素 B_1)[S].

GB 7296—2018.饲料添加剂 硝酸硫胺(维生素 B_1)[S].

GB/T 7292—2006.饲料添加剂维生素 B_2(核黄素)[S].

GB/T 7299—2006.饲料添加剂 D-泛酸钙[S].

GB 7300—2017.饲料添加剂 烟酸[S].

GB 7298—2017.饲料添加剂 维生素 B_6(盐酸吡哆醇)[S].

GB/T 23180—2008.饲料添加剂 2% D-生物素[S].

GB 7302—2018.饲料添加剂 叶酸[S].

GB/T 9841—2006.饲料添加剂维生素 B_{12}(氰钴胺)粉剂[S].

GB 34462—2017.饲料添加剂 氯化胆碱[S].

GB 7303—2018.饲料添加剂 L-抗坏血酸(维生素 C)[S].

Fox D G,Sniffen C J,O'Connor J C,et al.,1992.A net carbohydrate and protein system for e-valuating cattle diets:Ⅲ.Cattle requirements and adequacy[J].Journal of Animal Science,70(11):3578-3596.

Fox D G,Tedeschi L O,Tylutki T P,et al.,2004.The Cornell Net Carbohydrate and Protein System model for evaluating herd nutrition and nutrient excretion[J].Animal Feed Science and Tecnology,112(1-4):29-78.

Cannas A,Tedeschi L O,Fox D G,et al.,2004.A mechanism model for predicting the nutrient requirements and feed biological values for sheep[J].Journal of Animal Science,82(1):149-169.

赵广勇,Christensen D A,McKinnon J J,1999.用净碳水化合物—蛋白质体系评定反刍动物饲料营养价值[J].中国农业大学学报,4(c00):71-76.

AOAC,1990.Official methods of analysis:15th Edition.Trac Trends in Analytical Chemistry,9:Ⅵ.

Van Soest P J,Robertson J B,Lewis B A,1991.Methods for dietary fiber,neutral detergent fiber,and nonstarch polysaccharides in relation to animal nutrition[J].Journal of Dairy Science,74(10):3583-3597.

Hall M B,Hoover W H,Jennings J P,et al.,1999.A method for partitioning neutral detergent-soluble carbohydrate[J].Journal of the Science of Food and Agriculture,79(15):2097-2086.

张旭,蒋桂韬,王向荣,等,2013.酶法测定谷物副产品中淀粉含量[J].广东饲料,22(10):

33-35.

Licitar G，Hernandez T M，Van Soest P J，1996.Standardization of procedure for nitrogen fraction on ruminant feed[J].Animal Feed Science and Technology，57(4)：81-88.

Roe M B，Snifen C J，Chase L E，1990.Techniques for measuring protein fractions in feedstuffs[C].Cornell Nutrition Conference for Feed Manufacturers，81-88.

郝小燕，2017.奶牛日粮中玉米纤维饲料与羊草组合替代苜蓿干草饲喂效果的研究[D].哈尔滨：东北农业大学.

任晓璇，2014.汽爆对五种非常规饲料化学成分、能量价值、CNCPS组分剖分和体外消化率的影响[D].北京：中国农业大学.

滕利荣，2012.生命科学仪器使用技术教程[M].第2版.北京：科学出版社.

GB/T 18868—2002.饲料中水分、粗蛋白质、粗纤维、粗脂肪、赖氨酸、蛋氨酸快速测定　近红外光谱法[S].

（编写：韩苗苗；审阅：裴彩霞、陈红梅）

第三章 抗营养因子与有毒有害物质的测定

饲料中的抗营养因子与有毒有害物质通过干扰机体代谢的中间过程,或与饲料中所含的营养物质、动物消化道中的酶或消化道相互作用,阻碍动物对养分的消化利用或对动物体产生毒性作用。本章主要介绍常见的抗营养因子与有毒有害物质的测定方法。

第一节 大豆制品中胰蛋白酶抑制因子活性的测定

1.概述

豆科作物的籽实及其饼粕中含有的抗胰蛋白酶,能降低饲料蛋白质的利用率,抑制动物生长和引起胰腺肥大。通过脲酶活性测定来间接判断大豆制品中胰蛋白酶抑制因子的活性,由于脲酶和胰蛋白酶的性质和灭活条件存在差异,结果不准确;分光光度法能较好地评价胰蛋白酶抑制因子灭活的程度,但其他蛋白酶对测定结果有干扰。本文介绍的大豆制品中胰蛋白酶抑制剂活性的测定方法(GB 5009.224—2016),克服了以上缺点,但测定过程中需要严格控制反应的温度和时间。

2.原理

胰蛋白酶与苯甲酰-L-精氨酸-对硝基苯胺(L-BAPA)反应,生成对硝基苯胺,该物质在410 nm下有特征吸收。在 pH 9.5条件下,胰蛋白酶抑制因子可抑制此反应,通过测定释放的对硝基苯胺的量可以得到胰蛋白酶抑制因子的活性。

3.试剂和溶液

本方法所用试剂均为分析纯,水为 GB/T6682 规定的三级水。

①0.01 mol/L 氢氧化钠溶液。

②盐酸溶液:配制浓度分别为 6 mol/L、1 mol/L、0.1 mol/L 与 0.001 mol/L 的盐酸溶液。

③5.3 mol/L 乙酸溶液。

④氯化钙盐酸溶液:称取 0.735 g 氯化钙溶解于 1 L 0.001 mol/L 盐酸溶液中,调节 pH 至 3.0±0.1。

⑤牛胰蛋白酶:Merck No 24576 或等效物。储藏于 4 ℃冰箱中。

⑥胰蛋白酶贮备液:称取放置至室温的牛胰蛋白酶 27.0 mg,置于 100 mL 容量瓶中,用氯化钙盐酸溶液溶解,并定容至刻度。该溶液保存于冰箱中最多可使用 5 d。

⑦胰蛋白酶使用液:移取胰蛋白酶贮备液 5 mL 于 100 mL 容量瓶中,用氯化钙盐酸溶液

稀释至刻度。

⑧三羟甲基氨基甲烷(Tris)-氯化钙缓冲溶液:称取 6.05 g Tris 和 0.735 g 氯化钙,溶于预先加入 900 mL 水的 1 000 mL 刻度量筒中,用 6 mol/L 盐酸溶液调节 pH 至 8.2±0.1,加水稀释至 1 000 mL。

⑨L-BAPA 试剂:称取 60 mg L-BAPA 于 100 mL 容量瓶中,用 1 mL 二甲亚砜(DMSO)溶解,以 Tris-氯化钙缓冲溶液稀释至刻度,于使用当日制备。

4.仪器和设备

容量瓶、比色皿、冰箱[(4±3)℃]、pH 计、涡旋振荡器、分光光度计、秒表、具循环泵的水浴锅、粉碎机(0.5 mm 筛网)、离心机、离心管。

5.测定步骤

(1)试样制备

取有代表性的样品至少 200 g,粉碎、混匀备用。粉碎过程中避免样品过热。

(2)样品提取

称取(1±0.001)g 试样于 100 mL 锥形瓶中,加入 50 mL 0.01 mol/L 氢氧化钠溶液,摇匀。用 1 mol/L 盐酸溶液和 0.1 mol/L 盐酸溶液调节 pH 至 9.5±0.1,密封后置于 0~4 ℃过夜(15~24 h)。将样品提取液转移至 100 mL 容量瓶中,用水稀释至刻度,摇匀,沉淀 15 min后,根据需要进行稀释。稀释度取决于预期的样品胰蛋白酶抑制因子活性值(TIA)。提取液在 0~4 ℃冰箱中可保存 1 d。

(3)样品提取液的稀释

参照表 3-1 稀释方案,将样品提取液稀释 3 个不同稀释度,确保在 3 个抑制百分率中至少有 1 个 TIA 值的测定结果在 40%~60%。如果 3 个测定结果都不在此范围内,则需要改变稀释度重新测定。

表 3-1 样品提取液稀释表

预计的 TIA /(mg/g)	不同抑制百分率的理论稀释度(F) /(mL/100 mL)		
	40%	50%	60%
0.5	61	76	91
1.0	30	38	45
1.5	20	25	30
2.0	15	19	23
2.5	12	15	18
3.0	10	13	15
3.5	8.6	11	13
4.0	7.6	9.5	11
4.5	6.7	8.4	10
5.0	6.0	7.6	9.1
6	5.0	6.3	7.6

预计的 TIA /(mg/g)	不同抑制百分率的理论稀释度(F) /(mL/100 mL)		
	40%	50%	60%
7	4.3	5.4	6.5
8	3.8	4.7	5.7
9	3.4	4.2	5.0
10	3.0	3.8	4.5
11	2.7	3.4	4.1
12	2.5	3.2	3.8
13	2.3	2.9	3.5
14	2.2	2.7	3.2
15	2.0	2.5	3.0
16	1.9	2.4	2.8
17	1.8	2.2	2.7
18	1.7	2.1	2.5
19	1.6	2.0	2.4
20	1.5	1.9	2.3
25	1.2	1.5	1.8

(4)胰蛋白酶使用液活性测定

在 2 个 10 mL 离心管中分别依据表 3-2 加入各种溶液,用涡旋振荡器混匀后置于水浴锅中[(37±0.25)℃]保温 10 min,各加入 1 mL 胰蛋白酶使用液,用涡旋振荡器混匀,放回到水浴锅中,保温 10 min ± 5 s 后,在标准管中加入 1 mL 乙酸溶液,用涡旋振荡器混匀,4 000 r/min 离心 10 min。用分光光度计,于 410 nm 波长用 10 mm 比色皿,以水调零,测定上清液的吸光度。该溶液应在 2 h 内保持稳定,胰蛋白酶使用液的吸光度和空白液的吸光度之间的差值(Ar－Abr)为(0.380±0.050)时可以使用。否则,需要检查胰蛋白酶的质量,重新配制胰蛋白酶使用液。必要时,取用一瓶新鲜的胰蛋白酶。

表 3-2　胰蛋白酶使用液活性测定时各溶液加入量　　　　　　　　　　mL

加入物	标准空白	标准
L-BAPA 溶液	5	5
水	3	3
乙酸(5.3 mol/L)	1	0

(5)胰蛋白酶抑制因子活性的测定

按表 3-3 移取溶液加入离心管中,每一样品的试样稀释液均需准备相应的空白溶液。样品提取液和相应的空白溶液在测定过程中应同时进行操作。

表 3-3 胰蛋白酶抑制剂活性测定时各溶液加入量 mL

加入物	标准空白	标准	样品空白	样品
L-BAPA 溶液	5	5	5	5
试样稀释液	0	0	1	1
水	3	2	2	2
乙酸溶液	1	1	1	0

用涡旋振荡器混匀离心管中的溶液,于水浴中(37±0.25)℃保温 10 min。在各离心管中加入 1 mL 胰蛋白酶使用液,用涡旋振荡器混匀后放回水浴中保温 10 min ± 5 s,在标准管和样品管中加入 1 mL 乙酸溶液,混匀,4 000 r/min 离心 10 min。用分光光度计于 410 nm 用 10 mm 比色皿,以水调零,测定上清液的吸光度。该溶液可在 2 h 内保持稳定。

6.结果计算

(1)样品提取液抑制百分率的计算

样品提取液抑制百分率的计算公式为:

$$i = \frac{[(A_r - A_{br}) - (A_s - A_{bs})] \times 100\%}{(A_r - A_{br})}$$

式中:i 为抑制百分率;A_r 为标准溶液的吸光度;A_{br} 为标准空白溶液的吸光度;A_s 为样品溶液的吸光度;A_{bs} 为样品空白溶液的吸光度。

(2)胰蛋白酶抑制因子活性的计算

胰蛋白酶抑制因子活性(以每克样品抑制胰蛋白酶毫克数表示)的计算公式为:

$$\text{TIA} = \left(\frac{i}{100\%}\right) \times \left(\frac{\rho \times f}{m \times F}\right)$$

式中:TIA 为胰蛋白酶抑制剂活性,mg/g;i 为抑制百分率;ρ 为胰蛋白酶使用液的质量浓度,mg/mL;f 为满足本实验胰蛋白酶活性条件下的胰蛋白酶纯度折算系数,5.6×10^3;m 为试样的质量,g;F 为样品提取液的稀释度(表 3-1 所示理论稀释度,mL/100 g)。

计算结果精确至 0.1 mg/g。

(3)精密度

在重复性条件下获得的 2 次独立测定结果的绝对差值不得超过算术平均值的 10%。

第二节 大豆制品中脲酶活性测定

1.概述

脲酶活性测定值是传统的用来鉴定豆粕加热程度的指标。脲酶与胰蛋白酶抑制因子的含量接近,遇热变性失活的程度与胰蛋白酶抑制因子相似,在一定范围内,测定脲酶活性可以间接地反映胰蛋白酶抑制因子的含量,但脲酶没有负值,对任何过熟豆粕的最低值均显示为零,而此时胰蛋白酶抑制因子未必为零。

脲酶活性是指在(30±0.5)℃和 pH 7.0 的情况下,每克大豆制品每分钟分解尿素所释放的氨基氮的质量,单位 U/g,测定方法有定性法和定量法。定性法简单、快速,易于在生产中应用。定量法包括比色法、滴定法和 pH 增值法。比色法简单、快速,干扰较小,是常用的测定方法;滴定法(GB/T 8622)原理严谨,对酶活性的表示方法直观、准确,操作容易,是国际标准方法,也是我国现行的推荐性国家标准方法,现介绍如下。

2.原理

将粉碎的大豆制品与中性尿素缓冲溶液混合,在 (30 ± 0.5)℃下精确保温 30 min,脲酶催化尿素水解产生氨,用过量盐酸中和所产生的氨,再用氢氧化钠标准溶液回滴,计算氨生成量。

3.试剂和溶液

①尿素缓冲溶液(pH 7.0 ± 0.1):溶解 8.95 g 磷酸氢二钠($Na_2HPO_4 \cdot 12H_2O$)和 3.40 g 磷酸二氢钾(KH_2PO_4)于 1 000 mL 水中,再加入 30 g 尿素,有效期 1 个月。

②0.1 mol/L 盐酸溶液:8.3 mL 盐酸溶于 1 000 mL 水中。

③0.1 mol/L 氢氧化钠溶液:4 g 氢氧化钠溶于 1 000 mL 水中,按 GB/T 601 规定的方法标定。

④甲基红、溴甲酚绿混合乙醇溶液:先将 0.1 g 甲基红与 0.5 g 溴甲酚绿分别溶于 100 mL 95%乙醇中,然后两种溶液等体积混合,储存于棕色瓶中。

4.仪器和设备

恒温水浴锅 (30 ± 0.5)℃、酸度计(精度 0.02,附有磁力搅拌器)、滴定装置。

5.测定步骤

①试样的制备。将样品粉碎至 200 μm。对水分或挥发物含量较高而无法直接粉碎的样品,应先在室温下进行预干燥,计算结果时应将干燥失重计算在内。

②称取约 0.2 g 试样(精确至 0.1 mg,如活性很高可称 0.05 g 试样)于玻璃试管中,加入 10 mL 尿素缓冲液,盖好试管盖,剧烈振摇后,置于 (30 ± 0.5)℃恒温水浴中 30 min±10 s,取出后向试管中加入 10 mL 盐酸溶液,振摇后冷却至 20℃,将试管内容物全部转入 50 mL 烧杯中,用 20 mL 水冲洗试管数次,以氢氧化钠标准溶液滴定至 pH 4.70,记录氢氧化钠标准溶液消耗量。或者将试管内容物全部转入 250 mL 锥形瓶中,加入 8~10 滴混合指示剂,以氢氧化钠标准溶液滴定至溶液呈蓝绿色。要求整个操作过程速度要快。

③空白测定。称取约 0.2 g 试样于玻璃试管中,加入 10 mL 盐酸溶液,振摇后再加入 10 mL 尿素缓冲液,盖好试管盖,剧烈振摇后,置于 (30 ± 0.5)℃恒温水浴中 30 min±10 s,试管取出后冷却至 20℃,将试管内容物全部转入 50 mL 烧杯中,用 20 mL 水冲洗试管数次,以氢氧化钠标准溶液滴定至 pH 4.70。或者将试管内容物全部转入 250 mL 锥形瓶中,加入 8~10 滴混合指示剂,以氢氧化钠标准溶液滴定至溶液呈蓝绿色。要求整个操作过程速度要快。

6.结果计算

(1)大豆制品中脲酶活性的计算

大豆制品中脲酶活性 X(U/g)的计算公式为:

$$X = \frac{[(V_0 - V) \times c \times 0.014 \times 1\,000]}{m \times 30}$$

若试样在粉碎前经预干燥处理则按下式计算:

$$X = \frac{[(V_0 - V) \times c \times 0.014 \times 1\,000] \times (1 - S)}{m \times 30}$$

式中:X 为试样的脲酶活性,U/g;c 为氢氧化钠标准滴定溶液浓度,mol/L;V_0 为空白消耗氢氧化钠标准滴定溶液体积,mL;V 为试样消耗氢氧化钠标准滴定溶液体积,mL;0.014 为 1 mol 氢氧化钠相当于 0.014 g 氮;30 为反应时间,min;m 为试样质量,g;S 为预干燥时试样失重的百分率,%。

计算结果表示到小数点后 2 位。

(2)重复性

当同时或连续 2 次测定活性≤0.2 时,结果之差不超过平均值的 20%;当活性>0.2 时,结果之差不超过平均值的 10%,结果以算术平均值表示。

第三节　大豆制品中血球凝集素的测定

1.概述

植物血球凝集素广泛存在于豆科植物中,约为大豆蛋白质总量的 10%,是一种非免疫原性,与糖专一结合,并能凝集细胞和沉淀含糖高分子的蛋白质或糖蛋白,常采用凝集效价法测定。

2.原理

大豆血球凝集素具有凝集兔、人等的红细胞的能力,细胞凝集作用是凝集素与细胞表面的糖分子结合在细胞表面形成许多交叉的"桥"的结果。凝集活力(效价)与凝集素的含量呈正相关。利用凝血反应测定凝集素血凝活力,通过比较标准品与待测样品的血凝活力,可以定量检测凝集素含量。

3.试剂和溶液

①新鲜人血(O 型)。

②凝集素标准品。

③Alsever's 液。

④血球缓冲液(PBS):pH 7.2 的 0.02 mol/L 磷酸缓冲液,含 0.1 mol/L 氯化钠。

4.仪器和设备

双频数控超声波清洗器、离心机、植物粉碎机、72 孔微量 V 型血凝板。

5.测定步骤

①大豆凝集素提取纯化。大豆样品粉碎过 80 目筛。准确称取 1 g 粉碎样品,用 30～60 ℃沸腾的石油醚 8 mL 抽提 10 h,其间每隔 2 h 搅拌 1 次。过滤后滤渣用 8 mL 生理盐水超声提取 10 h,3 000 r/min 离心 15 min,取上清液分装到 1.5 mL 离心管中再 3 000 r/min 离心 20 min,以除去微小试样颗粒,取上清液贮存于 1.5 mL 离心管中,4 ℃或−20 ℃保存待测。

②红细胞悬液制备。将 5 mL O 型新鲜人血加入盛有 20 mL Alsever's 液的瓶中,混匀后置冰箱保存备用(2 周内使用)。取用 Alsever's 液保存的新鲜人血 5 mL,加入 8 mL 0.85% 的氯化钠溶液,小心混匀,1 000 r/min 离心 5 min,重复操作 3～5 次,至上清液颜色近乎透明后,按照离心出的红细胞体积用 PBS 缓冲液分别配成 10% 和 20% 的人红细胞悬液,4 ℃保存备用。

③凝集素效价检测。向 V 型血凝板每个孔中加入 25 μL PBS 缓冲液,取凝集素标准样品 25 μL 加入第 1 孔,混匀后取出 25 μL 加入第 2 孔,混匀后亦取出 25 μL 加入第 3 孔,以此类推

作倍比稀释。待测样品也按上述步骤操作。然后每孔加入 25 μL 20％血球悬液,摇动 1 min,在室温放置 2 h。

6.结果判定与含量计算

(1)结果判定

用肉眼观察凝集反应情况,与标准组对照判断凝集程度。

凝集程度分为 5 个等级,从低到高分别以 0、1、2、3 和 4 表示。

4:红细胞完全凝集,呈一层薄膜片状,均匀地分布在整个孔中,且边缘不整齐。

3:红细胞大部分凝集,但不呈膜状,周边有较窄的透明带,有未凝集的红细胞沉淀于孔底呈红色小圆点状。

2:红细胞部分凝集,周边有较宽的透明带,有未凝集的红细胞沉淀于孔底呈红色圆点状,且相当于空白对照组的 50％。

1:红细胞大部分不凝集,有可见凝集颗粒,未凝集的红细胞沉淀于孔底呈红色圆形状。

0:红细胞完全不凝集,全部沉淀于孔底呈大的圆形状,与空白对照组完全相同。

血凝效价判断:以能使 50％红细胞凝集的血凝素的最高稀释倍数作为血凝效价,即上述表示为"2"的凝集程度所对应的稀释倍数。

(2)含量计算

样品凝集素含量计算公式如下:

$$C = \frac{S_0 \times f \times V}{f_0 \times W}$$

式中:C 为被测样品中凝集素的百分含量;S_0 为标准样品的浓度,$\mu g/mL$;f 为待测样品的凝集效价;V 为待测样品溶液的体积,mL;f_0 为标准样品的凝集效价;W 为待测样品质量,g。

第四节　大豆制品中抗原蛋白含量的测定

1.概述

大豆中的抗原蛋白为大分子蛋白质或糖蛋白,主要包括 7S 球蛋白和 11S 球蛋白,有降低饲料蛋白质利用率、活化免疫系统、增加内源蛋白质分泌及引起过敏反应等抗营养作用。常用的分离及测定方法有等电点沉淀法、冷沉淀法、盐析法和免疫法等,但其分离组分不完全,存在交叉成分,需进一步完善。SDS-PAGE 凝胶电泳法是改进的冷沉淀法,具有方便、准确及灵敏度高的特点。

2.原理

用 Tris-HCl 提取大豆中的抗原蛋白,然后进行 SDS-PAGE 凝胶电泳实验,对照标准蛋白 Marker,就可以定性检测抗原蛋白在大豆中的存在情况。

3.试剂和溶液

①样品浸提液 0.03 mol/L Tris-HCl(pH 8.0,包括 0.01 mol/L β-巯基乙醇):称量 3.63 g Tris 于 250 mL 烧杯中,加入 β-巯基乙醇 0.7 mL、灭菌水约 80 mL,充分搅拌溶解,用 6 mol/L 盐酸调节 pH 至 8.0,将溶液定容至 100 mL,冰箱 4℃保存。

②丙烯酰胺 30％单体贮备液:称取丙烯酰胺 29.1 g、甲叉双丙烯酰胺 0.9 g,于 250 mL 烧

杯中,加入约 80 mL 灭菌去离子水,充分搅拌溶解,用灭菌去离子水将溶液定容至 100 mL,于棕色瓶中,冰箱 4 ℃保存。

③分离胶缓冲液贮备液 1.5 mol/L Tris-HCl(pH8.8):称量 18.16 g Tris 于 250 mL 烧杯中,加入灭菌水约 80 mL,充分搅拌溶解,用 6 mol/L 盐酸调节 pH 至 8.8,将溶液定容至 100 mL,冰箱 4 ℃保存。

④浓缩胶缓冲液贮备液 1.0 mol/L Tris-HCl(pH6.8):称量 12.12 g Tris 于 250 mL 烧杯中,加入约 80 mL 灭菌水充分搅拌溶解,用 6 mol/L 盐酸调节 pH 至 6.8,将溶液定容至 100 mL,冰箱 4 ℃保存。

⑤10% SDS 溶液:称量 10 g SDS 于 200 mL 烧杯中,加入 100 mL 灭菌水溶解,室温保存。

⑥10%过硫酸铵:称取 l g 过硫酸铵,加入 9 mL 去离子水搅拌溶解,冰箱 4℃保存。

⑦电极缓冲液 5×Tris-Glycine Buffer:称量 Tris 15.1 g、Glycine 94 g、SDS 5.0 g 于 1 L 烧杯中,加入约 800 mL 去离子水,搅拌溶解,加去离子水将溶液定容至 1 L,室温保存。

⑧样品缓冲液 0.8 mol/L Tris-HCl(pH 6.8):将 1.6 mL 浓缩胶缓冲液贮液(1.0 mol/L Tris-HCl,pH6.8)、4 mL 10% SDS、1 mL β-巯基乙醇、2.5 mL 甘油、0.1 g 溴酚蓝,转移到 20 mL 容量瓶,加去离子水定容至刻度。

⑨染色液:称取 0.5 g 考马斯亮蓝 R250,加 125 mL 异丙醇溶解,加 50 mL 冰醋酸搅拌均匀,再加 325 mL 去离子水搅拌,用快速定性滤纸过滤,室温保存。

⑩脱色液:将 50 mL 冰醋酸、25 mL 无水乙醇、425 mL 去离子水,混合均匀,室温保存。

4.仪器和设备

电泳仪、垂直电泳槽、凝胶成像系统、pH 计、粉碎机。

5.测定步骤

(1)抗原蛋白抽提

称取粉碎过 60 目筛的大豆样品 1.00 g,加入 20.0 mL 0.03 mol/L 的 Tris-HCl(pH8.0,包括 0.01 mol/L β-巯基乙醇),在室温下于摇床上(100 r/min)浸提 1 h,然后在 10 000 r/min、20 ℃条件下离心 20 min 后,取上清液。此上清液为 11S 与 7S 的球蛋白混合液。

(2)不连续 SDS-PAGE 凝胶电泳浓缩胶和分离胶的制取

按表 3-4 配制分离胶和浓缩胶。

表 3-4 12%分离胶和 5%浓缩胶配制

溶液	12%分离胶	5%浓缩胶
单体贮液/mL	6	0.84
浓缩胶缓冲液贮液/mL	0	0.63
分离胶缓冲液贮液/mL	3.8	0
10%SDS/μL	150	50
灭菌水/mL	4.9	3.4
10%过硫酸铵/μL	150	50
TEMED/μL	6	5

（3）电泳

将提取液与样品缓冲液以 1：1 的比例混合，在 100℃ 水浴锅中煮 5 min，取 30 μL，点样到制作好的电泳板上。蛋白质 Marker 的用量参照其说明书。内外均加入一样的电极缓冲液，开始以 80 V 电压电泳，待溴酚蓝条带进入分离胶后，加大电压到 120 V，溴酚蓝到底部上约 0.5 cm 处结束电泳。

（4）染色、脱色和照相

将电泳后的胶板移入染液中，在转速为 40～60 r/min 的摇床上染色 2 h 后，转到脱色液中浸泡过夜，其间更换 2～3 次脱色液，至电泳条带清晰为止。用数码相机拍摄凝胶照片，记录并保存。

6.结果分析

测量标准蛋白质 Marker 各条带到加样口的距离，得到分子量与迁移率的相关关系方程，依据方程计算出 7S 和 11S 球蛋白亚基的分子量，对照 SDS-PAGE 电泳图，得出样品抗原蛋白含量结果。

第五节　饲料中单宁含量的测定

1.概述

豆科作物的籽实及牧草中含有较多的单宁。单宁能降低饲料的适口性及动物对饲料中营养物质的消化利用率。本节介绍饲料中单宁含量的分光光度测定方法。

2.原理

用丙酮溶液提取饲料中单宁类化合物，经过滤后，取滤液加钨酸钠-磷钼酸混合溶液和碳酸钠溶液，显色后，以试剂为空白对照，用分光光度计于 760 nm 波长处测定吸光度值，用单宁酸作标准曲线测定饲料中单宁含量。

3.试剂和溶液

①钨酸钠-磷钼酸混合溶液：称取 100.0 g 钨酸钠（$Na_2O_4W \cdot 2H_2O$）、20.0 g 磷钼酸（$H_3Mo_{12}O_{40}P \cdot XH_2O$），溶于约 750 mL 水中，移入 1 000 mL 回流瓶中，加入 50 mL 磷酸，充分混匀，接上冷凝管，在沸水浴上加热回流 2 h，冷却，转入 1 000 mL 容量瓶中，用水定容至刻度，摇匀，过滤，置棕色瓶中保存。室温下可保存 14 d。

②碳酸钠溶液（75 g/L）：称取 37.5 g 无水碳酸钠（Na_2CO_3），溶于 250 mL 温水中，混匀，冷却，稀释至 500 mL，过滤到储液瓶中备用。室温下可保存 7 d。

③丙酮溶液：水和丙酮等体积混合，摇匀。

④单宁酸标准贮备液：称取单宁酸标准品（$C_{76}H_{52}O_{46}$ 含量＞95.0％）100 mg（精确到 0.000 1 g），加适量水溶解，用水定容至 100 mL，摇匀，制成单宁酸质量浓度约为 1 mg/mL 的标准贮备液。在冰箱中 4℃ 可保存 5 d。

⑤单宁酸标准使用液：精密量取单宁酸标准贮备液 10.00 mL，置于 200 mL 容量瓶中，用水定容至 200 mL，摇匀。此溶液单宁酸质量浓度为 50 mg/L，现用现配。

4.仪器和设备

紫外可见分光光度计、振荡仪、250 mL 具塞三角瓶。

5.试样制备

样品磨碎,过 0.45 mm 筛,混匀,装入密闭容器中,避光低温保存。

6.测定步骤

(1)试液的配制

称取试样 1～2 g(精确至 0.000 1 g)于 250 mL 具塞三角瓶中,精密加入丙酮溶液 50.00 mL,加塞密封,置振荡仪上振摇 40 min,静置,用中速定量滤纸过滤,弃去初滤液,续滤液供测定用。

(2)测定

①标准曲线的绘制。

精密量取单宁酸标准使用液 0 mL、0.50 mL、1.00 mL、2.00 mL、3.00 mL、4.00 mL、5.00 mL 和 6.00 mL,分别置于盛有约 30 mL 水的 50 mL 容量瓶中,加钨酸钠-磷钼酸混合溶液 2.5 mL、碳酸钠溶液5.0 mL,用水定容至 50 mL,摇匀。单宁酸标准溶液浓度分别为 0 mg/L、0.50 mg/L、1.00 mg/L、2.00 mg/L、3.00 mg/L、4.00 mg/L、5.00 mg/L 和 6.00 mg/L,放置 30 min显色后,以单宁酸标准溶液 0 mg/L 为空白,在760 nm波长处测定标准溶液的吸光度,以单宁酸浓度为横坐标,吸光度值为纵坐标,绘制标准曲线。

②试样的测定。

精密量取试液 1.00 mL,置于盛有约 30 mL 水的 50 mL 容量瓶中,加钨酸钠-磷钼酸混合溶液 2.5 mL、碳酸钠溶液 5.0 mL,用水定容至 50 mL,摇匀。放置 30 min 显色后,以单宁酸标准溶液 0.00 mg/L 为空白,在 760 nm 波长处测定试样溶液的吸光度,根据标准曲线求出试液中单宁酸的浓度。如果吸光度值超过 6.00 mg/L 单宁酸的吸光度,将试液稀释后重新测定。

7.结果计算

(1)计算公式

单宁含量的计算公式为:

$$X = \frac{c \times V \times D}{m}$$

式中:X 为单宁(以单宁酸计)的含量,mg/kg;c 为根据标准曲线求出试样测定液中单宁酸的浓度,mg/L;V 为试样定容体积,mL;D 为试样稀释倍数;m 为试样质量,g。

(2)结果表示

测定结果用平行测定的算术平均值表示,保留到小数点后 1 位。

(3)重复性

2 次平行测定所得结果的绝对差值不得超过算术平均值的 10%。

第六节　饲料中非淀粉多糖的测定

1.概述

非淀粉多糖(NSP)是植物性饲料中除淀粉以外所有碳水化合物的总称,包含纤维素、半纤维素多糖(阿拉伯木聚糖、β-葡聚糖、甘露寡糖等)、果胶多糖等,由多种单糖和糖醛酸以糖苷键连接而成,常与蛋白质和无机离子等结合在一起,是细胞壁的主要成分,依据其水溶性,将可溶于水的 NSP 称为可溶性 NSP,不溶于水的称为不溶性 NSP。非淀粉多糖的抗营养作用主要是由其高度黏稠性和持水性引起的,这种特性能显著改变消化物的物理特性和肠道的生理活动,从而影响动物的生产性能。

2.原理

依靠特异性的 α-淀粉酶和淀粉-葡糖苷酶将淀粉降解为小分子的单糖或寡糖,而不影响 NSP 的成分,同时用蛋白酶切断与 NSP 连接的蛋白质。利用有机溶剂对大分子多糖的沉淀作用析出可溶性的 NSP,同时除去被降解的淀粉和蛋白质。用浓硫酸将 NSP 酸解为酮式单糖,再在碱性环境中用四氢硼酸盐将其还原成醛糖,经乙酸酐将单糖转变为易挥发的醛醇乙酰酯,利用气相色谱区分、定量测定组成 NSP 的各种单糖,经一定的转化计算出 NSP 总量(张子仪,2000)。

3.试剂和溶液

所用试剂无特殊说明均为分析纯。

①试剂:正己烷、无水乙醇、醋酸钠、硼氢化钠、冰醋酸、乙酰乙酯、乙酸酐、浓硫酸、三氟醋酸(色谱级)、1-甲基咪唑、α-淀粉酶(热稳定,Sigma A3306)、淀粉糖苷酶、标准糖、鼠李糖、海藻糖、核糖、阿拉伯糖、木糖、甘露糖、阿洛糖、半乳糖、葡萄糖和肌醇。

②醋酸缓冲液(pH 5.0):将 5.4 g 醋酸钠溶于 50 mL 水,用冰醋酸调节 pH 至 5.0,然后定容至 100 mL。

4.仪器和设备

气相色谱、离心机、电热恒温箱(磁力搅拌)、振动器、有刻度玻璃试管(4 mL 和 8 mL)、带盖试管(30 mL 和 50 mL)。

5.试样制备

样品粉碎,过 40 目筛,保存于密封的样品瓶中。取 1~2 g 样品测定干物质含量,以便用于后面的计算。

6.测定步骤

(1)样品处理

①精确称取 200 mg 样品(根据 NSP 含量来调整)于 30 mL 带盖试管内,加入 10 mL 正己烷(或石油醚),盖紧试管盖,摇匀,用超声波降解 15 min,在 20 ℃下 2 000 g 离心 15 min,弃去上清液(脱除脂肪)。

②加入 5 mL 80% 的乙醇至上述试管中,加热至 80 ℃,保持 10 min。用 2 000 g 离心 10 min。将上清液转移到一个 8 mL 的小瓶中,这一步的目的是分离游离的糖,并使内源酶失活,如不需要测定游离糖,可以弃掉上清液。在 40 ℃有氮条件下将残渣干至泥浆状。

③加入 10 mL 醋酸缓冲液(pH 5.0)在 100 ℃水浴中加热 30 min,15 min 后搅拌,这一步是使淀粉明胶化,以便酶能有效地与之反应。

④从沸腾的水浴上每次取一根试管并立即加入 50 μL 的 α-淀粉酶(反复倒置使酶混合均匀),快速将试管放入 95 ℃的水浴中 30 min,15 min 后振动摇匀,或将试管倒置混匀。

⑤将试管从 95 ℃的水浴中移至 55 ℃的电热板上,当温度稳定后,加入 50 μL 淀粉糖苷酶(在用移液管吸取前轻轻混合酶液 6 次)。在 55 ℃的电热板上反应 16 h(过夜)并不停地搅拌。

⑥在 2 000 g 离心机上离心 30 min,取一部分上清液(如用 2 mol/L 三氟醋酸水解,取

4 mL;如用 1 mol/L 硫酸水解,取 8 mL)测定可溶性 NSP,取 1 mL 测定可溶性糖醛酸,如需要可取另外一份(约 1 mL)测淀粉。保留残渣用于测定不溶性的 NSP。

(2)可溶性 NSP 测定

①取 4 mL 上清液加入 30 mL 带盖培养试管中,加入 16 mL 纯乙醇(使试管中的乙醇浓度为 80%)。置冰上至少 1 h,置 4 ℃至少 1 h,2 000 g 低温(4 ℃)离心 20 min,弃掉上清液。加 80%乙醇 10 mL,混匀,置冰上至少 30 min,2 000 g 低温(4 ℃)离心 20 min,弃掉上清液。加无水乙醇 10 mL,混匀,置冰上至少 30 min,2 000 g 低温(4 ℃)离心 20 min,弃掉上清液。此步是除掉被淀粉酶和淀粉糖苷酶释放的糖。

②沉淀在有氮气的情况下烘干,然后加入 1 mL 2 mol/L 三氟醋酸(由 2 mL 三氟醋酸加11 mL 水配制而成)。

③125 ℃边搅拌边加热 1 h,确保全部样品浸泡在酸液中(注意:将试管放入加热箱后,当温度达到 125 ℃时开始计时,也可以使用自动水解装置)。

④试管冷却至室温,精确加入 50 μL 内标物质(阿洛糖,4 mg/mL,一种葡萄糖的异构物)。也可以加入一种参照标准物质肌醇(4 mg/mL)来检验还原步骤的效率。用磁力搅拌器搅匀后将磁棒取出。

⑤加热箱内 40~45 ℃用氮气汽化烘干。用 0.2 mL 水洗 2 次(如慢,可转入 8 mL 的小瓶)。

⑥将残渣用 0.2 mL 水溶解(如使用 8 mL 的小瓶干燥,转移到 30 mL 的培养试管中),加1 滴 3 mol/L 的氨水(使溶液略呈碱性),混合均匀,加入 0.4 mL 新配制的硼氢化钠(用 1 mL3 mol/L 的氢氧化钠溶解 50 mg 钠),盖上盖后在 40 ℃水浴中培养 1 h。

⑦加入几滴冰醋酸使多余的硼氢化钠分解(或逐滴直到停止产生气泡,注意:过量的酸会干扰乙酰化)。

⑧加入 0.5 mL 甲基咪唑,混匀(有毒,需在毒气柜内小心操作),加入 5 mL 无水醋酸并混匀,在室温放置 10 min。

⑨加入 8 mL 水以降解过量的无水醋酸,冷却后,加入 3 mL 二氯甲烷(小心操作)并转动,静置直到清晰分层或在室温用 2 000 g 离心 5 min,将底层转入 2 mL 小瓶中,用消毒的吸管吸取 70%~80%的上层液体,弃掉,这样更容易转移含有醋酸醛醇的下层(二氯甲烷层)。

⑩有氮气的条件下蒸化干燥(40 ℃)。这一步花的时间很短,随时注意样品,确保一旦样品干了就拿出来。

⑪加入 0.3 mL 乙酸乙酯溶解,如果手动注入,注射 0.3~1.0 μL 到气相色谱仪,自动测定时,就用适量的溶剂来调试仪器。

(3)不溶性 NSP 的测定

①将样品处理中步骤⑥保留的残渣用水冲洗,在室温用 2 000 g 离心 15 min,弃掉上清液,重复 2 次,确保从淀粉消化的葡萄糖已全部溶化。加 2 mL 丙酮,摇匀,在室温用 3 000 g离心 15 min,弃掉上清液,在有氮条件下烘干,不要破坏颗粒。

②准确加入 12 mol/L 硫酸 1 mL,在 35 ℃搅拌 1 h(用一根小棒将大块捣碎)。这一步对纤维性多聚物的水解很重要,要确保所有样品都浸在酸里并溶解。

③准确加入 11 mL 水。如果使用参照标准物,则加水 10 mL 和 3 mg/mL 的肌醇 1 mL,在 100 ℃电热恒温箱中放置 2 h(注意从试管放入电热箱,且温度达 100 ℃时开始计时)。

④冷却到室温,离心使不溶性物质沉淀。

⑤移取 0.8 mL 上清液到一个 30 mL 的小瓶中,加入 0.2 mL 28%的氨水。

⑥准确加入 50 μL 阿洛糖溶液(4 mg/mL),充分混匀。

⑦用真空干燥箱汽化干燥(如样品的 NSP 估计值较大,例如大于 30%,则取 0.2 mL 加 1 滴 3 mol/L 的氨水)。

⑧加入 0.2 mL 水,使糖如前述可溶性 NSP 一样还原和乙酰化(见上文"可溶性 NSP 测定"的步骤⑥～⑩)。

(4)游离糖的测定

①在有氮条件下,将上文"样品处理"中步骤②的提取物在 40 ℃蒸化。

②用 1 mol/L 硫酸 3 mL 在 100 ℃电热箱水解 2 h,边水解,边搅拌。

③按上文"不溶性 NSP 的测定"中的步骤⑤～⑧继续进行。

(5)测定酶可消化淀粉含量

用酶试剂盒(Megazyme Total Starch Kit)测定酶可消化淀粉含量。

7.注意事项

①每批样品必须做试剂空白。

②经常用超纯水和天平校正吸管,吸取微量溶液或标准溶液时,用微量进样器。

③每批酶都必须做纯度测定,分别用可溶性阿拉伯木聚糖和 β-葡聚糖制备含多糖 0.2% 的溶液,测试加和不加淀粉酶和淀粉糖苷酶时溶液的黏度,如溶液在 55 ℃培养 2 h 后黏度下降,则酶对该多糖有附加活性,需用其他批次的酶。测定纤维酶的活性时,在含 20 mg 纤维的悬浮液中加入适量的酶培养 4 h 后,用酶试剂盒测定释放的葡萄糖,如释放的葡萄糖过多,则该酶含有纤维酶活性,需用其他批次的酶。

④每次测定中都必须使用含已知可溶性和不溶性 NSP 的样品作为测定结果的判断依据。

⑤当样品脂肪含量低于 5%时,并不一定需要剔除脂肪,但如果要用上文"样品处理"中步骤②的上清液测定游离糖,则必须剔除脂肪。

⑥对于蛋白质含量高的样品,如豆类籽实及其饼粕,必须剔除蛋白质。方法为在上文"样品处理"中步骤⑤中加入 0.1 mL 促胰液素(1 mL 水中加 0.2 g 促胰液素,3 000 g 离心,用上清液)。

第七节　饲料中植酸的测定

1.概述

植酸是植物籽实中肌醇和磷酸的基本储备形式,在动物消化道中可与二价或三价金属离子发生络合反应,生成不溶性络合物,与蛋白质分子形成二元或三元复合物,降低蛋白质的消化率,降低消化道消化酶的活性。此外,植酸还影响淀粉、脂肪和维生素的消化与利用。

2.原理

用阴离子交换树脂将植酸和植酸盐吸附,使之与无机磷及其盐类等杂质分离,用氯化钠溶液洗脱,洗脱液中的植酸与三氯化铁-磺基水杨酸混合液作用,产生褪色反应,植酸含量与褪色程度成正比,用分光光度计在波长 500 nm 处测定吸光度,计算试样中植酸含量。

3.试剂和溶液

①30 g/L 氢氧化钠溶液。

②0.7 mol/L 氯化钠洗脱溶液。

③0.05 mol/L 氯化钠洗涤溶液。

④100 g/L 硫酸钠-盐酸提取溶液:称取 50 g 无水硫酸钠溶于 1.2％盐酸溶液,并定容至 500 mL。

⑤三氯化铁-磺基水杨酸反应溶液:称取 1.5 g 三氯化铁和 15 g 磺基水杨酸,加水溶解并定容至 500 mL。使用前用水稀释 10 倍。

⑥植酸标准溶液:称取 1.734 7 g 植酸钠标准品(精确至 0.000 1 g),加水溶解并定容至 100 mL。使用前吸取 5 mL 用水定容至 500 mL,其浓度为 0.1 mg/mL。

⑦阴离子交换树脂:AGI-X4(100~200 目)。

4.仪器与设备

分光光度计、离子交换柱(φ0.8 cm×10 cm)。

5.试样的制备

①提取:称取经干燥粉碎的均质试样 0.5~2.0 g(精确至 0.01 g)于具塞三角瓶中,加入 50 mL 100 g/L 的硫酸钠-盐酸提取溶液,振荡提取 2 h,过滤,收集滤液备用。

②分离:将 0.5 g 阴离子树脂湿法装入交换柱中,用 0.7 mol/L 氯化钠溶液洗脱交换柱,再用水洗涤交换柱至无氯离子。取 5~10 mL 试样提取液,加 1 mL 30 g/L 氢氧化钠溶液,补加水至总体积 30 mL,混匀后倒入离子交换柱中。分别用 15 mL 水和 0.05 mol/L 氯化钠洗脱溶液,以 1 mL/min 的流速洗涤交换柱,弃去洗涤液。最后用 0.7 mol/L 氯化钠洗脱溶液洗脱交换柱,洗涤液收集于 25 mL 刻度具塞试管中,并定容至刻度。

6.操作步骤

①工作曲线的绘制:准确吸取植酸标准溶液 0 mL、1.0 mL、2.0 mL、3.0 mL、4.0 mL 和 5.0 mL 于 6 只 10 mL 比色管中,用水补足至 5 mL,加三氯化铁-磺基水杨酸反应溶液 4 mL,摇匀,以 3000 r/min 离心 10 min。放置 10~20 min 后,将上层液倒入 1 cm 比色皿,于 500 nm 处测定吸光度,以吸光度为纵坐标,植酸含量为横坐标,绘制工作曲线或计算回归方程。

②试液测定:取洗脱液 5 mL 于 10 mL 比色管中,加三氯化铁-磺基水杨酸反应溶液 4 mL,摇匀,其余步骤同上一步"工作曲线的绘制",测其吸光度值,在工作曲线上查得或从回归方程计算出试液中植酸含量。

7.结果计算

①含量计算

试样中植酸含量按下式计算:

$$X = \frac{c \times V_1 \times V_3}{V_2 \times V_4 \times m}$$

式中:X 为试样中植酸含量,mg/g;c 为试样液含植酸量,mg;m 为试样的质量,g;V_1 为提取液定容后的体积,mL;V_2 为分离后,提取液的体积,mL;V_3 为分离液定容后的体积,mL;V_4 为试液测定时移取分离液的体积,mL。

②精密度

在重复性条件下获得的 2 次独立测定结果的绝对差值不得超过算术平均值的 5%。

第八节　饲料中游离棉酚的测定

一、概述

棉酚是存在于棉籽色素腺体中的一种黄色多酚色素,游离棉酚在动物体内排泄缓慢,有明显的蓄积作用,能引起动物慢性中毒。常用的测定棉酚的方法有间苯三酚法和苯胺法(GB/T 13086—2020)。间苯三酚法快速、简便、灵敏度高,但精密度稍差;苯胺比色法准确度高,精密度好,是目前常用的方法。这里主要介绍苯胺法测定棉酚。

二、原理

试样中的游离棉酚用含 3-氨基-1-丙醇的异丙醇-正己烷混合溶剂提取,用苯胺使棉酚转化为苯胺棉酚,在波长 440 nm 处测量其吸光度值。

三、试剂和溶液

①苯胺:应满足空白溶液 b_0 吸光度值不超过 0.022。若超过,则在苯胺中加入锌粉进行蒸馏,弃去头尾各 10%,将其余馏出部分收集于棕色玻璃瓶内,0~4 ℃贮存,有效期 45 d。

②异丙醇-正己烷混合溶液:异丙醇:正己烷=6:4。

③溶剂 A:量取约 500 mL 异丙醇-正己烷混合溶液、2 mL 3-氨基-1-丙醇、8 mL 冰乙酸和 50 mL 水于 1 000 mL 容量瓶中,用异丙醇-正己烷混合溶液定容至刻度。室温保存,有效期 7 d。

四、仪器和设备

分光光度计、分析天平、振荡器、水浴锅、具塞三角瓶(100 mL、250 mL)、棕色容量瓶(25 mL、50 mL)。

五、试样制备

①棉籽:称取样品约 200 g,粉碎,过 6.0 mm 分析筛,将筛上物(棉绒)和筛下物分别称重;将筛下物进一步研磨,全部过 1.0 mm 分析筛。将筛上棉绒和粉碎后的棉籽仁壳试样分别装入密闭容器中,备用。

②其他产品:按照 GB/T 20195 规定制备试样,至少 200 g,粉碎使其全部过 1.0 mm 孔径分析筛,混合均匀,装入密闭容器中,备用。

六、测定步骤

①试样称量。

平行做 2 份试验。不同试验的称样量如下。

棉籽:分别称取棉绒和棉籽仁壳各 1 g,精确至 0.000 1 g;

棉籽饼粕:称取 1 g,精确至 0.000 1 g;

其他试样:称取 5 g,精确至 0.01 g。

②游离棉酚的提取。

试样置于 250 mL 具塞三角烧瓶中,加入玻璃珠 20 粒,准确加入 50 mL 溶剂 A,于室温下 120 次/min 振荡提取 1 h。用滤纸过滤,过滤时在漏斗上加盖玻璃表面皿。弃去初滤液 5 mL,其余滤液全部收集至 100 mL 具塞三角瓶,备用。棉籽试样应将棉绒和棉籽仁壳分别置于不同的三角瓶中,其余操作同上。

③试样溶液制备。

用移液管准确移取双等份滤液 5~10 mL(每份滤液含 50~100 μg 游离棉酚),分别置于 2 个 25 mL 棕色容量瓶 a 和 b 中,若不足 10 mL,用溶剂 A 补充至 10 mL。

用异丙醇-正己烷混合溶液稀释 a 至刻度,摇匀,该溶液用作试样测定溶液的参比溶液。

用移液管移取 2 份 10 mL 的溶剂 A 分别至 2 个 25 mL 棕色容量瓶 a_0 和 b_0 中。

用异丙醇-正己烷混合溶液稀释 a_0 至刻度,摇匀,该溶液用作空白测定溶液的参比溶液。

加 2.0 mL 苯胺于 b 和 b_0 中,于沸水浴上加热 30 min 后取出,冷却至室温,用异丙醇-正己烷混合溶液定容,摇匀,室温静置 1 h。

④测定。

用 1 cm 比色皿,于波长 440 nm 处,用分光光度计以 a_0 为参比溶液测定空白溶液 b_0 的吸光度值 A_1,以 a 为参比溶液测定试样溶液 b 的吸光度值 A_2。

七、结果计算

①校正吸光度值 A。

试样溶液的校正吸光度值 A 的计算公式为:

$$A = A_2 - A_1$$

式中:A_2 为试样溶液的吸光度值;A_1 为空白溶液的吸光度值。

②游离棉酚含量。

样品中游离棉酚含量以质量分数 W 计,单位以 mg/kg 表示,计算公式为:

$$W = \frac{A \times 1\,250 \times 1\,000}{a \times m \times V \times l}$$

式中:A 为试样溶液校正吸光度;1 250 为样品稀释倍数;a 为质量吸收系数,游离棉酚为 62.5 L/cm·g;m 为试样质量,g;V 为测定用滤液的体积,mL;l 为比色皿光径长度,cm。

棉籽样品中游离棉酚的含量由棉绒和棉籽仁壳的含量加权获得,计算公式为:

$$W_{棉籽} = \frac{w_{棉绒} \times m_{棉绒} + w_{棉籽仁壳} \times m_{棉籽仁壳}}{m_{棉绒} + m_{棉籽仁壳}}$$

式中:$w_{棉绒}$ 为棉绒试样中游离棉酚的含量,mg/kg;$m_{棉绒}$ 为制备棉籽试样中棉绒的质量,g;$w_{棉籽仁壳}$ 为棉籽仁壳试样中游离棉酚的含量,mg/kg;$m_{棉籽仁壳}$ 为制备棉籽试样中棉籽仁壳的质量,g。

测定结果以平行测定的算术平均值表示,保留 3 位有效数字。

③精密度。

在重复条件下,2 次独立测定结果之间的绝对差值,在游离棉酚含量小于 500 mg/kg 时,不得超过其算术平均值的 15%;在游离棉酚含量不小于 500 mg/kg 且不大于 750 mg/kg 时,不得超过 75 mg/kg;在游离棉酚含量大于 750 mg/kg 时,不得超过其算术平均值的 10%。

第九节　饲料中亚硝酸盐的测定

1.概述

青绿饲料贮存或调制不当,所含的硝酸盐在微生物的作用下会转化成亚硝酸盐,引起动物急性或慢性中毒。通常采用重氮偶合比色法测定饲料中亚硝酸盐的含量,根据使用试剂不同可分为 α-萘胺法和盐酸萘乙二胺法(GB 13085)。

2.原理

样品在微碱性条件下除去蛋白质,在酸性条件下,试样中的亚硝酸盐与对氨基苯磺酸反应生成重氮化合物,再与 N-1-萘乙二胺盐酸盐偶合形成红色物质,通过比色即可测定。

3.试剂和溶液

①四硼酸钠饱和溶液:称取 25 g 四硼酸钠[$Na_2B_4O_7 \cdot 10H_2O$,GB 632],溶于 500 mL 温水中,冷却后备用。

②10.6%亚铁氰化钾溶液:称取 53 g 亚铁氰化钾[$K_4Fe(CN)_6 \cdot 3H_2O$,GB 1273],溶于水,加水稀释至 500 mL。

③22%乙酸锌溶液:称取 110 g 乙酸锌[$Zn(CH_3COO)_2 \cdot 2H_2O$],溶于适量水和 15 mL 冰乙酸(GB 676)中,加水稀释至 500 mL。

④0.5%对氨基苯磺酸溶液:称取 0.5 g 对氨基苯磺酸($NH_2C_6H_4SO_3H \cdot H_2O$),溶于 10%盐酸中,边加边搅,再加 10%盐酸溶液稀释至 100 mL,贮于棕色试剂瓶中,密闭保存,1 周内有效。

⑤0.1%N-1-萘乙二胺盐酸盐溶液:称取 0.1 g N-1-萘乙二胺盐酸盐($C_{10}H_7NHCH_2NH_2 \cdot 2HCl$),用少量水研磨溶解,加水稀释至 100 mL,贮于棕色试剂瓶中密闭保存,1 周内有效。

⑥5 mol/L 盐酸溶液:量取 445 mL 浓盐酸(GB 622),加水稀释至 1 000 mL。

⑦亚硝酸钠标准贮备液:称取经(115±5)℃烘至恒重的亚硝酸钠(GB 633)0.300 0 g,用水溶解,移入 500 mL 容量瓶,加水稀释至刻度,此溶液每毫升相当于 400 μg 亚硝酸根离子。

⑧亚硝酸钠标准工作液:吸取 5.00 mL 亚硝酸钠标准贮备液,置于 200 mL 容量瓶中,加水稀释至刻度,此溶液每毫升相当于 10 μg 亚硝酸根离子。

4.仪器和设备

分光光度计、容量瓶、长颈漏斗(直径 75～90 mm)。

5.试样制备

采集具有代表性的饲料样品,至少 2 kg,四分法缩分至约 250 g,磨碎,过 1 mm 孔筛,混匀,装入密闭容器,防止试样变质,低温保存备用。

6.测定步骤

(1)试液制备

称取约 5 g 试样,精确到 0.001 g,置于 200 mL 烧杯中,加约 70 mL 温水(60±5)℃和 5 mL 四硼酸钠饱和溶液,在(85±5)℃水浴上加热 15 min,取出,稍凉,依次加入 2 mL 10.6%

亚铁氰化钾溶液、2 mL 22%乙酸锌溶液,每一步须充分搅拌,将烧杯内溶液全部转移至150 mL容量瓶中,用水洗涤烧杯数次,并入容量瓶中,加水稀释至刻度,摇匀,静置澄清,用滤纸过滤,滤液为试液。

（2）标准曲线绘制

吸取 0 mL、0.25 mL、0.50 mL、1.00 mL、2.00 mL 和 3.00 mL 亚硝酸钠标准工作液,分别置于 50 mL 棕色容量瓶中,加水约 30 mL,依次加入 2 mL 0.5%对氨基苯磺酸溶液、2 mL 5.0 mol/L 盐酸溶液,混匀,在避光处放置 3～5 min,加入 2 mL 0.1% N-1-萘乙二胺盐酸盐溶液,加水稀释至刻度,混匀,在避光处放置 15 min,以 0 mL 亚硝酸钠标准工作液为参比,用 10 mm 比色皿,在波长 538 nm 处,用分光光度计测各溶液的吸光度,以吸光度为纵坐标,各溶液中所含亚硝酸根离子质量为横坐标,绘制标准曲线或计算回归方程。

（3）测定

准确吸取试液约 30 mL,置于 50 mL 棕色容量瓶中,从"依次加入 2 mL 0.5%对氨基苯磺酸溶液、2 mL 5.0 mol/L 盐酸溶液"起,按上一步"标准曲线绘制"的方法显色和测量试液的吸光度。

7.结果计算

（1）计算

亚硝酸盐含量的计算公式为：

$$W(亚硝酸钠) = \frac{1.5 \times m_1 \times V}{m \times V_1}$$

式中:W 为试样中亚硝酸盐含量（以亚硝酸钠计）,mg/kg;V 为试样总体积,mL;V_1 为试样测定时吸取试液的体积,mL;m_1 为试液中所含亚硝酸根离子质量,μg;m 为试样质量,g;1.5 为亚硝酸钠和亚硝酸根离子质量的比值。

（2）结果表示

每个试样取 2 个平行样进行测定,以其算术平均值为结果。结果表示到 0.1 mg/kg。

（3）重复性

同一分析者对同一试样同时或快速连续地进行 2 次测定,所得结果之间的差值：

当亚硝酸盐含量≤1 mg/kg 时,不得超过平均值的 50%;当亚硝酸盐含量＞1 mg/kg 时,不得超过平均值的 20%。

第十节　饲料中异硫氰酸酯和噁唑烷硫酮的测定

1.概述

菜籽饼粕中含有的硫葡萄糖苷在本身所含芥子酶（硫葡萄糖苷酶）的作用下,水解产生硫氰酸酯、异硫氰酸酯、噁唑烷硫酮和腈,会影响饲料的适口性并导致动物甲状腺肿大。国家饲料卫生标准规定必须严格检测菜籽饼粕和配合饲料中异硫氰酸酯和噁唑烷硫酮的含量。异硫氰酸酯在高温下易挥发,采用气相色谱法（GB 13087）测定,准确度和精密度均较好。噁唑烷硫酮在 245 nm 处有最大吸收,采用紫外分光光度法（GB 13089）测定。

2.原理

配合饲料中的硫葡萄糖苷在芥子酶作用下生成异硫氰酸酯和噁唑烷硫酮,异硫氰酸酯用二氯甲烷提取后,用气相色谱进行测定;噁唑烷硫酮用乙醚萃取后,用紫外分光光度计测定。

3.试剂和溶液

①pH 7 缓冲液:市售或按下法配制。量取 35.3 mL 0.1 mol/L 柠檬酸($C_6H_8O \cdot H_2O$)溶液于 200 mL 容量瓶中,用 0.2 mol/L 磷酸氢二钠($Na_2HPO_4 \cdot 12H_2O$,GB 1263)稀释至刻度,配制后检查 pH。

②酶制剂:将白芥(*Sinapis alba* L.)种子(72 h 内发芽率必须大于 85%,保存期不超过 2 年)粉碎后,称取 100 g,用 300 mL 丙酮(GB 686)分 10 次脱脂,滤纸过滤,真空干燥脱脂白芥子粉,然后用 400 mL 水分 2 次提取脱脂粉中的芥子酶,离心,取上层混悬液体,合并,于合并混悬液中加入 400 mL 丙酮沉淀芥子酶,弃去上清液,用丙酮洗沉淀 5 次,离心,真空干燥下层沉淀物,研磨成粉状,装入密闭容器中,低温保存备用,此制剂应不含异硫氰酸酯。

③丁基异硫氰酸酯内标溶液:配制 0.100 mg/mL 丁基异硫氰酸酯二氯甲烷或氯仿(GB 682)溶液,贮于 4 ℃,如试样中异硫氰酸酯含量较低,可将上述溶液稀释,使内标丁基异硫氰酸酯峰面积和试样中异硫氰酸酯峰面积相接近。

④无水硫酸钠。

4.仪器和设备

气相色谱仪(具有氢焰检测器)、氮气钢瓶(氮气纯度为 99.99%)、微量注射器(5 μL)、振荡器(往复,100 次/min 和 200 次/min)、具塞锥形瓶(25 mL)、离心机、离心试管(10 mL)、分液漏斗(50 mL)、分光光度计。

5.试样制备

测定异硫氰酸酯的样品粉碎过 1 mm 筛,混匀,装入密闭容器,低温保存备用。测定噁唑烷硫酮的样品需 80%能通过 0.28 mm 筛。

6.测定步骤

(1)异硫氰酸酯的测定

①试样的酶解。

称取约 2.2 g 试样于具塞锥形瓶中,精确到 0.001 g,加入 5 mL pH 7 缓冲液、30 mg 酶制剂、10 mL 丁基异硫氰酸酯内标溶液,用振荡器振荡 2 h,将具塞锥形瓶中内容物转入离心试管中,离心机离心,用滴管吸取少量离心试管下层有机相溶液,通过铺有少量无水硫酸钠层和脱脂棉的漏斗过滤,得澄清滤液备用。

②色谱条件。

色谱柱:玻璃,内径 3 mm,长 2 m。

固定液:20% FFAP(或其他效果相同的固定液)。

载体:Chromosorb W,HP,80~100 目(或其他效果相同的载体)。

柱温:100 ℃。

进样口及检测器温度:150 ℃。

载气(氮气)流速:65 mL/min。

③测定。

用微量注射器吸取 1~2 μL 上述澄清滤液,注入色谱仪,测量各异硫氰酸酯峰面积。

(2)噁唑烷硫酮的测定

①称取试样(菜籽饼粕 1.1 g、配合饲料 5.5 g)于事先干燥称重(精确到 0.001 g)的烧杯中,

放入恒温干燥箱,在(103±2)℃下烘烤至少 8 h,取出置于干燥器中冷却至室温,再称重,精确到 0.001 g。

②试样的酶解。

将干燥称重的试样全倒入 250 mL 三角烧瓶中,加入 70 mL 缓冲液,并用少许缓冲液冲洗烧杯,使之冷却至 30℃,然后加入 0.5 g 酶源和几滴正辛醇,室温下振荡 2 h。将内容物定量转移至 100 mL 容量瓶中,用水洗涤三角烧瓶,并稀释至刻度,然后过滤至 100 mL 三角烧瓶中,滤液备用。

③试样测定。

取上述滤液(菜籽饼粕 1.0 mL、配合饲料 2.0 mL)至 50 mL 分液漏斗中,每次用 10 mL 乙醚(光谱纯或分析纯)提取 2 次,每次小心从上面取出上层乙醚。合并乙醚层于 25 mL 容量瓶中,用乙醚定容至刻度。在 280 nm 处,用 10 mm 石英比色皿测定其吸光度值,用最大吸光度值减去 280 nm 处的吸光度值得试样测定吸光度值 A_E。

④试样空白测定(菜籽饼粕此项免去,A_B 为零)。

按前面 3 步同样操作,只加试样不加酶源,测得值为试样空白吸光度值 A_B。

⑤酶源空白测定。

按前面 3 步同样操作,不加试样只加酶源,测得值为酶源空白吸光度值 A_C。

7.测定结果

(1)异硫氰酸酯的计算

异硫氰酸酯含量的计算公式为:

$$W = \frac{m_e(1.15S_a + 0.98S_b + 0.88S_p) \times 1\,000}{S_e \times m}$$

式中:W 为试样中异硫氰酸酯的含量,mg/kg;m 为试样质量,g;m_e 为 10 mL 丁基异硫氰酸酯内标溶液中丁基异硫氰酸酯的质量,mg;S_e 为丁基异硫氰酸酯的峰面积;S_a 为丙烯基异硫氰酸酯的峰面积;S_b 为丁烯基异硫氰酸酯的峰面积;S_p 为戊烯基异硫氰酸酯的峰面积。

(2)噁唑烷硫酮的计算

噁唑烷硫酮含量的计算公式为:

$$X = \frac{20.5(A_E - A_B - A_C)}{m}$$

式中:X 为试样中噁唑烷硫酮的含量,mg/g;A_E 为试样测定吸光度值;A_B 为试样空白吸光度值;A_C 为酶源空白吸光度值;m 为试样绝干质量,g。

若试样测定液经过稀释,计算时应予考虑。

(3)结果表示

每个试样取 2 个平行样进行测定,以其算术平均值为结果。异硫氰酸酯结果表示到 1 mg/kg,噁唑烷硫酮结果表示到 0.01 mg/g。

(4)重复性

同一分析者对同一试样同时或快速连续地进行 2 次测定,所得结果之间的差值:

当异硫氰酸酯含量≤100 mg/kg 时,不超过平均值的 15%;当异硫氰酸酯含量>100 mg/kg 时,不超过平均值的 10%。

当噁唑烷硫酮含量≤0.20 mg/g 时,不得超过平均值的 20%;当 0.20 mg/g<噁唑烷硫酮

含量＜0.50 mg/g 时，不得超过平均值的 15％；当噁唑烷硫酮含量≥0.50 mg/g 时，不得超过平均值的 10％。

第十一节　饲料中黄曲霉毒素 B_1 的测定

一、概述

黄曲霉毒素 B_1 的分析测定方法有生物检测法、免疫检测法和化学检测法。前两者主要用来验证毒性，并需要放射性同位素设备。化学检测法是常用的实验室分析方法。国内外常用简易的微柱层析作为定性检验的方法，灵敏度达 5～10 $\mu g/kg$，可用来检测大量样品。阳性样品可用薄层色谱法作半定量或定量测定，灵敏度达 5 $\mu g/kg$，设备简单，易于普及，但操作烦琐。GB/T 17480 规定了用酶联免疫法测定饲料中黄曲霉毒素 B_1 的具体方法。GB/T 30955 规定了免疫亲和柱净化-高效液相色谱法测定饲料中黄曲霉毒素 B_1、黄曲霉毒素 B_2、黄曲霉毒素 G_1 和黄曲霉毒素 G_2 的方法。现介绍酶联免疫法、微柱层析法（定性检验）及免疫亲和柱净化-高效液相色谱法。

二、酶联免疫法

1.原理

试样中黄曲霉毒素 B_1、酶标黄曲霉毒素 B_1 抗原与包被于微量反应板中的黄曲霉毒素 B_1 特异性抗体进行免疫竞争反应，加入酶底物后显色，试样中黄曲霉毒素 B_1 的含量与颜色成反比，用目测法或仪器法通过与黄曲霉毒素 B_1 标准溶液比较判断或计算试样中黄曲霉毒素 B_1 的含量。

2.试剂和溶液

黄曲霉毒素 B_1 酶联免疫测试盒、甲醇水溶液（甲醇与水等体积混合）。

3.仪器和设备

具塞三角瓶（100 mL）、电动振荡器、分液漏斗（125 mL）、蒸发皿（100 mL）、恒温培养箱、酶标测定仪（内置 450 nm 滤光片）。

4.操作步骤

（1）试样制备

样品粉碎过 1.00 mm 筛。如果样品脂肪含量超过 10％，粉碎之前要用石油醚脱脂，但分析结果以未脱脂样品质量计。

（2）试样提取

①称取 5 g 试样，精确至 0.01 g，置于 100 mL 具塞三角瓶中，加入甲醇水溶液 25 mL，加塞振荡 10 min，过滤，弃去 1/4 初滤液，再收集适量试样液。如果样品中离子浓度高，称取 10 g 试样，精确至 0.01 g，置于 100 mL 具塞三角瓶中，加入甲醇水溶液 50 mL，加塞振荡 15 min，过滤，弃去 1/4 初滤液后收集滤液。

准确吸取 10.0 mL 滤液于 125 mL 分液漏斗中，加入 20 mL 三氯甲烷，加塞轻轻振摇 3 min，静置分层。放出三氯甲烷层，经盛有 5 g 预先用三氯甲烷湿润的无水硫酸钠的快速定性滤纸过滤至 100 mL 蒸发皿中,再加 5 mL 三氯甲烷于分液漏斗中,重复提取,三氯甲烷层一并滤于蒸发皿中,最后用少量三氯甲烷洗涤滤纸,洗液并入蒸发皿中,65 ℃水浴烘干。准确加入 10.0 mL 甲醇水溶液,充分溶解蒸发皿中的残渣,得到试样液。

②根据试剂盒说明书测定和计算黄曲霉毒素 B_1 的含量

三、微柱层析法(一)

适用于每千克中黄曲霉毒素 B_1 含量 10 μg 以上的样品。

1.原理

样品中黄曲霉素 B_1 经提取、柱层析、洗脱、浓缩、薄层分离后,在波长 365 nm 紫外灯光下产生蓝紫色荧光,根据其在薄层上显示荧光的最低检出量来测定含量。

2.试剂和溶液

①石英棉:用氯仿洗涤。

②硅藻土。

③硫酸铵饱和溶液。

④浸取溶剂:丙酮∶水溶液(85∶15)。

⑤展开溶剂:氯仿∶乙腈∶异丙醇溶液(93∶5∶2)。

⑥氧化铝:酸化,80～200 目,110 ℃活化 2 h,加 3%水,使成活性Ⅱ级,搅拌均匀过夜。

⑦硅胶 G:100～200 目,110 ℃烘 2 h,置干燥器中保存。

3.仪器和设备

高速组织捣碎机、紫外灯(254 nm)、分液漏斗(125 mL)。

4.测定步骤

①样品提取:取碾碎的饲料 50 g,置于高速组织捣碎机中,加硅藻土 10 g、浸提溶剂 150 mL,捣碎 3 min,滤纸过滤。取滤液 50 mL 于 250 mL 烧杯中,加 20 mL 饱和硫酸铵溶液、水 130 mL、硅藻土 10 g,搅拌并静置 2 min,过滤,取滤液 100 mL,置于 125 mL 分液漏斗中,加苯 3 mL,振摇 1 min,弃去下面水层,再慢慢地加水 50 mL,待分层后,弃去下面水层,将苯移至小瓶中,加无水硫酸钠澄清。

②微柱制备:直径 4 mm、长 200 mm 的柱,先在柱底加少许石英棉,然后加 1.5 cm 高的氧化铝、9 cm 高的干硅胶 G,加少许石英棉,轻敲填实,无裂缝。可一次制备多根,放在干燥器中备用。

③层析:将微柱底部插入苯液中,使苯前沿上升到氧化铝层约 1 cm 处,将柱外表擦干净。立即加 5 mL 展开溶剂于小试管中,将微柱底部插入展开 5 min,在紫外灯下观察,如有黄曲霉毒素 B_1,则在氧化铝层显示紫蓝色荧光环带。呈显著紫蓝色荧光表示污染程度约为 10 $\mu g/kg$。荧光越强,污染越严重。如为阴性样品,则呈白色或灰白色,而无紫蓝色荧光环带。

四、微柱层析法(二)

适用于每千克中黄曲霉毒素 B_1 含量 5 μg 以上的样品。

1.原理

样品中黄曲霉素 B_1 经提取、柱层析、洗脱、浓缩、薄层分离后,在波长 365 nm 紫外灯光下产生蓝紫色荧光,根据其在薄层上显示荧光的最低检出量来测定含量。

2.试剂和溶液

①佛罗里土:100～200 目,110 ℃活化 2 h。

②中性氧化铝:80～200 目,110 ℃活化 2 h。

③硅胶 G:100～200 目,105 ℃活化 1 h,加 1%水,密闭,充分摇匀,静置 15 h。

④砂:用水多次洗净,烘干。

⑤铁胶制备:将 pH 电极置于盛有 100 mL 水和 10 mL 15%三氯化铁($FeCl_3 \cdot 6H_2O$)溶液的烧杯中,加 4%氢氧化钠溶液 14～16 mL,使 pH 为 4.6。电极表面附着的铁胶可用 0.1 mol/L盐酸清除。

⑥浸取溶剂:丙酮:水溶液(85:15)。氧化铝:酸化,80～200 目,110 ℃活化 2 h,加 3%水,使其成活性Ⅱ级,搅拌均匀过夜。

⑦氯仿丙酮溶液:氯仿:丙酮溶液(9:1)。

3.仪器和设备

高速组织捣碎机、紫外灯(254 nm)、分液漏斗(125 mL)。

4.测定步骤

①样品提取:取过 20 目筛的样品 50 g,置于高速组织捣碎机中,加浸提溶剂 250 mL,捣碎 3 min(或电磁捣碎 30 min),滤纸过滤,取滤液 90 mL 于上述制备的铁胶溶液中,搅拌 12 min 再过滤。取滤液 100 mL,置于 125 mL 分液漏斗中,加氯仿 5 mL,振摇 1 min,放出氯仿层于 250 mL 烧杯内,水浴上浓缩至干,用 2 mL 氯仿丙酮溶液溶解残渣于小瓶中,再用氯仿丙酮溶液洗残渣 2 次,每次 2 mL,洗涤液并于小瓶内,冷冻保存。

②微柱制备:直径 3 mm、长 250 mm 的柱,先在柱底加少许石英棉,然后加 5～7 mm 高的砂、5～7 mm 佛罗里土、2 cm 高的硅胶 G、1～1.5 cm 氧化铝,最后加少许石英棉,轻敲填实,无裂缝。可一次制备多根,放在干燥器中备用。

③层析:取 1 mL 样品提取液注进微柱中,流出后加入约 1 mL 氯仿丙酮溶液,流干后,在紫外灯下观察,如在佛罗里土层呈现蓝紫色荧光环带,则黄曲霉毒素 B_1 含量大于 5 $\mu g/kg$,如硅胶和佛罗里土层上呈现环带,则黄曲霉毒素 B_1 含量大于 20 $\mu g/kg$。

五、免疫亲和柱净化-高效液相色谱法

1.原理

试样用甲醇-水溶液提取,经含有黄曲霉毒素特异抗体的免疫亲和层析柱层析净化,高效液相色谱仪分离,荧光检测器柱后光化学衍生,测定黄曲霉毒素 B_1、黄曲霉毒素 B_2、黄曲霉毒素 G_1 和黄曲霉毒素 G_2 的含量。

2.试剂和溶液

甲醇、苯和乙腈为色谱纯试剂,其余为分析纯试剂。

①甲醇:水(8:2)溶液:80 mL 甲醇与 20 mL 水混合均匀。

②甲醇:水(45:55)溶液:45 mL 甲醇与 55 mL 水混合均匀。

③苯:乙腈(98:2)溶液:2 mL 乙腈与 98 mL 苯混合均匀。

④黄曲霉毒素标准储备溶液:用苯:乙腈(98:2)溶液分别配制 0.100 mg/mL 的黄曲霉

毒素 B_1、黄曲霉毒素 B_2、黄曲霉毒素 G_1、黄曲霉毒素 G_2 标准贮备液,保存于 4 ℃,可使用 1 年。

⑤黄曲霉毒素混合标准工作液:准确移取适量的黄曲霉毒素 B_1、黄曲霉毒素 B_2、黄曲霉毒素 G_1 与黄曲霉毒素 G_2 标准贮备液,50 ℃ 下,氮气吹干仪吹干,用适量的甲醇:水(45∶55)溶液定容为混合标准工作液,黄曲霉毒素 B_1、黄曲霉毒素 B_2、黄曲霉毒素 G_1、黄曲霉毒素 G_2 分别为 1 ng/mL、5 ng/mL、10 ng/mL 和 50 ng/mL。

⑥PBS 缓冲溶液:称取 8.0 g 氯化钠、1.2 g 磷酸氢二钠、0.2 g 磷酸二氢钾与 0.2 g 氯化钾,用 990 mL 纯水溶解,用浓盐酸调节 pH 至 7.0,最后用纯水稀释至 1 000 mL。

⑦5%次氯酸钠溶液。

3.仪器和设备

高速均质器(18 000～22 000 r/min,或振荡器)、黄曲霉毒素免疫亲和柱(柱容量≥300 ng)、玻璃纤维滤纸(直径 11 cm,孔径 1.5 μm)、玻璃定量管(10 mL)、氮吹仪(50 ℃)、光化学衍生系统、高效液相色谱仪(带荧光检测器)。

4.试样制备

样品粉碎过 1 mm 筛,混匀,装入密闭容器,冷藏保存。

5.测定步骤

(1)提取

称试样 50.0 g 于 250 mL 具塞锥形瓶中,加 5.0 g 氯化钠、100.0 mL 甲醇:水(8∶2)溶液,均质器高速搅拌提取 2 min,或振荡器振荡 30 min。定量滤纸过滤,准确移取 10.0 mL 滤液并加入 40 mL PBS 缓冲溶液稀释,用玻璃纤维滤纸过滤 1～2 次,至滤液澄清,备用。

(2)净化

将免疫亲和柱连接于 10.0 mL 玻璃定量管下,准确移取 10.0 mL 样品提取液注入玻璃定量管中,连接空气压力泵与玻璃定量管,调节压力使溶液以不超过 2 mL/min 流速缓慢通过免疫亲和柱,待溶液全部流出后,以 10.0 mL 纯水清洗柱 2 次,弃去全部流出液,准确加入 1.0 mL 甲醇洗脱,流速不超过 1 mL/min,收集全部洗脱液于玻璃试管中,加纯水定容至 2.0 mL,供色谱检测用。

(3)测定

①色谱条件。

色谱柱:C_{18} 柱,长 150 mm,内径 4.6 mm,填料直径 5 μm;流动相:甲醇:水(45∶55)溶液,流速 0.8 mL/min;检测波长:激发波长 360 nm,发射波长 440 nm;光化学衍生系统;柱温:30 ℃;进样量:20 μL。

②色谱测定。

分别取相同体积样液和标准工作溶液注入高效液相色谱仪,在上述色谱条件下测定试样的响应值(峰高或峰面积)。经过与黄曲霉毒素 B_1、黄曲霉毒素 B_2、黄曲霉毒素 G_1 和黄曲霉毒素 G_2 标准溶液谱图比较响应值得到试样中黄曲霉毒素 B_1、黄曲霉毒素 B_2、黄曲霉毒素 G_1 和黄曲霉毒素 G_2 的浓度。

警告:黄曲霉毒素是高致癌性物质,应小心处理,使用过的玻璃容器及黄曲霉毒素溶液用 5%次氯酸钠溶液浸泡过夜。

6.结果计算

（1）计算

黄曲霉毒素的计算公式为：

$$X = \frac{P_1 \times V_1 \times c \times V_2 \times 10^3}{P_2 \times m \times V_3}$$

式中：X 为试样中黄曲霉毒素 B_1、黄曲霉毒素 B_2、黄曲霉毒素 G_1、黄曲霉毒素 G_2 含量，$\mu g/kg$；P_1 为试样溶液中黄曲霉毒素 B_1、黄曲霉毒素 B_2、黄曲霉毒素 G_1、黄曲霉毒素 G_2 各组分的峰面积值；V_1 为样品的总稀释体积，mL；c 黄曲霉毒素 B_1、黄曲霉毒素 B_2、黄曲霉毒素 G_1、黄曲霉毒素 G_2 各标准溶液浓度，ng/mL；V_2 为标准溶液的进样体积，μL；P_2 为黄曲霉毒素 B_1、黄曲霉毒素 B_2、黄曲霉毒素 G_1、黄曲霉毒素 G_2 各标准溶液峰面积平均值；m 为试样质量，g；V_3 为样品溶液的进样体积，μL。

（2）结果表示

测定结果用平行测定的算术平均值表示，计算结果表示到小数点后 1 位。

（3）重复性

在重复条件下，获得的 2 次独立测试结果的绝对差值不大于其算术平均值的 15%。

第十二节　油脂过氧化物值和酸价的测定

一、概述

酸败的油脂不仅自身不饱和脂肪酸缺乏，添加到饲料中还会造成脂溶性维生素等营养物质氧化，营养价值降低，同时产生辛辣滋味和不愉快气味，影响饲料适口性。油脂过氧化物值和酸价的变化出现在油脂感官性状恶化之前，是油脂酸败的早期指标，可用于评定油脂变质的程度。

二、过氧化物值的测定

本方法适用于油脂及油脂含量高的饲料原料。

1.原理

油脂氧化过程中产生的过氧化物与碘化钾反应生成游离碘，用硫代硫酸钠标准溶液滴定，根据消耗硫代硫酸钠标准溶液的量，计算油脂过氧化物值。

2.试剂和溶液

①三氯甲烷-冰乙酸混合溶液：40 mL 三氯甲烷与 60 mL 冰乙酸混匀。

②1% 淀粉指示剂：称取 1 g 可溶性淀粉，加少量蒸馏水制成薄浆，在搅拌下倾入 100 mL 沸蒸馏水中，煮沸、搅匀、放冷备用（临用前配制）。

③0.1 mol/L 硫代硫酸钠标准溶液：将 24.5 g 五水硫代硫酸钠溶于 1 L 蒸馏水中。

④0.01 mol/L 硫代硫酸钠标准滴定溶液：吸取 10 mL 已标定的 0.1 mol/L 硫代硫酸钠标准溶液，用新沸冷却的蒸馏水稀释至 100 mL，混匀（临用前配制）。

⑤0.002 mol/L 硫代硫酸钠标准滴定溶液：吸取 20 mL 已标定的 0.1 mol/L 硫代硫酸钠标准溶液，用新沸冷却的蒸馏水稀释至 1 000 mL，混匀（临用前配制）。

⑥碘化钾饱和溶液:称取 14 g 碘化钾,溶于 10 mL 水中,贮于棕色瓶中。

3.仪器与设备

使用的所有器皿不得含有还原性或氧化性物质,磨砂玻璃表面不得涂油。

碘量瓶(250 mL)、容量瓶(100 mL、1 000 mL)、微量滴定管(5 mL)。

4.测定步骤

称取 2.00～3.00 g 样品(必要时过滤)于 250 mL 碘量瓶中,加入三氯甲烷-冰乙酸混合溶液 30 mL,加塞摇动,使其溶解。加入 1.00 mL 饱和碘化钾溶液,紧密塞好瓶盖,轻轻振摇 0.5 min,在暗处放置 3 min。加入 100 mL 蒸馏水,摇匀后立即用硫代硫酸钠标准滴定溶液滴定,至呈淡黄色时加入 1 mL 淀粉指示剂,继续滴定至溶液蓝色消失为止。按上述操作,同时进行空白试验。

注:当估计的过氧化值在 6 mmol/kg 及以下时,用 0.002 mol/L 硫代硫酸钠标准溶液滴定;当在 6 mmol/kg 以上时,用 0.01 mol/L 硫代硫酸钠标准溶液滴定。

5.结果计算

①当过氧化物值按 1 kg 样品中活性氧的毫摩尔数表示时,按下式计算:

$$P = \frac{(V_1 - V_2) \times c \times 1\,000}{2m}$$

式中:P 为过氧化物值,mmol/kg;V_1 为试样消耗的硫代硫酸钠标准滴定溶液体积,mL;V_2 为空白试验消耗的硫代硫酸钠标准滴定溶液体积,mL;c 为硫代硫酸钠溶液的标定浓度,mol/L;m 为试样的质量,g。

注:如果用 1 kg 样品中活性氧的毫克当量数(meq/kg)或毫克数(mg/kg)表示,可用上式得出的结果乘以系数 2 或 16。

②当过氧化物值用过氧化物相当于碘的质量分数表示时,按下式计算:

$$P' = \frac{(V_1 - V_2) \times c \times 0.216\,9}{2m} \times 100\%$$

式中:P' 为过氧化物值,%;V_1 为试样消耗的硫代硫酸钠标准滴定溶液体积,mL;V_2 为空白试验消耗的硫代硫酸钠标准滴定溶液体积,mL;c 为硫代硫酸钠溶液的标定浓度,mol/L;m 为试样的质量,g;0.216 9 为 1 mmol 硫代硫酸钠相当于碘的克数,g/mmol。

③允许差(绝对误差)。2 个独立的测定结果的差值,当过氧化物值为 6 mmol/kg 及以下时,为 0.25 mmol/kg;当过氧化物值为 6 mmol/kg 以上时,为 0.50 mmol/kg。

三、酸价的测定

酸价是指中和 1 g 油脂中游离脂肪酸所需氢氧化钾的质量。本法适用于动植物油脂酸价的测定。

1.原理

油脂中的游离脂肪酸与氢氧化钾发生中和反应,从消耗氢氧化钾标准溶液的量计算出游离脂肪酸的量。

2.试剂和溶液

①乙醚-乙醇混合溶液:乙醚与乙醇按体积比 2∶1 混合,用 3 g/L 氢氧化钾溶液中和至对

酚酞指示液呈中性。

②0.05 mol/L 氢氧化钾标准滴定溶液：将 5.6 g 氢氧化钾溶于 1 000 mL 煮沸后冷却的蒸馏水中，此溶液浓度约为 0.1 mol/L。将其稀释成 0.05 mol/L 的氢氧化钾标准滴定溶液。

③酚酞指示剂：将 10 g/L 酚酞 10 g 溶解于 1 L 95％乙醇溶液中。在测定颜色较深的样品时，每 100 mL 酚酞指示剂溶液可加入 1 mL 0.1％次甲基蓝溶液观察滴定终点。

3.仪器和设备

碱式滴定管、锥形瓶。

4.操作步骤

准确称取 3.00～5.00 g 样品于锥形瓶中，加入 50 mL 乙醚-乙醇混合溶液，振摇使其油样溶解，必要时可置热水中，温热促其溶解。冷却至室温，加入酚酞指示剂 2～3 滴，以 0.05 mol/L 氢氧化钾标准滴定溶液滴定，至出现微红色，且 30 s 内不褪色为终点。

5.结果计算

试样酸价按下式计算：

$$S = \frac{V \times c \times 56.11}{m}$$

式中：S 为试样的酸价，mg/g；V 为试样消耗氢氧化钾标准滴定液的体积，mL；c 为氢氧化钾标准滴定液的实际浓度，mol/L；m 为试样质量，g；56.11 为与 1 mL 1.00 mol/L 氢氧化钾标准滴定液相当的氢氧化钾的质量，mg。

以 2 次平行测定结果的算术平均值表示，保留 2 位有效数字，相对偏差不大于 10％。

★ 本章主要参考文献

戴大章,刘建新,叶均安,等,2002.饲料中植物凝集素(Lectin)的快速检测方法——血凝法[J].饲料博览,(11):22-22.

食品安全国家标准,2016.大豆制品中胰蛋白酶抑制剂活性的测定[S].G3 5009.224—2016.

李成贤,周安国,王之盛,等,2007.大豆主要抗原蛋白分离及测定方法的研究[J].大豆科学,(26):618-622.

瞿明仁,2016.饲料卫生与安全学[M].北京:中国农业出版社.

石慧,梁运祥,2011.标准 SDS-PAGE 图法测定大豆 11S 抗原蛋白含量的研究[J].饲料工业,(7):61-63.

张丽英,2016.饲料分析及饲料质量检测技术[M].北京:中国农业大学出版社.

中国质检出版社第一编辑室,2014.饲料工业标准汇编[M].北京:中国标准出版社.

（编写：刘强；审阅：张延利、张建新）

第四章　消化试验与营养价值的评定

第一节　饲料养分全肠道消化率与消化能的测定

一、全收粪法

1.概述

全收粪法是传统的消化试验,需要准确收集试验期内动物从肛门排泄的全部粪便或回肠末端的食糜来计算未消化养分的排出量。

2.原理

通过准确记录动物对饲料的进食数量,同时全部无损地收集其对应的排粪量,从二者所含营养物质数量之差求出饲料中可消化养分量,进而算出其消化率。

3.试剂和溶液

①氯仿。

②10％硫酸或盐酸或酒石酸溶液。

4.仪器和设备

消化代谢笼、实验室用样品粉碎机或研钵、分样筛(孔径 0.45 nm,40 目)、分析天平(感量 0.000 1 g)、台秤(载量 10～15 kg,感量 5 g)、磅秤(称体重用,感量 0.1 kg)、普通天平(载量 500 g,感量 0.01 g)、集粪桶(带盖)、粪铲(大、小)、搪瓷盘(20 cm×30 cm)、培养皿(11～15 cm)、电热鼓风恒温烘干箱(可调温度为 50～150 ℃)、塑料袋(30 cm×45 cm)、广口瓶(磨口,250 mL)。

5.操作步骤

(1)试验动物的选择

为消除各种因素对消化试验结果的影响,对试验动物的选择应注意以下几点:

①应选择无任何疾病迹象,生长发育、营养状况、食欲和体质均正常,有代表性的动物为试验动物。

②同一测定动物的品种、日龄、体重、性别、血缘关系和发育阶段应该基本一致。如对性别无特殊要求的,常选用公畜,便于粪尿分开。

③试验动物头数可根据试验目的及要求的精度来确定,即在某一规定的置信区间按可辨别差异的大小,决定所用动物的头数。如为了达到 5％显著水平所需试畜的头数为:$n \geqslant$某养分消化率的标准差$\times \sqrt{2} \times 2/\sqrt{n}$。

一般初选不宜少于 5 头,最后选留头数不少于 3 头。在比较对不同饲粮或饲料养分消化率时,可采用拉丁方设计,以消除个体间的差异,在进行方差分析时,其误差自由度以不少于10 为宜。

(2)测试饲料和饲粮的准备

用于测试的饲料要一次备齐,并按每日每头饲喂量称重分装,并采集样品供分析营养含量。饲粮应按照消化试验的目的和试验设计要求配制并满足试验动物的基本要求。日饲喂量以动物能全部摄入(尽量无剩料)为原则。

(3)测试程序

①驯养观察期:将选好的试验动物饲养在消化试验圈或试验笼内,观察试验动物对环境的适应情况,训练其定点采食、饮水和排粪,掌握食量和调整给料量。试验动物完全适应了新环境、采食正常、行为安逸后才进入预饲期。

②预试期:目的是让动物适应试验饲粮、规程和环境,排空消化道原有的内容物,掌握动物的排粪规律,了解采食量。一般预试期为 5～10 d。进入预试期后,禁食规定以外的饲料,在预试期的最后 3 d 开始定量饲喂。

③正试期:正试期一般为 6～10 d。全收粪的关键在于准确计量每头试验动物日采食量和排粪量。定时定量给饲试验饲料,若出现剩料,应详细记录每次的剩料量,并立即测出其干物质含量,准确计算试验动物每日的实际采食量。在正试期的第 1 天开始,将试验动物粪便随排随采,收集在带盖容器内,并记录每头动物每日(24 h)(以早饲后 1 h 至午饲中间基本上不排粪为界),收集粪便的天数以偶数为好。

(4)粪样的采集与处理

各试验动物某日排粪收齐称重后,立即充分混匀,用四分法按 3 种用途取样。

①取每日排粪量的 10%(分为 2 份,每份不少于 50 g),平铺于培养皿中,置于 100～105 ℃烘箱内测定总水分,求其干物质含量。

②取每天排粪量的 2%(分为 2 份,每份不少于 5 g),立即测定粪氮。

③取每天排粪量的 20%(100～150 g),平铺于搪瓷盘中,置于 70 ℃烘箱内烘干(中途轻翻几次,以利快干),测定初水分。然后磨碎过 40 目筛,储存于样品瓶中。

上述 3 种用途的样品也可以每头动物为单位,按每天排粪量的固定比例留鲜样(-20 ℃保存),待正试期收粪结束后,将每期全部鲜粪样解冻后,集中混匀,一并进行取样处理和测定。

当无条件立即测定鲜粪中氮含量且无法制备冻干粪样或保存鲜粪样品时,为防止鲜粪中氨态氮逸失,一般采用加酸固氮法。当用稀硫酸、稀盐酸等无机酸时,往往会因为无机酸与粪中有机物加水分解导致粪样干物质绝对量的减少,从而使氮的测定结果计算值偏高。同时在烘干过程中稀酸浓缩会引起部分粪样炭化,因此有些学者建议采用不含结晶水的有机酸溶液。比较好的办法是在鲜粪样中加入相当于鲜粪重 1/4 的 10%的酒石酸溶液(或其乙醇溶液),与粪样拌匀后连同搅拌用的玻璃棒一起置于 70 ℃烘箱中烘干,按常法制备样品。分析粗蛋白质质量时,需再行测定蛋白质粪样水分,将样品折算成绝干物质后再扣除样品中的酒石酸量。

注意:粪样烘干后,附着在器皿上的粪样需仔细地用小刀全部刮下混匀,避免损失或乱混。

6.饲料及粪样品的分析

饲料及粪样品的各种营养成分的分析方法,请参照本书第一章常规成分的测定。

7.结果与数据处理

(1)结果的计算

消化率的计算公式为：

$$RCD = \frac{IDM \times RC - FDM \times FC}{IDM \times RC} \times 100\%$$

式中：RCD 为饲粮或饲料某成分的消化率，%；IDM 为食入饲粮或饲料干物质量，g；RC 为饲粮或饲料干物质中某养分含量，%；FDM 为从粪中排出的干物质量，g；FC 为粪干物质中某养分含量，%。

饲粮表观消化能的计算公式为：

$$表观消化能(kJ/g)(干物质基础) = \frac{食入饲料总能 - 排粪总能}{食入饲料干物质量}$$

以试验动物个体为单位计算饲粮和被测饲料养分消化率或表观消化能，以各试验动物的算术平均值为结果。

饲料样、粪样总能(kJ/g)和表观消化能(kJ/g)保留小数点后 2 位；饲料干物质含量(%)保留小数点后 1 位；食入饲料总量(g)和干物质排出量(g)及养分消化率(%)取整数。

(2)饲粮中单一饲料的消化率测定法

某些饲料由于其适口性或含有有毒有害物质，不能单一饲用的饲料，其消化率的测定采用间接法。间接法又分为套算法、联立方程组法和外插值法。

①套算法。

该法需要进行 2 次试验。第 1 次试验先测定基础饲粮的消化率，第 2 次试验时再测由 70%～80%基础饲粮和 20%～30%的待测饲料构成的新混合饲粮的养分消化率。待测饲料的比例可视其适口性及第 2 次试验饲粮的营养结构进行合理调整。最好用 2 组动物进行交叉试验，试验方案如表 4-1 所示。

表 4-1　试验方案

试验	时间	第 1 组	第 2 组
		饲粮	饲粮
第 1 次消化试验	预试期 正试期	基础日粮	70%～80%基础饲粮，20%～30% 的待测饲料
	5～7 d 过渡期		
第 2 次消化试验	正试期	70%～80% 基础饲粮，20%～30%的待测饲料	基础日粮

套算法假定基础饲粮养分的消化率在 2 次测定中保持不变，养分的消化率具有可加性。在基本假定设立的情况下，通过 2 次消化试验资料便可按下式套算出待测饲料的养分消化率。

$$待测饲料养分消化率 = \frac{100 \times (DT - DB)}{f} + DB$$

式中：DB 和 DT 分别为基础饲粮与新饲粮养分的消化率，%；f 为待测饲料养分占新饲粮该养分的比例，%。

这种方法的缺点是：待测饲料养分的消化率常常受基础饲粮营养水平的制约。当基础饲粮营养水平低于待测饲料营养水平时,测定结果偏高;反之,偏低。特别当测粗纤维、粗蛋白质、粗脂肪高的饲料时,测定准确度更差。另外,基础饲粮与待测饲粮中某些养分间的互作也会影响被测饲料消化率的测量值。为了保证测定结果的相对准确,应保持基础饲粮养分消化率的稳定。因此必须注意:a.基础饲粮应是营养平衡的配合饲料(应满足动物营养需要),且基础饲粮中含有 5%～10% 待测饲料;b.2 次试验所需的基础饲粮应一次配齐;c.待测饲料在新饲料中替代基础饲粮的比例不宜太少,一般以 20%～30% 为宜,不能低于 15%。

②联立方程组法。

为了克服套算法基础饲粮营养水平及其内在质量对待测单一饲料养分或能量消化率的影响。用基础饲粮与待测饲料的不同配比的饲粮两两组合,通过二元一次联立方程组解出基础饲粮或待测饲料养分消化率。计算方法如下:

$$a_{11}X_1 + a_{12}X_2 = b_1$$
$$a_{21}X_1 + a_{22}X_2 = b_2$$

式中:X_1,X_2 分别为基础饲粮和待测饲料养分或能量消化率;a_{11},a_{12},a_{21},a_{22} 分别为 2 次测定饲粮中基础饲粮和待测饲料的比例;b_1,b_2 分别为 2 次实测的饲粮养分或能量消化率。

解:

$$X_1 = \frac{a_{22}b_1 - a_{12}b_2}{a_{11}a_{22} - a_{12}a_{21}}$$

$$X_2 = \frac{a_{11}b_2 - a_{21}b_1}{a_{11}b_{22} - a_{12}b_{21}}$$

外插值法:在测定某饲料前,先进行待测饲料与基础饲粮按不同比例配制成的饲粮的消化试验,以待测饲料在总饲粮中所占比例(%)为自变量(X),以不同比例配制成的饲粮养分消化率(%)实测值为因变量(Y),进行简单回归分析,最后设 $X=100$,代入下式即可计算待测饲料的养分消化率:

$$Y = a + bX$$

式中:a 为截距,b 为回归系数。

这一方法从理论上讲,可系统全面地测定出待测饲料在不同营养水平下的可消化性,但工作量大,而且不适于评定粗纤维、粗蛋白质极高的饲料,因为当 $X=100$ 时,X 与 Y 值不一定呈直线线性关系,测定值完全失真。除用于专门研究或固定产品的质检外,该法很少用作常规方法使用。

8.注意事项

在正试期的开始与结束时应分别称测试验动物的体重,供分析试验测定结果时参考。

由于动物消化道是体内经吸收代谢后矿物质的重要排出途径,所以,消化试验并不作饲料矿物质成分消化率的测定。B 族维生素受肠道微生物合成干扰,因而测定饲料维生素的消化率也没有意义。实践中消化试验只用于进行干物质、有机物、能量、粗蛋白质、粗纤维、粗脂肪、无氮浸出物以及灰分等项目的分析测定。

二、指示剂法

1.概述

运用某种完全不被动物消化吸收的物质作为指示物质来测定饲料养分消化率的方法称为

指示剂法或稳定物质法。

2.原理

此法系假设饲料养分经过动物消化道后没有损失,如同指示物一样完全无损失地排出体外,这样粪中养分与指示物的比值应当和他们在饲料中的比值相等,而实际上,饲料中的养分经过消化道后总要有一部分被动物体消化吸收,粪中养分与指示物的比值必然降低,这个比值降低的数值占它们在饲料中比值的百分数即为饲料养分的消化率。

设:a 为饲料中某养分含量,%;b 为粪中某养分含量,%;c 为饲料中指示物含量,%;d 为粪中指示物含量,%;M 为饲粮或粪中指示剂的绝对总量,g。

那么,运用指示剂法测定饲料养分消化率(x)的计算公式推导如下:

$$x = \frac{M \times \dfrac{a}{c} - M \times \dfrac{b}{d}}{M \times \dfrac{a}{c}} \times 100\% = \frac{\dfrac{a}{c} - \dfrac{b}{d}}{\dfrac{a}{c}} \times 100\% = \frac{ad - bc}{ad} \times 100\% = 100 - 100 \times \frac{bc}{ad}$$

从上式中可以看出,指示剂法的优点是,不必准确测定试验动物在试验期间的采食量和排粪量,只需根据此间日粮与粪中和指示剂的含量进行计算即可得到结果。因此,该法不仅简化了消化试验操作程序,而且大大减少了工作量。同时,在一些无法或不方便直接计量采食量和排粪量如对群饲或放牧的家畜,尤其是在收集全部粪便较困难的情况下,采用指示剂法更具优越性。

3.指示剂的要求和种类

指示剂法的前提是,在试验期内,饲料中的某稳定物质的总食入量必须在规定时间内100%从粪中收回。因此,选择合乎要求的指示剂是保证试验结果可靠性的关键。用作指示剂的稳定物质应当具备:a.进入消化道后完全不可分解,不消化吸收,最终无损地随粪排出;b.在饲料和粪样品中指示剂的含量必须具有高度的均匀性与代表性;c.对动物无毒无害,而且容易准确测定。

指示剂根据其来源可分为外源性指示剂和内源指示剂两类。

(1)外源指示剂

外源指示剂即人为掺入饲粮中的指示物质,如 Cr_2O_3、Fe_2O_3、$BaCO_3$、Ti_2O_3、聚乙烯二醇(ployethyleneglycol,PEG)和长链烷烃等。外源指示剂的缺点是很难找到回收率理想的指示剂物质,而且食入含有指示剂的饲粮后,指示剂与食糜经常会发生分离。研究表明 Cr_2O_3 回收率较高,可达 98%。因此,Cr_2O_3 是最常用的外源指示剂。外源指示剂法添加剂量一般为0.2%～1%,如添加量太少,难以准确测定,对回收率影响较大,但添加量太多又可能影响动物对养分的消化。此外,由于 Cr_2O_3 测定法多用二苯碳酰二肼(diphenyl carbazide,DPC)比色法,Cr_2O_3 含量过浓必然需要加大样品消化液的稀释倍数,稀释倍数的加大可导致放大分析误差。因此,在用 Cr_2O_3 为指示剂时,须从整体着想,在最小误差范围内进行试验设计。

(2)内源指示剂

内源指示剂是指用饲粮或饲料自身所含有的不可消化、吸收的物质作指示剂,如不可消化 ADF(indigestible,ADF)、酸不溶灰分(acid insoluble ash,AIA)、二氧化硅、木质素等。内源指示剂过去一般采用 2 mol/L 或 4 mol/L 的盐酸不溶的灰分,故又称盐酸不溶灰分法,现在有些 SCI 期刊要求使用不可消化 ADF。内源指示剂的优点是指示物质均匀自然存在于饲料中,可减少由于混匀度问题造成的误差。但在使用内源指示剂时应避免外来污染,如粪的收集绝不可污染,不可有不溶灰分的沙粒等杂质。

4.试验方法与步骤

指示剂法除不需要统计采食量和排粪量外,其他原则和方法与全收粪法相同。

(1)外源指示剂法(Cr_2O_3 法)

精确掌握实际喂给饲料和排出粪中 Cr_2O_3 量是获得准确的消化试验结果的关键。为此,应重视试验饲粮的准备和粪样的采集。

①Cr_2O_3 的制备。

将化学纯 Cr_2O_3 通过 100 目钢筛筛到大搪瓷盘上,充分搅拌后立即用精密天平(感量 0.000 1 g)称取适量(按每 1 kg 食入风干混合饲粮中掺 5 g Cr_2O_3 的比例),用硫酸纸包妥备用,并测定其纯度。

②饲料的准备。

分析被测饲料(饲粮)的含铬量,确定外源 Cr_2O_3 的实际添加量,使最终喂给试验动物的饲粮中 Cr_2O_3 含量为 0.5%,从预饲期就开始饲喂这种含铬饲粮,让试验动物有个适应过程。在饲料中掺入 Cr_2O_3 的方法有 2 种:a.知质量和纯度的 Cr_2O_3 与已知干物质含量的混合日粮先经过预混合。预混合的办法是将筛过的 Cr_2O_3 与少量混合日粮预混,分四级逐步扩大增加混合日粮的数量,直到每 1 kg 混合日粮干物质含有 5 g Cr_2O_3。一定要坚持先少量预混合后逐级放大的原则,直至与所有的饲料混合均匀。拌和过程中不允许发生 Cr_2O_3 量的沾污损失,全部拌料的操作均应在大的白瓷盘中进行,混合盆及用具上不应留有任务 Cr_2O_3 痕迹。切忌用饲料搅拌机或用铁锹在水泥地上掺和。用四分法取得供分析用的饲料样品,按常规法制样并将样品瓶置冷暗处保存。b.先计划妥当 Cr_2O_3 的用量,在试验前一次全部称妥分装,临饲喂前将称妥的日粮与 Cr_2O_3 先在铝制桶内充分拌匀,再加适量水冲洗搅拌用具。从试验开始到结束料槽不应清洗,严防 Cr_2O_3 附着桶壁或丢失。

③Cr_2O_3 粪样的采集与制备。

由于 Cr_2O_3 在动物粪中并非均质状态,采样时至少要收集 3 d 总排粪量的 35%,每天定时随机抽取鲜粪样品,日取 3 次,置冰箱中(或加入 10 mL 的 10%硫酸或盐酸,以防氨氮损失)。然后将 3 d 取得的鲜粪样品以动物为单位集中在一起拌和均匀,再用四分法按以下 2 种用途分样:a.鲜粪定氮用样品 2 份,每份 2~3 g;b.鲜粪经初水分测定后制成风干样,供干物质、Cr_2O_3 和其他成分测定用。制备风干粪样时应用密封式样品粉碎机,严防 Cr_2O_3 飞失。供分析 Cr_2O_3 含量的粪样要求全部通过 100 目,样品不少于 1.0 g。

④样品中 Cr_2O_3 的分析测定方法。

可用二苯碳酰二肼(DPC)做显色剂的分光光度法或原子吸收光度法。

(2)内源指示剂法(酸不溶灰分法,简称 AIA 法)

本法在许多方面与外源指示剂法一致。只是在试验开始时,不需在饲粮中添加和混匀指示剂,在试验动物对新的饲粮和饲养环境适应后,即可进行正式的消化试验。因而更加简化了试验过程中的操作步骤。

①饲料的制备与采样。

精料型饲料直接采用全收粪法中饲料的制备与采样方法即可。如果要测定含青、粗、精料型饲粮的消化率,则应确保每头试验动物每日食入的青、粗、精料干物质的比例不变。为此,应在试验前一次备足整个试验期所需各种饲料的数量,按每日每次用量分别称出、装袋、编号备用,青料应装入塑料袋置冰箱中保存。每次临饲前将青、粗、精料各取一袋充分混匀后饲喂。切忌先喂青粗料后喂精料。饲料样品应在分装饲料中用四分法分别取出,并按每次各种料的用量比例配合混匀立即测定初水分,然后按常规法制成风干样品储存于样品瓶中供测干物质、内源指示剂及各种养分用。

②粪样的采集与制备。

基本上与外源指示剂相同,只是本法尤其适用于日取粪 3 次,连取 3 d 的集粪样方法。

③样品中酸不溶灰分的分析测定。

内源指示剂——酸不溶灰分的测定有 2 种方法,即 4 mol/L 盐酸不溶灰分法(简称 4N-AIA 法)与 2 mol/L 盐酸不溶灰分法(简称 2N-AIA 法)。其中 2N-AIA 在饲料和粪中的含量均较 4N-AIA 多,有利于提高试验结果的准确性。但 2N-AIA 法中样品经盐酸处理后的残渣较多,过滤洗涤时比较烦琐。因此,可根据条件及试验精度任选。此处介绍 2N-AIA 的测定方法:在已知质量(W_c)的瓷质坩埚中准确称取 5 g(称准至 0.000 1 g)风干样品入 100～105 ℃烘箱烘至恒重,得坩埚与绝干样重($W_e = W_c + W_s$)。然后将盛有样品的坩埚放在电热板上,用小火慢慢炭化(坩埚盖微开)。待坩埚中样品炭化至无烟后移入马弗炉中于 450 ℃下灼烧 6 h(至样品全呈白色时为止)。冷却后把坩埚中的灰分用 100 mL 2 mol/L 盐酸溶液溶解,无损地转移至 600 mL 直筒平口玻杯中。杯口安装球形回流式冷凝器,在电热板上加热煮沸 5 min,注意盐酸溶液的体积不能减少。煮沸结束后即用定量滤纸趁热过滤,用热蒸馏水反复冲洗滤纸与其中的灰分,直至滤纸呈中性(使蓝色石蕊试纸不变色)。将滤纸和灰分放回原坩埚,烘去水分,小心炭化至无烟,置于马弗炉中在 450 ℃下灼烧至恒重,得坩埚与 2N-AIA 重(W_f)。按下式计算 2N-AIA 的百分含量:

$$\text{绝干样品中 2N-AIA 含量} = \frac{W_f - W_c}{W_e - W_c} \times 100\%$$

5.注意事项

由于拌和技术及动物采食、消化饲料方面的原因,加入外源指示剂的比例不宜过高,故外源指示剂法不宜用于直接测定单个饲料养分的消化率,只能相对准确地测出整个饲粮的能量、干物质与有机物的消化率。对含量低的粗蛋白质、粗纤维、无氮浸出物,特别是粗脂肪的消化率则很难测准。

内源指示剂法是目前通过饲喂动物测定饲粮养分消化率方法中最简便的一种。但至今从关于 AIA 回收率的试验报道来看,尚未见有 100% 的理想结果。实际中饲料和粪中 AIA 的含量与饲料类型关系较密切。纯精料型日粮及猪粪干物质中的 AIA 含量较低,青粗精混合型日粮及猪粪干物质中的 AIA 含量较高。随着饲粮(日粮)中 AIA 含量的提高,粪中 AIA 的回收率也在增加,测定结果也就较理想。而且 AIA 含量高,在饲料中的分布比较均匀,此时用 AIA 法比 Cr_2O_3 法更为有利。

第二节　饲料养分回肠末端消化率的测定

1.概述

大肠寄住的微生物能够利用饲料养分合成氨基酸、脂肪酸和维生素等营养物质,直肠收粪测定粪中养分的方法不能准确反映来自饲料的养分被消化吸收的情况,为了避免大肠微生物的影响,可采取回肠末端收集粪的方式准确测定饲料养分消化率。

2.原理

为了准确测定饲料养分回肠末端消化率,通常采取瘘管法和回-直肠吻合术的方式收集回肠末端食糜,按照常规全收粪法或指示剂法的计算公式来计算饲料养分回肠末端消化率。

3.方法

(1)瘘管法(T型、桥型等)

即在回肠末端安装套管以收集食糜进行测定。根据套管的多少和所植入位置的不同,瘘管法又可分为以下几种类型。

①T-型瘘管法。

即在回肠末端植入1根T-型套管,属于原位法。根据套管的位置和各自的特点,该法又可细分为简单T-型瘘管法(图4-1)、瓣后T-型瘘管法(套管置于回-盲瓣之后)和回-盲瓣可操纵的T-型瘘管法(通过2个环使得回-盲瓣可以操纵,收粪时将回-盲瓣拉到套管内即可,见图4-2)。前两者属部分取样法,必须使用指示剂,后者可实现定量取样,不需要使用指示剂。三者手术操作难度依次增加,但测量值的可靠性也依次增加。

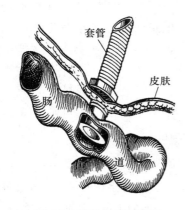 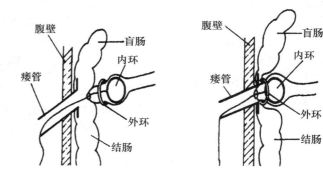

图4-1 简单T-型瘘管法　　　　　图4-2 回-盲瓣可操纵的T-型瘘管法

②桥型瘘管法。

该法属于全收法,是在肠道2个不同部分各植1个T-型套管,然后用1桥型管将两者连为一体。取样时只要将其桥型连接管拿开,就可以从近端套管收集其全部食糜。取样后的剩余食糜经加温后可从远端套管送回动物体内,以保持动物体内的正常生理代谢。操作方便且样本代表性好,可以不使用指示剂。根据近端套管的位置不同,桥型瘘管又可分为瓣后桥型瘘管法(第1根套管位于回-盲瓣之后)和瓣前桥型瘘管法(第1根套管位于回-盲瓣之前),根据第2根套管所在肠道位置的不同,后者又可分为回-回桥型瘘管法、回-盲桥型瘘管法(图4-3)、回-结桥型瘘管法。瓣前桥型瘘管法由于横断小肠对动物的正常消化有一定的影响。

瘘管法在猪饲料氨基酸生物学效价评定上应用较多,但因套管堵塞和渗漏等现象的发生,无法用于测定高纤维日粮,而且有使用寿命短等缺点。

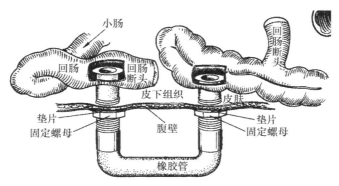

图 4-3　回-盲桥型瘘管法末端取样示意

（2）回-直肠吻合术

回-直肠吻合术即通过外科手术，将回肠末端和直肠相吻合，从肛门直接收集食糜，测定氨基酸消化率的方法（图 4-4）。根据吻合部位的不同和术后回-盲瓣的有无，可将其分为 4 种：瓣前端端吻合术、瓣前端侧吻合术、瓣后端端吻合术和瓣后端侧吻合术。其中前两者手术后回-盲瓣不再起作用。研究表明，瓣前端端吻合术是评价猪饲料氨基酸生物学效价的适宜方法。回-直肠吻合手术及试验操作简便，取样代表性好，不必使用指示剂，可以测定各种饲料。荷术猪（host animal）的消化生理在手术后相当长的一段时间内保持相对稳定，食糜中微生物氮的含量保持在一个较低水平，氨基酸消化率测定值相对稳定，变异较小，是评定猪饲料氨基酸生物学效价方法中简单可行的一种。不足之处在于，由于游离了盲肠和结肠，使得荷术猪的正常生理状况受到影响，能量、氮、水、电解质代谢均有不同程度的改变。

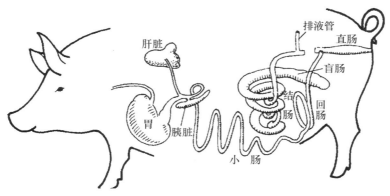

图 4-4　回-直肠吻合术（猪）示意图

4.结果计算

简单 T-型瘘管法和瓣后 T-型瘘管法按照指示剂法计算公式估测饲料养分回肠末端消化率。回-盲瓣可操纵的 T-型瘘管法和回-直肠吻合术可采用全收粪法计算公式估测饲料养分回肠末端消化率。

第三节　氨基酸及矿物元素的标准回肠消化率的测定

一、猪饲料氨基酸标准回肠消化率的测定

（一）原　理

在猪回肠氨基酸消化率的测定中，由于大肠微生物干扰较大，使测定值偏高（约10％），故采用回肠末端收取食糜的方法测定回肠氨基酸消化率。为此，需要在氨基酸流入结肠前，收集所有的食糜样品。目前采用的方法主要是回-直肠吻合术，该方法虽手术麻烦，但粪样（食糜）收集简单，而且可做到样品具有代表性。

在试验中，为准确测定饲料氨基酸的真消化率，一般用无氮日粮法校正猪的内源性氨基酸排泄量。其原理是假定动物采食不含任何蛋白质的饲粮后，进入食糜或粪中蛋白质、氨基酸即为内源性的，并且在不同饲粮条件下动物内源性氨基酸的排泄量和氨基酸组成是相同或相似的。然而事实上并非如此，随着动物采食蛋白质量的增加，其内源性氨基端的排泄亦相应增加。此外，由于无氮饲粮影响动物消化道的分泌和吸收功能，一般认为无氮日粮法低估了猪的内源性氨基酸排泄量，即高估了饲料氨基酸的真消化率。

（二）试剂和溶液

去离子水、生理盐水、液氮和甲酸。

（三）仪器和设备

猪消化代谢笼（根据猪体大小，可调整笼子的大小）、膨化机[牧羊PHG-135型或小型绞肉机（制粒用）]、样品粉碎机（筛网孔直径0.45 mm）、电烘箱（50～150 ℃可调控）、台秤（称量10～15 kg，感量5 g）、电子天平（称量200 g，感量0.000 1 g）、硅胶T型套管（长5 cm，外径1 cm）。

（四）试验步骤

1.实验猪

①选用25～30 kg、健康去势公猪至少6头（小型猪体重可酌减），进行免疫驱虫处理后置于消化代谢笼中饲养备手术用（图4-5）。

②实验猪做回-直肠吻合处理，游离大肠，同时在回肠末端安装T型瘘管供取样所用，避免大肠内微生物的干扰。

2.日粮配制

（1）配制半纯合日粮的原则

①测试配合饲料的真可消化氨基酸时，不需配制半纯合日粮。

②测试蛋白质饲料时，应根据其粗蛋白质含量，混以适量玉米淀粉（N×6.25<3％）将日粮的粗蛋白质水平调整到16％，并参照中华人民共和国国家标准《瘦肉型猪饲养标准》（GB 8471）中推荐的20～60 kg体重阶段的营养需要量，用纯维生素、钙、磷、食盐及矿物微量元素、维生素预混料等配成半纯合日粮。

③测试能量饲料时，在半纯合日粮中无须加入玉米淀粉。

④测试单体氨基酸或其类似物时，半纯合日粮中该氨基酸含量为生长阶段猪需要量的1.5

倍左右为宜。

⑤半纯合日粮中纤维含量水平以 3%～5% 为宜。

图 4-5　回-直肠吻合术猪

（Mount L E，Ingram D L，Povar M L．The pig as a laboratory animal．Quarterly Review of Biology，1971．）

（2）配制无氮日粮的原则

①纯合无氮日粮应由玉米淀粉（N×6.25<3%）、蔗糖、纯纤维素、食盐、矿物质微量元素和维生素预混料等无氮物质组成。

②纯合无氮日粮和半纯合日粮中所加纯纤维素的化学组成和含量应相同。

③纯合无氮日粮和半纯合日粮中微量元素和维生素含量应适当高于 GB 8471 推荐值，以补偿隔离大肠后的不良影响。

（3）日粮制粒

①用膨化机（牧羊 PHG-135 型）膨化制粒。

②及时在 65 ℃烘至风干。

③严格控制成型颗粒与散落状日粮的质量分离，必要时需要单独取样分析。

3.手术操作

①实验猪手术前禁食 72 h，停止饮水 12 h，仰卧保定，做全身麻醉、剪毛、清洗，术前用碘酊、酒精消毒。

②自胸骨后 15 cm 处，沿右侧阴茎鞘和乳房线间做一长 15 cm 左右的纵向切口，剖开腹腔。

③找到回盲瓣，在距回盲肠连接点线 10 cm 处切断回肠。远侧断端用 3 号肠线荷包缝合后再做库氏内翻缝合，近侧断端用生理盐水纱布包裹浸润，以免组织失水、失活。

④取出位于膀胱下的远端降结肠（直肠），在距肛门 12 cm 处肠系膜对侧直肠上做 3～4 cm 的纵向切口，然后将回肠近端植入，形成 T 型回直肠联合。缝合方法采用 2 号肠线进行全层间断结节缝合。

⑤在 T 型回直肠联合处前 2 cm 切断直肠，两端按照③的远侧回肠断端缝合法缝合。

⑥在结肠距游离端 5 cm 处肠系膜对侧肠管上做 1 个 2 cm 的纵向切口，植入长 5 cm、外径 1 cm 的硅胶 T 型套管。用 4 号外科线做荷包缝合固定。于最后 1 根肋骨后 15 cm 处右侧

后背皮肤上穿 1 小孔,将 T 型套管穿出皮肤并固定。

⑦腹膜和肌层用 4 号肠线分别进行全层缝合,皮肤用 4 号外科线进行间接结节缝合。腹膜缝合前需用消毒纱布清理并向腹腔中灌注青霉素生理盐水。每层缝合后都需用青霉素生理盐水充分冲洗。

⑧皮层缝合前,注意清除切口污染,缝合后用镊子整理两侧创缘使之密切接触。创口外部涂 2%的碘酊,并用纱布将伤口包裹。

⑨术后将猪放入代谢笼,术后 6～8 h 可喂适量软化饲料,逐渐转入正常日粮。术后 5 d 内需每天注射治疗剂量的青霉素。愈后 2 周后 T 型瘘管内注入生理盐水,恢复 4 周后,即可投入正式试验。

4.饲养管理

①猪舍符合卫生防疫要求。

②舍内温度控制在 15～17 ℃,采用自然光照。

③实验猪饲养于适于生长的代谢笼内,适应后供试验用。

④在非试验期,每日按照实验猪体重的 3.5%～4.0%喂全价配合饲料,并按每日给料量的 3～4 倍给水。

5.方法步骤

(1)测试程序

①测试猪饲料表观可消化氨基酸分为预试期和正试期 2 个阶段。

预试期:喂给全价料 5～7 d,观察并记录每头实验猪的自由采食量,按其自由采食量的 85%确定正试期每天给料量。

正试期:4 d。在此之前一次性地将每头猪在试验全期的日粮迅速在同一温度条件下按饲喂顺序分别装入纸袋子,并同步测定干物质含量,定时定量喂给每天日粮。正试期内收集每头猪每日(24 h)排泄物(注意防止尿的污染)。

②用无氮日粮法进行内源性氨基酸校正时测试程序同(1)。

③实验猪随机分为两组,按交叉试验法配制半纯合日粮和纯合日粮处理。

④各实验猪内源性氨基酸校正采用自身对照法。

⑤实验猪半纯合日粮和纯合日粮给料量应相等。

(2)实验猪排泄物样品制备

①准确收集正试期内各实验猪每日(24 h)排泄物,并充分混匀,称重。日与日之间的界限应根据预试期观察的最佳静卧状态的时间,一般在早饲后 1～1.5 h 为宜。

②各头猪每日排泄物经充分混匀后,统一按鲜重的相同比例取样,并在 60～65 ℃恒温条件下烘干或冻干,称重、记录、粉碎。

③将每头猪 4 d 排泄物风干样品置室温下回潮 24 h,混合均匀,取样装瓶,立即测定样品干物质含量,用以计算每头猪的 4 d 平均绝干排泄物量。尚不能同步进行氨基酸分析时,于测定氨基酸含量之前必须再次测定样品干物质含量,以便准确计算排泄物中氨基酸含量。

(3)饲料及排泄物样品分析

①分析指标:被测饲料样品和排泄物样品的干物质、粗蛋白质、氨基酸含量。

②分析方法:依国家标准 GB 6435 测定样品干物质含量。依国家标准 GB 6432 测定样品粗蛋白质含量。样品氨基酸含量用氨基酸分析仪或高效液相色谱仪测定,其中含硫氨基酸含

量采用过甲酸氧化处理后单测,色氨酸含量采用比色法测定。

6.结果计算

①各种氨基酸消化率的计算公式如下：

$$氨基酸表现消化率=\frac{食入氨基酸量(g)-排泄物氨基酸量(g)}{食入氨基酸量(g)}\times 100\%$$

$$氨基酸真消化率=\frac{食入氨基酸量(g)-排泄物氨基酸量(g)+内源氨基酸量(g)}{食入氨基酸量(g)}\times 100\%$$

式中：

食入氨基酸量(g)＝食入干物质量(g)×食入干物质中氨基酸含量(%)

排泄物氨基酸量(g)＝食入被测饲料后排出的干物质量(g)×所排干物质中氨基酸含量(%)

内源性氨基酸含量(g)＝所食无氮日粮后排出干物质量(g)×所排干物质中氨基酸含量(%)

饲料中真可消化氨基酸量(g)＝饲料总氨基酸含量(%)×氨基酸真消化率(%)

②计算6头猪氨基酸表观(真)可消化氨基酸含量的平均数和标准差。

注:氨基酸含量(%)和可消化氨基酸含量(%)测定结果保留小数点后2位,供试样品干物质含量(%)、粗蛋白质含量(%)和氨基酸消化率(%)测定结果保留小数点后1位。

评定结果报告书内容及格式见表4-2和表4-3。

表 4-2　猪饲料氨基酸消化率测定结果报告(一)

(《饲料评定技术》,1996)

编号：　　　　　　　　　　　　年　月　日

测试条件	测试单位		猪舍类型	
	消化试验起止日期		猪舍温度	
	消化试验地点		猪舍湿度	
	供试猪种		猪健康状况	
	供试猪日龄		供试猪手术日期	
	供试猪体重/kg		供试猪头数	
被测饲料及日粮描述	被测饲料名称		饲料送检人员	
	被测饲料描述(包括品种、质量等级、加工处理、贮运条件、抗营养因子、镜检结果)			
	半纯合日粮和纯合无氮日粮配比/% 半纯合日粮配比： 纯合无氮日粮配比：			

表 4-3　猪饲料氨基酸消化率测定结果报告(二)

(《饲料评定技术》,1996)

编号：　　　　　　　　　　　　　　　年　月　日

	干物质/%			
测定结果	氨基酸名称	氨基酸含量	氨基酸真消化率/%	真可消化氨基酸含量/%
	天冬氨酸			
	苏氨酸			
	丝氨酸			
	谷氨酸			
	脯氨酸			
	甘氨酸			
	丙氨酸			
	胱氨酸			
	蛋氨酸			
	异亮氨酸			
	亮氨酸			
	酪氨酸			
	苯丙氨酸			
	赖氨酸			
	组氨酸			
	精氨酸			
	色氨酸			

二、猪饲料磷标准回肠消化率的测定

(一)原理

植物性饲料原料中的磷大部分以植酸磷(60%～70%)的形式存在,磷在单胃动物中利用效率较低,相对于表观消化率而言,标准消化率由于消除了动物内源性养分损失对养分消化率计算的影响,因此标准消化率更能准确真实地反映动物对饲料原料中养分消化吸收的状况。目前采用的方法主要是 T 型瘘管法。

试验中,为准确测定饲料磷的真消化率,一般用无磷日粮法校正猪的内源性磷损失。其原理是假定动物采食不含任何磷的饲粮后,进入食糜或粪中的磷即为内源性的。

(二)仪器和设备

猪消化代谢笼(根据猪体大小,可调整笼子的大小)、样品粉碎机(筛网孔直径 0.45 mm)、电烘箱(50～150 ℃,可调控)、台秤(称量 10～15 kg,感量 5 g)、电子天平(称量 200 g,感量 0.000 1 g)、T 型套管(长 5 cm,外径 1 cm)。

（三）试验步骤

1.实验猪

实验猪的选择同本节"猪饲料氨基酸标准回肠消化率的测定"中试验步骤1。

2.配制无磷日粮

参照 NRC(1994)以玉米淀粉等原料配制一种无磷纯合日粮。

3.手术操作

①术前实验猪禁食 24 h,其间自由饮水,手术室及手术台以 0.01％的新洁尔灭喷雾消毒后,再以紫外灯照射 30 min 灭菌。手术器械、瘘管、缝合针、线等用 0.05％的新洁尔灭浸泡 30 min 后再用生理盐水清洗。

②耳后肌内注射舒泰 0.08 mL/kg 及速眠新Ⅱ 0.05 mL/kg 作全身麻醉。待猪昏迷后,右腹侧向上保定于手术台上,用碘酊、酒精对术部进行浸染消毒。按照腹壁切开手术常规操作,在腹中线上方约 20 cm、最后肋骨后 3～4 cm 处,纵向做长 6～8 cm 的切口。

③依次切开皮肤层、钝性撕开肌肉层,剪开腹膜层后找到回盲结合处。在距此处往前 15 cm 处背向肠系膜一侧的肠段上纵向做约 3 cm 切口,恰好将瘘管凹型端插入。

④绕瘘管作荷包缝合,轻敷青霉素后将瘘管送回腹腔。在第 1 道皮肤切口距头侧的 3～5 cm 处,做一长约 3 cm 的第 2 道切口,将瘘管管体从此处引出。切忌肠管发生前后扭转。然后套上外垫圈,以防止瘘管掉入腹腔。在第 1 道切口处依次缝合腹膜、纵肌、斜肌及皮肤。

⑤用酒精和碘酒在术部消毒,并敷青霉素粉消炎。

⑥将荷术猪转移至观察室,待其完全清醒后再转移至代谢笼内。禁饲、禁水 24 h,按常规程序护理 2 周。当实验猪恢复了正常采食且体况良好后,开始试验期。

4.饲养管理

饲养管理同本节"猪饲料氨基酸标准回肠消化率的测定"中的饲养管理。

5.方法步骤

(1)预试期和正试期

预试期:喂给全价料 5～7 d,观察并记录每头实验猪的自由采食量,按其自由采食量的 85％确定正试期阶段每天给料量。

正试期:4 d。在此之前一次性地将每头猪在试验全期的日粮迅速在同一温度条件下按饲喂顺序分别装入纸袋子,并同步测定干物质含量,定时定量喂给每天日粮。正试期内收集每头猪每日(24 h)排泄物(注意防止尿的污染)。

(2)实验猪排泄物样品制备

①准确收集正试期内各实验猪每日(24 h)排泄物,并充分混匀,称重。

②各头猪每日排泄物经充分混匀后,统一按鲜重的相同比例取样,并在 60～65 ℃恒温条件下烘干或冻干,称重、记录、粉碎。

③将每头猪 4 d 排泄物风干样品,混合均匀,取样装瓶,立即测定样品干物质含量,用以计算每头猪的 4 d 平均绝干排泄物量。

(3)饲料及排泄物样品分析

①分析指标:被测饲料样品和排泄物样品的干物质、粗蛋白质、氨基酸含量。

②分析方法:使用 GB/T 6435—1986 方法测定饲粮、回肠食糜和粪样的干物质含量;使用

GB/T 6437—92 方法测定饲粮、回肠食糜和粪样中总磷含量;使用 GB/T 5009.123—2003 方法测定铬含量。

6.结果计算

①磷消化率的计算公式:

$$饲粮磷的表观消化率 = 100\% - \left(\frac{饲粮中铬含量}{回肠食糜中铬含量} \times \frac{回肠食糜中磷含量}{饲粮磷含量} \times 100\% \right)$$

$$磷的标准回肠消化率 = 100\% - \frac{饲粮铬含量}{粪中铬含量} \times \frac{粪中磷含量}{饲粮磷含量} \times 100\%$$

式中:

$$回肠食糜中磷的排泄量(mg/kg) = 回肠食糜中磷含量 \times 饲粮中铬含量 / 食糜中铬含量$$

$$可消化磷(mg/kg) = 总磷摄入量 - 食糜中磷的排泄量$$

$$粪中磷的排泄量(mg/kg) = 粪中磷含量 \times 饲粮中铬含量 / 粪中铬含量$$

②计算 6 头猪磷表观(真)可消化氨基酸含量的平均数和标准差。

第四节　饲料养分瘤胃降解率的测定

一、瘤胃尼龙袋法测定反刍动物饲料瘤胃降解率

1.概述

瘤胃尼龙袋法简便易行,测定结果优于离体消化试验,但饲养瘘管动物的费用较高,同时由于尼龙袋内的残留物易受微生物的感染,以及待测样品未经咀嚼与反刍,导致测定结果偏低。此外,尼龙袋的孔径大小、容积,饲料颗粒的大小,培养时间,洗涤温度及次数都影响测定结果。因此,在利用尼龙袋法测定饲料养分降解率时,一定要按照统一的方法进行,以减少试验误差。

2.原理

瘤胃微生物通过尼龙袋的孔眼进入尼龙袋内,利用其酶解作用对饲料进行降解,被降解成小分子的化学物质通过尼龙袋的孔眼流入瘤胃中,经过一段时间后,残留在袋内的饲料就是未被降解的部分。在正常情况下,进入瘤胃的饲料,在微生物降解的同时,随着瘤胃内容物流向后消化道,因此用尼龙袋法测定的饲料降解率必须进行瘤胃外流率的校正,才能得出饲料在瘤胃内的真实降解率。

3.试验材料

(1)瘘管动物

按 1.3 倍维持营养需要水平饲喂,瘘管手术后至少恢复 1 个月才能进行试验。

(2)尼龙袋

尼龙布孔径为 35～50 μm,袋的大小为 8 cm×12 cm。

(3)被测样本

被测饲料样本在自然状态下风干或 65 ℃烘干,粉碎过 2.5 mm 筛,密封保存备用。

4.操作步骤

①将清洁标号的尼龙袋于 60 ℃恒温干燥箱中烘 48 h,取出冷却 24 h,称重,再烘 3 h,冷

却 24 h,称重,两次测定之差在 0.001 g 以内。

②准确称取试样,样品量应根据袋的大小和冲洗后的剩余量足够供实验室分析用为原则,一般劣质干草与秸秆 2 g、优质干草 3 g、精料 5 g、鲜草 10～15 g。将样品装入尼龙袋,扎紧袋口。

③记录尼龙袋号、尼龙袋和样品重量,同时测定样品干物质重量。

④于早饲前经瘤胃瘘管将半软塑料管固定的尼龙袋放入瘤胃腹囊处。牛用半软塑料管长 45～50 cm,羊用半软塑料管长 32～35 cm。在塑料管下 2 cm 处向上划长 3 cm 的夹缝,间隔 2 cm 向上再划一个相同的夹缝。夹缝用于固定尼龙袋。塑料管上端打孔用于系尼龙线,将塑料管通过尼龙线固定在瘘管盖上。为保持袋在瘤胃内的位置,也可将玻璃球与样品一同装入袋内。

⑤培养时间为 12～72 h,培养最长时间应接近或等于最大降解时间。一般精料为 12～36 h,优质饲草 24～60 h,劣质饲草 48～72 h。操作时,根据需要于放袋后分别于 4 h、8 h、12 h、24 h、36 h、48 h、72 h 各取出 2 个袋。如果在 48 h 和 72 h 之间差异很大时,必须增加测定 96 h 的降解率,直到出现降解率的渐近线为止。

⑥取出的尼龙袋连同尼龙管或尼龙绳一起放入洗衣机内,中速冲洗 8 min,中间换水 1 次。如无洗衣机,可用自来水冲洗,水温 37～38 ℃,直到冲洗水澄清。在 60～70 ℃ 条件下烘干至恒重。记录尼龙袋＋残余样品重。

⑦测定样品在消化前与消化后的干物质、有机物、氮、中性洗涤纤维、酸性洗涤纤维含量等项指标。

⑧试验样品的消失率包括简单溶解和细小颗粒的冲洗,因而需要设对照袋浸泡在水中并冲洗烘干,以便校正误差。如干草的实验误差可达 20%。

5.结果与数据处理

(1)各时间点营养物质降解率的计算

$$饲料某养分的降解率 = \frac{消化前样品重×消化前样品某养分含量 - 消化后样品重×消化后某养分含量}{消化前样品重×消化前样品某养分含量} × 100\%$$

(2)降解参数的计算

用最小二乘法,试算公式如下:

$$p = a + b(1 - e^{-ct})$$

式中:p 为尼龙袋在瘤胃中滞留时间 t 后的饲料某养分的降解率;a 为快速降解部分;b 为慢速降解部分;c 为慢速降解部分"b"的速度常数;e 为自然对数的底;样品的总降解率 $= a + b$(不超过 100);瘤胃中未能降解部分 $= 1 - (a + b)$;瘤胃后可利用的部分 $= 100 - p$。

(3)动态降解率的计算

$$P = a + \frac{bc}{c + k}$$

式中:P 为尼龙袋在瘤胃中滞留时间 t 后的饲料降解率;k 为瘤胃外留速率,1/h。

(4)k 值的计算

$$k = 0.036\,4 + 0.017\,3x$$

式中:x 为饲养水平,以维持饲养水平 $x = 1$。

如估测湿的粗饲料(青贮或新鲜牧草)k 值可按以下公式计算:

$$k = 3.054 + 0.614x_1$$

式中:x_1 为干物质采食量,%BW。

如估测干的粗饲料,k 值可按以下公式计算:

$$k = 3.362 + 0.479x_1 - 0.007x_2 - 0.017x_3$$

式中:x_1 为干物质采食量,%BW;x_2 为饲粮干物质中精料比例,%BW;x_3 为饲料原料中中性洗涤纤维的含量,%BW。

6.注意事项

①基础日粮明显影响饲料样品的降解率,应根据试验目的选择基础日粮。

②样品均匀性应好,要有一定细度,便于瘤胃液作用而充分发酵,否则影响试验的准确性。

③尼龙袋的通透性要好,网眼大小要恰当。

④尼龙袋冲洗过程中不能用手挤压袋内样品,以免增大消失率。

⑤使用后的尼龙袋如需重复利用时,应清洗干净,干燥并在显微镜下检查,如有损坏应予以剔除。

⑥培养最长时间应接近或等于最大降解时间,直到出现降解率的渐近线为止。

⑦尼龙袋应放置在瘤胃腹囊适当位置区(牛为 50 cm,羊为 15~25 cm)。

⑧以对照袋来校正冲洗损失。

二、体外发酵产气法测定饲料消化率

1.概述

体外发酵产气法是将瘤胃液和缓冲液按一定比例混合,装入容积为 100 mL 的注射器或发酵罐中,再加入被测饲料,模拟瘤胃发酵过程,评定饲料的体外瘤胃降解率、瘤胃发酵参数、预测甲烷产量、预测动物干物质采食量或评价饲料的组合效应等。因其分析方法简单,可大量测定,重复性好,与体内法具有高度相关性,而被广泛应用。但由于发酵罐内不能补给新鲜物质,发酵终产物也不能及时外移,试验可持续时间短,一般为 24 h,与反刍动物瘤胃动态生理环境不相符,测定结果需要通过体内法校正后才能用于生产。

2.原理

将饲料样品在体外用瘤胃液消化,根据饲料在相应时间(24 h)内的产气量与产气率来估计有机物消化率。

3.试剂和溶液

①微量元素液:将 13.2 g $CaCl_2 \cdot 2H_2O$、10.0 g $MnCl_2 \cdot 4H_2O$、1.0 g $CoCl_2 \cdot 6H_2O$、8.0 g $FeCl_3 \cdot 6H_2O$,溶于 100 mL 蒸馏水中。

②常量元素液:将 5.7 g Na_2HPO_4(无水)、6.2 g KH_2PO_4(无水)、0.6 g $MgSO_4 \cdot 7H_2O$,溶于 1 000 mL 蒸馏水中。

③缓冲溶液:将 4.0 g NH_4HCO_3、35.0 g $NaHCO_3$,溶于 1 L 蒸馏水中。

④刃天青溶液:0.1%(w/V)。

⑤还原液:将 4 mL 1 mol/L NaOH 溶液、0.625 g $Na_2S \cdot 9H_2O$,加入 95 mL 蒸馏水中。

4.仪器与设备

培养箱[(39±0.5)℃,能通风换气,其内部可以容纳直径 500 mm 的摇床]、摇床(直径

500 mm,可放置 55～60 个培养用的注射器,转数为 1～2 r/min)、培养用的注射器(内径 36 mm,长度约 200 mm,容积刻度为 100 mL,在装针头的小口处连一乳胶管并用一小夹夹住,保证注射器的封闭状态)、细口瓶(2 L,供采集瘤胃液用)、恒温水浴(39 ℃)、CO_2 贮气瓶(充满 CO_2)。

5.操作步骤

(1)样品的制备

粗粉碎待测样品,只需通过 1 mm 的筛孔。一定注意不要磨得太细。当饲料样品过湿时,需在粉碎前置于 60 ℃的烘箱内干燥。

(2)培养液制备

①培养液的配制方法:在 400 mL 蒸馏水内依次加入 0.1 mL 微量元素液、200 mL 缓冲液、200 mL 常量元素液、1.0 mL 刃天青溶液、40 mL 还原液。

②采集瘤胃液前,要先配好培养液,通入 CO_2 气,置于 39 ℃恒温水浴内保存,同时还要用磁性搅拌器不断搅拌。在加入瘤胃液前,要检查培养液水温是否正好 39 ℃以及培养液的颜色是否已经由蓝色经过粉红色而变成灰色(此时说明还原反应已经完全)。

(3)瘤胃液的采集和培养

①饲喂前采集动物瘤胃液,用两层纱布过滤到 2 L 的三角瓶内,三角瓶放在 39 ℃恒温水浴中,然后通入 CO_2 气体。

②将瘤胃液与培养液按 1∶2 的比例(V∶V)混合后放在发酵瓶内,置于 39 ℃恒温水浴中,并注意定时搅拌和不间断地通入 CO_2 气体。

③准确称取 200 mg 待测样品于 100 mL 注射器内,加入 30 mL 瘤胃液和培养液的混合液(注射器在加入混合液前必须先预热到 39 ℃),同时要做空白试验,只加 30 mL 混合液。注射器内不能遗留气泡,关闭注射器与外面的通路,读取活塞位置的读数,并记录,然后将注射器放在培养床上,在恒温箱内(39 ℃)培养 24 h。

④培养 6～8 h 后第 2 次读取注射器活塞位置的读数。如果读数超过 60 mL,记录读数后,打开关闭注射器的夹子,让活塞位置退回到 30 mL 处。24 h 培养结束后,再读取并记录最后的读数。读数时要尽可能快一些,以避免温度引起的变化。

6.计算

①待测饲料产气量(G_b)＝该时间段内培养管产气量(mL)－空白管产气量(mL)。

②待测饲料的干物质消化率(DMD%)和代谢能(ME)可分别用下列公式计算:

DMD%＝14.88＋0.889G_b＋0.045 粗蛋白质含量(g/kgDM)＋0.065 粗灰分含量(g/kgDM)

混合精料和单个饲料 ME(MJ/kgDM) ＝ 1.06＋0.157G_b＋ 0.008 4 粗蛋白质含量(g/kgDM)＋0.022 粗脂肪含量(g/kgDM)＋0.022 粗灰分含量(g/kgDM)

粗饲料 ME(MJ/kgDM)＝2.20＋0.13G_b＋0.005 7 粗蛋白质含量(g/kgDM)＋(0.000 29 粗脂肪含量)^2(g/kgDM)。

7.注意事项

为了保持瘤胃液内纤维酶和淀粉酶比例稳定,瘘管动物的饲喂次数和饲粮组成一定要稳定。

三、短期静态体外发酵批次培养法

1.概述

短期静态体外发酵批次培养法,是将采集试验动物瘤胃液与发酵底物在一定条件下进行短期培养,来评价饲料养分利用与微生物体合成量的方法。瘤胃体外短期静态发酵装置可以根据研究目的的不同而进行不同的设计,其共同特点是在静态发酵时,无内流和外流装置,不对底物和产物进行分离。此法的缺点是试验可持续时间短,发酵罐内不能补给新鲜物质,发酵终产物也不能即时外移,与反刍动物瘤胃动态的生理环境不相符,影响测定结果的相关性和准确性。但此法试验装置简单,容易操作,目前仍被广泛采用,在饲料营养价值评定方面具有一定的价值。

2.试剂和溶液

①溶液 A:13.2 g/dL $CaCl_2 \cdot 2H_2O$、10 g/dL $MnCl_2 \cdot 4H_2O$、1.0 g/dL $CoCl_2 \cdot 6H_2O$、8.0 g/dL $FeCl_3 \cdot 6H_2O$。

②溶液 B:0.4 g/dL NH_4HCO_3、3.5 g/dL $NaHCO_3$。

③溶液 C:0.57 g/dL Na_2HPO_4、0.62 g/dL K_2HPO_4、0.06 g/dL $MgSO_4 \cdot 7H_2O$。

④还原剂:0.160 mg/dL NaOH、0.625 g/dL $Na_2S \cdot 9H_2O$。

⑤刃天青溶液:100 mg 刃天青溶于 100 mL 蒸馏水中。

3.仪器和设备

气浴恒温摇床、水浴恒温培养箱、CO_2 钢瓶、气相色谱仪(带 FID 检测器)、pH 计、紫外可见分光光度计、凯氏定氮仪、培养瓶(100 mL)。

4.操作步骤

(1)模拟瘤胃缓冲液的配制

试验前按以下比例配制瘤胃缓冲液:向 400 mL 蒸馏水中分别加入 0.1 mL 溶液 A、200 mL溶液 B、200 mL溶液 C、1 mL 刃天青溶液和 40 mL 还原剂溶液(使用时临时配制),上述溶液混匀后,通入 CO_2 至饱和,并预热至 39 ℃。

(2)培养瓶的设置

若动态监测瘤胃体外降解规律,可在体外发酵 0 h、4 h、8 h、12 h、18 h 和 24 h,分 6 个时间点采集样品,每个时间点每个样品分别设 3 个重复,按降解试验设计每瓶装样 0.4 g,通入 CO_2 置换出瓶中空气后盖上瓶塞备用。将配制好的瘤胃缓冲液提前水浴预热至 39 ℃,并通入经除氧铜柱除氧后的 CO_2 10～15 min,迅速分装培养液至上述样品培养瓶中,每瓶装入量为 40 mL,胶塞封口后置于气浴恒温摇床中,在 39 ℃下进行恒温培养。

(3)瘤胃液的采集和接种

晨饲前 2 h,经瘤胃瘘管采集 3 头牛的瘤胃食糜内容物与瘤胃液,固液混合拍打 3 min,4 层纱布过滤后,与 2 倍体积的模拟瘤胃缓冲液混合,分别用注射器抽取混合后瘤胃液 60 mL 加入 100 mL 培养瓶中,放入水浴恒温培养箱中(39 ℃)培养。

(4)样品采集和分析前的预处理

在 0 h、4 h、8 h、12 h、18 h 和 24 h,分别从各处理样中取出 3 个培养瓶,测定液体 pH 后,振荡、经 300 目尼龙袋过滤。取 3 mL 过滤后滤液与 1 mL 新配制的 25% 偏磷酸混合,盖上盖,摇匀,−20 ℃冷冻保存,供测 NH₃-N;取出 5 mL 于−20 ℃冷冻保存,供测 VFA;另取 16 mL滤液分装两管供测微生物粗蛋白质(MCP)。

(5)样品的测定

①降解率测定。

用蒸馏水分别冲洗上述 0 h、4 h、8 h、12 h、18 h 和 24 h 的过滤降解残渣,直至水澄清,65 ℃下烘干至恒重(约 48 h)。饲料样品降解率按下式计算:

$$P = \frac{A_1 - A_0}{A_1} \times 100\%$$

式中:P 为被测样品在某时间点的降解率,%;A_0 为残渣干物质质量,g;A_1 为放入培养瓶中的样品干物质质量,g。

②pH 测定。

在 0 h、4 h、8 h、12 h、18 h 和 24 h 取出培养瓶,倒出发酵液后立即用 pH 计测定 pH。测定前,使用 pH 4.01 和 pH 7.01 的标准缓冲液对 pH 计进行校准。

③瘤胃发酵液 NH₃-N 含量的测定。

发酵液经 4 层纱布过滤后,取 3 mL 发酵液加入 1 mL 25 g/dL 偏磷酸于试管中,盖上盖,摇匀,−20 ℃冷冻保存,采用靛酚比色法测定发酵液中的 NH₃-N 含量。

④瘤胃发酵液 VFA 浓度的测定。

过滤发酵液经过 10 000 g 离心 10 min。移取上清液 1 mL 至离心管中,加入 0.25 mL 25 g/dL偏磷酸,冰浴静置 30 min。然后 10 000 g 再次离心 15 min,取上清液使用气相色谱仪,外标法测定乙酸、丙酸、丁酸和总挥发性脂肪酸(VFA)浓度。

气相色谱测定参考条件。色谱柱:DB-FFAP(15 m×0.32 mm×0.25 μm);柱温,100 ℃,2 ℃/min至 120 ℃,保持 10 min;进样口温度,250 ℃;检测器温度,280 ℃;恒压,21.8 kPa;分流比,1∶50;进样量,2 μL。

⑤微生物粗蛋白质测定。

分别取供测微生物粗蛋白质的各降解时间的两管各 8 mL 的滤液,500 g 离心 15 min 后,每管分别吸取 6 mL 上清液,加入 2 mL 77.6%的三氯乙酸,使三氯乙酸最终浓度达到 19.4%,冰浴静置 45 min;其中一管,经 27 000 g 离心 15 min,取上清液进行凯氏定氮,未离心的另一管整管液体进行凯氏定氮,MCP 值即为两者差值。

5.注意事项

在整个试验操作过程中,注意培养瓶的气密性,保证瘤胃液的厌氧环境。

发酵过程中前 12 h,发酵产气量大,导致饲料上浮,每 2 h 轻轻摇动发酵瓶,使饲料下沉,保证瘤胃发酵液浸泡饲料,使微生物充分接触饲料。

四、持续动态人工瘤胃法测定饲料营养物质消化率

1.概述

持续动态人工瘤胃法最大限度地模仿了体内瘤胃发酵的内环境,只需要少量动物作为瘤胃液供体,就可对多种饲料进行测定。但人工瘤胃中的微生物种类和数量与体内瘤胃微生物有差异,因此测定结果与体内试验有一定差异,需要进行校正。

2.原理

持续动态人工瘤胃装置主要由恒温系统、培养系统、pH 缓冲系统、定时搅拌系统和连续充填 CO_2 系统等组成,发酵基质和人工唾液不断流入发酵容器,发酵产物和发酵液不断流出,使发酵处于动态平衡中。这样发酵可连续进行数周或数月,可用于饲料瘤胃降解率的测定以及微生物的体外连续培养等研究。

3.试剂和溶液

①A 标准缓冲液浓缩液:1 000 mL 蒸馏水中加入 18.5 g Na_2HPO_4 和 49.0 g $NaHCO_3$。

②B 矿物盐浓缩溶液:1 000 mL 蒸馏水中加入 57.0 g KCl、47.0 g NaCl、12.8 g $MgCl_2$ · $6H_2O$、5.3 g $CaCl_2$ · $2H_2O$。

③C 尿素浓缩溶液:1 000 mL 蒸馏水中加入 250.0 g 尿素。

④D 半胱氨酸盐酸盐:以结晶形式添加。

⑤缓冲液配制方法 Slyter(1990):取 2 400 mL 的 A 液于容器中,加蒸馏水 17 435 mL,矿物盐浓缩液 B 液 120 mL,C 尿素浓缩溶液 40 mL 以及 5 g 结晶半胱氨酸盐酸盐,充分混匀后通入高纯 CO_2 饱和。半胱氨酸盐的添加目的是降低缓冲液氧化还原电位,尿素的作用类似活体内源氮。

4.仪器与设备

中国农业大学反刍动物营养研究室研制的持续动态人工瘤胃发酵装置,由发酵系统、温度控制系统、搅拌系统和样品收集系统组成。

5.试验前的准备(双外流连续培养系统调试)

①将微型电机与发酵罐拆卸分离,用热的洗衣粉水浸泡、清洗(要控制水温和时间,以免发酵罐变形)发酵罐,并晾干。

②取下喂料器,取出塑料垫板和水浴箱中的不锈钢架,检查清洗循环泵及水浴箱四周是否有漏水的情况。然后将水浴箱清洗干净,将拆卸下的各部分按原样组装好。在水浴箱中加满水后,调试温度设定在(39±0.5)℃。

③取出下层冷水浴箱中的固相和液相食糜收集罐,将下层水浴箱清洗干净。在水浴箱中加满水后,开启制冷装置,将水温调试到 0~4 ℃。

④安装二氧化碳导入系统:高纯 CO_2(99.99%)通过一个 14 通路分流管分流,分流管置于机器左侧的支架上,其中 12 个通路接发酵罐,另外 2 个通入缓冲液箱。每个通路用可调节止水阀调节气流量(35~40 mL/min),以使发酵罐及缓冲液维持厌氧。

⑤蠕动泵调试:将硅胶导液管固定于蠕动泵泵头上,然后与发酵罐、缓冲液箱或液相食糜收集罐相连。在蠕动泵开启前,应在泵头上涂抹固体凡士林,试验期间也要及时涂抹,防止导管破裂。通过调节蠕动泵转速,将缓冲液流入量设定为 1.56 mL/min,流出发酵罐的液相食糜外流速度设定为 1.04 mL/min,在此发酵罐容积下,系统固相食糜外流速度为 4%/h,液相食糜外流速度为 8%/h。

⑥pH 计校准:将已预热 1~2 h 的 pH 计电极分别用 pH 为 6.8 和 4.0 的标准缓冲溶液校准,然后把电极贮存于饱和氯化钾溶液中。

6.操作步骤

(1)培养日粮的制备

根据饲料配方,将饲料原料粉碎并通过 2 mm 筛,加入少量水充分混匀,用制粒机制成长

0.5～1.0 cm、直径约 4 mm 的颗粒料。风干过程中尽量减少饲料翻动,防止颗粒散开,同时保证通风良好,避免发霉变质。待饲料水分下降至 14％后,将其密封保存,备用。

（2）瘤胃液的采集

预饲 7 d 后开始采集瘤胃液。于晨饲前直接通过瘘管采集瘤胃内容物,2 层纱布过滤后收集于密封桶内,在 39 ℃恒温和厌氧条件下,转移至发酵罐进行连续培养,转移时应不断振荡,以保证每个发酵罐内的瘤胃液均匀同质。

（3）连续培养

①接种微生物:系统调试准备完毕后,打开 CO_2 输入系统,排除发酵罐内的空气。将采集的瘤胃液由 pH 电极入口注入发酵罐中,至瘤胃液恰好由固相食糜溢流口流出为止。在体系稳定 1 h 左右后,开启蠕动泵,进行缓冲液的输入和液相食糜输出。在缓冲液箱中加入占其体积约 1/3 的缓冲液,不要过多,避免水压过大流速难控制。

②投料:每日饲料干物质加入量通常按发酵罐有效容积的 5％计算。如发酵罐容积为 780 mL,每天喂料量约为 48 g。每种日粮设 2 个发酵罐作为重复,投料量为每次 12 g,投料间隔 6 h。

（4）样品的采集

①NH_3-N 和 VFA 样品采集:在发酵 72 h 后系统已经稳定,第 4 天至第 6 天为采样期,全天第 1 次投样后 3 h,关闭搅拌系统,从 pH 电极入口用注射器采集 10 mL 发酵液,按照体积的 1％加入 20％的 H_2SO_4,样品保存在 −20 ℃待后期 NH_3-N 和 VFA 的测量。

②食糜与微生物混合样品制备:从第 4 天起连续 3 d,测量每天固相食糜和液相食糜的体积,按照 2.5％比例加入 37％的甲醛溶液,充分混匀。将同一发酵罐的食糜保存于质量已知的收集瓶中,密封于 4 ℃下保存。培养结束后,将 3 d 收集的各发酵罐固、液相食糜进行充分振荡混匀后迅速取出约 2 500 mL 的食糜液分别倒在 50 mL 的离心管中,高速冷冻(4 ℃)离心(20 000 g,20 min),弃去上清液,用蒸馏水洗涤残渣。重复 2 次后,以 20 000 g 再次离心保留饲料残渣。将全部饲料残渣冷冻干燥处理 72 h 后,记录发酵罐样本总重。干燥饲料残渣样本用于常规成分分析。

③纯微生物样品制备:在培养结束后将发酵罐取出,收集全部内容物,测量实际体积,按 2.5％的比例加入浓度为 37％的甲醛溶液,用搅拌器间歇振荡 1 min。使用差速离心法,将经两层纱布过滤后的滤液先于 500 g 下离心 5 min 去除饲料残渣,上清液再经高速冷冻(4 ℃)离心(20 000 g,20 min),沉淀物用蒸馏水洗涤,重复离心 2 次。取沉淀物进行冷冻干燥处理 72 h,获得纯瘤胃微生物样本。

7.注意事项

定期测量缓冲液流速,保证输出速率不变。

注意固相食糜管的出口管口,避免出口堵塞造成食糜不能及时流出而影响发酵。

及时倒出并计算固相及液相食糜,避免外溢。

定时观察 CO_2 通气速率,避免未及时通气而造成有氧发酵。

检查冷水浴与温水浴,保证温度恒定。

第五节　饲料养分小肠消化率的测定

一、移动尼龙袋法测定饲料小肠养分消化率

1.概述

移动尼龙袋法是将瘤胃未降解饲料残渣装入特制尼龙袋中,经胃蛋白酶酶液培养后,通过十二指肠瘘管投入小肠中,并从回肠末端瘘管或粪便中回收尼龙袋。该试验技术需要装有瘤胃瘘管和十二指肠瘘管的试验动物,而且从粪便中收集尼龙袋使养分经过了大肠微生物的发酵,对测定结果有影响,尼龙袋容易在肠道中堵塞,不同尼龙袋从粪中排出的时间差异较大,收集困难,由于尼龙袋对肠道刺激较大,加快了肠道蠕动,使尼龙袋在肠道内的平均滞留时间低于食糜。但由于移动尼龙袋技术操作相对简单,具有良好的重复性,可用于单胃动物和反刍动物饲料养分小肠消化率的测定。

2.原理

将待测饲料样品装入尼龙袋,在瘤胃中经过 16 h 发酵降解后,采集一定量的瘤胃未降解饲料残渣样品装入特制的小尼龙袋中,经胃蛋白酶液培养一段时间后,将尼龙袋通过十二指肠瘘管投入动物小肠中,从回肠末端瘘管或粪便中回收尼龙袋,根据尼龙袋中养分消失率来估测小肠消化参数。

3.试验材料

①装有瘤胃和十二指肠瘘管的反刍动物。

②尼龙袋。瘤胃尼龙袋:孔径 40~50 μm,规格 8 cm×12 cm。移动尼龙袋:孔径 10~40 μm,规格 3 cm×6 cm。

③恒温水浴摇床。

④0.01%胃蛋白酶。

⑤风干待测样品,粉碎过 40 目筛。

4.操作步骤

(1)预试验

正式试验前将 3 cm×6 cm 的空尼龙袋,通过十二指肠瘘管投入小肠中,观察动物的反应及尼龙袋的回收情况。

(2)饲料瘤胃未降解残渣的制备

称适量待测原料于瘤胃尼龙袋中(精料 10 g、粗料 3 g),将尼龙袋放入瘤胃培养 16 h 后取出,洗净,65 ℃烘干 48 h,作为瘤胃未降解残渣样品,密封保存备用。

(3)小肠未消化残渣的制备

①HCl-胃蛋白酶液预处理。称适量(精料 1 g、粗料 0.5 g)瘤胃未降解残渣样品于移动尼龙袋中,用热封法封口。将袋浸泡于 0.004 mol/L 的 HCl 溶液中,25 ℃培养 1 h,然后在0.01%胃蛋白酶溶液中,40 ℃振荡培养 2 h。

②十二指肠投袋。将处理后的移动尼龙袋经十二指肠瘘管每 30~60 min 投放 1 次,每次投袋 2 个,每头动物每天不超过 12 个。

(4)移动尼龙袋的回收、清洗与干燥

投袋后 12 h 开始,每隔 2 h 检查 1 次,及时从粪便中回收尼龙袋。集齐 24 h 以内的尼龙袋统一放在自来水下冲洗干净,然后在 65 ℃烘干 48 h,称重。

(5)测定

测定残渣营养成分含量。

5.计算

$$瘤胃未降解饲料营养物质小肠消化率 = \frac{C_1 W_1 - C_2 W_2}{C_1 W_1} \times 100\%$$

式中:C_1 为瘤胃未降解残渣中某养分的含量,%;W_1 为投入小肠中的瘤胃未降解残渣的质量,g;C_2 为小肠未降解残渣中某养分的含量,%;W_2 为小肠未消化残渣的质量,g。

6.注意事项

在瘤胃未降解残渣制备时,每种饲料样品至少做 2 个平行样;在小肠中消化时,至少做 3 个平行样。

每 2 个尼龙袋至少要间隔 30 min 投入十二指肠,以防出现阻塞现象。

尼龙袋在投入十二指肠前应预热到 39 ℃,以减少对十二指肠的刺激。

二、两级离体消化法测定反刍动物饲料消化率

1.概述

Tilley 和 Terry(1963)模拟反刍动物瘤胃微生物的瘤胃消化和胃蛋白酶的真胃消化过程测定了饲料的消化率。结果表明,利用该技术测定的干物质消化率和用动物测定的干物质消化率之间存在高度相关:

$$Y = 0.99X - 1.01(SE = 2.31)$$

式中:Y 为活体消化试验法求得的干物质消化率,%;X 为离体法求得的干物质消化率,%。因此该技术可用于估测反刍动物饲料干物质消化率。

2.原理

Tilley 和 Terry 的方法分 2 步:第 1 步,利用人工瘤胃模拟瘤胃消化过程;第 2 步,在第 1 步消化的基础上,再利用胃蛋白酶进行消化,模拟真胃消化过程。

3.试剂和溶液

①缓冲液:在 4 000 mL 蒸馏水中加入 39.2 g $NaHCO_3$、37.2 g $NaHPO_4$、1.88 g NaCl、2.88 g KCl、0.36 g $MgCl_2 \cdot H_2O$、0.2 g $CaCl_2$。可用于 60~90 管次培养。

②胃蛋白酶溶液:1:10 000 10.0 g 或 1:2 500 2.5 g 胃蛋白酶、44.5 mL 浓盐酸、5 000 mL 蒸馏水。

4.操作步骤

①样品的处理。

饲料样品在烘箱中烘干 6 h,粉碎过 0.8 mm 筛。

②瘤胃液的采集。

通过瘤胃瘘管,从试验牛瘤胃内采集瘤胃内容物,用双层纱布过滤,将瘤胃液放入三角瓶中,通入 CO_2 以排除空气,然后在 38~39 ℃水浴中培养保存备用。

③瘤胃消化。

准确称取风干样品 0.5 g,放入 80～90 mL 的玻璃离心管中,每个样品有 2 个重复,同时要做空白。将其放置于热水浴中(38～39 ℃),尽快向每个离心管中加入 40 mL 缓冲液和 10 mL 瘤胃液,摇动混合,向溶液中充 CO_2。用带有玻璃管和出气缝隙的塑料塞子塞住,出气缝隙为 4 mm 的裂缝。裂缝一般保持闭合,但是当发酵产生气体时,气体可从缝隙中释放出来。将离心管放入 39 ℃水浴中,在水浴中避光发酵 48 h,每日摇动 3～4 次。

④调节 pH。

在发酵过程中,发酵液的 pH 可保持在 6.7～6.9。当用饲喂干草的动物提供的瘤胃液时,一般不需要校正发酵液的 pH。当饲喂青草时,有时瘤胃液含有大量未消化饲料,发酵产生的挥发性脂肪酸常超出缓冲液的缓冲能力,在发酵 6 h 和 24 h 时,检查 pH,并用 1 mol/L Na_2CO_3 溶液进行调整,使 pH 在正常范围内。

⑤胃蛋白酶消化。

第 1 发酵阶段结束后,每个离心管加入 1 mL 5％ $HgCl_2$ 溶液,使瘤胃微生物停止活动,并加入 2 mL Na_2CO_3 促进沉淀。在 1 800 g 离心力下,马上离心 15 min。丢弃上清液,每管加入 50 mL 胃蛋白酶溶液,然后放在 38 ℃培养箱中发酵 48 h,并不时摇动。这一阶段,不需要无氧条件。

培养结束后,离心,丢弃上清液,用蒸馏水冲洗离心沉淀。将每一离心管的沉淀转移到已知重量的坩埚中,在 100 ℃烘箱中烘干至恒重,计算沉淀的重量。

5.计算

$$干物质消化率 = \frac{W_1 - W_2}{W_0} \times 100\%$$

式中:W_0 为样品干物质量,g;W_1 为样品残渣重,g;W_2 为空白样残渣重,g。

三、酶解法评定饲料消化率

1.概述

酶解法是在特定温度和 pH 条件下,用酶或酶混合物培养饲料样品而得出饲料消化率。这种方法虽然与体内法测定结果存在差异,但相关性很高,而且不需要试验动物,成本低,易操作,作为评定饲料营养价值的方法已经得到认可。酶解法分为"两步法"和"三步法"2 种。"两步法"是指先将饲料用胃蛋白酶加盐酸溶液消化,然后再用胰蛋白酶或小肠液在 pH 7.0 的条件下进一步孵化。"三步法"是指先用瘤胃尼龙袋法获得瘤胃残渣,然后通过胃蛋白酶和胰蛋白酶制剂对残渣进行酶解。试验表明,酶解三步法与移动尼龙袋法测得的小肠消化率值相关性很高。

2.原理

酶解三步法是将装有样品的尼龙袋在瘤胃内培养 16 h 后,其残渣再分别经胃蛋白酶和胰蛋白酶液培养一定时间。用 100％三氯乙酸溶液终止酶解反应。根据上清液中的可溶性蛋白质和瘤胃降解后饲料残渣的粗蛋白质来估测小肠消化率参数。

3.试验材料

①装有瘤胃瘘管的健康反刍动物。

②尼龙袋:孔径 $30\sim50\ \mu m$,规格 8 cm×12 cm。

③胃蛋白酶溶液:将 1 g 胃蛋白酶溶解于 1 L 0.1 mol/L HCl 溶液中,现配现用。

④0.5 mol/L KH_2PO_4 缓冲液(pH7.8):将 68 g KH_2PO_4 溶解于 750 mL 蒸馏水中,用 KOH 调 pH 至 7.8,用蒸馏水定容于 1 L 容量瓶中。

⑤胰蛋白酶溶液:将 3 g 胰蛋白酶与 50 mg 百里香酚溶解于 1 L 0.5 mol/L KH_2PO_4 缓冲液中(pH 7.8),充分溶解 1 h 后,用定性滤纸过滤,收集滤液备用。

⑥1.0 mol/L NaOH 溶液。

⑦100%(w/v)三氯乙酸溶液。

⑧高速离心机。

⑨振荡培养箱。

4.操作步骤

(1)瘤胃未降解残渣样品的制备

将装有样品的尼龙袋放入瘤胃中培养 16 h 后取出,洗净,65 ℃烘干备用。

(2)酶解试样的制备

①称样:准确称取含氮约 15 mg 的瘤胃未降解残渣样品于 50 mL 离心管中。

②胃蛋白酶处理:加入 10 mL 胃蛋白酶溶液(pH 1.9),于 38 ℃振荡培养 1 h。

③胰蛋白酶处理:用 0.5 mL 1.0 mol/L NaOH 溶液中和培养后的混合物,再加入 13.5 mL 胰蛋白酶溶液,于 38 ℃振荡培养 24 h,每 8 h 人工振荡 1 次。

④反应终止:培养结束后立即加入 100%(w/v)三氯乙酸溶液,振荡混匀,静置 15 min。10 000 g 离心 15 min,收集上清液作为酶解试样。

(3)粗蛋白质的测定

取烘干的瘤胃未降解残渣和酶解试样,测定蛋白质或其他成分含量。

5.计算

$$小肠消化率=\frac{酶解试样中粗蛋白质}{瘤胃未降解残渣中粗蛋白质}\times100\%$$

6.注意事项

试验过程中每个样品至少做 2 个平行样。

四、小肠冻干粉法评定饲料消化率

1.概述

国内外对瘤胃微生物与非降解饲料残渣的小肠消化率的测定方法主要有体内法、尼龙袋法、试验动物模拟法及体外法。牛小肠液冻干粉法是一种常用的体外法,它是利用酶解法研究小肠消化率较为可靠的方法,具有较好的稳定性和可重复性(王淑香等,2006)。小肠冻干粉法的优点是便于标准化、效率高、成本较低,小肠冻干粉制剂容易保存,便于成批生产规格化商品;缺点是易受多种因素的影响,如冻干粉中酶活性和用量、冻干粉的制作过程、缓冲液的种类、pH、Ca^{2+}浓度、培养温度、培养时间以及被测样品的预处理等因素的影响。

2.原理

用牛或羊的小肠液制成冻干粉,利用其中的酶来评定饲料非瘤胃降解残渣中的干物质、有机物、粗蛋白质和淀粉等营养物质在小肠中的消化率。

3.材料

①磷酸盐缓冲溶液:77 g $Na_2HPO_4 \cdot 12H_2O$、10 g $NaH_2PO_4 \cdot 2H_2O$、0.88 g $CaCl_2$,在缓冲液配制时,用 0.2 mol/L HCl 溶液调整 pH 至 6.9,加水至 10 L。

②0.005 mol/L Tris-HCl:5 000 mL 0.5 mol/L Tris、570 mL 0.1 mol/L HCl、0.88 g $CaCl_2$,加水至 10 L,用浓盐酸调整 pH 至 7.8。

③苯甲酰-精氨酸-P-硝基苯胺盐酸盐。

④30%乙酸。

⑤对硝基苯胺。

⑥麦芽糖。

⑦戊二酰-L-苯丙氨酸-P-硝基苯胺(GPPNA)。

⑧显色剂:18.2 g 酒石酸钾钠,溶于 50 mL 蒸馏水中,加热,于热溶液中依次加入 0.03 g 3,5-二硝基水杨酸、2.1 g NaOH、0.5 g 苯酚,搅拌至溶解,冷却后加水定容至 100 mL,贮于棕色瓶中,室温保存。

⑨恒温水浴摇床。

⑩分光光度计。

4.操作步骤

(1)小肠液冻干粉(BIF)的制备

①小肠液的采集:牛或羊屠宰后立即收集全小肠食糜(十二指肠至回肠末端),采集的小肠液立即放在 -50 ℃冷库中冷冻。回到实验室后,经冷水解冻,用双层纱布过滤。

②离心:于 4 ℃,4 000 g 离心 15 min,用吸管吸去上层浮油,将上清液装入干净的样本瓶中 -20 ℃保存。

③冻干:在冻干前 2 d 将样本用冷水解冻,待完全解冻后倒入平底白瓷盘中,用真空冷冻干燥机制成小肠液冻干粉,-20 ℃保存。

(2)小肠液冻干粉中主要消化酶活性的测定

①α-淀粉酶活性测定:用移液管将 0.5 mL 酶液移入试管,水浴加热至 38 ℃,加 0.5 mL 预热至 38 ℃的底物溶液[含 1%淀粉的磷酸缓冲液(pH 6.9)],3 min 后加 1.0 mL 显色剂溶液(含 3,5-二硝基水杨酸)终止反应,置试管于沸水浴中 5 min,流水冷却后再用 10 mL 蒸馏水稀释,用分光光度计于波长 540 nm 处以空白为参比测定吸光度。借助麦芽糖标准曲线进行计算。

酶活定义:1 个淀粉酶活性单位相当于在 pH 6.9、温度为 38 ℃条件下,从可溶性淀粉中释放出 1 μmol 麦芽糖所需的酶量。

②胰蛋白酶活性测定:用移液管将 5 mL 底物缓冲液(底物为苯甲酰-精氨酸-P-硝基苯胺盐酸盐),缓冲液为 0.005 mol/L Tris-HCl(内含 $CaCl_2$,pH7.8)移入试管,加蒸馏水 0.9 mL,38 ℃水浴 5 min,加 0.1 mL 酶液,38 ℃水浴 60 min,用 30%乙酸终止反应,在波长 410 nm 处以空白为参比测定吸光度。借助对硝基苯胺标准曲线进行计算。

酶活定义:在 pH 7.8、温度 38 ℃下,每分钟水解产生 0.1 μmol 对硝基苯胺为 1 个胰蛋白酶单位。

③糜蛋白酶活性测定:除其特异性底物为戊二酰-L-苯丙氨酸-P-硝基苯胺(GPPNA)外,

操作步骤和计算同胰蛋白酶活性测定方法。

酶活定义:在 pH 7.8、温度 38 ℃下,每分钟水解产生 0.1 μmol 对硝基苯胺为 1 个糜蛋白酶单位。

(3)体外小肠液冻干粉培养试验

①瘤胃非降解饲料残渣的制备:称取 4 g 饲料于尼龙袋内(8 cm×12 cm,尼龙布孔径 50 μm),饲喂 1～2 h 后将尼龙袋通过瘤胃瘘管放入瘤胃内培养 12 h 后取出,冲洗后于 65 ℃ 烘至恒重,然后将饲料残渣粉碎经 40 目筛混合,装入可封口塑料袋中保存备用。

②瘤胃非降解饲料残渣小肠消化率的测定:称取 0.5 g 非降解饲料残渣样品于酶解管中,加入 12～15 mg BIF、磷酸盐缓冲溶液或 Tris-HCl;将酶解管放在 38 ℃ 恒温水浴摇床上振荡培养 8 h 后取出,测定未消化的饲料残渣的营养成分含量。缓冲溶液酶活性:淀粉酶活性≥30.03 U,胰蛋白酶活性≥13.8 U,糜蛋白酶活性≥4.75 U。

5.结果分析

饲料消化率(Idg)按下式计算:

$$\text{Idg} = \frac{(C_1 \times W_1 - C_2 \times W_2) \times 100}{C_1 \times W_1}$$

式中:Idg 为瘤胃非降解饲料残渣中 DM/OM/蛋白质/氨基酸/淀粉小肠消化率,%;C_1 为 12 h 瘤胃非降解残渣中 DM/OM/蛋白质/氨基酸/淀粉的含量,%;W_1 为投入小肠的 12 h 瘤胃非降解残渣的质量,g;C_2 为小肠液冻干粉未消化残渣中 DM/OM/蛋白质/氨基酸/淀粉的含量,%;W_2 为小肠未消化残渣的质量,g。

任莹等(2007)以玉米为样本筛选用绵羊小肠冻干粉测定精饲料瘤胃非降解残渣淀粉小肠消化率的最佳培养条件,对 16 h 玉米瘤胃非降解残渣干物质和淀粉小肠消化率而言,小肠冻干粉最佳用量为 0.56 g 玉米瘤胃非降解残渣加入 0.45 g 小肠冻干粉,离体培养 12 h 是最适宜的条件。

★ 本章主要参考文献

冯仰廉,2004.反刍动物营养学[M].北京:科学出版社.

胡坚,1994.动物饲养学实验指导[M].吉林:吉林科学技术出版社.

卢德勋,谢崇文,1991.现代反刍动物营养研究方法和技术[M].北京:中国农业出版社.

宋代军,2001.生物统计附实验设计[M].北京:中国农业出版社.

杨凤,2001.动物营养学[M].北京:中国农业出版社.

杨胜,1996.饲料分析及饲料质量检测技术[M].北京:北京农业大学出版社.

张宏福,张子仪,1998.动物营养需要与饲养标准[M].北京:中国农业出版社.

中国饲料工业协会,1996.饲料生物学评定技术[M].北京:中国农业科学技术出版社.

王成章,王恬,2001.饲料学实验指导(面向 21 世纪课程教材)[M].北京:中国农业出版社.

袁缨,2010.动物营养学实验教程(面向 21 世纪课程教材配套实验教程)[M].北京:中国农业大学出版社.

(编写:张静、王聪;审阅:张元庆、裴彩霞)

第五章　代谢试验与饲料营养价值的评定

第一节　营养物质代谢率与代谢能的测定

一、概述

代谢试验是测定饲料代谢能及研究各种营养物质新陈代谢及其平衡规律的重要手段。通过代谢试验可测定饲料代谢能和营养物质代谢率(或存留率)。代谢试验测定的营养物质代谢率,主要是指能量代谢率、氮的代谢率(蛋白质代谢率或称存留率)以及某些矿物营养元素(钙、磷等)的代谢率。因为在饲料中某些营养物质(如粗纤维、脂肪、无氮浸出物以及氨基酸)在正常情况下不能以原形由尿排出,故通过代谢试验表达的代谢率(或利用率)没有意义。而由于有些矿物元素在体内代谢中的循环利用的影响,B族维生素受肠道微生物合成的干扰,代谢试验一般难以准确测定。由于家禽粪尿均由泄殖腔排出,故对于家禽进行代谢试验比消化试验更简便。禽类的代谢试验除常规全收粪法外,还采用排空强饲法进行。排空强饲法是在总结真代谢能法和诱饲法正反两方面经验的基础上提出的方法,并得到了推广应用。诱饲法与真代谢能法操作过程基本一致,只是给料方法不同,预饲期进行禁食-诱饲训练,使试验禽在 1 h 内食尽规定的饲料量,这一方法可避免强饲应激,但该法对适口性差的饲料很难达到规定的采食量。

二、家禽饲料表观代谢能与代谢率的测定

1.原理

代谢能是指饲料总能减去粪能、尿能及消化道可燃气体的能量后剩余的能量。消化道气体能来自动物消化道微生物发酵产生的气体,主要是甲烷。家禽的盲肠虽然也有微生物发酵,但产生的气体较少,通常可以忽略不计。故家禽饲料的代谢能可按下式计算:

$$饲料表观代谢能＝食入饲料总能－排泄物总能$$

$$能量表观代谢率＝\frac{表观代谢能}{总能}\times100\%$$

对于家禽每克饲料氮在体内约产生 3 g 尿酸,尿酸的能值为 34.39 kJ/g。由于食入饲料中所含蛋白质水平不同以及在试验期间氮平衡状况不同,则其能量损失不同。为便于比较不同饲料的代谢能值,应消除氮沉积量对代谢能值的影响,称之为氮校正代谢能,计算公式为:

$$氮校正表观代谢能＝食入饲料总能－排泄物总能－氮沉积量\times34.39$$

$$氮沉积量＝食入饲料含氮量－排泄物含氮量$$

2.仪器和设备

普通天平(载量 500 g,感量 0.01 g)、分析天平(感量 0.000 1 g)、台秤(5 kg,感量 5 g)、热量计(绝热式,GR3500 型)、烘箱(60～105 ℃,温度可调)、冰箱、培养皿(直径 12 cm)、代谢试验笼(60 cm×45 cm×50 cm,带食盘、饮水杯和活动积粪盘)、刮刀(漆工用)、镊子、洗耳球、样品粉碎机、10%盐酸溶液或 10%酒石酸溶液、凯氏定氮仪、样品袋。

3.操作步骤

(1)试禽的选择

试验用鸡必须健康、营养状况良好,品种、年龄、性别一致,体重近似,并已按免疫程序进行了正常免疫接种。每种饲料至少要有 5 只鸡参与有效测定,如用小鸡来进行饲料代谢能的测定,可用淘汰的鉴别公雏。于 2 周龄时开始试验,5～10 只为 1 组,养于 1 只代谢试验笼内,作为 1 个测定单元。若选用大鸡,则不论公母均每笼 1 只。开始选择试验鸡的数量应足够多,以备在预饲期中淘汰后备用。

(2)试验饲粮的准备及采样

一次备足试验期间所需的各种饲料,按制定的配方进行配制并制成颗粒。同时,采用梅花点法采集具有代表性的饲料样本 500 g。

(3)试验鸡的驯养与预饲

将选好的试验鸡养在代谢试验笼内,逐渐加喂准备好的试验期饲粮,让试验鸡有一个适应新的饲料和新的饲养管理条件的过程。此外,要检查饲喂设备是否撒料,并及时调整;要摸清试验鸡采食和排粪尿规律,确定每天排泄物收集分界点、日饲喂次数与每次喂料量。由于鸡食入的饲料残渣在 24 h 内即可排净,同时,鸡适应新饲料约需 48 h,因此,试验鸡的驯养与预饲至少要有 3 d 的时间。预饲期结束之前,淘汰不易调教及采食不规律的鸡,每个饲料留足 5 个测定单元即可进入正试期。正试期一般为 4 d。

(4)试验鸡的饲养管理

试验鸡于正试期开始前 1 天 18:00 停料停水。试验开始的第 1 天早晨 6:00,称取试验鸡空腹体重。称重后,立即在代谢笼上安装活动集粪盘,以备收集排泄物。试验期间每天加料加水各 4 次(分别在 7:00、10:00、14:00、18:00),并精确记录每只鸡每日的实际采食量。正试期第 4 天 18:00 喂料后待试验鸡停止采食,即取下饲槽和水槽,停食停水。

(5)排泄物的收集和处理方法

①排泄物的收集次数和时间。

正试期第 1 天 16:00 收集第 1 次排泄物,以后每天收集 2 次(分别在 6:00 和 16:00)。试验开始后的第 5 天早晨 6:00 收集最后 1 次排泄物。随后再称取试验鸡空腹体重。

②排泄物的收集方法。

集粪板收粪法:通过放在代谢笼下的金属板或塑料板收集排泄物。该法操作方便、对试验动物应激小,但存在难以完全收集排泄物、排泄物易被羽毛和皮屑污染的缺点。为了减少羽毛、皮屑的影响,可以给试验动物穿上特制的衣服,衣服可以设计为只留头、脚和臀部在外面,身体裹在里面的半封闭形状。衣服松紧要适当,以免造成不必要的应激。

集粪瓶收粪法:在代谢试验开始前 1 周,于排泄腔口外围缝合 60 mL 塑料瓶盖,瓶盖中央挖 1 圆孔及对称的 4 对小孔,以便粪尿通过及缝合固定瓶盖用。在收集排泄物期间,拧上收集排泄物的塑料瓶,其他时间取下收集瓶。这一装置克服了粪板的缺点,但存在盖易被磨掉、对试禽应激大的缺点。

为了避免试验期间各种外来物对鸡排泄物的污染,减少收集排泄物的工作量,可采用指示剂法来测定鸡饲料表观代谢能,具体参照消化试验中的指示剂法。

③排泄物的处理方法。

以笼为单位,在每次收集排泄物时,先清理掉排泄物上的鸡毛皮屑和饲料(用镊子和吸耳球吹)。对清理掉的饲料要计量,以便从每日喂料量中扣除。

用刮刀无损地将全部排泄物刮入已知重量的同一铝盒或带盖搪瓷盘中,加入数滴甲苯,以防排泄物变质。随后将排泄物放入冰箱中 $0\sim4℃$ 保存。

夏季每天中午用注射器在排泄物上喷洒 10% 的盐酸溶液,以固定排泄物中的氮。

称取 4 d 正试期全部排泄物的总重量,于 $65\sim70℃$ 烘箱中烘干测定初水分。用粉碎机粉碎过 40 目筛并充分混合均匀后,保存,待测其他成分。

(6)化学分析测定

采用实验室凯氏定氮仪分析饲料及排泄物中氮的含量。采用氧弹式热量计测定饲料及排泄物中总能含量。

4.结果计算

饲料表观代谢能=食入饲料总量×饲料总能含量-排泄物总量×排泄物总能含量

$$能量表观代谢率=\frac{饲料表观代谢能}{饲料总能}×100\%$$

氮校正表观代谢能=食入饲料总量×饲料总能含量-排泄物总量×排泄物总能含量-氮沉积量×34.39

氮沉积量=食入饲料含氮量-排泄物含氮量

5.注意事项

常规法测定饲料代谢能值时,试验鸡的采食量较大,对应的食入能和排泄物能的量也较大,内源排泄物能在总排泄物能中所占的比例较小,并且这种方法对试验鸡造成的应激小,鸡对待测饲料的消化利用情况也较为稳定,故测得的表观代谢能值与真实代谢能值接近,并且测定值变化较小。

单个饲料表观代谢能的测定可用套算法,具体参照消化试验。

三、家禽饲料真代谢能或氨基酸真代谢率的测定

1.原理

家禽饲料真代谢能或氨基酸真代谢率区别于表观代谢能或氨基酸表观代谢率,其关键在于内源排泄物能量及氨基酸含量,为此,采用排空法测定家禽饲料真代谢能,同时,采用无氮日粮测定其内源排泄物氨基酸含量。

2.仪器设备及药品试剂

与家禽饲料表观代谢能测定方法相同。

3.操作步骤

(1)试验鸡的选择与分组

选择体重 1.8 kg 以上,体重近似、采食正常、强饲后无异常反应、无怪癖的健康公鸡为试

验鸡。每测 1 种饲料需设置 4 个重复组,每个重复组至少 4 只鸡。

（2）饲料配合

待测饲料:测定饲料氨基酸真代谢率时,对蛋白质含量为 20% 及 20% 以上的浓缩饲料及蛋白质饲料原料,根据其蛋白质含量,混以适量玉米淀粉(含氮量×6.25＜3%)。将日粮的粗蛋白质水平调整至 16%～18%,并按 15～20 周龄生长蛋鸡饲养标准推荐的需要量补充钙、磷、食盐等矿物质饲料,添加微量元素预混料。粗蛋白质含量低的饲料原料及全价配合饲料无须使用玉米淀粉。

无氮日粮配方:由 45.5% 的玉米淀粉(含氮量×6.25＜3%)、45.5% 的蔗糖、5% 的纤维素粉、4% 的磷酸氢钙、微量元素预混料和维生素预混料组成。

（3）试验鸡的饲养管理

在带集粪盘的代谢笼内饲养。室温 15～27 ℃,光照强度 20 lx,自然光照或人工光照,每日光照时间为 16 h。在非试验期间,限制饲喂生长蛋鸡全价配合料,自由饮水,禁食沙石。试验分预试期、正试期和体况恢复期 3 个阶段,试验期间的饲养管理见表 5-1。

表 5-1　排空强饲法测定家禽饲料真代谢能或氨基酸真代谢率试验进程

过程	预饲期	禁食排空期	强饲或诱饲	排泄物收集期	恢复期
时间	3 d 以上	48 h	按个体准确计时	48 h	10～14 d
待测饲料组	喂生长蛋鸡全价配合料,最后一次喂待测饲料	自由饮水	待测饲料	自由饮水	同预饲期
对照组	喂生长蛋鸡全价配合料,最后一次喂待测饲料	自由饮水	禁食	自由饮水	同预饲期

（4）被测饲料测定程序

禁食:准确记录禁食排空开始时间,禁食 48 h,禁食期间自由饮水(测定氨基酸真消化率时,也可通过饮水每鸡每日补充葡萄糖 50 g)。

强饲:禁食结束后,每只鸡准确强饲 40～50 g 风干被测饲料并及时按个体计算时间,粗纤维含量高及羽毛粉等低容重的饲料可酌减,以不呕吐为度。

（5）排泄物的收集和处理

以笼为单位,在每次收集排泄物时,先清理掉排泄物上的鸡毛、皮屑和饲料(用镊子和吸耳球吹)。对清理掉的饲料要计量,以便从每日喂料量中扣除。用刮刀无损地将全部排泄物刮入已知重量的同一铝盒或带盖搪瓷盘中,加入数滴甲苯,以防排泄物变质。随后将排泄物放入冰箱中 0～4 ℃保存。夏季每天中午用注射器在排泄物上喷洒 10% 的盐酸溶液,以固定排泄物中的氮。称取 48 h 正试期全部排泄物的总重量,于 65～70 ℃烘箱中烘干,测定初水分。用粉碎机粉碎过 40 目筛并充分混合均匀后,保存,待测其他成分。

（6）内源排泄物量的测定

如果同步收集对照组在 48 h 期间的排泄物,作为校正用内源性排泄物的样品,这种方法称为"平行对照法"。也可采用"自身对照法",即在被测饲料组收集 48 h 排泄物后,接着再收集 48 h 的内源排泄物。若内源性氨基酸排泄量对照组的试验鸡在禁食结束后,每只鸡强饲 50 g 无氮日粮,接着再收集 48 h 的内源排泄物。

（7）化学分析测定

采用实验室凯氏定氮仪分析饲料及排泄物中氮的含量。采用氧弹式热量计测定饲料及排泄物中总能含量。采用氨基酸分析仪测定饲料及排泄物氨基酸含量。

4.结果计算

真代谢能＝食入饲料总能－（排泄物总能－内源排泄物总能）

饲料总能＝食入饲料总量×饲料总能含量

排泄物总能＝排泄物总量×排泄物总能含量

内源排泄物总能＝内源排泄物总量×内源排泄物总能含量

$$氨基酸真代谢率＝\frac{食入氨基酸－（排泄物氨基酸－内源排泄物氨基酸）}{食入氨基酸}$$

食入氨基酸＝食入饲料总量×饲料氨基酸含量

排泄物氨基酸＝排泄物总量×排泄物氨基酸含量

内源排泄物氨基酸＝内源排泄物总量×内源排泄物氨基酸含量

5.注意事项

排空强饲法简单、快速，可以直接对单一饲料进行测定。但在测定过程中，饥饿排空、强饲等处理会给试验鸡造成应激，若强饲的待测饲料又难以消化或毒副作用较大，则测定结果与正常鸡采食配合饲料的情况是否一致有待研究。

成年公鸡的测定数值是否适合雏鸡、产蛋鸡尚不清楚。

使用绝食公鸡来测定内源性排泄物量尚有争议。

第二节　氮平衡的测定

（一）概述

动物机体氮平衡用来表示动物体内氮的收支情况，表明动物机体是处于氮的贮存还是消耗情况。当食入的氮大于排出的氮时，称为正氮平衡；当食入的氮小于排出的氮，称为负氮平衡；当食入的氮等于排出的氮时，称为氮的等平衡。氮平衡试验主要用于研究动物蛋白质的需要、饲料蛋白质的利用率以及比较饲料或日粮蛋白质的质量。通常氮平衡试验可与饲养试验结合进行，这样可全面、深入地对研究的问题进行探讨。

（二）原理

通过测定动物食入、排泄和沉积或产品中氮的数量，用以估计动物对蛋白质的需要和饲料蛋白质的利用率。试验在代谢笼中进行，粪尿分开收集。采用公畜和颗粒饲料有利于粪尿的收集和避免粪尿和饲料间的相互污染。

（三）材料与设备

试验动物、基础日粮、待测饲料、代谢笼、粪铲、搪瓷盘、带盖塑料桶、集尿装置、收尿瓶、带盖量筒（要求：每个动物1个）、样品粉碎机、电热恒温干燥箱、定氮仪、台秤、药物天平、冰箱、塑料袋、样品瓶、手套、口罩、不锈钢小刀、硫酸或酒石酸（固氮）、氯仿或二甲苯（粪样防腐）。

（四）操作步骤

1.试畜的选择与准备

①选择生长发育、营养状况、食欲和体质均正常的健康动物。要求具有代表性。

②试验动物体重、年龄应在食欲旺盛,对新饲料、新环境适应力强的阶段。如猪,30～60 kg,3～5月龄去势公猪。公畜有利于粪尿分开,可减少尿液对粪的污染。去势后有利于调教和管理。

③试验动物头数应据试验目的和要求的精度来确定,一般初选时不宜少于5头,最后选定不得少于3头。进行方差分析时,其自由度以不少于15为佳。

④一般采用拉丁方设计可消除个体差异。

⑤饲养管理技术,最好将猪、鸡置于消化代谢笼内进行个体笼养,笼的大小以猪、鸡可以在内前后走动和起卧,却不可转身为宜。无条件时可适当改修猪舍,牛要单槽饲喂,做到个体饲喂和相互间的粪便无污染混杂。

2.饲料及日粮的配合

①试验所用饲料,其养分含量应满足供试动物的基本营养需要,养分含量过高或过低均不能得到正确可靠的测定结果。如:生长猪基本营养需要为维持＋正常生长所需。牛一般按1.3倍维持水平配合饲料。

②饲料配方确定后应根据试验动物头数、耗料量等一次性备齐整个试验期所需的各种饲料。精料应事先一次性配制好。按每次每头喂量称好存起。

③试验料中含有青、粗料时,试验时在每次饲喂前取规定量与每次的精料充分混合后一起饲喂,切忌与精料分开饲喂。

3.预饲期与正试期的测定内容

实验一般分为预试期和正试期。

（1）预试期（一般为10 d）

①将选好的试验动物饲养在消化试验环境中,观察适应情况,训练定点采食、饮水和排粪。掌握采食量和调整采食量,做到每次给料后不剩或少剩料。

②从原来的料过渡到被测料。

③掌握排粪规律。

④一般预饲后3 d全部换成被测料,并且开始收集粪使动物适应。

⑤采集精料样。

（2）正试期

①采食量与采食干物质量的测定与计算。

②排粪量与干物质排出量的测定与计算。

③排尿量的测定与计算。

逐日详细记录每日、每头动物给料量、剩料量。

每次喂前采取青、粗料样,饲喂后采取剩料样,测初水分后贮存备用。

详细记录每日每头动物排粪与排尿量,一般以上午9:00或下午2:00作为天与天之间的分界点,每天排粪贮存在带盖桶中,排尿贮存在集尿装置中。

每天采集粪样和尿样。

4 粪样的收集

①测定水分(数量 100～150 g)后贮存备用。

②鲜粪定氮(2 份,5 g/份),当无条件测鲜粪氮时,可在粪样中加入数量相当于所取鲜粪重的 1/4,浓度为 10%的酒石酸(或乙醇)溶液,与粪样拌匀后连搅拌的玻璃棒一起置于 70 ℃烘箱中烘干,按常规法制备样品。分析时将样品折算成绝干物质后再扣除样品中酒石酸量。

注意:不同动物产粪量不同,每天产粪成分不同,应据产粪量每天按比例采集。可以每头动物为单位,测定初水分后保存样品,正试期结束后将全部样集中混合,一并处理和测定。

5.尿样的收集

每天 24 h 的尿样应定时进行收集(24 h 尿样的收集时间,由上午第 1 次饲喂时起至翌晨饲喂前止)。根据不同试畜规定的试验期(即收集期)天数,每天每头试畜的总尿量,用 2 000 mL 带盖量筒量其容量,并记录。将尿样摇匀后,取其 1/10 量倾入另一棕色瓶(瓶外应标记试畜号),并在每 1 000 mL 尿样中加入 5 mL 浓 H_2SO_4 以保存氨氮(为了防腐,也可加入少量甲苯)。在 4 ℃条件下保存。整个试验期间,每天每头试畜的尿样,均按同样收集方法,按日把尿样并入棕色瓶中混合均匀后保存,供测定总氮量之用。

6.记录数据

记录试验动物每日采食量、每日排粪和尿量。

7.试验日粮

不宜单独饲喂的料,则需进行 2 次试验,先测一种营养价值比较完善的基础日粮,然后再测基础日粮＋被测料。

表 5-2　试验方案

	第 1 组		第 2 组
试验	日粮	时间	日粮
第 1 次试验	基础日粮	预试期 试验期	70%～80%基础日粮＋ 30%～20%被测饲料
		5～7 d 过渡	
第 2 次试验	70%～80%基础日粮＋ 30%～20%被测饲料	试验期	基础日粮

8.化学分析

采用实验室凯氏定氮仪分析饲料及排泄物中氮的含量。

(五)结果计算

(1)食入氮量

可根据:试畜 24 h 日粮食入总量(g)＝A

日粮中蛋白质含量(%)＝B

试畜 24 h 食入蛋白质总量 $C(g) = \dfrac{A \times B}{100}$

试畜 24 h 食入总氮量 $(g) = \dfrac{C \times 16}{100}$

（2）排出氮量

可根据：试畜 24 h 排出粪量（g）＝a

粪中蛋白质含量（％）＝b

试畜 24 h 粪中排出蛋白质总量 $C(g)=\dfrac{a\times b}{100}$

试畜 24 h 粪中排出总氮量 $(g)=\dfrac{C\times 16}{100}$

试畜 24 h 排尿量（mL）＝a′

每 100 mL 尿中蛋白质含量（g）＝b′

试畜 24 h 尿中排出蛋白质总量 $C'(g)=\dfrac{a'\times b'}{100}$

试畜 24 h 尿中排出总氮量 $(g)=\dfrac{C'\times 16}{100}$

（3）氮平衡计算

沉积氮量（g）＝食入总氮量（g）－粪中排出总氮量（g）－尿中排出总氮量（g）

$$日粮消化氮的利用率=\dfrac{沉积氮量}{食入氮-粪氮}\times 100\%=\dfrac{食入氮-（粪氮+尿氮）}{食入氮-粪氮}\times 100\%$$

（4）单个待测饲料氮利用率计算公式

$$D=\dfrac{100(A-B)}{f}+B$$

式中：D 为被测单个饲料氮的利用率；A 为第 2 次试验测出的含被测饲料的混合日粮氮的利用率；B 为第 1 次试验测出的基础日粮氮的利用率；f 为混合日粮中被测料氮所占比例，％。

（六）注意事项

影响氮沉积的因素很多，除动物、性别、年龄和遗传因素的影响外，另一重要影响因素是日粮蛋白质的数量和质量，尤其是单胃动物。如果确定蛋白质需要，供试日粮蛋白质水平须能满足需要，EAA 数量足够，比例恰当以及其他营养物质适量。如果测定某个饲料或日粮蛋白质利用率，则限饲，原则是食入蛋白质的量不超过或稍超过动物所需要的量。

第三节　碳、氮平衡的测定

1.概述

动物体内碳来源于饲料中的三大类有机物质，即蛋白质、脂肪和碳水化合物。碳的排泄途径为：粪碳，是指饲料中未被动物消化吸收的有机物质中的碳；消化道气体碳，在反刍动物的瘤胃和大肠内、单胃动物的大肠内由于微生物的发酵，可产生 CH_4 和 CO_2 等从肠道排出，构成消化道气体碳损失；尿碳，主要以尿素或尿酸形式排出；呼出气体碳，吸收到动物体内的有机物质在体内氧化供能过程中形成 CO_2，随动物呼吸排出体外；沉积碳，指存留在体内或体外产品蛋白质、脂肪中的碳。因此，碳平衡可表示为：

沉积碳＝饲料碳－粪碳－尿碳－呼出气体碳－消化道气体碳

通过碳、氮平衡试验可以估测动物体内蛋白质、脂肪与能量的沉积情况，测定动物能量需要、饲料能量利用率,对饲料能量营养价值进行评定。

2.原理

碳平衡试验是研究营养物质代谢的基本方法。通过测定食入、排泄(粪、尿和呼出气体)、沉积或产品中的碳与氮的数量,用以估计体内蛋白质、脂肪与能量的沉积情况,测定动物能量需要、饲料能量利用率,对饲料能量营养价值进行评定。

3.材料与设备

氮平衡所需材料与仪器设备、呼吸面具或呼吸代谢柜、气体采样袋、PerkinElmer Precisely 2400 Series Ⅱ(杜马斯燃烧法测定碳)。

4.操作步骤

(1)试畜的选择与准备

选择生长发育、营养状况、食欲和体质均正常的健康动物。体重、年龄应在食欲旺盛,对新饲料、新环境适应力强的阶段。公畜有利于粪尿分开,可减少尿液对粪的污染。去势后有利于调教和管理。动物头数应据试验目的和要求的精度来确定,一般初选时不宜少于 5 头,最后选定不得少于 3 头。进行方差分析时,其自由度以不少于 15 为佳。一般采用拉丁方设计可消除个体差异。

(2)饲料及日粮的配合

试验所用饲料养分含量应满足动物的基本营养需要,养分含量过高或过低均不能得到正确可靠的测定结果。饲料配方确定后应根据试验动物头数、耗料量等一次性备齐所需的各种饲料。精料应事先一次性配制好。按每次每头喂量称好存起。当试验料中含有青、粗料时,试验时在每次饲喂前取规定量与每次的精料充分混合后一起饲喂,切忌与精料分开饲喂。

(3)动物饲养管理

试验期一般分为预试期和正试期。预试期一般为 10 d,将选好的试验动物饲养在试验环境中,观察适应情况,训练定点采食、饮水和排粪。掌握采食量和调整采食量,做到每次给料后不剩或少剩料,从原来的料过渡到被测料,掌握排粪和排尿规律,一般预饲后 3～5 d 全部换成被测料,并且开始收集粪尿使动物适应。

正试期一般为 10 d,动物要单独饲养,定时饲喂和饮水。逐日详细记录每日、每头动物给料量、剩料量。每次喂前采取青、粗料样,饲喂后采取剩料样,测初水分后贮存备用。详细记录每日每头动物排粪、尿量以及气体量。

(4)样本的采集与制备

①饲料样本的采集与制备。

预饲期采集试验用饲料样本,并采用四分法取样 200 g,测定初水分后保存备测。

②粪样的采集与制备。

每天 24 h 的粪样应定时进行收集,由上午第一次饲喂时起至翌晨饲喂前止。粪样按总粪量的 2%～5% 采集。当无条件测鲜粪氮时,可在粪样中加入数量相当于所取鲜粪重的 1/4,浓度为 10% 的酒石酸(或乙醇)溶液,与粪样拌匀后连搅拌的玻璃棒一起置于 70 ℃ 烘箱中烘干,按常规法制备样品。分析时将样品折算成绝干物质后再扣除样品中酒石酸量。

③尿样的收集与制备。

每天 24 h 的尿样应定时进行收集(24 h 尿样的收集时间,由上午第 1 次饲喂时起至翌晨饲喂前止)。根据不同试畜规定的试验期(即收集期)天数,每天每头试畜的总尿量,用 2 000 mL

带盖量筒量其容量,并记录。将尿样摇匀后,取其 1/10 量倾入另一棕色瓶(瓶外应标记试畜号),并在每 1 000 mL 尿样中加入 5 mL 浓 H_2SO_4 以保存氨氮(为了防腐,也可加入少量甲苯)。在 4 ℃ 条件下保存。整个试验期间,每天每头试畜的尿样,均按同样收集方法,按日把尿样并入棕色瓶中混合均匀后保存,供测定总氮量之用。

④气体样本的采集。

采用呼吸代谢柜,则可记录气体量,并用气体采样袋采集气体样本。如无呼吸代谢柜,可在预饲期给动物戴呼吸面具以适应,正试期每日平均 4 次,每次 10 min,记录气体量,并采集呼吸气体样本。

(5)化学分析

采用实验室凯氏定氮仪分析饲料及排泄物中氮的含量。采用 PerkinElmer Precisely 2400 Series Ⅱ（杜马斯燃烧法)测定饲料、粪、尿、气体样本中的碳含量。

5.结果计算

沉积氮＝饲料总氮－(粪氮＋尿氮)

蛋白质沉积量(g)＝沉积氮×6.25

蛋白质沉积的能量＝蛋白质沉积量(g)×23.85

沉积碳＝饲料总碳－(粪碳＋尿碳＋甲烷碳＋二氧化碳碳)

蛋白质沉积碳＝蛋白质沉积量×0.52

脂肪沉积碳＝沉积碳－蛋白质沉积碳

$$脂肪沉积的能量(kJ)＝\frac{脂肪沉积碳(g)×100}{76.7×39.75}$$

能量沉积量(ER)＝蛋白质沉积能＋脂肪沉积能(冯仰廉,2004)

产热量(HP) HP＝ME 采食量(MEI)－能量沉积量(ER)

★ 本章主要参考文献

韩慧慧,2015.日粮蛋白源对仔猪生长性能、氮平衡及蛋白质周转代谢的影响[D].长春:吉林农业大学.

李琴,陈明君,彭祥伟,2015.饲粮粗蛋白质和代谢能水平对 4～8 周龄四川白鹅生产性能和氮平衡的影响[J].动物营养学报,27(1):76-84.

刘强,王聪,李俊平,等,2011.丙二醇对围产期奶牛氮平衡和尿中 3-甲基组氨酸的影响[J].中国畜牧杂志,47(23):50-53.

孟杰,刘强,杨效民,2009.柠檬酸对西门塔尔牛日粮能量平衡和氮平衡的影响[J].饲料广角,(5):39-40.

王志博,姜万富,辛杭书,等,2012.饲粮添加海南霉素和莫能菌素对奶牛瘤胃发酵特性和氮平衡的影响[J].动物营养学报,24(6):1098-1104.

王聪,黄应祥,刘强,等,2009.丙三醇对牛瘤胃发酵、尿嘌呤衍生物、消化率、能量代谢及氮平衡的影响[J].中国农业科学,42(2):642-649.

(编写:王聪;审阅:张拴林、刘强)

第六章 净能测定与营养价值评定

净能(net energy,NE)是饲料中用于动物维持生命和生产产品的能量,即饲料的代谢能扣去饲料在体内的热增耗(heat increment,HI)后剩余的那部分能量。由于进食的饲料使动物增加一定数量的产热,这一部分热量为热增耗或体增热。另外,在饲料发酵过程中也有热量产生,这一部分热量被称为发酵热。热增耗和发酵热难以被分开,因此一般把这两部分合在一起。动物维持净能最终以热的形式散失,所以热增耗与维持净能共同组成动物总产热。

第一节 直接测热法

1.概述

直接测热法是根据动物摄入饲料中能量的去向,分为粪、尿、脱落皮屑、毛、营养物质沉积(生长肥育)、产品(奶、蛋、毛)和维持生命活动的机体产热几个部分。只要取得各个组分的能值,即可算出饲料的净能、能量的需要和各阶段利用率。除维持机体活动的产热,其他组分的能值都可直接燃烧测定。在动物体的产热量中,约有75%的热量通过热的辐射、传导、对流等方式而散发,另外25%的热量则经由皮肤或肺呼吸排出体外,通过测定动物这2部分散热之和即可求出总产热量。直接测热法原理很简单,但测热室(柜)的制作技术却很复杂,造价也很昂贵。目前采用直接测热法测定机体产热的并不多。

2.原理

将动物置于测热室中,直接测定机体产热。将食入饲料、粪、尿、脱落皮屑和甲烷(反刍动物)收集,取样测其燃烧值。其他步骤同消化实验和氮平衡实验。根据一段时间(一般测定24 h)能量的收支情况,即可计算饲料的净能值。直接测热法采用的仪器设备主要是测热室(柜)或动物测热计。测热室壁由绝热材料制成,使呼吸室散失的热量与各层墙壁内外侧表面的热梯度成正比。据此可以根据呼吸室上方配置的热吸收管中水的温度升高情况测定出机体的可感觉散热量。同时呼吸室内的空气按一定的速度流动,通过专门设置的硫酸瓶将空气中的水分吸收,用一定时间内的水分总量乘以水在20 ℃标准状态下的潜热系数即可求出试验动物的不可感觉散热量。两者相加即为动物的总散热量,即总产热量。

3.材料与设备

试验动物、基础日粮、待测饲料、代谢笼、粪铲、搪瓷盘、带盖塑料桶、集尿装置、收尿瓶、带盖量筒(要求:每个动物1个)、样品粉碎机、电热恒温干燥箱、定氮仪、磅秤、台秤、药物天平、冰箱、塑料袋、样品瓶、手套、口罩、不锈钢小刀、硫酸或酒石酸(固氮)、氯仿或二甲苯(粪样防腐)、直接测热室(见图 6-1)。

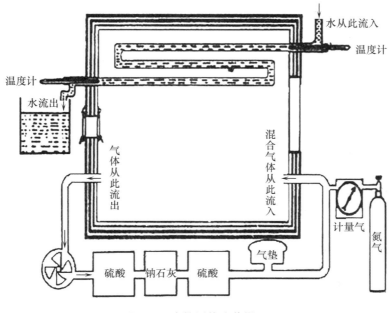

图 6-1　直接测热法装置

4.测定步骤

①饲粮的准备与配合。

待测饲料其养分含量应满足供试动物的基本营养需要,养分含量过高或过低均不能得到正确可靠的测定结果。待测饲料配方确定后应根据试验动物头数、耗料量等一次性备齐整个试验所需的各种饲料。精料应事先一次性配制好。按每次每头喂量称好存起。当饲粮中含有青、粗料时,试验时在每次饲喂前取规定量与每次的精料充分混合后一起饲喂,切忌与精料分开饲喂。如待测饲料为单一饲料原料,可设计基础日粮,用待测饲料替代基础日粮的 20％左右组成混合日粮。

②动物的选择、分组与饲养管理。

选择健康、发育良好的试验动物,分成 2 组,每组至少 3 头。一组饲喂基础日粮,另一组饲喂混合日粮。试前每头试验动物进行驱虫处理。试验期包括预饲期(10 d)和正试期(10 d,根据需要而定)。在预饲期,试验动物轮流适应呼吸测热室。每天 8:00 饲喂 1 次,自由饮水。饲喂量按照自由采食量的 95％进行调整。

③采食量测定及饲料样品采集。

试验期间,每天精确记录饲喂量和剩料量,饲料样本采集 200 g,剩料混合均匀后按比例采集样品(至少 150 g)。测定初水分后保存备测。

④粪排泄量测定及粪样采集。

全收粪法收集粪,定时将粪取出置于带盖塑料桶,于每日早上饲喂前进行称量并采集粪样。粪称量后,混匀,取 2％～10％(根据动物排粪量取舍)作为样品。试验动物正试期间收集的粪样各自混合后,于－20 ℃冷冻保存。

⑤尿排泄量测定及尿样采集。

全收尿法收集尿，定时将尿取出置于盛有 100 mL 10%稀硫酸的尿桶，于每日早上饲喂前用 1 L 量筒精确测定体积，取 2%～10%（根据动物排尿量取舍）作为样品。试验动物正试期的尿样各自混合，−20 ℃冷冻保存。

⑥甲烷排放量测定及甲烷样品采集。

在动物适应呼吸测热室 24 h 后，在呼吸测热室气体进口和出口，记录流量计流量，以计算气体流量。每日定时（均分 8～12 个时间点，从采食前开始）采集气体样品，分析气体成分。

⑦总散热量测定。

在动物适应呼吸测热室 24 h 后，测定循环水量、水的平均上升温度和水分蒸发量等，以计算总散热量。

⑧样本分析测定。

饲料和粪样干物质含量参考张丽英主编《饲料分析及饲料质量检测技术》（2003）进行测定。饲料、粪样和尿样总能含量用全自动氧弹式量热仪测定。气体样品甲烷含量采用气相色谱仪进行测定。

⑨绝食状态产热量测定。

使动物处于绝食代谢状态，然后在呼吸测热室测定其总产热量。绝食代谢条件如下。

第一，动物处于适温环境条件，健康正常，营养状况良好。

第二，动物处于饥饿和空腹状态。对此条件在实际测定中常根据不同情况选用以下指标作为判据：a.以稳定的最低甲烷产量作空腹状态的判据，这对反刍动物特别适用。其理论依据是瘤胃发酵产生甲烷的量与瘤胃中存在的饲料量密切相关。动物采食后甲烷产量明显增加，随发酵底物减少，甲烷产量相应下降，到一定时间后，甲烷产量保持在一个稳定的最低水平上，直到动物再采食后又上升。这一最低水平的甲烷值代表了胃肠中营养物质存在的最低限度，用其反映空腹状态比较合理。并且，甲烷产量可测。b.选用脂肪代谢的呼吸熵（RQ 值）作为空腹状态的判据。基于动物体内营养素代谢的 RQ 值不同，而绝食条件下又以体脂肪氧化供能为主的特点，因此根据 RQ 值可判断体内代谢是否处于绝食代谢状态。肉食动物和杂食动物更适合用 RQ 值作判据。特别是杂食动物，采食后一定时间内，由于大量碳水化合物进入体内，RQ 值接近于 1。营养素达平衡后，RQ 值很快接近 0.707，这一 RQ 值反应体内开始动用脂肪供能，说明动物已处于绝食空腹状态。c.消化道处于吸收后状态的标准化。根据不同种类动物的消化特点，规定采食后达到空腹状态的时间，凡测定绝食代谢均按规定执行，使不同测定有共同的可比基础。非反刍动物采食后达到空腹状态的时间较易确定，猪需要 72～96 h，禽需要 48 h，大鼠 19 h，人 12～14 h，兔 60 h。反刍动物较难确定空腹状态的适宜时间，一般至少都要 120 h 以上。

第三，动物处于安静和放松状态。处于饥饿状态的动物总是千方百计寻食，无安静可言。动物体的放松状态也不以人的意志为转移，需要躺卧才能使身体处于放松状态的动物比站立处于放松状态的动物（如马）更难达到放松要求。马要在一定时间内处于放松，站立也不容易。实际测定条件下允许动物站立并有一定活动，情绪安定程度随其自然。有人认为这样规定的测定误差较大，建议测定时间选在晚上不采食而又安静躺卧的时间进行，可以排除站立、活动、情绪影响。在这种条件下测定的代谢率（又叫休眠代谢率）与真正最低代谢相比，仍包括一定量的饲料热增耗。

5.结果计算

饲料总能(GE)＝食入饲料总量×饲料总能含量

粪能(FE)＝排泄粪总量×粪总能含量

尿能(FE)＝排泄尿总量×尿总能含量

甲烷能(Eg)＝(气体排出量×甲烷含量－气体进入量×烷含量)×甲烷的能值

总散热量(J)＝循环水量(L)×水的平均上升温度(℃)×水的比热值＋水分蒸发量(g)×水分潜热系数(J,20 ℃条件下)

维持净能＝绝食状态下的总散热量

生产净能(NE)＝GE－FE－UE－Eg－总散热量

$$待测饲料净能值(MJ/kg)＝\frac{混合日粮净能值－基础日粮净能值×(1－替代比例)}{替代比例}$$

第二节　呼吸代谢试验法

1.概述

直接测定动物的产热量非常困难,而测定动物呼吸过程中的耗氧气量或二氧化碳产量相对来说非常容易,而动物的耗氧气量或呼出的二氧化碳产量和甲烷产量(反刍动物)与产热量密切相关,因此可以测定动物的耗氧气量或呼出的二氧化碳及甲烷产量,这是对动物进行间接测热的基础。间接测热法是利用呼吸代谢试验或能量平衡试验得到的数据间接估算饲料能量转化效率。

2.原理

呼吸代谢试验利用消耗的 O_2 ,产生的 CO_2 和 CH_4 (反刍动物)及尿氮排泄量推算动物总产热。O_2 、CO_2 和 CH_4 可通过呼吸测热室(柜)测定。

呼吸测热室(柜)包括闭路循环测热室、开路循环测热室、开闭式呼吸测热室以及呼吸面具和标记物技术等。

闭路循环测热室:是将待测动物关闭在测热室内,使室内空气循环。将空气泵入氢氧化钾溶液吸收动物呼吸产生的二氧化碳,同时向室内输入氧气,维持室内气压。通过测定一定时间内动物的二氧化碳及甲烷产量和耗氧气量估测动物的产热量。但是由于吸收二氧化碳需要大量氢氧化钾溶液,因此对于反刍动物难以应用。

开路循环测热室:是保持室内空气流入和流出,通过测定空气流量和分析进入和离开呼吸室的气体组成,即可计算出动物在一定时间内耗氧气量和二氧化碳产量,然后估测动物的产热量。由于空气持续地流入和流出,气体成分变化较小,因此这种呼吸测热室需要安装敏感的氧气分析仪、二氧化碳分析仪、甲烷分析仪和氢气分析仪。

开闭式呼吸测热室:是先测定空气的组成,然后将动物放入测热室,将呼吸室关闭。动物呼吸一段时间后,分析前后呼吸室内空气组成的变化。将呼吸室打开换气,根据前后空气成分变化和呼吸室体积计算动物的耗氧气量和二氧化碳产量。这种呼吸室成本低,便于操作。

呼吸测热室能够控制室内温度,测定结果准确,但是不能携带,建设成本相对较高。另外,有时需要到生产单位测定动物的产热量。在这种情况下,可以使用呼吸面具测定动物的耗氧气量和二氧化碳产量。呼吸面具的原理是:面具上安装有 2 条管子,管子上有方向相反的阀门,动物呼气和吸气时其中一个阀门打开,另一个阀门关闭。2 条管子的另一端连接在一个密闭的贮气袋上,袋子中存放一定体积的空气,袋子体积大小和空气的体积根据动物的大小确定。袋子上还安装另一条管子,用于采集气体样品。在测定之前,首先采集袋子中的气体样品,然后连接呼吸面具,当动物开始呼吸时记录时间。经过一段时间的呼吸测定后,采集袋子中的气体样品。摘掉呼吸面具,停止测定。使用呼吸面具测定动物的耗氧气量和二氧化碳产量时需要注意,测定时间不能过长,以免袋子中的氧气太少,造成动物呼吸困难或窒息。

呼吸代谢试验所需材料与设备以及操作步骤和直接测热法相同。结果计算中总产热量计算公式为:

总产热量$(HP, kJ) = 16.18V_{O_2}(L) + 5.16V_{CO_2}(L) - 5.90N(g) - 2.42V_{CH_4}(L)$

式中:家禽的氮系数为 1.2,因为家禽排泄的是比尿素氧化更完全的尿酸。

第三节　比较屠宰试验法

1.概述

比较屠宰试验可直接测定动物体内沉积的能量,而不需要考虑动物的产热量。该方法的要点是:选择年龄、体重、品种、性别及膘情相同的动物,随机分组。试验开始前屠宰其中一组,分析动物体内的营养物质含量,作为动物身体的初始营养成分。根据试验要求,采用基础日粮或基础日粮与待测饲料按比例混合后的混合日粮将另两组动物饲喂一段时间,然后进行屠宰,分析动物体的营养成分含量。前后 2 组动物体内的营养物质之差即作为在饲养试验阶段营养物质在动物体内的沉积量。比较屠宰试验的优点是实际测定了营养物质在动物体内的沉积量。其缺点是,尽管 2 组动物的条件相同,但毕竟存在一定差异,因此将一组动物的身体成分作为另一组的身体初始成分存在误差。另外屠宰试验的工作量大,试验和测定成本高。

2.原理

选择条件相同的动物,随机分为 2 组。试验开始前屠宰其中一组,分析动物体内的营养物质含量,作为动物身体的初始营养成分。采用待测饲料将另一组动物饲喂一段时间,然后进行屠宰,分析该组动物体的营养成分含量。前后 2 组动物体内的营养物质之差即作为在饲养试验阶段营养物质在动物体内的沉积量。

3.材料与设备

试验动物、基础日粮、待测饲料、电子秤、天平(感量 0.01 g)、绞肉机、氧弹式测热计、电热恒温干燥箱。

4.操作步骤

①基础日粮及待测饲料的准备。

利用套算法测定饲料净能时,待测饲料的替代比例和基础日粮蛋白质含量会影响净能测定结果。根据试验动物设计营养平衡的基础日粮,待测饲料为能量饲料时可以替代基础日粮的 20%～30%,待测饲料为蛋白质饲料可以替代基础日粮的 15%～20%,待测饲料为粗饲料可以替代基础日粮的 20%～25%。同时采集基础日粮与待测饲料样本以备测定能值。

②试验动物选择与分组。

选择健康、发育良好的试验动物,分成 3 组。1 组直接屠宰采样测定,2 组和 3 组分别饲喂基础日粮和含待测饲料的混合日粮一段时间后屠宰采样。

③动物饲养管理。

试验动物试验前早上空腹称重,采用单栏饲养,自由采食,每日准确记录采食量,自由饮水。除采食和休息时间外,可做随意活动。

④屠宰采样。

屠宰前 1 d 停止喂食,宰前活体称重。试验动物称重后,用尼龙绳勒住咽喉,使其窒息死亡。将尸体放在阴凉处冷却,待血液充分凝固后,用解剖刀剥皮,打开胸腹腔,取出内脏,排除膀胱和消化道内容物,然后称空体重。分别将肌肉、骨骼、内脏、皮毛剁碎,然后分别称重,均按重量的 10% 取样,将其样品混匀后,在台式绞肉机中绞成肉泥,再充分混匀后,取样 1 000 g,在70 ℃的电热恒温干燥箱中烘干,以备测定其能量含量。

⑤样本能值测定。

采用实验室氧弹式测热计测定能值的方法测定待测饲料和动物屠宰物的能值。

5.结果计算

维持能量＝待测饲料供给能量－(2 组动物能量－1 组动物能量)

$$基础日粮净能值(MJ/kg)=\frac{2\ 组动物能量-1\ 组动物能量}{基础日粮量}$$

$$混合日粮净能值(MJ/kg)=\frac{3\ 组动物能量-1\ 组动物能量}{混合日粮量}$$

$$待测饲料净能值(MJ/kg)=\frac{混合日粮净能值-基础日粮净能值\times(1-替代比例)}{替代比例}$$

★ 本章主要参考文献

陈喜斌,金公亮,1998.生长期莎能奶山羊能量代谢研究Ⅳ.奶应用比较屠宰试验与饲养试验结合法研究生长期莎能奶山羊的能量代谢[J].动物营养学报,10(1):54-59.

李绥章,黄明华,宋正义,等,1989.不同季节产蛋鸡营养需要研究——Ⅱ、利用比较屠宰试验测定代谢能的需要[J].西南农业学报,(1):65-70.

Brouwer E,1965.Report of sub-committee on constants and factors. In:Blaxter,K.L.(Ed.), Energy Metabolism.Academic Press,London,UK.

Liu Q,Dong C S,Li H Q,et al.,2009.Effects of feeding sorghum－sudan,alfalfa hay and fresh alfalfa with concentrate on first stomach characteristics, digestibility, nitrogen balance and energy metabolism in alpacas (lama pacos) at low altitude[J].Livestock Science,126(1-3):21-27.

(编写:王聪;审阅:宋献艺、刘强)

第七章　饲养试验与营养价值评定

　　饲养试验是通过饲喂动物已知营养物质含量的饲粮或饲料,测定动物的生长性能、生产性能、饲料转化率、组织和血液生化指标等项目,其结果不仅可以评定饲料营养价值,也可以确定动物的营养需要和比较饲养方式的优劣。一般饲养试验都是在生产条件下,使用一定量的动物,经过多次反复、精心饲喂进行的,得出的数据可靠,试验结果便于推广应用。但是,多数饲养试验是通过对照组和处理组比较动物生产性能等指标以判定其结果,即使同一品种、条件一致的动物,也会产生差异,而且饲养试验周期长、成本高,影响试验结果的因素很多,试验条件难以控制得很理想。因此,在利用饲养试验评定饲料营养价值时,在进行试验之前,要充分考虑生物统计对试验设计的要求,对试验中出现的差异,要经过统计分析判断其差异来源。为此,应根据试验目的、试验动物的情况以及环境条件等,进行适宜可行的饲养试验设计,以避免系统误差,控制、降低试验误差,无偏估计处理效应,从而对样本所在总体做出可靠、正确的判断。

第一节　试验设计

　　1.基本概念

　　试验设计,广义上是指试验研究课题设计或整个试验计划的拟定。主要包括课题的名称、试验目的、研究依据、内容及预期达到的效果、试验方案、试验动物的选取、重复数的确定、试验动物的分组、试验的记录项目和要求、试验结果的分析方法、经济效益或社会效益的估计、已具备的条件、需要购置的仪器设备、参加研究人员的分工、试验时间、试验地点、进度安排、经费预算、成果鉴定、学术论文撰写等内容。

　　而狭义的试验设计是指试验动物的选取、重复数目的确定及试验动物的分组。饲养试验设计主要是指狭义的试验设计。

　　2.设计要素

　　试验设计主要包括试验对照、试验处理、处理水平、试验单元及自然变异等基本要素。通过设计可以分清各试验处理对测定指标影响的优先顺序,找出主要因素,抓住主要矛盾,观察主要指标的变化规律,以及试验处理之间的相互影响情况(交互作用)。试验单元和试验处理的结构是试验设计的 2 个非常关键的要素。一般试验单元要求遵循重复、区组和随机化的原则,而试验处理的结构要求则可因试验目的而定。

　　(1)试验对照

　　饲养试验的目的是通过比较来鉴别处理效应,为了体现试验处理的效应,必须设置对照。

如在研究日粮中添加叶酸对肉牛生长发育性能的影响时,通常把不添加叶酸的组作为对照组。试验中的对照是相对的,形式可以多元化。例如在比较公犊牛和母犊牛断奶前后生长发育性能时,不需要另外设置对照组,而公犊牛和母犊牛自身可以作为对照。

（2）试验处理

试验设计中,对试验指标可能产生影响的因素或要素,称为因素或因子。因素可以是定量的,也可以是定性的,但因素必须是可以在试验中调节和控制的,否则无法观察因素对指标的作用。影响试验指标的因素称为试验处理,如动物的品种、性别、饲料类型、饲养管理方法等均可作为试验处理。单因素试验时,试验因素的一个水平就是一个处理。多因素试验中,由于因素和水平较多,可以形成若干个水平组合,每个水平组合就是一个处理。

（3）处理水平

试验处理所处的各种状态或数量等级称为处理水平。如动物的性别有雌雄 2 个水平,奶牛日粮中叶酸的添加量有 0 mg/d、18 mg/d、36 mg/d 和 54 mg/d 4 个水平等。一般根据各因素的特点合理设置水平间的差异,各因素水平的排列可采用等差法、等比法或随机法。

（4）试验单元

在试验中接受不同处理的试验载体称为试验单元。试验单元往往也是观察数据的单位,必须在试验设计前选定。动物（试验单元）之间存在的差异主要是遗传差异等内在的差异,在统计分析时通常由残差表示,在实际应用中常用标准差反映。一般情况下,试验设计中必须确保获得所期望的自然变异的真实水平,可以对自然变异做出良好估测,对试验单元的选择及其在试验处理间的分配实现随机化,同时要选择合理的对照。

（5）试验指标

对每个试验单元要度量的试验结果的标志称为试验指标,如干物质采食量、日增重、饲料转化效率、瘦肉率等,同一试验中可以有多个试验指标。

（6）试验误差

除试验因素以外对试验指标产生影响的非试验因素称为误差。试验中出现的误差可分为随机误差和系统误差。随机误差也称抽样误差,主要为许多无法控制的内在和外在的偶然因素,影响试验的精确性。系统误差也叫片面误差,主要由试验动物的初始条件（如动物的年龄、品种）、饲养条件、饲料种类、测量仪器、试剂以及观测、记录和计算系统所引起。系统误差影响试验的准确性。一般情况下,如果试验工作精细,系统误差可以控制。动物个体间的自然变异是固有的,因此很难消除,但是如果可以估计动物个体间的这些固有的自然变异,则可以有效地控制和缩小因动物个体对试验观察指标的影响。通常以设计重复数的方式来控制动物个体间的差异,试验设计中所有的试验处理必须设置重复试验单元（动物个体）。一般情况下,不同试验处理中设置相同的重复数。总之,为了提高试验的准确性与精确性,必须避免系统误差,降低随机误差。

3.基本要求

（1）代表性

试验的代表性是指试验材料（包括动物）的选择能代表总体（群体）水平,试验条件应能反映将来推广试验结果所在地的自然条件、饲料状况和管理水平等,以便在具体条件下应用。既要代表目前的条件,同时还要看到某些技术将来采用的可能性。

(2)正确性

正确性包括准确性和精确性2个方面。准确性是指试验结果是否接近于真值。由于真值是未知的,只能用样本的统计数来判断。精确性是指试验误差的大小,可用多次测定值的变异程度衡量。试验误差首先是试验材料本身固有的差异,其次是由于在试验环境条件和操作过程中造成的误差。可以通过增加重复、随机化、配对比较和区组设计等提高试验的精确性。

(3)重演性

在相同条件下进行相同的试验能否获得类似的结果,对于推广试验结果至关重要。为保证重演性,试验过程中要严格检查各种设施、条件,遵守操作规程,详细观察,准确记录,仔细核对,认真分析,对相关数据进行必要的重复验证,以避免人为因素引起的误差。

(4)一致性

动物的遗传背景、年龄、性别、胎次、体重、生理状态和健康状况等要尽量相同或相近。

(5)预试期

分期试验应合理设置间隔时期,以排除饲料后延效应的影响。

4.设计原则

试验设计要遵循重复、随机化和局部控制三原则,结合相应的统计分析方法,可以最大限度地降低无偏估计试验误差,实现无偏估计试验效应,从而通过对各处理进行比较得出可靠的结论。

(1)重复

在试验中,将一个处理实施在2个或2个以上的试验单元上,称为重复;一个处理实施的试验单元数称为处理的重复数。设置重复的主要作用在于估计和降低试验误差。在动物试验中,一头动物可以构成一个试验单元,有时一组动物也可以构成一个试验单元。平均数抽样误差的大小与重复次数的平方根成反比,因此,重复次数可以降低试验误差。但在实际应用时,重复数太多,试验材料、仪器设备、操作等试验条件不易控制一致,反而会增大试验误差。

(2)随机化

随机化是指在对试验动物进行分组时必须使用随机的方法,使供试动物进入各试验组的机会均等,以避免试验动物分组时试验人员主观性的影响,消除某些组合处理或重复可能占有的"优势"或"劣势",保证试验条件在空间和时间上的均匀性。随机化是试验中获得无偏误差估计量和排除非试验因素干扰的重要手段。

(3)局部控制

局部控制是指试验时采取一定的技术措施或方法来控制或降低非试验因素对试验结果的影响。在试验中,当试验环境或试验单元差异较大时,仅根据重复和随机化两原则进行设计不能将试验环境或试验单元差异所引起的变异从试验误差中分离出来,因而试验误差较大,试验的精确性与检验的灵敏度较低。在此情况下,通常采用局部控制,可将整个试验环境或试验单元分成若干个小环境或小组,使非试验因素尽量一致。每个比较一致的小环境或小组,称为单位组(或区组)。区组之间的差异可在方差分析时从试验误差中分离出来。所以,局部控制能较好地降低试验误差。

5.设计方法

当试验处理确定后,应考虑试验处理分配的试验单元。一般先从群体中抽样,然后分配到相应的试验处理中。通常假定选取的试验动物能够代表群体的特征,然后根据以下的基本试验设计分配试验动物。

(1)完全随机化设计

根据试验处理数将全部供试动物完全随机地分成若干组,然后再按组实施不同的处理设计。这种处理方式保证了每头试验动物都有机会接受任何一种处理,而不受试验人员主观性的影响。该设计中应用了重复和随机两个原则,能使试验结果受非试验处理因素的影响基本一致,能真实反映试验处理效应。随机分组可以通过抽签或利用随机数字表来进行。

(2)配对分组试验

选择各方面条件相同的试验动物,双双搭配成对,将每对随机分配到处理组和对照组。理想的配对动物是年龄相近、体重相似的同胞或半同胞兄弟或姐妹。总之,同一对动物之间的差异要尽量小,不同对动物之间允许有些差异。

(3)随机区组试验设计

根据局部控制的原则,将各方面情况和来源基本相同(如同窝、同性别、体重基本相同)的动物划归为一个单位组,每一个单位组内的动物数等于处理数,并将各单位组的试验动物随机分配到各处理组。该试验设计要求同一区组内的试验动物应尽量一致,不同区组间的试验动物允许存在差异,但每一区组内动物的随机分组必须是独立的,每种处理在一个区组内只能出现一次。在饲养试验中,通常把试验场、同一场内的不同畜舍、试验日期、家畜的窝别和胎次等作为区组。

在采用随机区组设计时,应注意:①在系统误差比较大的情况下,设置区组是有利的;但分离区组减少了误差自由度,降低了检验的准确性。一般在误差和区组间期望均方相差不大的情况下不设置区组。②试验因子与区组有交互作用时,应采用重复的随机区组设计。

(4)拉丁方试验设计

从横行和纵列2个方向进行双重局部控制,使2个方向都成为区组,见表7-1。每个横行和每个纵列各只有1个处理,而且横行和纵列数目相等。常用的有3×3、4×4和5×5拉丁方设计。在饲养试验中,要控制来自2个方面的试验系统误差,且实验动物的数量受到限制、动物的生理阶段对生产性能等试验结果有明显影响时,采用拉丁方试验设计较为有利。试验过程中,为消除前一试验阶段的处理残效,每个阶段前必须有合理的预饲期。试验设计不受试验期长短的限制,可用较少的动物得到同样正确的结论,在统计中消除了个体及时期的差异。常用于泌乳牛或产蛋鸡的短期饲养试验。

表7-1　4×4拉丁方试验设计方案

试验期	牛号			
	1	2	3	4
P1	A	B	C	D
P2	B	C	D	A
P3	C	D	A	B
P4	D	A	B	C

拉丁方试验设计也可以重复,如用4×4重复拉丁方试验设计测定饲料的消化率,基础日

粮由玉米、豆粕、麸皮、大麦以及预混料等组成。测定玉米、大麦、麸皮的消化率,用 A 至 H 8 头猪,进行 4 期的饲养实验,每期 20 d。具体见表 7-2。

表 7-2　4×4 重复拉丁方试验设计方案

饲料	时期							
	1	2	3	4	1	2	3	4
基础日粮	A	B	C	D	E	F	G	H
80%基础+20%大麦	B	C	D	A	F	G	H	E
80%基础+20%玉米	C	D	A	B	G	H	E	F
80%基础+20%麸皮	D	A	B	C	H	E	F	G

（5）交叉试验设计

处理因素在不同个体或期别间进行对调,即在同一个试验中将试验分期进行,交叉反复 2 次以上,也称为反转试验设计。当选择遗传及生理等方面相同或相似的试验动物较困难时,为提高试验精度可采用交叉设计,常用的有 2×2 和 2×3 交叉设计。本方法优点是可消除个体和期别间的差异,能用较少的试验动物获得较高的精度。但是,必须忽略因子间的交互作用,且无处理残效,各组试验动物数量应相等。

（6）正交试验设计

正交试验设计是利用正交表安排和分析多因素试验。在畜禽的饲养试验中,当需要考查多个因子,每个因子又考查几个水平时,如果按复因子设计试验,处理组较多,并且某些因子的某些水平又没有多大必要,可考虑使用正交试验设计。正交试验设计的特点是在试验的全部水平组合中有规律地选取具有代表性的部分组合进行试验,即用部分试验来代替全面试验,通过对部分试验结果的分析,了解全面试验的情况,是安排多因素试验、寻求最优水平组合的一种高效率试验设计方法,既考虑了多因子多水平,又不扩大试验规模。由于多因子的交互作用随着因素的增加而逐渐变小,所以正交试验一般不考虑交互作用。

以研究犊牛对净能、蛋白质和蛋氨酸的营养需要为例,试验设计中净能（A）、蛋白质（B）和蛋氨酸（C）为三因素,每个因素设计 3 个水平（a、b 和 c）。正交试验设计的步骤如下。

①确定因素和水平。

试验因素和水平见表 7-3。

表 7-3　试验因素和水平

水平	因素		
	净能	蛋白质	蛋氨酸
a	Aa	Ba	Ca
b	Ab	Bb	Cb
c	Ac	Bc	Cc

②选用合适的正交表。

根据确定的因素和水平以及交互作用,选用合适的正交表。如果不考虑交互作用,可选用 $L_9(3_4)$ 正交表,即该研究需要设计 9 个试验组。

③表头设计。

选好正交表后,将确定的因素及相互作用分别排入正交表的表头适当的列上。如果不考虑交互作用,可将净能、蛋白质和蛋氨酸依次安排在 $L_9(3_4)$ 正交表的 1~3 列上,第 4 列为空列,见表 7-4。

表 7-4 正交试验表头设计

列号	1	2	3	4
因素	A	B	C	

④列出试验方案。

将选择的正交表中各因素的每列中的每个数字依次换成该因素的实际水平,即可得到正交设计试验方案,见表 7-5,试验共有 9 个处理组。

表 7-5 正交设计试验方案

组号	因素		
	净能 A	蛋白质 B	蛋氨酸 C
1	Aa	Ba	Ca
2	Aa	Bb	Cb
3	Aa	Bc	Cc
4	Ab	Ba	Cb
5	Ab	Bb	Cc
6	Ab	Bc	Ca
7	Ac	Ba	Cc
8	Ac	Bb	Ca
9	Ac	Bc	Cb

第二节 操作步骤

利用饲养试验评价饲料营养价值,实际是对饲料效果的检验过程。饲养试验能否成功与试验目标的确定、方法的选择、方案的制订、动物的准备、饲粮的配合和测定项目的确定以及具体操作过程关系非常密切。

1.确定题目并明确试验目标

根据所要评定的饲料或饲粮,紧密结合生产中迫切要求解决的问题,以及本学科的研究动态和本单位的实际科学研究条件,确定饲养试验题目,并提出具体研究的内容和目标。

2.选择试验及结果统计分析方法

为了提高饲养试验结果的准确性,应尽量缩短试验所需时间,增强各组结果之间的可比性,根据预期结果选择适宜的统计分析方法。为减少试验费用,应根据饲养试验的目的和要求、试验动物的种类和数量,以及试验场地的现有条件等因素选择合适的试验方法。

3.全面规划并制定实施方案

饲养试验的题目、目标及方法确定后,应对饲养试验进行全面规划,同时制订详细的实施方案。好的实施方案可以用较少的人力、物力、财力和时间获得丰富可靠的资料。实施方案内容包括研究题目、试验目的依据及研究内容、研究方案、供试动物的选择与分组、试验结果的测定项目及统计分析方法、试验经费的预算及补充资料等。

(1)研究题目

研究题目应简明扼要,新颖实用。

(2)试验目的、研究依据及研究内容

对前人研究所获成果与存在问题等做出简要综述和讨论,阐明本次实验的研究内容及希望达到的目标。

(3)研究方案

主要包括试验方法及处理方案的制订、试验日粮组成、营养水平与配合、试验期确定、饲养管理方法与饲养量的确定。对试验期间所需要的各种饲料的品种和数量做出计划,切忌中途更换饲料品种和来源。一般采取群饲法,对精密的营养素试验,需要采用个体单喂。

(4)供试动物的选择与分组

在考虑动物健康和发育良好的基础上,根据对试验结果影响的重要性,按品种、血缘、性别、年龄、体重的顺序对试验动物提出具体要求,同时提出试验动物的编号和分组方法,分组时按完全随机方法进行,避免人为因素。

(5)试验结果的测定项目及统计分析方法

试验结果的测定项目包括试验测定项目的确定、获得、记载和记录方法,统计表格的设计和填写要求。试验结果统计分析方法必须与饲养试验方法相配合。

(6)试验经费的预算

主要包括购置试验材料费用、试验场地及用工补贴、试样分析测试、资料的分析处理费、文字打印费、论著发表费等。

(7)补充资料

为了使饲养试验顺利进行,应说明试验时间、地点、参加单位及分工,便于在试验过程中进行检查和督促。

4.试验动物的选择与试验前准备

(1)试验动物选择条件

选择健康、无病,发育良好、食欲正常,品种、血缘、性别、年龄、体重以及生产性能等尽量一致的试验动物。

(2)试验动物数量

试验动物数量应符合生物统计的要求。对于鸡的饲养试验,每个处理至少应有 4 个重复,每个重复至少应有 30 只;在鸡的平衡试验中,每个重复在雏鸡阶段至少 8 只,其他阶段至少 4

只;在比较屠宰试验和血液指标测定试验中,每个重复至少应有 4 只。猪的饲养试验,要特别考虑杂种代数、胎次等因素,每处理组生长育肥猪不少于 8 头,母猪不少于 6 头,公猪不少于 4 头。

在实际操作中,可以根据试验的标准差和最低显著差异的预期值(δ^2)计算得到显著的差别来求得最少动物数。

非配对分组试验:

$$N \approx \frac{8S^2}{\delta^2} = \frac{2(t_{0.05}S)^2}{\delta^2}$$

配对分组试验:

$$N \approx \frac{4S^2}{\delta^2} = \frac{(t_{0.05}S)^2}{\delta^2}$$

式中:N 为每组供试动物头数;S^2 为试验的标准差(用以往的经验估计,肉牛增重的标准差为 20 kg,奶牛产奶量的标准差为 6 kg);δ^2 为最低显著差异的预期值(肉牛最低增重差异预期值为 15 kg,奶牛产奶量最低显著差异预期值为 1 kg)。

以肉牛为例:

非配对试验,则有 $N = \frac{8 \times 20^2}{15^2} = 14$。

以 $N = 14$,用 $\frac{2(t_{0.05}S)^2}{\delta^2}$ 进行验算,

当 $N = 14$,自由度(df)$= 2 \times (14 - 1) = 26$,$t_{0.05(26)} = 2.1$

代入公式 $\frac{2(t_{0.05}S)^2}{\delta^2}$ 计算得 $N = 16$。

再以 $N = 16$ 进行验算:

当 $N = 16$,自由度(df)$= 2 \times (16 - 1) = 30$,$t_{0.05(30)} = 2$

代入公式 $\frac{2(t_{0.05}S)^2}{\delta^2}$ 计算得 $N = 14$。

N 基本稳定在 14,于是每组的供试动物至少要 14 头。

由此可推测,最低显著差异的预期值越小,需要试验动物头数越多。

实践中初选动物时最好比需要数量多 1 倍进行选留动物,以便在正式试验之前淘汰其中不合格个体,从而最大限度减少动物个体本身生理或遗传上的差异,使最后选择的动物数量和质量都能达到理想要求。

(3)试验动物准备

试验前,需要对参与育肥试验的动物进行去势处理。不论试验动物有无内寄生虫,试验前必须驱虫。试验前对动物进行免疫注射,对圈舍和器具进行喷雾或熏蒸消毒。试验前还应给以初选动物饲粮,观察动物食欲与生产表现,选留之后进行编号和分组。

5.试验日粮的配合与准备

根据饲粮各种成分的实际测定值和供试动物的基本营养需要设计配方。根据配方、动物头数、试验天数和动物日采食量估算原料需要量。一次性备齐、备足所有原料,试验前配制、分装、编号。各组料固定存放,以免喂错。如果进行青、粗饲料营养价值评定,注意精、粗饲料比

例,青、粗饲料过高,有效养分容易不足;精饲料过高,看不到青、粗饲料的实际效果。一般要求试验日粮中由精饲料提供的有效养分数量以不低于动物营养需要量的 50% 为宜。

6.试验期的划分

(1)预饲期

正式进行试验处理前的 10~15 d 为预饲期,此阶段主要为试验动物适应、恢复和观察阶段,并对饲料进行过渡,观察动物的食欲和生产表现,结束时对个别动物进行调整和淘汰。

(2)试验期

研究饲料对增重、产奶、产蛋等生产性能的影响,最低不得少于 60 d;研究饲料对繁殖性能的影响,不得少于 1 个繁殖周期。试验期间,记录和收集全部资料,如采食量、生产性能、繁殖性能、样品采集与制备。

7.试验测定项目与方法

饲养试验的目标不同,测定项目有很大差别。如要评定饲料对生长发育的影响时,记录并测量动物的体重与体尺。如评定饲料对繁殖性能的影响时,记录动物发情日期、初情月龄与体重、情期受胎率、产仔数、初生重、泌乳力和精液质量等。如评定饲料对蛋禽生产性能的影响,要记录开产日龄与体重、日产蛋量等。此外,要记录饲料消耗、健康状况、治疗情况、天气变化及出现的各种情况等。近代饲养试验往往还涉及生理生化指标。动物的体重和饲料消耗是每个饲养试验必须测定的。

(1)体重

①称重时间。包括定时和定期称重,定时一般要求在早晨饲喂前空腹称重,称重日前 1 d 晚上各组给料给水量应一致,并在动物采食和饮水后撤掉料槽和水盆。定期称重根据动物种类和试验目的具体情况而定,为了计算方便,以 10 d 或其倍数为周期称重比较好。

②称重方式。试验开始与结束时的个体称重(大动物)和组重(小动物),并以连续 3 d 空腹体重的平均值表示。

③称重次序。每次称重次序保持不变,动作快且安静。

④称重要求。要求每次称量结果相差小于 3%,否则要重称 1 次。

(2)饲料消耗

试验期间各组动物的饲料采食量和剩草料量记录力求准确。统计饲料消耗的周期应与测定体重或生产力的周期相同。另外,应记录意外情况,如动物发病或死亡的具体时间和原因等。

第三节　结果分析

根据饲养试验目的分析测定所采集的样本,计算相关指标。选择恰当的统计分析方法,对结果进行分析,并进行讨论,从而做出技术判断。

1.结果计算

(1)评定不同饲料对动物增重效果

主要包括动物的干物质日采食量、日增重和饲料报酬(或饲料转化效率),以及血液生化指标等。

（2）评定不同饲料对动物泌乳效果

主要包括动物的干物质日采食量、日产奶量（鲜奶产量或标准奶产量）、乳成分百分率（或产量）和饲料报酬（或饲料转化效率），以及血液生化指标等。

（3）评定不同饲料对蛋禽饲喂效果

主要包括产蛋率、产蛋总量、日产蛋量、饲料转化效率、成活率和破蛋率，以及血液生化指标等。

2.结果分析

（1）结果表示

结果是饲养试验的核心部分，结论、讨论、推理均由此得到、引发和导出，是表明研究价值和阐述观点的基础和依据。要全面写出试验结果，无论试验结果与预期目的是否吻合，也不管结果是否合乎正常逻辑规律，都要全面、真实反映。结果包括数据和统计分析，注意逻辑顺序，用文字或图、表、照片等形式表示。

（2）统计分析

要对结果进行统计分析。对于有创造性的试验结果来说，通过生物统计分析进行整理分析，可以将其上升到理性高度。对一般性的试验结果进行系统的分析，也可以对其有更深的了解。注意不要和参考文献比较，不加主观分析、推理内容，要用确切的文字，不能含糊不清，避免仅用 P 值而缺乏定量信息，不宜用"……的趋势"等含糊之词来掩盖无统计意义结果。

3.讨论

（1）作用

结果部分是摆事实，讨论部分则是讲道理，是对饲养试验结果的综合分析和理论说明，是试验者感性认识到理性认识的升华，体现创造性的发现和见解，剖析出更真实的、本质性的、规律性的结论。

（2）内容

通过揭示饲养试验结果间的联系，论述其规律性，引出结论，回答提出的拟解决问题，是否证明假说——扣题，意外的特殊现象或新线索，可在讨论中做必要的说明，实事求是论述理论意义和实际应用的可能性。

（3）写法

用已有理论解释证明饲养试验结果，使表面上彼此独立的结果变成具有一定因果关系的规律性的东西。如果结果与预期不一致或相反，不能回避，而应设法做出符合逻辑的解释。与他人研究结果相比较，阐述哪些部分相同，哪些部分不同，与他人的结论不一致的地方要加以解释。如果有必要，可以对他人的研究进行批评。把下一步的研究设想作为这一部分的结束语。要写好讨论，必须阅读、掌握大量的文献资料，但讨论范围只限于与本文有关的内容，以饲养试验结果为基础，以理论为依据，进行科学的分析。

（4）注意

立论要严谨，论据要充分，推理要合乎逻辑。以模仿、借鉴为基础和前提，以创新为目的；紧扣主题，突出重点，展开讨论，避免面面俱到；不能偏离结果，要提出令人信服的观点和见解；不应拘泥于研究结果，应旁征博引，挖掘他人未及之处；避免重复结果中已有的内容。

4.结论

结论应简练,可以只写出最主要的结果,各种基本事实之间的关系,以及由此而导出的结论。结论部分常常分条列出,并可冠以序号。结论与讨论不同,讨论允许有分析、推测或预见,结论必须论据确凿,不能有推测性。结论不能展开,不能引用参考文献。

★ 本章主要参考文献

冯仰廉,2004.反刍动物营养学[M].北京:科学出版社.

胡坚,1994.动物饲养学实验指导[M].吉林:吉林科学技术出版社.

卢德勋,谢崇文,1991.现代反刍动物营养研究方法和技术[M].北京:中国农业出版社.

宋代军,2001.生物统计附实验设计[M].北京:中国农业出版社.

杨凤,2001.动物营养学[M].北京:中国农业出版社.

杨胜,1996.饲料分析及饲料质量检测技术[M].北京:中国农业大学出版社.

(编写:王聪;审阅:张延利、刘强)

第八章 同位素示踪技术与营养价值评定

同位素示踪技术(isotope tracer technique)最初于 1913 年 2 月由 Hevesy 和 Paneth 提出,经百余年的发展与改进,现已广泛应用于基础和应用科学的各个领域。我国 1983 年经国务院批准成立了中国同位素公司,目前可以生产 80 多种元素 200 余种同位素和几百种标记化合物。在动物营养中,同位素示踪技术主要用于研究饲料中营养物质生物利用率、营养物质在体内的吸收、转运、代谢规律和分布情况。

第一节 概 述

1.同位素示踪技术的定义与分类

同位素示踪技术是利用放射性同位素或经富集的稀有稳定核素作为示踪剂,研究各种物理、化学、生物、环境和材料等领域中科学问题的技术。同位素是指原子序数相同,在元素周期表上的位置相同、化学性质相似而质量不同的元素。放射性同位素是指能发出 α 射线、β 射线、γ 射线或电子俘获的同位素。没有放射性的同位素则称为稳定性同位素。根据使用的示踪剂的类型分为稳定性同位素示踪技术(stable isotope tracer technique)和放射性同位素示踪技术(radioactive tracer technique),根据标记时使用的原子数量又分为单原子标记和双原子标记。

2.原理

一种元素的稳定核素和放射性核素的原子、分子及其化合物与普通物质的相应原子、分子及其化合物具有相同的生物学和化学性质,但具有不同的核物理性质(例如放射性)。因此,利用示踪剂的同位素或相应的标记化合物在动物机体里所发生的变化及生物过程与被示踪元素相同的原理,可以通过示踪剂放射性的定量测定、也可用质谱法直接测定或者用中子活化法测定经富集的稀有稳定核素,考察标记物质的变化和分布情况。

3.同位素示踪技术的优缺点

(1)优点

①灵敏度高。放射性示踪技术可以检测剂量达 $10^{-18} \sim 10^{-14}$ g,即从 10^{19} 个普通原子中检测出 1 个放射性原子。普通仪器分析是很难达到这一水平的。在动物营养中,可以利用放射性示踪技术研究体内营养物质特别是维生素或微量元素等的吸收代谢。

②定位和定量准确,结果可靠性强。放射性示踪技术与形态学技术(例如:组织切片技术、电子显微镜技术)相结合,可以准确观察放射性示踪剂营养物质在组织器官中的定量分布。

③在机体正常的情况下进行,符合动物福利的要求。同位素示踪技术试验中,同位素使用的化学量是极其微量的,因此,其对动物机体内生理过程的影响非常小,机体可以保持正常的生理状态,不仅符合动物福利的要求,还便于获得符合生理条件的可靠试验结果。

④检测程序简单。由于不受非放射性物质的干扰,直接测定放射性元素的量即可,省去了物质分离的复杂步骤。体内示踪时可通过体外测定射线量而得到结果,不需要进行屠宰或任何损伤性取样,简化了试验过程。

(2)缺点

虽然经过多年的发展和完善,但是同位素示踪技术还是有一些缺点。一是有些元素没有合适的放射性同位素。二是有时会出现同位素效应和放射效应,例如生物学同位素效应可引起动物机体损伤,也可能对试验人员产生影响。三是试验动物排泄物及一些废弃物可能会造成环境污染。因此,必须高度重视这些物质的无害化处理。

4.同位素示踪技术在动物营养研究中的应用

在动物营养中,同位素示踪技术主要用于研究饲料中营养物质生物学效价、营养物质在体内的吸收、转运、代谢规律和分布情况。

(1)评定饲料中营养物质的生物学效价

不同来源的营养物质在机体内的生物利用率不同,其营养价值也不同。例如 Suzuki 等(2008)用 4 种不同稳定性硒同位素^{82}Se、^{78}Se、^{77}Se 和^{76}Se 分别标记了亚硒酸钠、蛋氨酸硒和硒代半胱氨酸、硒酸钠 4 种硒源,静脉注射给大鼠,1 h 后从主要器官和血液中回收同位素示踪剂量分别达亚硒酸钠、硒代半胱氨酸、蛋氨酸硒、硒酸钠注射量的 70%、55%、55% 和50%。蛋氨酸硒和硒代半胱氨酸以化合物的形式直接富集在胰腺中。亚硒酸钠用来合成硒蛋白 P 或硒多糖的生物效价最高,少量的蛋氨酸硒也参与此合成过程。硒酸钠在血浆中停留的时间最长,还有一部分未被利用的硒酸钠直接从粪中排出。从该研究结果可以看出,亚硒酸钠在体内利用的效率较高,而且主要用于硒蛋白的生物合成,硒代半胱氨酸和蛋氨酸硒富集在胰腺,硒酸钠利用率最低。这一结果可为动物营养中的硒元素合理添加提供科学依据。Yi 等(2007)用^{14}C 标记的 2-羟基-4-甲硫基丁酸研究了肉用仔鸡日粮中蛋氨酸螯合微量元素中蛋氨酸的生物学效价,通过检测十二指肠、空肠、肝脏、腿部肌肉和胰腺中放射性标记蛋白量,结果表明螯合微量元素蛋氨酸与单体 2-羟基-4-甲硫基丁酸同样可以被机体利用合成细胞蛋白,因此,螯合微量元素蛋氨酸完全可以作为蛋氨酸的来源。利用同位素示踪技术评定矿物质和维生素生物学效价的具体方法见第十二章第二节和第三节。

(2)研究营养物质在体内的吸收、转运、代谢规律和分布情况

用同位素示踪技术可以在动物正常生理状态下,研究营养物质的吸收、转运和代谢的途径。Felip 等(2012)利用 δ^{13}C 标记淀粉和 δ^{15}N 标记蛋白质研究了虹鳟鱼日粮碳水化合物和蛋白质的代谢途径。Le Vay 和 Gamboa-Delgado(2009 和 2011)利用天然稳定同位素 δ^{15}N 直接作为示踪剂分别研究了饲料营养因子的吸收和转运情况,以及日粮大豆和鱼粉中蛋白质在太平洋白虾(仔虾和生长虾)组织中的分布特点,当日粮中鱼粉蛋白质和大豆蛋白质比例为

50：50,生长虾肌肉组织中73％氮来源于鱼粉,27％氮来源于大豆蛋白。Oliverira 等(2010)用同位素示踪技术研究[13]C 和[15]N 标记的禽下脚料中营养物质在肉仔鸡组织中的分布情况。骆桂兰研究了[14]C 示踪 β-胡萝卜素和黄体素在三黄鸡体内的分布。胡如久等(2015)用[15]N 标记亮氨酸示踪法检测了鸡内源性氨基酸损失量。

随着同位素示踪技术的不断改进,检测灵敏度越来越高,其在动物营养上的应用越来越广,比如,动物氨基酸需要量的确定,各种营养素或代谢中间产物的作用途径,等等。

5.试验方案设计

放射性同位素示踪技术试验方案见图 8-1,稳定性同位素示踪技术试验方案见图 8-2。

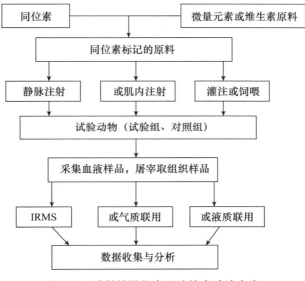

图 8-1　放射性同位素示踪技术试验方案

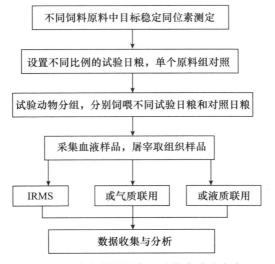

图 8-2　稳定性同位素示踪技术试验方案

第二节　运用同位素示踪技术研究营养物质代谢过程

本节以稳定碳同位素标记的蛋氨酸研究肉仔鸡机体 L-蛋氨酸合成过程（Stradiottio 等，2016），以实例说明运用稳定同位素示踪技术研究营养物质代谢过程的方法。

1.试剂和溶液

①蛋氨酸标准品。

②^{13}C 同位素标记 L-蛋氨酸。

③乙二醚等试剂。

相应测试所需要的试剂盒耗材。

2.仪器和设备

电热鼓风恒温干燥箱、低温研磨机、二氧化碳培养箱、高效液相色谱仪、气相色谱仪、质谱仪、元素分析仪和稳定同位素质谱仪。

3.试验方法与步骤

（1）试验动物与饲养管理

根据试验要求选择肉仔鸡,然后根据肉仔鸡的营养需要量配制日粮。

（2）灌注液体准备

^{13}C 同位素标记 L-蛋氨酸用生理盐水稀释成 29 μmoL。

（3）试验方案

在 33 d 时,所有试验仔鸡称重,从中挑选出 51 只平均体重（2 162±112）g 的鸡。在 35 d 时,口腔灌服 ^{13}C 同位素标记 L-蛋氨酸稀释液,每次 0.1 mL,灌服 6 次,间隔 1 h,最终灌服剂量为 29 μmoL/^{13}C 标记 L-蛋氨酸（93 670 μg ^{13}C）。第 1 次灌服时间点设为 0 h。在第 1 次注射后的 0 h（对照）、0.5 h、1 h、2 h、3 h、4 h、5 h、6 h、12 h、24 h、48 h、72 h、96 h、120 h、144 h、168 h 和 336 h 取样,每次 3 只。电刺激击晕后屠宰,取血液样品、肝脏、胸肌和腹部脂肪样品,用于分析标记蛋氨酸合成。

4.样品处理

由于全血、血清和肝脏等高代谢率的样品中碳同位素稀释的速度很快,因此,这些样品在采集后 1 h 内处理。

①血清制备:将采集的血液样品 3 000 r/min 离心 15 min,收集血清。

②组织样品:肝脏、胸肌和腹部脂肪在恒温干燥箱中 56 ℃ 干燥 72 h。

③样品研磨:饲料样品和干燥后组织样品用低温研磨机磨成均质的细颗粒（粒径小于 60 μm）。

5.上机测定

该研究稳定同位素测定采用元素分析仪与稳定同位素质谱仪联用。

①稳定同位素质谱仪工作原理:先将样品中分子或原子电离形成同位素离子,在电场或磁场作用下,形成不同质量与电荷之比的离子流,将离子流收集到法拉第杯中进行检测。

②样品称重:先称量空锡囊的重量,然后加样品到锡囊中称量总重,计算出样品的重量。

③上机:称量后的样品直接上机即可。样品被燃烧形成 CO_2,分离,测定各种碳同位素

的量。

6.数据分析与处理

(1)数据初处理

测定结果用 δ 表示,指稳定同位素比率值,以相对参考标准物来衡量,计算方法见公式(1)。

$$\delta^{13}C_{(样品,标准品)} = \left(\frac{R_{样品}}{R_{标准品}} - 1\right) \times 10^3 \tag{1}$$

式中:$\delta^{13}C$ 是样品与标准品 $^{13}C/^{12}C$ 的相对丰度值;R 是样品或标准品同位素 $^{13}C/^{12}C$ 的值。

(2)不同时间点数据处理

不同时间点之间样品稳定同位素数据的计算方法见公式(2)。

$$\delta^{13}C(t) = \delta^{13}C(f) + [\delta^{13}C(i) - \delta^{13}C(f)]e^{-kt} \tag{2}$$

式中:$\delta^{13}C(t)$ 是任何时间点组织同位素丰度;$\delta^{13}C(f)$ 是试验结束时组织同位素丰度;$\delta^{13}C(i)$ 是试验开始时组织同位素丰度;k 是单位时间内转化常数-1;t 是注射后取样时间,h。

(3)组织中 ^{13}C 半衰期

组织中 ^{13}C 半衰期计算方法见公式(3)。

$$T_{50\%} = \ln\frac{2}{k} \tag{3}$$

式中:$T_{50\%}$ 是半衰期,h;k 是组织中转化率常数,时间$^{-1}$。

(4)组织中来源于 ^{13}C 标记 L-蛋氨酸的碳含量计算

组织中来源于 ^{13}C 标记 L-蛋氨酸的碳含量计算方法见公式(4)。

$$CPP_{met} = \frac{Ab_p - Ab_{nat}}{Ab_{met} - Ab_{nat}} \times (\%Ct_p) \times M_p \tag{4}$$

式中:CPP_{met} 是组织中来源于 ^{13}C 标记 L-蛋氨酸的碳含量,μg;Ab_p 是 ^{13}C 在组织(胸肌、肝脏和腹脂)或血清中的丰度,%;Ab_{met} 是 ^{13}C 在 ^{13}C 标记 L-蛋氨酸的丰度,%;Ab_{nat} 是 ^{13}C 在自然样品中的丰度,%;$\%Ct_p$ 是总碳占上样重的比例,%;M_p 是上样品的总质量,μg。

7.注意事项

①样品采集时使用的采样器要专用,防止交叉污染。

②样品上机时,应先做自然样品的丰度(或者标准品丰度),再做标记样品(标记丰度最好在 2%~3%);先做对照组样品,再从低浓度到高浓度,依次测定。

③样品前处理及制备过程中存在同位素分馏效应,主要是因为样品转化不完全和样品吸收不彻底造成的。

④放射性废弃物参照国务院制定《放射性废物安全管理条例》执行,不能随意丢弃。

本章主要参考文献

龙芳羽,王宝维,张旭晖,2005.同位素示踪技术在动物消化代谢研究中的应用[J].农业科学研究,(3):70-73.

胡如久,2015.一次注射(15)N-亮氨酸示踪法测定鸡内源氨基酸损失量的可靠性研究[D].咸阳:西北农林科技大学.

骆桂兰,2006.C 示踪 β-胡萝卜素与黄体素在三黄鸡体内分布[D].南京:南京农业大学.

Assoni A D, Amorim A B, Saleh M A D, et al., 2017. Original Research Article: Dietary glutamine, glutamic acid and nucleotide supplementation accelerate carbon turnover (^{813}C) on stomach of weaned piglets. Animal Nutrition.

Cruz V C, Pezzato A C, Ducatti C, et al., 2004. Tracing metabolic routes of feed ingredients in tissues of broiler chickens using stable isotopes[J]. Poultry Science, 83(8):1376-1381.

Felip O, Ibarz A, Fernández-Borràs J, et al., 2011. Tracing metabolic routes of dietary carbohydrate and protein in rainbow trout (Oncorhynchus mykiss) using 4. stable isotopes ([^{13}C] starch and [^{15}N]protein): effects of gelatinisation of starches and sustained swimming[J]. British Journal of Nutrition, 107(6):834-844.

Godin J P, Schierbeek H, 2017. Mass Spectrometry Techniques for In Vivo Stable Isotope Approaches [J]. Mass Spectrometry and Stable Isotopes in Nutritional and Pediatric Research:1-44.

Larsen T, Taylor D L, Leigh M B, et al., 2009. Stable isotope fingerprinting: a novel method for identifying plant, fungal, or bacterial origins of amino acids[J]. Ecology, 90(12):3526-3535.

LeVay L, Gamboa-Delgado J, 2011. Naturally-occurring stable isotopes as direct measures of larval feeding efficiency, nutrient incorporation and turnover[J]. Aquaculture, 315(1):95-103.

Lietz G, Furr H C, Gannon B M, et al., 2016. Current capabilities and limitations of stable isotope techniques and applied mathematical equations in determining whole-body vitamin A status[J]. Food and nutrition bulletin, 37(2_suppl):S87-S103.

Moretti D, Zimmermann M, 2016. Assessing bioavailability and nutritional value of microencapsulated minerals[J]. Encapsulation and Controlled Release Technologies in Food Systems:289.

Oliveira R, Ducatti C, Pezzato A, et al., 2010. Traceability of poultry offal meal in broiler feeding using isotopic analysis ($'^{13}$C and$'^{15}$N) of different tissues[J]. Revista Brasileira de CiÃancia AvÃ-cola, 12:13-20.

Qingling L, Shuang D, Ibarra R A, et al., 2015. Multiple Mass Isotopomer Tracing of Acetyl-CoA Metabolism in Langendorff-perfused Rat Hearts[J]. Journal of Biological Chemistry, 290(13):8121-8132.

Shoveller A, Danelon J, Atkinson J, et al., 2017. Calibration and validation of a carbon oxidation system and determination of the bicarbonate retention factor and the dietary phenylalanine requirement, in the presence of excess tyrosine, of adult, female, mixed-breed dogs[J]. Journal of Animal Science, 95(7):2917-2927.

Stradiotti A, Bendassolli J, Ducatti C, et al., 2016. Incorporation of Labeled Methionine as a Tissue Tracer in Broiler Chickens [J]. Revista Brasileira de Ciência Avícola, 18(4):719-724.

Suzuki K T, Doi C, Suzuki N, 2008. Simultaneous tracing of multiple precursors each labeled with a different homo-elemental isotope by speciation analysis: Distribution and metabolism of four parenteral selenium sources[J]. Pure & Applied Chemistry,80(12): 2699-2713.

Wilkerling K,Valenta H,Kersten S,et al.,2012.Determination of very low stable isotope enrichments of [2H5]-phenylalanine in chicken liver using liquid chromatography-tandem mass spectrometry (LC-MS/MS)[J]. Journal of Chromatography B,911:147-153.

Wolfsberg M,Van Hook W A,Paneth P,2009.A Short History of Early Work on Isotopes. Isotope Effects: in the Chemical, Geological, and Bio Sciences[M]. Dordrecht, Springer Netherlands:1-36.

Yi G F,Atwell C A,Hume J A,et al.,2007.Determining the Methionine Activity of Mintrex Organic Trace Minerals in Broiler Chicks by Using Radiolabel Tracing or Growth Assayl [J]. Poultry Science,86(5):877-887.

（编写:张春香;审阅:裴彩霞、张元庆）

第九章　饲料的采食与适口性评价

　　采食是动物摄取饲料中营养物质的基本途径,动物采食饲料的多少是影响动物生产效率的重要因素,也是配制饲粮和合理利用饲料资源的基础和依据,准确估测动物的采食量是评价饲粮能否满足其维持和生产需要的必不可少的一环。影响采食量的因素有很多,包括动物、饲粮、环境和饲养管理方法等,其中饲料的适口性决定了饲料被动物接受的程度,可通过影响动物的食欲来影响其采食量。本章主要介绍常用的饲料采食量和适口性的评价方法。

第一节　饲料干物质采食量的测定

1.概述

　　饲料采食量的测定通常有直接和间接测定两种方法。直接测定比较简便而且准确,是采食量测定的首选方法,主要用于舍饲动物采食量的测定。但是对于放牧或放牧＋补饲家畜,直接测定动物摄食牧草的数量是不现实的,因此需要用到各种间接方法。常用的间接测定法包括内源指示剂(盐酸不溶灰分)、外源指示剂(Cr_2O_3)和体外消化率测定结合法以及内外源指示剂结合法等。本节主要介绍直接测定法和外源指示剂(Cr_2O_3)同体外消化率测定结合法。

2.直接测定法

（1）原理

　　饲料干物质采食量通常用动物 24 h 内采食饲料的干物质重量来表示。通过测定动物在24 h 内采食饲料的重量和该饲料的 DM 含量,二者相乘即为干物质采食量（dry matter intake,DMI）。实际应用过程中,由于动物的日 DMI 波动较大,通常测定一段时期内的采食量后再取平均作为该段时期的平均 DMI。

（2）仪器和设备

　　采食槽和电子秤（量程 50 kg 以上,精度 0.01 kg）或用全自动采食称重槽（配备电子耳标扫描记录系统）替代,饲料粉碎设备、样品烘干设备、电子天平（精度 0.001 g）、水分盒等。

（3）测定步骤

①采食量测定。

　　对于常规采食槽,固定饲喂时间并确保有 5%～10% 的残料量,称重并记录每日投料量 M_1 和残料量 M_2,同时采集投喂饲料样品,对于高湿饲料,需同时采集残余饲料样品。

　　对于全自动采食称重槽,仅需向饲槽中投喂饲料并确保有 5%～10% 的残料量即可,称重记录系统可自动记录某个动物某次采食前后的料槽中饲料重,二者相减即为该动物本次采食饲料重。某动物在相邻两日固定时间点（通常为晨饲前）之间采食的饲料重之和即为该动物在

该日的采食量 M。同时,需要采集投喂饲料样品。

②干物质含量测定。

使用饲料粉碎设备将采集的投喂料和残余料样品粉碎,分别测定其干物质含量 DM_1 和 DM_1',测定方法见第一章常规成分的测定。

(4)结果计算

①常规饲槽法干物质采食量的计算公式如下:

$$DMI = M_1 \times DM_1 - M_1' \times DM_1'$$

式中:M_1 和 M_1' 分别为某动物某日投料量和残料量,kg;DM_1 和 DM_1' 分别为投喂料和残余料的干物质含量,%。

②全自动采食称重槽法干物质采食量的计算公式如下:

$$DMI = M \times DM_1$$

式中:M 为某动物相邻两日固定时间点(通常为晨饲前)间采食的饲料重之和,kg;DM_1 为投喂料的干物质含量。

计算结果精确至 0.01 kg。

3.外源指示剂(Cr_2O_3)同体外消化率测定结合法

(1)原理

本法主要用于放牧家畜(牛/羊)采食量的测定。由饲料干物质消化率的计算公式:

$$消化率(DMD) = \frac{干物质采食量(DMI) - 干物质排粪量(DMF)}{干物质采食量(DMI)} \quad (1)$$

$$可以推出:DMI = \frac{DMF}{1 - DMD} \quad (2)$$

由公式 2 可知,只要测得干物质排粪量(DMF)和饲料干物质消化率(DMD),即可计算出干物质采食量。因此,本法通过采用体外法测定饲料的体外消化率,同时给动物投食外源性指示剂 Cr_2O_3 来估测干物质排粪量。此外,对于公畜而言,也可直接使用集粪袋收集粪便的全收粪法来获得其排粪量。

(2)试剂和溶液

本方法所用试剂均为分析纯。

①体外消化液:将 10 g 钼酸钠溶于 100 mL 蒸馏水中,再加入 150 mL 浓硫酸和 200 mL 70%的高氯酸。

②Cr_2O_3 标准液(500 mg/L):准确称取 0.1 g Cr_2O_3 于 100 mL 凯氏消化瓶中,并加入 10 mL 体外消化液,将凯氏瓶置于电炉上加热约 10 min 至溶液呈橙黄色,冷却并定容至 200 mL。

(3)仪器和设备

瘘管牛/羊、电子秤(量程 50 kg 以上,精度 0.01 kg)、集粪袋、样本粉碎设备、样品烘干设备、电子天平(精度 0.001 g)、体外消化率测定设备(见第四章)、分光光度计。

(4)测定步骤

①试验动物的选择。

选择至少 5 只品种相同、体重相近(体重差异不得超过平均体重的 10%)的待测动物进行试验。试验动物必须健康,且无内外寄生虫感染。

②试验动物的饲养管理。

按常规方法或试验要求进行。若采用全收粪法收集试验动物粪便时,需要对试验动物绑定集粪袋。试验期 12 d,其中包括预饲期 5 d,收粪期 7 d。

③给试验动物投服 Cr_2O_3。

每天每只试验动物投服的 Cr_2O_3 的剂量按照 DMI 的 0.3% 来估算,即 3 g/kg DMI。从预饲期开始,每日早晨和晚上分两次投服。投服方式可选择胶囊法或食道投饲管来进行投服。无论何种投服方法,都必须要保证所有 Cr_2O_3 指示剂全部通过动物食道到达胃部。

④饲料和粪便样品的采集和处理。

从收粪期开始,每天灌服 Cr_2O_3 的同时,通过直肠采集约 50 g 粪便样品,随后将 7 d 收粪期内所采集的粪样混合;同时,在每日饲喂期间每次采集约 200 g 待测饲料样品,同样将全部样品混合均匀。将所采饲料和粪便样品于 70 ℃ 条件烘干并粉碎,以制取待测饲料和粪便样品,供进一步体外消化率、DM 和 Cr_2O_3 含量分析。

⑤Cr_2O_3 含量的测定。

准确称取 1 g 上步制得的粪便样品至 100 mL 凯氏消化瓶内,并添加 5 mL 体外消化液,随后将凯氏消化瓶置于电炉上文火加热约 10 min 至消化液呈橙色,冷却后定容至 100 mL。最后使用分光光度计在 440 nm 波长下测定吸光度,利用标准曲线法确定样品内的 Cr_2O_3 含量。

Cr_2O_3 标准曲线制作:分别称取 Cr_2O_3 标准液 1 mL、2 mL、3 mL、4 mL、5 mL、6 mL、7 mL 于 50 mL 容量瓶中,蒸馏水定容。然后使用分光光度计在 440 nm 波长下测定吸光度,以 Cr_2O_3 浓度为横坐标,以吸光度为纵坐标,绘制标准曲线并获得拟合方程。最后根据拟合方程和待测液的吸光度值计算 Cr_2O_3 含量。

⑥待测饲料体外消化率的测定。

具体操作方法参见第四章相关内容。

(5)结果计算

①粪中 Cr_2O_3 含量的计算公式如下:

$$IND = \frac{C \times V}{W(1-M) \times 10^{-6}} \times 100\%$$

式中:IND 为粪中 Cr_2O_3 含量(干物质基础),%;C 为根据标准曲线计算出的待测样液中的 Cr_2O_3 浓度,mg/L;V 为待测粪样消化定容后的体积,mL;W 为用于分析的风干粪样重,g;M 为风干粪样的吸附水含量,%。

②干物质排粪量的计算公式如下:

$$DMF = \frac{Cr_2O_3 投喂量}{IND \times 0.97}$$

式中:DMF 为干物质排粪量,IND 为粪中 Cr_2O_3 百分含量(干物质基础),0.97 为 Cr_2O_3 的吸收系数。

③待测动物干物质采食量的计算公式如下:

$$DMI = \frac{DMF}{1-DMD}$$

式中:DMF 为干物质排粪量,DMD 为体外法测得的饲料干物质消化率。

第二节　饲料适口性评定

1.概述

适口性(palatability),即动物对饲料的气味、味道、质地及外观等特征的反应,它体现了饲料的风味、外观、温度、大小、质地和硬度,是动物的视觉、嗅觉、味觉、触觉的综合反应。适口性是一个相对概念,是通过比较动物对不同饲料的摄食反应,来描述动物选择和采食特定饲料的意愿程度,也就是说饲料适口性是通过动物对饲料的采食量来体现的。因此,评价适口性的方法主要是以采食量或采食行为为基本特征来比较动物对不同饲料的反应,通常包括单日粮法和选择日粮法2种方法。与单日粮法相比,选择日粮法有一定的局限性,主要表现在:其一,不同动物个体对同一种试验日粮的偏好程度差异很大,变异系数高;其二,选择日粮法有时并不能反映动物实际的营养需要,而表现出单纯追求"口味"的倾向;其三,实际生产过程中动物对饲料没有选择权,因此选择日粮法的结果并不能简单地应用到生产实践。然而,动物在有选择的情况下采食才能对某些饲料表现出特殊的喜好,因此选择日粮法更能反映饲料的真实适口性,故在动物营养研究中作为评价饲料适口性的标准方法而被广泛使用。因此,本节将详细介绍选择日粮法。读者在有条件的情况下,可同时采用2种方法进行评价,以获得某种饲料适口性的客观结果。

2.原理

在试验期内给动物提供至少2种盛于不同料槽的日粮让其选食并定期互换料槽位置(避免位置偏好影响),根据动物对各种日粮的选食量占总采食量的百分比来确定饲料的适口性。

3.仪器和设备

采食槽(2个,或根据待评价日粮数确定)、电子秤(量程50 kg以上,精度0.01 kg)、饲料粉碎设备、样品烘干设备、电子天平(精度0.001 g)、水分盒。

4.测定步骤

①称量并记录各采食槽的皮重。

②固定日饲喂时间,向各料槽中添加相同质量的不同日粮,添加量保证单一日粮饲喂状态下存在5%～10%的残料量,分别记录各采食槽投喂日粮类型和投料量,同时采集各日粮样品。

③将各料槽同时提供给动物,随后迅速离开,确保在动物采食期间没有人为干扰。

④投喂时间结束后(通常为第2天晨饲前),称量并记录残余料重,若日粮含水量高,需同时采集残余料样品。

⑤重复前日试验操作,但调换饲料位置。

⑥测定各投喂料和残余料的干物质含量,方法见第一章常规成分的测定。

5.结果计算

(1)计算方法

适口性可由采食率(IR)和采食比(CR)来衡量,以2种日粮为例:

$$IR = \frac{M_1 \times DM_1 - M_1' \times DM_1'}{M_1 \times DM_1 + M_2 \times DM_2 - M_1' \times DM_1' - M_2' \times DM_2'}$$

$$CR = \frac{M_1 \times DM_1 - M_1' \times DM_1'}{M_2 \times DM_2 - M_2' \times DM_2'}$$

式中：IR（采食率）是指动物采食某种日粮的干物质量占总 DMI 的比例，IR＝0.5 表示动物对 2 种日粮的偏爱程度相同，而某种日粮的 IR 值越大，表明该日粮的适口性越好；CR（采食比）指动物采食的 2 种日粮的干物质量的比值，CR＝1.0 表示试验动物对 2 种日粮的偏爱程度相同，而某种日粮较另一种日粮的 CR 值越大（＞1.0），表明该日粮较另一种日粮的适口性越好；IR 和 CR 均是 2 个试验日的平均值。M_1、DM_1 分别为 1 号日粮投料量和干物质含量，M_1' 和 DM_1' 分别为 1 号日粮残料量和残余料干物质含量；M_2、DM_2 分别为 2 号日粮投料量和干物质含量，M_2' 和 DM_2' 分别为 2 号日粮残余料量和残余料干物质含量。

计算结果表示到小数点后 2 位。

（2）重复性

若第 1 天和第 2 天的试验结果变异较大，则需再次重复 1 次试验过程。

★ 本章主要参考文献

卢德勋，谢崇文，1991.现代反刍动物营养研究方法和技术[M].北京:农业出版社.

Rene Baumont,1996.Palatability and feeding behaviour in ruminants. A review[J]. Annales de zootechnie,INRA/EDP Sciences,45(5):385-400.

杨加豹,2001.动物饲料适口性与影响因素[J].饲料研究,1:23-26.

王彦荣,李东华,侯扶江,等,2014.一种绵羊饲料适口性测定系统:中国,CN203772845U[P]. 2014-04-04.

（编写:张亚伟;审阅:张延利、张静）

第十章　粗饲料的品质评定

粗饲料(roughage)是指水分含量在60%以下,干物质中粗纤维含量大于或等于18%,并以风干物形式饲喂的饲料原料,主要包括干草类、农副产品类、树叶、糟渣类等。粗饲料的特点是:粗纤维含量高,可消化营养成分含量低,质地粗糙,适口性差,但不同粗饲料的组成和营养价值差异很大,本章主要介绍粗饲料品质的评定方法。

第一节　干草品质评定

干草是指牧草或饲料作物在质量和产量兼优时期刈割,并经过人工或自然的干燥方法制成的一类粗饲料。作为草食家畜重要的粗饲料来源,干草不仅可以为草食家畜提供生长所必需的营养,而且其中的 CF 对维持反刍动物正常反刍和瘤胃功能具有重要作用。优质的干草具有颜色青绿、气味芳香、叶量丰富、质地柔软、适口性好、易消化等特点,能够长时间保存和商品化流通,有利于缓解饲草供应季节性不均衡与家畜需求相对稳定的矛盾。作为草食家畜日粮中的重要组成成分,干草的品质关乎家畜的健康和生产性能。一般认为干草的品质评定方法分为物理和化学评价两类,其中物理评价以干草的外观特征为主要判断准则,而化学评价则根据消化率及营养成分含量来评定,如 CP、ADF、NDF 和 β-胡萝卜素是青干草品质的重要指标。生产实践中,常以外观特征来评定干草的饲用价值。

一、物理评价

1.草样的采集

草样平均样制备:从待测草垛中随机选取 20 个不同部位,并在每个部位使用牧草取样器距表层 20 cm 处采集样品 200~300 g,均匀混合成样品总重 5 kg 左右。草样中混入的厩肥、土块等,应视作不可食草部分。每次从平均样抽取 500 g 进行品质评定。

2.植物学组成

植物组成不同,营养价值差异较大,按植物学组成,通常将牧草分为 5 类,包括禾本科草、豆科草、可食性杂草、不可食杂草、有毒有害草。欲求干草中各类牧草所占比例,可先将平均样分类,称其重量后,按下式计算:

$$各类草占样品重量 = \frac{各类草重量(g)}{样品重量(g)} \times 100\%$$

天然草地刈割晒制的干草,豆科和禾本科草所占比例高于 60% 时,表示植物组成优良。豆科草比例大者为优等草;禾本科和可食草比例大者,为中等草;不可食草比例大者为劣等草;

有毒有害植物,如白头翁、飞燕草等的含量超过 1% 的,不可用作饲料。如果杂草中有少量的地榆、防风、茴香等,使干草具有芳香的气味,可增强家畜的食欲。

3.干草的颜色和气味

干草的颜色和气味是干草品质好坏的重要标志。干草的绿色程度越深,表明胡萝卜素和其他营养成分含量越高,品质越优。此外,优质干草一般都具有较浓郁的芳香味。这种香味能刺激家畜的食欲,增强适口性。如果有霉烂及焦灼的气味,则品质低劣。按绿色程度可把干草品质分为 4 类。

①鲜绿色:表明青草刈割适时,调质过程中未遭不良环境影响,如雨淋和阳光强烈曝晒,贮藏过程中未发生高温发酵,较好地保存了青草中的成分,属优等品质干草。

②淡绿色:表明干草的晒制和贮藏基本合理,未遭雨淋和发霉变质,营养物质损失少,属中等品质干草。

③黄褐色:表明青草刈割过晚,或晒制过程中遭雨淋或贮藏期内发生高温发酵,营养成分虽损失严重,但尚未失去饲用价值,属次等干草。

④暗褐色:表示干草的调制和贮藏均不不合理,不仅受到雨淋,且发霉变质,不宜再作饲用。

4.干草的含叶量

干草的营养物质主要分布于叶片,叶片所含蛋白质和矿物质较茎多 1～1.5 倍,胡萝卜素多 10～15 倍,而粗纤维比茎少 50%～100%。因此,干草中叶量的多少是衡量干草品质的重要指标,叶量越多营养价值越高。鉴定时取干草一束,观察叶量的多少。一般禾本科干草叶片不易脱落,而优良豆科干草的叶重量应占干草总重量的 30%～40%。

5.干草的刈割期

青草的刈割期对干草品质影响很大,一般栽培豆科牧草在现蕾盛期至始花期,禾本科牧草在抽穗至开花期刈割比较适宜。天然草地牧草收获的基本准则是以草群中的优势豆科和禾本科牧草的适时收获期来确定收获期。禾本科牧草的穗子中只有花而无种子时则属花期刈割,绝大多数穗含种子或留下护颖,则属刈割过晚;豆科牧草如在茎下部的 2～3 个花序中仅见到花,则属花期刈割,如草屑中有大量种子则属刈割过晚。不同生育期紫花苜蓿所含营养成分如表 10-1 所示。

表 10-1 不同生育期苜蓿营养成分的变化 %

(《饲草饲料加工与贮藏》,张秀芬等,1992)

生育期	干物质	占干物质				
		粗蛋白质	粗脂肪	粗纤维	无氮浸出物	粗灰分
营养生长	18.0	26.1	4.5	17.2	42.2	10.0
花前	19.9	22.1	3.5	23.6	41.2	9.6
初花	22.5	20.5	3.1	25.8	41.3	9.3
盛花	25.3	18.2	3.6	28.5	41.5	8.2
花后	29.3	12.3	2.4	40.6	37.2	7.5

6.干草的含水量

含水量高低是决定干草在贮藏过程中是否变质的主要标志。干草含水量一般分为 4 类（表 10-2）。生产实践中测定干草含水量的简易方法是：手握干草并轻轻扭转草束，草茎破裂不断者为水分合适（17%左右）；扭转即断者为过干象征；扭转成绳茎仍不断裂者为水分过多。

表 10-2　不同干草含水量的分类　　　　　　　　　　　　　　　　　%

干燥情况	含水量
干燥的	≤15
中等干燥的	15～17
潮的	17～20
湿的	≥20

7.病虫害的感染情况

牧草刈割前如经病虫感染，再被调制成干草，不仅营养价值降低，而且危害家畜的健康。鉴定时抓一束干草，检查其穗上是否有黑色或者黄色的斑纹，小穗上是否有煤烟味的黑色粉末，以及是否有腥味。如果干草有上述特征，则不宜饲喂家畜，更不能喂种畜和幼畜，孕畜食后易造成流产，所以干草中尽量不要含有病虫感染的植物。

8.总评

含水量保持在 17%以下，毒草和有害草占比不高于 1%，混杂物和不可食草在一定范围内，不经任何处理可以直接饲喂家畜或贮藏的，即为合格干草（或等级干草）。含水量高于17%，有一定数量的不可食草和混合物，需进行加工调制后才能用于喂养家畜或贮藏的，即为可疑干草（或等外干草）。严重变质、发霉，有毒有害植物占比高于 1%，或泥沙杂质混入过多，不适于喂养家畜或贮藏的，即为不合格干草。

对合格干草，可按前述指标进一步评定其品质优劣。

二、化学成分评价

通常来说，干草中 CP 和 β-胡萝卜素含量越高，其营养价值越高；而 NDF 和 ADF 含量分别与草食家畜对干草的采食量和消化率呈负相关。Schonher 等（1996）报道称干草的品质应根据营养成分含量及消化率来评定，其中 CP、NDF 和 ADF 是评定干草品质的重要指标。因此，通过化学成分评价通常检测干草的消化率和其中的 CP、β-胡萝卜素、NDF 和 ADF 的含量。另外，由于评价干草品质时一般在绝干基础上进行，所以还需要测定水分的含量。干草的消化率通常采用体外法测定，具体方法见第四章的第四节；水分、CP 的测定方法见第一章的第一节和第二节；NDF 和 ADF 的测定方法见第二章第二节。这里仅介绍干草中 β-胡萝卜素含量的测定方法。

1.β-胡萝卜素的测定

（1）原理

β-胡萝卜素在有机溶剂中，在 448 nm 波长有吸收峰，因此，样品经过丙酮-石油醚混合液或乙醇-石油醚混合液萃取后，在 448 nm 波长下测定萃取溶液吸光值，可以根据标准曲线计算

出样品中 β-胡萝卜素的含量。

（2）试剂和溶液

本方法所用试剂均为分析纯。

①石油醚。

②丙酮（30～60 ℃）。

③无水乙醇。

④二氧化硅。

⑤β-胡萝卜素（进口标样）。

（3）仪器与设备

贝克曼 DV-7 紫外分光光度计、食品级样品粉碎机、分液漏斗、研钵、容量瓶（4 mL、10 mL 和 50 mL）。

（4）测定步骤

称取 20 g β-胡萝卜素标样，加 2 mL 氯仿，然后以石油醚定容至 50 mL，即浓度为 0.4 g/mL，现用现配，取该液 1 mL 用石油醚定容 10 mL（40 mg/mL），再分别取此液 0.3 mL、0.4 mL、0.5 mL、0.6 mL、0.8 mL、1.0 mL，用石油醚定容 4 mL，此时浓度梯度为 3 mg/mL、4 mg/mL、5 mg/mL、6 mg/mL、8 mg/mL、10 mg/mL，以石油醚为空白，于 448 nm 处测吸光度值，以吸光度值为 X 轴，β-胡萝卜素浓度为 Y 轴，制作标准曲线。

样品测定：称取 0.50～1.00 g 试样于小研钵中，加入少量石英砂和 3 mL 1∶4 丙酮-石油醚混合液或 1∶9 乙醇-石油醚混合液，研磨提取数次，直到没有黄色为止。把每次研磨的提取液合并在已装有 70～80 mL 水的 250 mL 分液漏斗中盖塞振摇 1 min 后静置 2 min，待水相与醚相明显分层，去除水相将醚相接于 25 mL 比色管中；再向分液漏斗内倒入少量石油醚，倾斜转动分液漏斗，将壁上粘的提取液全部溶在石油醚中，并于原 25 mL 容量瓶中，用石油醚定容至 25 mL，即为 β-胡萝卜素的提取液。然后取适当倍数稀释的样本，于 448 nm 波长下比色测定吸光值，根据标准曲线，计算各个样品中 β-胡萝卜素的浓度。

三、等级评价

我国目前尚无干草等级的统一标准，但有些省、区曾拟定地方性干草检验标准，现将内蒙古自治区制订的青干草等级标准进行介绍。

一等：以禾本科牧草（如羊草）或豆科牧草为主体，枝叶呈绿色或深绿色，叶及花序损失不到 5％，含水量 15％～18％，有浓郁的干草香味，但由再生草调制的优良青干草，可能香味较淡。无沙土，杂类草及不可食草不超过 5％。

二等：草种较杂，色泽正常，呈绿色或浅绿色。叶及花序损失不到 10％，有草香味，含水量 15％～18％，无沙土，不可食草不超过 10％。

三等：叶色较暗，叶及花序损失不到 15％，含水量 15％～18％，有草香味。

四等：茎叶发黄或变白，部分有褐色斑点，叶及花序损失大于 15％，草香味较淡。

五等：发霉，有霉烂味，不能饲喂。

近年来，美国牧草和草地局建议修订了干草等级划分标准，是由 DNF 和 ADF 推导出来，用以比较干草的饲用品质和预期采食量（见表 10-3）。

表 10-3　豆科牧草、豆科与禾本科混播牧草和禾本科牧草市场干草等级划分

等级	牧草种类及生育期	粗蛋白质/%	中性洗涤纤维/%	酸性洗涤纤维/%	可消化干物质/%	干物质采食量/(g/kg)
特等	豆科牧草开花前	>19	30	<39	>65	>143
一等	豆科牧草初花期,20%禾本科牧草营养期	170~19	31~35	40~46	62~65	134~143
二等	豆科牧草中花期,30%禾本科草抽穗初期	14~16	36~40	47~53	58~61	128~133
三等	豆科牧草盛花期,40%禾本科牧草抽穗期	11~13	40~42	53~60	56~57	113~127
四等	豆科牧草盛花期,50%禾本科牧草抽穗期	8~10	43~45	61~65	53~55	106~112
五等	禾本科牧草抽穗期或受雨淋	<8	>46	>65	<53	<105

注:可消化干物质=88.9-0.779×酸性洗涤纤维;干物质采食量=120/中性洗涤纤维。

第二节　加工调制粗饲料的品质评定

粗饲料经过适宜的加工调制,可显著提高其营养价值,粗饲料加工调制的主要途径有物理学、化学和生物学 3 种,本节主要介绍加工调制后粗饲料品质评定的方法。

一、物理加工的品质评定

1.机械加工

机械加工是目前粗饲料利用最简便又常用的方法,主要包括铡碎、粉碎或揉碎。秸秕饲料比较粗硬,经加工后便于咀嚼,减少能耗,提高采食量,并减少饲喂过程中的饲料浪费。研究表明,切短和粉碎的饲料可增加采食量,但同时也缩短了饲料在瘤胃里停留的时间,可能会降低纤维物质消化率和增加瘤胃内挥发性脂肪酸生成速度和丙酸比例,引起反刍减少,导致瘤胃内 pH 下降,因此粗饲料长度应适宜。粗饲料长度应视其硬度,以及畜种和年龄而定,稻草较柔软,可稍长些,而玉米秸较粗硬且有结节,可稍短些,一般牛 3~4 cm,马、骡 2~3 cm,羊 1.5~2.5 cm;老弱、幼畜再短些更好,此即"细草三分料"的道理。粗饲料粉碎可提高饲料利用率和便于混拌精饲料。粉碎机筛底孔径以 8~10 mm 为宜,不应太细,以便反刍。如用作猪、禽配合饲料的干草粉,要粉碎成面粉状,以便充分搅拌。揉碎是指将秸秆饲料揉搓成丝条状,使粗饲料更适应反刍家畜利用,尤其适用于玉米秸,揉碎可提高粗饲料适口性和饲料利用率,是当前秸秆饲料利用比较理想的加工方法,但揉碎的能耗较高。机械加工后粗饲料的品质可以用长度(粒度)、采食量、消化率、适口性和饲养试验等方法进行评定。

2.热加工

热加工主要指蒸煮、热喷和高压蒸汽裂解 3 种方法。其可软化秸秆,使木质素膨胀,氢键断裂,破坏纤维素-木质素的紧密结构,使纤维结晶度有所降低,从而提高秸秆饲料的消化率。热加工后粗饲料的品质可以用采食量、消化率、适口性和饲养试验等方法进行评定。

3.盐化

盐化是指铡碎或粉碎的秸秆饲料,用 1% 的食盐水,与等重量的秸秆充分搅拌后,放入容器内或在水泥地面上堆放,用塑料薄膜覆盖,放置 12～24 h,使其自然软化,可明显提高适口性和采食量。因此,盐化后粗饲料的品质可以用适口性和采食量等方法进行评定。

物理加工后粗饲料品质的具体评定方法如下。

①长度及其分布情况可利用宾州筛法、Z-box 法和回归分析法进行测量,三者在测定粗饲料颗粒大小分布上各有特点,其中 Z-box 法在我国应用较少,回归分析法为理论计算法,以宾州筛为工具的测定方法在我国应用最为广泛。宾州筛法是用一个水平振动的复筛系统去量化粗饲料颗粒大小及分布情况。目前生产实际中常见的宾州筛由 3 个叠加式的筛子和底盘组成。上面筛子的孔径是 19 mm,中间筛子的孔径是 8 mm,下面筛子的孔径是 4 mm,最下面是底盘。具体测定方法:将 3 层筛子和底盘按孔径由大到小依次向下排列,将饲料样品 400～500 g 放在宾州筛的最上层,置于平整地面上进行筛分,每一面筛 5 次,然后 90°旋转到另一面再筛 5 次,如此循环 7 次,共计筛 8 面,40 次。注意在筛分的过程中不要出现垂直振动。筛分过程中还要注意力度和频率,保证饲料颗粒能够在筛面上滑动,让小于筛孔的饲料颗粒掉入下一层。推荐的频率为大于每秒筛 1.1 次,幅度为 17 cm。筛分结束后,对每层的饲料颗粒进行称重,并计算出每层的百分比数据。用宾州筛法测定粗饲料的长度及其分布情况主要是应用在奶牛饲料生产中,在测定羊的粗饲料长度方面还较少。

②粒度的测定方法参见第十四章第四节。

③采食量和适口性的测定方法参见第九章第一节和第二节。

④消化率的测定方法参见第四章。

⑤饲养试验的测定方法参见第七章。

二、化学处理的品质评定

植物的木质化主要是由植物的潜在碱度和氮碱含量减少以及木质素与纤维素、半纤维素结合的加固、扩大而形成。因此,用生物学上允许的碱、氮碱及酸试剂处理秸秆,就可以破坏木质素与纤维素、半纤维素间的联系,同时提高秸秆中的含氮物质和潜在碱度,从而提高秸秆营养价值及饲用效果。当前秸秆的化学处理方法主要有碱化处理、氨化处理、酸化处理和氨-碱复合处理等。酸化处理的效果不如碱化,氨-碱复合处理能结合氨化与碱化二者的优点,但共同的特点都是成本较高,不宜推广应用。因而,在实际生产中被广泛应用的主要有氢氧化钠处理和氨化处理。

碱化处理常用石灰液浸泡法和氢氧化钠处理 2 种方法。石灰液浸泡法是生石灰加水后生成的氢氧化钙弱碱溶液,经充分熟化和沉淀后,用上层的澄清液(即石灰乳)处理秸秆。氢氧化钠处理是用占秸秆质量 4%～5% 的氢氧化钠,配制成 30%～40% 溶液,喷洒在粉碎的秸秆上,堆积数日。碱化处理不仅使秸秆纤维组织结构遭到破坏,而且可使部分难以溶解的物质溶解,从而大大改善了秸秆的适口性,提高了粗饲料营养物质的消化率,但牲畜采食碱化处理秸秆后粪便中含有相当数量的钙离子或钠离子,对土壤和环境也有一定的污染。碱化处理后粗饲料的品质可以用适口性、采食量、消化率和饲养试验等方法进行评定。

氨化处理是秸秆与氨相遇时,其有机物与氨发生氨解反应,破坏木质素与多糖(纤维素、半纤维素)链间的酯键结合,形成铵盐,成为牛、羊瘤胃内微生物的氮源。同时,氨溶于水形成氢氧化铵,对粗饲料有碱化作用。因此,氨化处理是通过氨化与碱化双重作用以提高秸秆的营养价值。一般情况下,较好的氨化秸秆质地柔软,颜色呈棕黄色或浅褐色,释放余氨后有糊香味,CP 含量提高,纤维素含量降低,有机物消化率提高,是牛、羊反刍家畜良好的粗饲料。当氨化后的秸秆组织出现白色、灰色、发黏或结块等现象时,说明已发霉变质,不能再饲喂牛、羊等反刍动物。氨化处理后粗饲料的品质可以用感官、适口性、采食量、消化率和饲养试验等方法进行评定。

化学处理后粗饲料品质的具体评定方法:采食量和适口性的测定方法参见第九章第一节和第二节;消化率的测定方法参见第四章;饲养试验的测定方法参见第七章;感官评价是用视觉、嗅觉、触觉、味觉等判断秸秆是否符合处理秸秆的特征,是否有发霉变质的现象。

三、生物学处理的品质评定

生物学处理主要指利用乳酸菌、酵母菌等有益微生物和酶,在适宜的条件下,分解低质粗饲料中的纤维素和木质素,软化秸秆,改善味道,增加菌体细胞,以提高粗饲料的营养价值。处理粗饲料的优良菌种有多孔菌(*Polyporus anceps*)、担子菌(*Basidiomycete*)、层孔菌(*Fome lividus*)、裂褶菌(*Schizophyllum commune*)、酵母菌、木霉等。生物学处理后粗饲料的品质可以用饲料营养成分的变化(CP 和 EE 等的增加、纤维素和木质素等的减少)、感官、适口性、采食量、消化率和饲养试验等方法进行评定。

生物学处理后粗饲料品质的具体评定方法:饲料营养成分的含量见第一章和第二章;感官评价判断秸秆是否符合处理秸秆的特征,是否有发霉变质的现象;采食量和适口性的测定方法参见第九章第一节和第二节;消化率的测定方法参见第四章;饲养试验的测定方法参见第七章。

第三节 粗饲料评定指数

由于粗饲料品质会受到诸多因素的影响,每种粗饲料营养价值、不同种类和同一种类不同处理时间以及加工方法差异较大,导致对粗饲料品质进行科学合理评定较为困难。虽然感观和化学成分指标可对粗饲料品质进行定性与定量评价,对粗饲料品质的优劣做出初步评定,但这些单项指标都是静态的表观性指标,各有优缺点,加上不同品种粗饲料的营养指标差异较大,因而任何单一指标都不能对粗饲料品质做出完整准确的评定。因此,使用综合的整体指标已成为科学评定粗饲料品质的必然发展趋势。目前国内外相继出现了粗饲料价值指数(roughage value index,RVI)、有效中性洗涤纤维(effective neutral detergent fiber,eNDF)与物理有效中性洗涤纤维(physical effective neutral detergent fiber,peNDF)、相对饲料价值(relative feed value,RFV)、粗饲料相对质量(relative forage quality,RFQ)、分级指数(grading index,GI)等粗饲料品质评定整体指标。这些整体指标的出现实现了粗饲料品质综合评定的整体量化,能够更为准确地评定粗饲料品质。

一、粗饲料价值指数(RVI)

饲料纤维的物理特性与其消化率、流通速度、瘤胃发酵以及咀嚼活动等具有密切关系,因此人们开始用饲料纤维的物理特性作为评价粗饲料有效纤维的重要指标。Sudweeks 等

(1991)将每千克日粮干物质的总咀嚼时间（采食和反刍时间的总和,以 min 表示）定义为饲料的粗饲料价值指数（RVI）,并且建议,为了维持乳脂率的稳定,奶牛日粮最小 RVI 值应为 30 min。RVI 具体测定方法:在正式试验期连续 48 h 内人工观察受试动物的采食和反刍活动。在连续 48 h 内以每 5 min 间隔单位记录其采食和反刍时间。动物停止采食 20 min 后不再继续采食,则认定采食停止;一次反刍结束后 5 min 内不开始下一次反刍,则认定反刍结束。计算受试动物 48 h 内的总咀嚼时间,并测定受试动物干物质采食量。

$$RVI = \frac{总咀嚼时间}{干物质采食量}$$

除 DMI 以外,饲料精粗比、纤维含量、颗粒大小,以及测定咀嚼的方法都会影响咀嚼时间,使 RVI 发生改变。

二、有效中性洗涤纤维（eNDF）与物理有效中性洗涤纤维（peNDF）

奶牛的生产性能、反刍行为和瘤胃发酵与日粮纤维的数量和物理组成直接相关。有效纤维最初表示的是维持一定乳脂率时纤维的最小需要量（Mertens,1997）,有效纤维值是以乳脂率改变为基础的。但是,当我们只采用乳脂率作为评定指标时,日粮 NDF 含量对动物咀嚼、唾液分泌、瘤胃缓冲和瘤胃挥发性脂肪酸产生的物理有效性,通常会和由饲料不同化学成分所造成的代谢效应相混淆。例如,我们无法区分饲喂全棉籽对乳脂率的影响是由纤维还是脂肪作用产生的。鉴于此,Mertens(1997)提出了 2 个新的概念,即有效中性洗涤纤维（eNDF）和物理有效中性洗涤纤维（peNDF）,用以区分纤维有效性在维持乳脂率或刺激咀嚼方面的作用。eNDF 是指维持乳脂率不变时,某种饲料替代日粮中粗饲料的总能力;peNDF 是指纤维的物理性质（主要是颗粒大小）,刺激动物咀嚼活动和建立瘤胃内容物两相分层的能力。通常认为纤维物理特性（颗粒大小）与奶牛咀嚼、反刍活动、瘤胃发酵直接相关,因此相比 eNDF,peNDF 作为保证奶牛采食量和健康的指标更为敏感。

Mertens(1997)提出估测 peNDF 易行且综合的方法。利用宾州颗粒度分级筛（Penn state particle size separator）测定粗饲料物理有效因子（pef）。三层宾州筛测定 pef 的具体方法:先参照粗饲料长度的测定方法（见第二节）,振动结束后,称量每层筛上物,并测定筛上物干物质含量,计算筛上物干重占总样品干重比例,将 pef 定义为留在 19 mm、8 mm 和 4 mm 筛上物干重占总样品干重比例之和,进而得出粗饲料中 peNDF 的含量,计算公式如下:

$$peNDF = 粗饲料\ NDF(\%) \times pef$$

三、粗饲料相对价值（RFV）

美国草产品和草原理事会下属的干草市场特别工作组（Hay Marketing Task Force of the American Forage and Grassland Council）于 1978 年提出粗饲料相对价值（RFV）。RFV 是目前美国唯一广泛使用的首个粗饲料质量评定指数,是美国粗饲料交易与粗饲料质量评定的重要工具,并为越来越多的国家所采用。RFV 是根据奶牛粗饲料的可消化干物质（DDM）和干物质随意采食量（DMI）来进行粗饲料品质的比较和评级。其定义为:相对一种特定标准粗饲料（盛花期苜蓿）,某种粗饲料 DDM 的采食量与其的相对比值,实际上等于 DDM 乘以 DMI 再除以一个常数。其关系式如下:

$$DMI(\%BW) = \frac{120}{NDF(\%DM)}$$

$$DDM(\%DM)=88.9-0.779ADF(\%DM)$$

$$RFV=\frac{DMI(\%BW)\times DDM(\%DM)}{1.29}$$

式中:DM 为干物质,BW 为奶牛体重,计算 RFV 时除以 1.29,目的是使得盛花期的苜蓿 RFV 为 100 为标准。RFV 值大于 100 的牧草表明整体上品质较好。RFV 值越大,表明饲料的营养价值越高。

RFV 的优点在于它所采用的预测模型简单实用,它提供粗饲料饲用价值的相对估计值,可对不同批量或种类的粗饲料饲用价值进行比对;而且实验室只需要测定粗饲料的 NDF、ADF 和 DM 含量就可以计算出某种粗饲料的 RFV 值。它的缺点是只对粗饲料进行了简单的分级,没有考虑粗饲料中 CP 含量对其营养价值的影响,而不包括蛋白质指标的粗饲料评定指数是不够准确的。因此,无法利用这种评定指标进行粗饲料的科学组合和合理搭配。

四、粗饲料相对质量(RFQ)

RFQ 是由 Moore 和 Undersander(2002)提出的新粗饲料评定指标,旨在取代 RFV。RFQ 也是将粗饲料作为动物唯一蛋白质和能量来源,对粗饲料可利用能随意采食量进行估测,其关系式是:

$$TDN(\%DM)=\frac{OM(\%DM)\times OMD(\%)}{100}$$

$$RFQ=\frac{DMI(\%BW)\times TDN(\%DM)}{1.23}$$

式中:DM 为干物质,BW 为体重;TDN 为总可消化养分;常数 1.23 是通过试验测得 TDN 采食量对 DDM 采食量的无截距回归斜率(0.95)乘以 RFV 式中的 1.29 得到(张吉鹍,2003)。除以 1.23 的目的是将各粗饲料的 RFQ 平均值及范围调整到与 RFV 相似。

相较于 RFV,RFQ 的预测模型更加灵活,可通过 TDN 进行预测,使预测值更接近生产实际情况,尤其能准确地对禾本科牧草进行分级。RFQ 还可以预测精粗饲料的组合效应对粗饲料采食量和消化率的影响。但 RFQ 虽然考虑粗饲料纤维的可消化性,并用 TDN 代替了 DDM,却未考虑 CP 和 ADF 对粗饲料品质的影响,因而 RFQ 也只能用于粗饲料的分级而不能用于日粮的配合。此外,RFQ 有耗时长、成本高、需要的样本量较多、受体外消化率测定方法制约等特点,这也是实际生产中 RFQ 未能普及的原因。

五、分级指数(GI)

1.GI_{2001}

GI_{2001}是由卢德勋(2001)提出的全新的饲料评定指数。饲料的营养价值是对饲料的饲用价值量化评估的技术参数,是饲料科学理论和技术体系的最重要的核心组成部分之一。其定义为对粗饲料的 CP 和 NDF 含量经过校正后,粗饲料的可利用能的随意进食量,单位为 MJ/d。GI_{2001}的提出不仅可以对粗饲料的品质进行客观、合理的分级和评定,更为重要的是为粗饲料的科学搭配提供了一项新的技术手段。对奶牛而言,其表达式为:

$$GI_{2001}(MJ/d)=\frac{NE_L(MJ/kg)\times DMI(kg/d)\times CP(\%DM)}{NDF(\%DM)}$$

式中：NE_L 为产乳净能值，也可用代谢能 ME；DMI 为干物质随意采食量；CP 为粗蛋白质含量；NDF 为中洗洗涤纤维含量。

GI_{2001} 的特点是除了引入能量参数外，还引入了 CP 和 DMI 等参数，将它们统一起来考虑，全面准确地反映出粗饲料的实际饲用价值，并且简便易行，实现了粗饲料的合理化搭配，便于实际生产推广使用，同时它还可以用于指导牧草的种植、确定牧草的最佳刈割期。

2.GI_{2008}

因为 GI_{2001} 只考虑粗饲料中的 CP、NDF 等参数，并且表观性较强，适于实际生产推广使用。但 GI_{2001} 没有结合反刍动物的消化生理特点来说明反刍动物对粗饲料的消化利用情况（贾存辉等，2017）。为了使其更具科学性，用于研究目的，GI_{2008} 便应运而生。GI_{2008} 是在 GI_{2001} 的基础上筛选了一些新的指标，其概念与表达式同 GI_{2001}，不同的是 GI_{2008} 中蛋白质指标使用的是可消化粗蛋白质（DCP），在纤维方面又增加了 peNDF，更能全面地体现粗饲料的整体营养功能，在粗饲料品质评定方面更为科学、更为精确，在日粮优化搭配技术方面，集成化程度也较高。其表达式为：

$$GI_{2008}(MJ/d) = \frac{NE_L(MJ/kg) \times DCP(\%DM) \times DMI(kg/d)}{NDF(\%DM) - peNDF(\%DM)}$$

式中：NE_L 为产奶净能值，DCP 为可消化粗蛋白质含量，DMI 为干物质随意采食量，peDNF 为物理有效中性洗涤纤维含量。

3.GI_{2009}

GI_{2009} 的公式同 GI_{2008}，但不同的是，在 GI_{2009} 中，DMI 的估测公式采用 RFQ 的公式；NEL 是由 ADF 或 NDF 计算而来的（Moore and Kunkle，1999），其估测公式如下。

豆科（苜蓿、三叶草、苜蓿干草混合物）：

$$DMI_{豆科}(\%BW) = \frac{120/NDF + (NDFD - 45) \times 0.374}{1\,350 \times 100}$$

$$NE_L_{豆科}(MJ/kg) = [1.044 - (0.011\,9 \times ADF)] \times 9.29$$

禾本科（暖季和冷季草）：

$$DMI_{禾本科}(\%BW) = -2.318 + 0.442 \times CP - 0.010\,0 \times CP^2 - 0.063\,8 \times TDN + 0.000\,922 \times TDN^2 + 0.180 \times ADF - 0.001\,96 \times ADF^2 - 0.005\,29 \times CP \times ADF$$

$$TDN_{禾本科} = NFC \times 0.98 + CP \times 0.87 + FA \times 0.97 \times 2.25 + NDFn \times NDFDp/100 - 10$$

$$NE_L_{禾本科}(MJ/kg) = (1.085 - 0.015\,0 \times ADF) \times 9.29$$

玉米青贮：

$$DMI_{玉米青贮}(kg/d) = BW \times 1.15\%/0.3 + (avg.NDFD - NDFD) \times 17 （Mertens，1987；Oba\ and\ Allen，1999）$$

$$NE_L_{玉米青贮}(MJ/kg) = (1.044 - 0.012\,4 \times NDF) \times 9.29$$

式中：CP 为粗蛋白质含量，%DM；EE 为粗脂肪含量，%DM；FA 为脂肪酸含量，%DM，FA＝EE－1；ADF 为酸性洗涤纤维含量，%DM；NDF 为中性洗涤纤维含量，%DM；NDFD 为 48 h 体外 NDF 消化率，%NDF；TDN 为总可消化养分含量，%DM；NDFn 为无氮的 NDF 含量，NDFn＝NDF×0.93；NFC 为非纤维性碳水化合物含量，%DM，NFC＝100－（NDF＋CP＋EE＋ASH）；NDFDp 为 NDF 可消化结合蛋白质含量，NDFDp＝22.7＋0.664×NDFD。

因此，GI_{2009} 是 GI_{2008} 的进一步补充，基于 GI_{2008}，采用了不同的 DMI 和 NEL 预测模型对不

同种类的饲草进行预测,因而 GI$_{2009}$ 的模型具有较强的灵活性,其预测值可能更接近实际值。

综上所述:

①GI$_{2008}$ 和 GI$_{2009}$ 针对 GI$_{2001}$ 所用蛋白质和纤维指标表观性较强的缺点,引入了 DCP 和 peNDF 指标,不仅将饲料的营养成分和动物的消化生理结合了起来,同时兼顾了粗饲料的物理性状对动物健康的影响,准确性、科学性更强。

②GI 技术以系统整体的思维和方法来实现粗饲料品质的科学评定及科学搭配的最优化,其中 GI$_{2008}$ 较 GI$_{2001}$ 更能充分发挥粗料与粗料之间、粗料与精料之间的组合效应,与其他技术系统集成化程度较高,成为优化饲养设计技术的重要组成部分。

③GI 技术已是一项集理论与实践应用于一体的粗饲料品质评定和发展应用的成套技术,具有综合评定、系统集成的特点。GI$_{2001}$ 简便易行,实用性较强,而 GI$_{2008}$ 及 GI$_{2009}$ 则科学性更强,适于在研究领域应用。

六、其他评定指数

粗饲料的评定指数除了 RVI、eNDF、peNDF、RFV、RFQ 及 GI 以外,还有粗饲料质量指数(quality index,QI)和产奶 2000(Milk 2000)等。

QI 是由美国佛罗里达州饲草推广测试项目(Florida extension forage testing program)于 1984 年提出的,其定义为:TDN 随意采食量是 TDN 维持需要的倍数。由绵羊试验数据推导出的 QI 计算模型为:

$$QI = \frac{TDN\ 采食量(g/MW)}{29}$$

$$TDN\ (\%DM) = \frac{OM(\%DM) \times OMD(\%)}{100}$$

$$TDN\ 采食量(g/MW) = \frac{DMI(g/MW) \times TDN(\%DM)}{100}$$

式中:OM(%DM)为有机物质占干物质的百分数;TDN(%DM)为总可消化养分占干物质的百分数;DMI(g/MW)为干物质采食量,以每千克代谢体重所采食粗饲料的克数表示,MW= W$_{0.75}$。除数 29 是绵羊的 TDN 维持需要量(29 g/MW),而牛的 TDN 维持需要值为 36 g/M。

Milk 2000 由 Undersander 等(1993)首次提出,主要用来对全株玉米青贮品种进行营养价值评价和分级指数的确定,同时也可用于苜蓿和禾本科牧草。其定义是:用每吨粗饲料干物质的泌乳量作为评定乳牛粗饲料品质的指数。

⭐ **本章主要参考文献**

卢德勋,2001.乳牛营养技术精要[C].2001 年动物营养学术研讨会论文集. 呼和浩特:内蒙古畜牧科学院.

贾存辉,钱文熙,敖维平,2017.粗饲料营养价值指数及评定方法[J].草业科学,34(2):415-427.

张吉鹍,2003.粗饲料营养价值评定的研究进展[J]. 广东畜牧兽医科技,28(2):15-19.

张秀芬,1992.饲草饲料加工与贮藏[M].北京:农业出版社.

Menke K H,Raab L,Salewski A,et al.,1979.The estimation of the digestibility and metabolizable energy content of ruminant feedingstuffs from the gas production when they are in-cubated with rumen liquor in vitro[J].The Journal of Agricultural Science,93(1):217-222.

Mertens D R,1987.Predicting intake and digestibility using mathematical models of ruminal function[J].Journal of Animal Science,64(5):1548-1558.

Mertens D R,1997.Creating a system for meeting the fiber requirements of dairy cows[J].Journal of Dairy Science,80(7):1463-1481.

Moore J E,Kunkle W E,1999.Evaluation of equations for estimating voluntary intake of fora-ges and forage-based diets[J].Journal of Animal Science (Suppl. 1),204.

Moore J E,Undersander D J,2002.Relative forage quality:An alternative to relative feed value and quality index[C]//Proceedings 13th Annual Florida Ruminant Nutrition Symposium,32:16-29.

Oba M,Allen M S,1999.Evaluation of the importance of the digestibility of neutral detergent fiber from forage:effects on dry matter intake and milk yield of dairy cows[J].Journal of Dairy Science,82(3):589-596.

Sudweeks E M,Ely L O,Mertens D R,et al.,1981.Assessing minimum amounts and form of roughages in ruminant diets:roughage value index system[J].Journal of Animal Science,53(5):1406-1414.

Undersander D J,Howard W T,Shaver R D,1993.Milk per acre spreadsheet for combining yield and quality into a single term[J].Journal of Production Agriculture,6(2):231-235.

（编写：陈雷；审阅：郭刚、张拴林）

第十一章 青贮饲料品质评定

青贮饲料具有能够保存青绿饲料的营养特点、养分损失少、易消化、适口性好、体积小、易于贮存、调制方法简单等优点，但青贮饲料的品质受原料的种类、刈割期、水分含量、发酵的微生物种类、青贮条件等多种因素的影响。本章内容主要围绕青贮饲料原料评价、青贮饲料发酵品质评定、有氧稳定性评定和青贮饲料中乳酸菌添加剂的开发研究技术等方面进行概述。

第一节 青贮饲料原料评定

1.概述

青贮饲料的发酵品质与原料的化学特性以及附着微生物组成有关，影响因素包括：水分含量、缓冲能值、水溶性碳水化合物含量和附着乳酸菌数量。适宜的水分含量、较低的缓冲能值、充足的碳水化合物含量和附着乳酸菌数量是保证青贮饲料优良品质的前提条件。本节主要阐述青贮原料评价内容的测定方法。

2.青贮原料水分含量测定

理想的青贮原料水分含量应在 $60\%\sim75\%$，过高或过低的水分含量不利于青贮发酵。青贮原料水分过高，难以抑制青贮中有害微生物梭菌的活跃，是造成青贮饲料丁酸和 $NH_3\text{-}N$ 产生的主要因素；而青贮原料水分过低，则在青贮过程中难以压实，造成青贮初期有氧菌活跃，饲草养分损失过大。

原料的水分含量实验室测定按照第一章第一节的方法进行测定。然而，在实际青贮饲料生产中，当不具备实验室测定条件或者需要及时确定含水量是否合适时，感官经验方法就尤为重要。

感官经验方法具体为：攥握法，抓一把切碎的饲料用力攥握 30 s，然后将手慢慢放开，观察汁液和团块变化情况。

如果手指间有汁液流出，表明原料水分含量高于 75%（图 11-1 中图 1）。

如果团块不散开，且手掌有水迹，表明原料水分在 $69\%\sim75\%$（图 11-1 中图 2）。

如果团块慢慢散开，手掌潮湿，表明水分含量在 $60\%\sim69\%$，属制作青贮的最佳含水量（图 11-1 中图 3）。

如果原料不成团块，而是像海绵一样突然散开，表明其水分含量低于 60%（图 11-1 中图 4）。

图 11-1 青贮原料水分感官评定

3.缓冲能值的测定

青贮原料的缓冲能值测定对青贮饲料的发酵进程至关重要,缓冲能值可以理解为青贮过程中阻碍 pH 下降的自然缓冲能力,即 100 g(干物质水平)青贮原料 pH 下降至 4 所需的乳酸的量。牧草的缓冲能值绝大部分是由于存在多种阴离子(有机酸盐、正磷酸盐、硫酸酯、硝酸盐和氯化物等),只有 10%～20% 是植物蛋白质的作用。通常,豆科牧草的缓冲能值大于禾本科牧草。因此,两种牧草达到相同的青贮 pH,豆科牧草需要在发酵过程中产生更多的乳酸。

(1)原理

缓冲能值根据 Plan 和 McDonald(1966)的方法测定。首先将样品提取溶液用 0.1 mol/L 的 HCl 标准溶液酸化至 pH 为 3,再用 0.1 mol/L 的 NaOH 标准溶液调制 pH 为 4,然后继续滴定至 pH 为 6,pH 从 4～6 的 NaOH 消耗体积(mL)为缓冲能值。

(2)试剂和溶液

0.1 mol/L 的 HCl 溶液:84 mL 浓硫酸溶于 916 mL 蒸馏水配制成为 1 mol/L 的 HCl,再将此溶液 100 mL 溶于 900 mL 蒸馏水。

0.1 mol/L 的 NaOH 溶液:4.0 g 的 NaOH 溶于 1 000 mL 蒸馏水。

(3)仪器和设备

pH 计:精度 0.01。

(4)操作步骤

称取新鲜样品 25 g(预先切短至 1～2 cm),加入 250 mL 蒸馏水,在 4 ℃ 条件下浸提 24 h。用 0.1 mol/L 的 HCl 标准溶液酸化至 pH 为 3,再用 0.1 mol/L 的 NaOH 标准溶液调制 pH 为 4,然后继续滴定至 pH 为 6,记录 pH 从 4～6 的 NaOH 消耗体积(mL)。

计算公式如下:

$$U(mEq\ kg/DM) = \frac{(V_1 - V_0) \times C \times 1\ 000}{M \times W}$$

式中:V_1 为消耗 NaOH 体积,mL;V_0 为空白消耗 NaOH 体积,mL;C 为 NaOH 浓度,mol/L;M 为新鲜样品质量,g;W 为新鲜样品干物质含量,%。

4.水溶性碳水化合物(总糖)的测定

青贮原料中的水溶性碳水化合物(总糖)是青贮过程中乳酸菌发酵产生乳酸的主要底物。因此,乳酸菌在青贮发酵过程中产生足够量的乳酸,必须有充足的水溶性碳水化合物。通常禾本科牧草水溶性碳水化合物含量高于豆科牧草。青贮饲料的最低水溶性碳水化合物含量,可以根据原料的缓冲能值计算,即缓冲能值×1.7。

（1）原理

水溶性碳水化合物在浓硫酸作用下生成糖醛或甲基糖醛,糖醛再与蒽酮作用形成蓝绿色的络合物,颜色深浅与糖含量成正比。

（2）试剂与溶液

蒽酮硫酸溶液:称取 0.4 g 蒽酮溶于 100 mL 88 %硫酸中。

葡萄糖标准溶液:称取 0.2 g 葡萄糖溶于 100 mL 的容量瓶中,配制成 2 mg/mL 的标准母液。分别取 1 mL、2 mL、3 mL、4 mL、5 mL 上述的母液于 100 mL 容量瓶中,配制梯度葡萄糖标准溶液,各容量瓶中标准溶液对应葡萄糖浓度分别为 20 μg/mL、40 μg/mL、60 μg/mL、80 μg/mL、100 μg/mL。

（3）仪器和设备

分光光度计:精度 0.001。

（4）操作步骤

标准曲线制作:取 1 mL 不同浓度的葡萄糖标准液或蒸馏水(参比)加入试管中,加蒽酮试剂 5 mL,于沸水浴中煮沸 10 min,取出于冷水中快速冷却,在 620 nm 波长处以参比调零调百,测定各浓度葡萄糖溶液 OD 值,以吸光度值为 X 轴,葡萄糖浓度为 Y 轴,制作标准曲线。

样品测定:称取粉碎的样品 0.2 g 置于试管中,加 10 mL 蒸馏水,沸水浴 30 min,过滤于 25 mL、50 mL 或 100 mL 容量瓶中,获得糖提取液;取 1 mL 不同浓度的葡萄糖标准液或糖提取液,加入试管中,加蒽酮试剂 5 mL,于沸水浴中煮沸 10 min,取出冷却,然后在 620 nm 波长处测定 OD 值,根据糖标准曲线计算样品中的糖含量。

注意:样品测定 OD 值必须在标准曲线最大值与最小值之间,不在范围内样品应根据 OD 值大小调整稀释倍数。

5.青贮原料中水溶性单糖和寡糖的测定

乳酸菌主要利用的单糖为葡萄糖和果糖,不同种类乳酸菌对于两种单糖的代谢途径及利用效率存在差异。另外,一些种类的乳酸菌无法利用木糖、阿拉伯糖和鼠李糖。因此,青贮原料中单糖和寡糖的测定,对于准确评价青贮饲料的可发酵糖具有重要意义。

（1）原理

高效液相色谱法是测定青贮原料中各种单糖简单易行的方法,各种单糖在色谱过程中两相间的分配系数、吸附能力和亲和力存在差异,使得各组分流出色谱柱时间不同,达到分离检测的目的。

（2）试剂与溶液

贮备液溶液:称取鼠李糖、木糖、阿拉伯糖、果糖、葡萄糖、蔗糖、麦芽糖(分析纯)各 1 g,分别定容于 1 L 容量瓶中;无水乙醇;乙腈(色谱纯)。

（3）仪器和设备

高效液相色谱仪、蒸发光散射检测器、高速离心机、冻干机、电子天平、磁力搅拌器、氮吹仪。

（4）色谱条件

分析柱为大连依利特 Hype rsil NH2 柱(4.6 mm ×250 mm,5 μm),流动相为 V(乙腈):V(水)=80:20,流量为 1.0 mL/min,柱温为室温,进样量 20 μL;ELSD 的漂移管温度 70 ℃,氮气作载气,体积流量 2.00 L/min。

（5）操作步骤

将质量浓度为 25 mg/L、50 mg/L、100 mg/L、200 mg/L、500 mg/L、1 000 mg/L 的标准糖溶液，按上述色谱条件测定，进样量 20 μL，对应糖的绝对量为 0.5 μg、1 μg、2 μg、4 μg、10 μg、20 μg。根据 ELSD 测得的峰面积 A，对应糖的绝对进样量 y 进行线性回归，绘制曲线方程。根据最低质量浓度的标样稀释和信噪比 $S/N=3$，获得每个组分最低检测质量浓度。

青贮原料冻干后粉碎，称取 1 g 样品加入 10 mL 80% 的乙醇溶液 80 ℃ 提取 1 h，10 000 r/min 离心 10 min，将上清液转移入新的离心管中；沉淀物离心管中再次加入 5 mL 80% 的乙醇溶液 80 ℃ 提取 1 h，10 000 r/min 离心 10 min，将上清液合并入上述上清液离心管中；沉淀物中再次加入 5 mL 80% 的乙醇溶液重复上述步骤。将 3 次收集到的 20 mL 上清液至于氮吹仪（水浴温度 50 ℃）中吹干，加入 2～5 mL 蒸馏水（根据青贮饲料含糖量确定）溶解干粉。吸取 1.5 mL 溶解液至 2 mL 离心管中，加入少量活性炭，置于 37 ℃ 恒温箱 30 min 后取出，加入少量树脂，摇匀，静置 10 min，10 000 r/min 离心 3 min，上清液经 0.22 μm 滤膜过滤，取滤液 20 μL 进样，根据回归方程计算各组分浓度，低于最低检测浓度组分不可用。

6.青贮原料附着微生物计数

青贮材料附着微生物种类多样，青贮发酵成功的关键在于乳酸菌数量和发酵程度。通常认为保证青贮成功发酵需要乳酸菌的最低数量为 10^5 CFU/g 鲜重。霉菌和酵母是引起青贮饲料二次发酵的主要微生物。因此，青贮材料中附着乳酸菌、霉菌和酵母的数量对于青贮发酵进程存在重要影响。

（1）原理

青贮原料附着微生物通过与生理盐水混合、适当稀释之后，其中的微生物充分分散成单个细胞，取一定量的稀释液接种到平板上，应用选择性培养基，经过培养，某类微生物由每个单细胞生长繁殖成为肉眼可见的菌落，统计菌落数，依照稀释倍数和接种量即可计算出单位重量青贮原料附着此类微生物的数量。

（2）试剂与溶液

青贮饲料中乳酸菌、霉菌、酵母和有氧菌计数均采用选择性培养基。乳酸菌采用 GYP 和 MRS 培养基，有氧细菌采用营养培养基，霉菌和酵母采用虎红培养基。

GYP（加溴甲酚紫）培养基组分：葡萄糖 10 g、酵母提取物 5 g、蛋白胨 5 g、乙酸钠 2 g、吐温-80 5 mL（50 mg/mL）、碳酸钙 5 g、氯化钠 5 g、盐溶液 5 mL（四水硫酸锰 0.2 g、七水硫酸亚铁 0.2 g 和七水硫酸镁 4 g 溶于 100 mL 蒸馏水）、琼脂 15 g、溴甲酚紫 0.04 g、蒸馏水 1 000 mL。pH 6.8，121 ℃ 15 min 高压灭菌。

MRS 培养基组分：葡萄糖 20 g、酵母提取物 5 g、蛋白胨 10 g、牛肉浸膏 10 g、乙酸钠 5 g、吐温-80 1 g、柠檬酸三铵 2 g、磷酸氢二钾 2 g、盐溶液 5 mL（一水硫酸锰 4.24 g 和无水硫酸镁 5.66 g 溶于 100 mL 蒸馏水）、琼脂 15 g、蒸馏水 1 000 mL。pH 6.5，121 ℃ 15 min 高压灭菌。

营养琼脂培养基组分：蛋白胨 5 g、牛肉浸膏 30 g、氯化钠 5 g、琼脂 15 g、蒸馏水 1 000 mL。pH 7.0，121℃ 15 min 高压灭菌。

虎红培养基组分：葡萄糖 10 g、蛋白胨 5 g、磷酸氢二钾 1 g、无水硫酸镁 0.5 g、孟加拉红 0.033 g、琼脂 15 g、氯霉素 0.1 g、蒸馏水 1 000 mL。pH 7.0，121 ℃ 15 min 高压灭菌。

（3）仪器和设备

90 mm 培养皿，150 mL 三角瓶，100 μL、1 mL 和 5 mL 移液器，10 mL 试管及试管架，振

荡器,摇床,高压灭菌锅,超净工作台,恒温培养箱。

（4）操作步骤

①培养基灭菌后,待温度降至 45 ℃左右,在超净工作台中将培养基倒入培养皿,每个培养皿 15 mL 左右,待培养基凝固后倒置摆放,过夜。

②称取 10 g 青贮原料样品放入 150 mL 三角瓶,加入 90 mL 0.85%的无菌生理盐水,密封。

③将三角瓶置于摇床上以 120 r/min 摇动 2 h。

④准备 10 mL 试管 6 支,编号,依次为 10^{-1}、10^{-2}、10^{-3}、10^{-4}、10^{-5}、10^{-6};每支试管用 5 mL 移液器吸取灭菌生理盐水 4.5 mL 加入。

⑤用 1 mL 移液器吸取三角瓶中菌液 0.5 mL 加入编号为 10^{-1} 的试管中,在振荡器上充分混匀;之后吸取 0.5 mL 编号为 10^{-1} 的试管中菌液,加入编号为 10^{-2} 的试管中,在振荡器上充分混匀;按照此方法连续稀释,至 10^{-6}。具体过程见图 11-2。

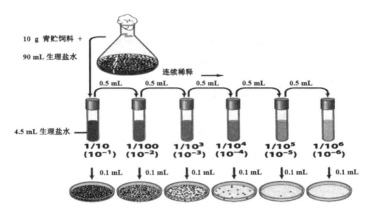

图 11-2　青贮原料微生物计数连续稀释

⑥选择合适的 3 个连续梯度菌液,用 100 μL 移液器分别吸取 100 μL 菌液加入培养皿(不同微生物计数选用对应选择性培养基),用灭菌的涂布器涂抹均匀。

⑦乳酸菌计数培养基平板倒置后置于无菌厌氧盒中,在 30 ℃恒温培养箱中培养 2~3 d,如选用 GYP 培养基,其中具有黄色透明光环的为乳酸菌;有氧细菌计数,将平板倒置后置于 30℃恒温培养箱中培养 2~3 d;霉菌和酵母计数,将平板倒置后置于 30 ℃恒温培养箱中培养 3~5 d,根据平板内微生物形态区分霉菌和酵母。

⑧待培养完成后,记录培养皿微生物菌落数,有效数值应为 30~300 个菌落数。

⑨计数:青贮饲料中某种微生物数量(CFU/g 鲜重)＝同一稀释度培养皿菌落数平均值×稀释倍数×100。

第二节　青贮饲料发酵品质评定

一、概述

青贮饲料的发酵品质评定包括感官评定、化学评定和消化率分析等内容。感官评定主要包括对青贮饲料的气味、颜色、质地等的评估;化学评定主要通过测定青贮饲料的 pH、氨态氮浓度、乳酸浓度以及挥发性脂肪酸浓度,采用 V-Score 和 Flieg 评分体系评价青贮饲料的等级。实际中,通常采用感官评定和化学评定相结合的方式评价青贮饲料质量。消化率测定是评价青贮饲料可消化性的重要途径,通常采用体外法,具有简单便捷的特点。

二、青贮饲料发酵品质感官评定

青贮饲料的感官评定主要根据其气味、颜色、质地判定,详见表 11-1。

表 11-1　青贮饲料感官评定标准

评定指标	评定标准			得分
气味	有淡淡酸味和果香味			14
	较轻的酸味,或丁酸臭味微弱,弱的芳香味			10
	有刺激的霉味或焦烟臭味,或丁酸的味道很重			4
	几乎没有酸味,或有比较浓的氨味或丁酸臭味			2
	霉败味,粪味,或有强的堆肥味			0
色泽	黄绿色,与原料类似,烘干完呈现淡褐色			2
	略有变色,呈淡褐色或淡黄色			1
	呈墨绿色、黄褐色,变色较严重			0
结构	松软,不黏手,茎和叶的结构都保持良好			4
	不是很黏手,茎和叶的结构保持均较差			2
	黏手,茎和叶的结构极差,有些可能存在霉菌的轻度污染			1
	黏手,污染严重,或茎叶腐烂			0
总得分	16~20	10~15	5~9	0~4
评定等级	优良	尚好	中等	腐败

三、青贮饲料发酵品质化学评定

青贮饲料的发酵品质与其 pH、氨态氮、乳酸和挥发性脂肪酸含量有关。目前,青贮饲料的评分体系包括 V-Score 评分体系、Flieg 评分体系和我国农业部的实验室评分体系。V-Score 评分体系在 2001 年由日本颁布,以氨态氮和乙酸、丙酸、丁酸等挥发性脂肪酸作为评定指标进行青贮品质评价。Flieg 评分体系 1938 年由德国科学家 Flieg 提出,之后 Zummer 对该法进行了修改并一直沿用至今,是以青贮饲料中乳酸、乙酸、丁酸占总酸的比例为基础来评价青贮料的品质,而没有将氨态氮指标列入评定体系中。该法适合于原料水分高、无化学添加剂处理的青贮,主要用于玉米青贮料青贮品质的评定,而对于评价高温发酵条件下的劣质青贮则不适合。我国青贮饲料实验室评价体系由农业部于 1996 年发布。该方法适用于紫云英、苜蓿、红薯藤、玉米秸秆等各类青贮。

（一）原理

青贮饲料通过浸提获得浸提液，用以测定青贮饲料的 pH、氨态氮、乳酸和挥发性脂肪酸。青贮饲料的 pH 应用酸度计直接测定。

氨态氮测定是基于氨与苯酚和次氯酸在碱性介质中反应生成深蓝色的吲哚酚，通过比色法测定，并在反应过程中应用亚硝基铁氰化钠作为催化剂，加速反应并增加灵敏度。

乳酸测定是根据乳酸与浓硫酸作用生成乙醛，乙醛再与对羟基联苯反应，产生紫罗兰色，可在波长 560 nm 处比色。同时，注意乳酸含量在 $3\sim15\ \mu mol$ 范围内与生成的颜色成正比。

挥发性脂肪酸测定是将样品通过气化随载气进入色谱柱（气相色谱法）或通过高压输液泵将流动相泵入色谱柱（液相色谱法），利用色谱柱的分离原理分离各组分，并依次进入检测器，系统记录和处理色谱峰，最终通过比对标准样峰面积，获得各组分含量。

（二）试剂与仪器

1. pH 测定

pH 计：精度 0.01。

2. 氨态氮测定

苯酚溶液：称取 50.65 mg 亚硝基铁氰化钠，9.975 7 g 结晶苯酚，用蒸馏水定容至 1 000 mL 后贮存在棕色玻璃试剂瓶中待用。

次氯酸钠试剂：将 5.0 g 氢氧化钠溶解在适量蒸馏水中，再加入 13.5 mL 次氯酸钠，定容至 1 000 mL 后贮存于棕色玻璃试剂瓶中待用。

0.2 mol/L HCl 溶液：取 16.7 mL HCl 原液用蒸馏水定容至 1 000 mL。

标准铵溶液：称取 1.0 g NH_4Cl 溶于蒸馏水中，并定容至 100 mL，配制成 10 mg/mL 的标准母液。分别取 1.0 mL、2.0 mL、3.0 mL、4.0 mL、5.0 mL、6.0 mL、7.0 mL 母液于 100 mL 容量瓶中，配制成一个系列不同浓度梯度的标准液。

分光光度计：精度 0.001。

3. 乳酸测定

标准乳酸溶液：称取乳酸钙 0.173 0 g（$C_6H_{10}CaO_6 \cdot 5H_2O$，分子量 308，其中包括 2 个乳酸分子，分子量 180，乳酸质量为 0.1 g），用蒸馏水定容于 1 L 容量瓶中溶解，配制为乳酸浓度为 100 μg/mL 的标准母液。从中取出 2 mL、4 mL、6 mL、8 mL、10 mL，分别定容到 100 mL 容量瓶中，配制为对应浓度为 2 μg/mL、4 μg/mL、6 μg/mL、8 μg/mL、10 μg/mL 的标准梯度溶液。

20 ％硫酸铜溶液：称取 20 g 硫酸铜（$CuSO_4 \cdot 5H_2O$，分析纯）用 100 mL 蒸馏水溶解。

0.5 ％氢氧化钠：称取 0.5 g 氢氧化钠溶于 100 mL 的蒸馏水。

对-羟基联苯试剂：4-Hydroxydiphenyl（分析纯），称取 1.5 g 对-羟基联苯用浓度为 0.5 ％氢氧化钠溶液 100 mL 溶解，棕色试剂瓶中冷藏保存备用。

浓硫酸：优级纯。

分光光度计：精度 0.001。

4.挥发性脂肪酸测定

(1)气相色谱法

偏巴酸溶液:配制 25%(W/V)的偏磷酸溶液,将 25 g 偏磷酸溶解在 90 mL 双蒸水中,溶解后加入 0.646 4 g 的巴豆酸,定容到 100 mL。

标准液:按照表 11-2 所示,用移液枪量取各挥发酸,定容至 100 mL。各种挥发性脂肪酸沸点为:乙酸(118 ℃)、丙酸(141 ℃)、异丁酸(154.5 ℃)、丁酸(163.5 ℃)、异戊酸(176.5 ℃)和戊酸(187 ℃)。

表 11-2　标准贮备液的组成及浓度

项目	乙酸	丙酸	异丁酸	丁酸	异戊酸	戊酸
添加用量/μL	330	400	30	160	40	50
最终浓度/(g/L)	3.46	3.97	0.29	1.53	0.38	0.47
摩尔浓度/(mol/L)	57.65	53.63	3.29	17.45	3.67	4.61

气相色谱仪。

(2)高效液相色谱法

乳酸、乙酸、丙酸、丁酸和磷酸、磷酸二氢钾(分析纯)、甲醇(色谱纯)。配制梯度浓度的乳酸(1 mg/mL、2 mg/mL、3 mg/mL、4 mg/mL、5 mg/mL),以及梯度浓度的乙酸、丙酸和丁酸(1 mg/mL、1.5 mg/mL、2 mg/mL、2.5 mg/mL、3 mg/mL)等有机酸的混合标样,上样前经过 0.25 μm 合成纤维素酯膜过滤。

高效液相色谱仪、紫外吸收检测器。

(三)操作步骤

1.青贮饲料浸提液制备及 pH 测定

取样品 35 g 加入 70 mL 蒸馏水,4 ℃浸提 24 h,两层纱布和一层滤纸过滤,浸提液用于 pH、乳酸、氨态氮和挥发性脂肪酸含量的测定。

青贮饲料 pH 用酸度计直接测定。

2.青贮饲料中氨态氮的测定

(1)标准曲线制作

①取 1 mL 不同浓度的 NH_4Cl 标准液或蒸馏水(参比),加入 15 mL 玻璃试管中。

②向试管中加入 4 mL 0.2 mol/L 的 HCl 溶液混匀。

③取混合液 0.2 mL 于另一试管中。

④向每只试管中依次加入 2.5 mL 的苯酚试剂和 2.5 mL 次氯酸钠试剂,摇匀。

⑤将混合液在 60℃水浴中加热显色 10 min。

⑥在 560 nm 波长处以参比调零调百,测定各浓度 NH_4Cl 溶液 OD 值。

⑦以吸光度值为 X 轴,NH_4Cl 浓度为 Y 轴,制作标准曲线。

(2)样品测定

①取 1 mL 经适当倍数稀释的样本,加入试管中。测定过程同标准曲线制作步骤②至⑥。

②根据标准曲线,计算各个样品中 NH_4Cl 的浓度。注意:计算求得的浓度为 NH_4Cl 浓

度,根据其分子量计算求得 NH_3 浓度。

3.青贮饲料中乳酸的测定

(1)标准曲线的制作

①取 12 支大试管,分为 6 组,分别向每组试管中各加入浓度为 2 μg/mL、4 μg/mL、6 μg/mL、8 μg/mL、10 μg/mL 的标准乳酸溶液 1 mL 或蒸馏水 1 mL(参比)。

②加入 1 滴 20 %硫酸铜溶液。

③将试管置于冰水中,边摇动边缓慢加入 6 mL 的浓硫酸,并混匀。

④放入沸水浴中煮沸 5 min。

⑤试管从沸水浴中取出后,用水冷却至室温,并加入 0.2 mL 的对-羟基联苯试剂,小心摇匀试管内容物。

⑥将试管放入 30 ℃恒温水浴中加温 30 min,呈现颜色,振荡摇匀。

⑦为去除多余对-羟基联苯试剂,将试管在沸水浴中再煮沸 2 min。

⑧取出,冷水中冷却后,以分光光度计波长 560 nm 处比色,测定 OD 值。

⑨以 OD 值为 X 轴,标液浓度为 Y 轴,绘制标准曲线。

(2)样品的测定

①青贮饲料浸提液 1 mL 用去离子水进行稀释,稀释浓度根据青贮料的乳酸含量决定。测定过程同标准曲线制作步骤②至⑧。

②根据标准曲线计算样品乳酸浓度。

4.青贮饲料中挥发性脂肪酸的测定

(1)气相色谱法

①取 1 mL 浸提液样品到 1.5 mL 离心管中,再加入 0.2 mL 的偏磷酸巴豆酸混合溶液,−20 ℃冰箱保存过夜。

②解冻后 12 000 r/min 离心 5 min,取上清液保存,测定前再 10 000 r/min 离心 10 min(或少许通过 0.22 μm 针式滤器)。

③气相色谱条件:色谱柱采用毛细吸管柱[30 m×0.25 mm (df 0.25 μm)],柱流速为 0.8 mL/min,温度 220 ℃,分流比 5∶1;柱温 70 ℃持续 1 min,30 ℃/min 升温至 160 ℃;检测器 220 ℃,频率 25 Hz;氮气 40 mL/min,氢气 35 mL/min,空气 350 mL/min。

④用 1.0 μL 微量进样器吸取滤液,瞬时注入色谱仪,进样量为 1.0 μL。形成的色谱如图 11-3 所示,峰 2 为乙酸、峰 3 为丙酸、峰 4 为异丁酸、峰 5 为丁酸、峰 8 为巴豆酸。

⑤有机酸浓度的计算。通过标准样品内标巴豆酸的重量(或浓度)和峰面积可以计算出乙酸、丙酸及丁酸等有机酸的相对校正因子,然后根据乙酸、丙酸及丁酸的重量(或浓度)与其峰面积呈正比计算出各个样品中的乙酸、丙酸及丁酸浓度。

$$某酸浓度(mmol/L) = \frac{样品某酸峰面积 \times 巴豆酸标准峰面积 \times 某酸标准浓度}{样品中巴豆酸峰面积 \times 标样某酸面积}$$

(2)高效液相色谱法

①按照上文"青贮饲料浸提液制备及 pH 测定"中描述方法制备浸提液,用 0.25 μm 合成纤维素酯膜过滤。

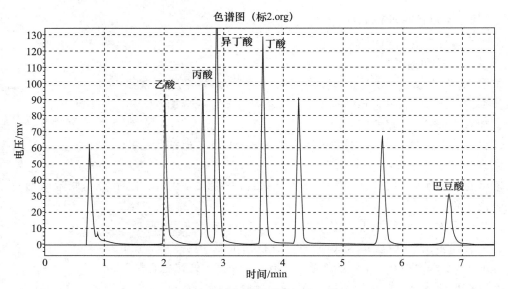

图 11-3 挥发性脂肪酸标准图谱

②色谱条件:色谱柱为 Agilent TC-C18 柱(250 mm×4.6 mm,5 μm),流动相 A 为甲醇,流动相 B 为 0.01 mol /L KH$_2$PO$_4$ 水溶液(用磷酸调 pH 至 2.7),流动相 A 与流动相 B 之比为 3:97,使用前过 0.25 μm 的纤维素膜过滤,超声波脱气;流速 0.6 mL/min;紫外检测波长,210 nm;柱温为室温。

③用 20 μL 微量进样器吸取滤液,瞬时注入色谱仪,进样量 20 μL。

④有机酸浓度计算:高效液相色谱图中采集标准酸的峰高,绘制出标准曲线,得到回归方程,由所测得各有机酸的峰高计算出待测液中的各有机酸浓度,再由稀释倍数及溶液所定容体积得出所取样品中各有机酸含量,计算出该有机酸所占样品的百分含量。

(四)青贮饲料发酵品质化学评定方法

1.青贮饲料发酵品质 V-Score 评分

V-Score 评分体系是以青贮饲料中的氨态氮/总氮(NH$_3$-N/TN)和挥发性脂肪酸(VFA)含量来评定发酵品质的优劣,满分为 100 分。根据这个评分,将青贮饲料品质分为良好(>80 分)、尚可(60~80 分)、不良(<60 分)3 个级别,详见表 11-3。

表 11-3 青贮饲料 V-Score 评分体系

指标	变量	V-Score=$Y_N+Y_A+Y_B$			
NH$_3$-N/TN/%	X_N	$X_N \leqslant 5$	$5 < X_N \leqslant 10$	$10 < X_N \leqslant 20$	$X_N > 20$
		$Y_N = 50$	$Y_N = 60 - 2X_N$	$Y_N = 80 - 4X_N$	$Y_N = 0$
乙酸+丙酸/%FM	X_A	$X_A \leqslant 0.2$	$0.2 < X_A \leqslant 1.5$	$X_A > 1.5$	
		$Y_A = 10$	$Y_A = (150 - 100X_A)/13$	$Y_A = 0$	
丁酸/%FM	X_B	$0 \leqslant X_B \leqslant 0.5$		$X_B > 0.5$	
		$Y_B = 40 - 80X_B$		$Y_B = 0$	
总得分		>80 分	60~80 分	<60 分	
评定等级		良好	尚可	不良	

注:TN 为总氮,FM 为鲜物质重。

2.青贮饲料发酵品质 Flieg 评分

青贮饲料 Flieg 评分体系是以青贮饲料中乳酸、乙酸、丁酸占总酸的比例为基础来评价青贮料的品质,而没有将氨态氮指标列入评定体系中。根据分值大小判定青贮饲料的品质,将青贮饲料品质分为优(＞80 分)、良(61～80 分)、可(41～60 分)、中(21～40 分)和劣(＜21 分)5 个级别,详见表 11-4。

表 11-4　青贮饲料 Flieg 评分体系

乳酸		乙酸		丁酸	
乳酸/总酸/%	评分	乳酸/总酸/%	评分	乳酸/总酸/%	评分
0.0～25.0	0	0.0～15.0	20	0.0～1.5	59
25.1～27.5	1	15.1～17.5	19	1.6～3.0	30
27.6～30.0	2	17.6～20.0	18	3.1～4.0	20
30.1～32.0	3	20.1～22.0	17	4.1～6.0	15
32.1～34.0	4	22.1～24.0	16	6.1～8.0	10
34.1～36.0	5	24.1～25.4	15	8.1～10.0	9
36.1～38.0	6	25.5～26.7	14	10.1～12.0	8
38.1～40.0	7	26.8～28.0	13	12.1～14.0	7
40.1～42.0	8	28.1～29.4	12	14.1～16.0	6
42.1～44.0	9	29.5～30.7	11	16.1～17.0	5
44.1～46.0	10	30.8～32.0	10	17.1～18.0	4
46.1～48.0	11	32.1～33.4	9	18.1～19.4	3
48.1～50.0	12	33.5～34.7	8	19.1～20.0	2
50.1～52.0	13	34.8～36.0	7	20.1～30.0	0
52.1～54.0	14	36.1～37.4	6	30.1～32.0	−1
54.1～56.0	15	37.5～38.7	5	32.1～34.0	−2
56.1～58.0	16	38.8～40.0	4	34.1～36.0	−3
58.1～60.0	17	40.1～42.5	3	36.1～38.0	−4
60.1～62.0	18	42.6～45.0	2	38.1～40.0	−5
62.1～64.0	19	45.0＜	1	40.0＜	−10
64.1～66.0	20				
66.1～67.0	21				
67.1～68.0	22				
68.1～69.0	23				
70.1～71.2	25				
71.3～72.4	26				
72.5～73.7	27				
73.8～75.0	28				
75.0＜	30				

3.我国青贮饲料实验室评价体系

我国评分体系是以青贮饲料中的氨态氮占总氮比例,以及乳酸、乙酸和丁酸占总酸比例来评定发酵品质的优劣,计算时将氨态氮评分与 1/2 的有机酸评分相加,满分为 100 分。根据这个评分,将青贮饲料品质分为优(80～100 分)、良(60～80 分)、可(40～60 分)、差(20～40 分)和极差(<20 分)5 个级别,详见表 11-5 至表 11-7。

表 11-5　青贮饲料氨态氮占总氮比例评分

氨态氮/总氮/%	得分	氨态氮/总氮/%	得分
<5	50	15.1～16.0	22
5.1～6.0	48	16.1～17.0	19
6.1～7.0	46	17.1～18.0	16
7.1～8.0	44	18.1～19.0	13
8.1～9.0	42	19.1～20.0	10
9.1～10.0	40	20.1～22.0	8
10.1～11.0	37	22.1～26.0	5
11.1～12.0	34	26.1～30.0	2
12.1～13.0	31	30.1～35.0	0
13.1～14.0	28	35.1～40.0	-5
14.1～15.0	25	>40.1	-10

表 11-6　青贮饲料各有机酸占总酸比例评分

占总酸比例/%	得分			占总酸比例/%	得分		
	乳酸	乙酸	丁酸		乳酸	乙酸	丁酸
0.0～0.1	0	25	50	28.1～30.0	5	20	10
0.2～0.5	0	25	48	30.1～32.0	6	19	9
0.6～1.0	0	25	45	32.1～34.0	7	18	8
1.1～1.5	0	25	43	34.1～36.0	8	17	7
1.6～2.0	0	25	40	36.1～38.0	9	16	6
2.1～3.0	0	25	38	38.1～40.0	10	15	5
3.1～4.0	0	25	37	40.1～42.0	11	14	4
4.1～5.0	0	25	35	42.1～44.0	12	13	3
5.1～6.0	0	25	34	44.1～46.0	13	12	2
6.1～7.0	0	25	33	46.1～48.0	14	11	1
7.1～8.0	0	25	32	48.1～50.0	15	10	0
8.1～9.0	0	25	31	50.1～52.0	16	9	-1
9.1～10.0	0	25	30	52.1～54.0	17	8	-2
10.1～12.1	0	25	28	54.1～56.0	18	7	-3
12.1～14.0	0	25	25	56.1～58.0	19	6	-4
14.1～16.0	0	25	24	58.1～60.0	20	5	-5

续表11-6

占总酸比例/%	得分			占总酸比例/%	得分		
	乳酸	乙酸	丁酸		乳酸	乙酸	丁酸
16.1～18.0	0	25	22	60.1～62.0	21	0	−10
18.1～20.0	0	25	20	62.1～64.0	22	0	−10
20.1～22.0	1	24	18	64.1～66.0	23	0	−10
22.1～24.0	2	23	16	66.1～68.0	24	0	−10
24.1～26.0	3	22	14	68.1～70.0	25	0	−10
26.1～28.0	4	21	12	>70	25	0	−10

表 11-7　总体评价等级

总得分	<20	20～40	40～60	60～80	80～100
评定等级	极差	差	可	良	优

四、青贮饲料体外消化率评定

青贮饲料体外消化率评定的常用方法,包括两阶段法和产气法。两阶段法通过体外模拟瘤胃和真胃的消化过程,评价饲料养分消化率。青贮饲料中干物质和粗蛋白质消化率需要按照两阶段法完成,中性洗涤纤维消化率可以只采用模拟瘤胃发酵评价,其在真胃中几乎不被消化。产气法是基于青贮饲料养分消化率与产气量存在正相关,通过产气量评价青贮饲料的消化效率。具体测定方法及步骤参照第四章。

第三节　青贮饲料有氧稳定性评定

一、概述

二次发酵是饲料在青贮和取用过程中普遍存在的问题,给畜牧业生产带来了严重的经济损失。青贮饲料有氧稳定性与青贮饲料中主要的微生物,乳酸菌、酵母菌、肠细菌、霉菌和其他好氧性细菌有关。青贮饲料有氧稳定性评定主要涉及青贮饲料在开封后,由于空气暴露导致青贮品质的变化,除青贮饲料的 pH、氨态氮、有机酸、霉菌和酵母数量外,还主要通过测定青贮饲料的温度变化、CO_2 的产量进行评定。关于品质变化部分,前节已经叙述,本节不再叙述,此部分主要阐述青贮饲料有氧暴露后的温度变化、CO_2 产量测定方法。

二、青贮饲料有氧暴露温度变化评定

酵母菌等好氧性微生物可氧化青贮发酵形成的有机酸,在氧化过程中,大量能量的损失,致使青贮饲料温度升高,用普通温度计可以测定青贮饲料在有氧暴露过程中的温度变化,每 4 h测定 1 次,持续 8～10 d,记录温度变化过程。

吉林大学研制的青贮饲料有氧稳定性温度实时监测系统,解决了隔热效果差、温度测定时系统误差大的问题,下面就其装置做简要介绍。

该系统包括 3 个部分:盛料瓶、保温隔热系统和温度实时监测系统(图 11-4)。

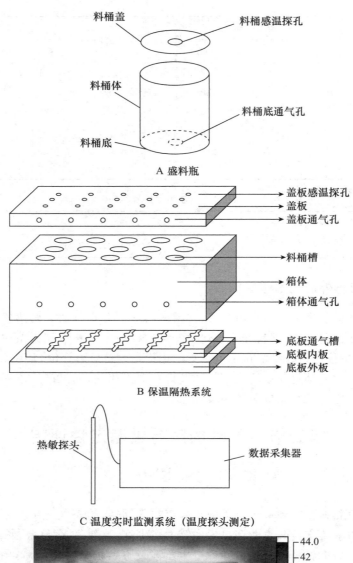

A 盛料瓶

B 保温隔热系统

C 温度实时监测系统（温度探头测定）

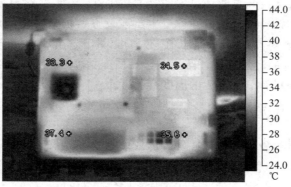

D 温度实时监测系统（红外热成像仪测定）

图 11-4　青贮饲料有氧稳定性温度实时监测系统

三、青贮饲料有氧暴露 CO_2 产量评定

CO_2 滴定法是青贮有氧稳定性评价的常用方法。按照 Ashbell 描述方法制备装置,如图 11-5 所示。每套装置包括 2 个 1.5 L 的聚对苯二甲酸乙二醇酯(PET)碳酸饮料瓶,分上下 2 个部分。上面部分用来放置青贮饲料 250～300 g,下面部分用来盛放 100 mL 20％的 KOH 溶液,置于 30 ℃恒温培养箱中。在放置结束后 2 d、4 d、6 d、8 d 和 10 d 打开饲料的产气装置,取出 KOH 进行滴定。

先用 3 mol/L HCl 溶液滴定 KOH 溶液,使 pH 降到 10.0,再用 1 mol/L HCl 溶液滴定 KOH 溶液,使 pH 降到 8.1,继续用 1 mol/L HCl 溶液滴定 KOH 溶液至 pH 3.6,记录 pH 从 8.1 降到 3.6 所用的 1 mol/L HCl 溶液的量。通过 1 mol/L HCl 溶液的用量,计算 CO_2 的生成量(g/kg・DM),计算公式如下:

$$CO_2生成量 = \frac{0.044 \times T \times V}{A \times FM \times DM}$$

式中:T 为滴定中 1 mol/L HCl 用量,mL;V 为 20％KOH 溶液的总量,mL;A 为滴定时所用 20％KOH 溶液的量,mL;FM 为样品鲜重,kg;DM 为样品干物质含量,％。

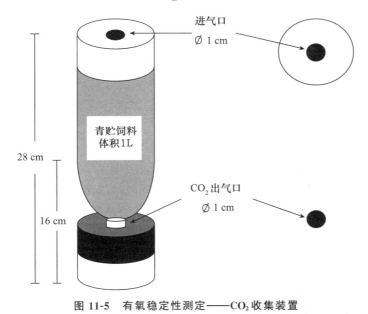

图 11-5　有氧稳定性测定——CO_2 收集装置

第四节　青贮饲料中优良乳酸菌的分离、鉴定技术

一、概述

青贮饲料中乳酸菌分离和鉴定技术是青贮饲料添加剂开发的重要技术手段。针对不同青贮饲料原料特点,分离和筛选其固有优势乳酸菌作为该种青贮材料的添加剂,具有适应性强的

特点。本节主要阐述在青贮饲料研究中关于乳酸菌分离与鉴定的常用技术,包括乳酸菌的分离纯化、生化鉴定及分子鉴定等技术。

二、青贮饲料中乳酸菌的分离

1.菌株分离

取青贮饲料样品 10 g,加入 90 mL 无菌生理盐水,密封,置于摇床上 120 r/min 2 h,取上清液 100 μm 采用倾注法置于 GYP 培养基中 30 ℃培养 2～3 d,将 GYP 培养基中具有黄色透明环的菌株,在 MRS 固体培养基上划线分离培养(30 ℃,2～3 d),重复划线分离培养 3 次,得到纯化的单菌株,置于 MRS 液体培养基中培养(30 ℃)12 h,加入等体积 40%的甘油,分装。

2.菌株活化

将冷冻保存的菌株快速流水解冻,置于 MRS 液体培养基中活化培养(30 ℃,24 h),传代培养 2 次,将最后 1 次富集的培养物 4 ℃ 3 000 r/min 离心 10 min,弃去上清,用灭菌生理盐水冲洗,混匀,离心,重复 2 次,加入生理盐水重新混匀,用比浊法调制菌液浓度为 10^8 CFU/mL。

三、乳酸菌的生化鉴定

1.革兰氏染色

(1)试剂与溶液

草酸铵结晶紫染液:A——结晶紫 2 g 溶于 95 %的乙醇 20 mL;B——草酸铵 0.8 g 溶于蒸馏水 80 mL,混合 A、B 两液,静置 48 h。

卢戈式染液:碘片 1 g、碘化钾 2 g 溶于蒸馏水 300 mL。

番红溶液:番红 2.5 g 溶于 95 %乙醇 100 mL,配制好后取该液 10 mL 与 80 mL 蒸馏水混匀。

(2)测定步骤

在载玻片中央用接种环滴上 1 环灭菌蒸馏水,用接种针钓取单个菌落与灭菌蒸馏水混合自然干燥,载玻片面向上通过火焰 3 次固定,用结晶紫溶液浸泡 1 min,充分冲洗并把冲淋水去净,卢戈溶液内浸泡 1 min,用水冲洗并去水,95 %酒精溶液内浸泡 10 s 脱色,用蒸馏水冲洗,用番红溶液浸泡 2 min,用蒸馏水洗净,自然干燥,1 000 倍镜检。显微镜观察:革兰氏阳性为深紫色,阴性为桃红色。

2.过氧化氢酶促试验

将 15%的过氧化氢滴在菌株上,观察是否有气泡产生。凡是革兰氏阳性、过氧化氢酶促阴性的菌株初步认定为乳酸菌。

3.硝酸盐还原实验

(1)试剂与溶液

培养基:蛋白胨 10 g、氯化钠 5 g、硝酸钾 1～2 g、蒸馏水 1 000 mL,pH 7.4。

格利斯亚硝酸试剂Ⅰ:称取磺胺酸 0.5 g,溶于 150 mL 30%的醋酸溶液中,棕色瓶保存。

格利斯亚硝酸试剂Ⅱ:称取 α-萘胺 0.5 g,加入 50 mL 蒸馏水煮沸后,缓缓加入 30%的醋酸溶液 150 mL,棕色瓶中保存。

（2）测定步骤

接种待检菌于硝酸盐还原培养基中，37 ℃培养 48 h，另外保留一管没有接种的培养基做对照。把对照管分成 2 管，其中一管加入少量锌粉，加热，再加入格利斯亚硝酸试剂Ⅰ、Ⅱ各 1 滴，看有无红色出现。把接种的培养基也分成两管，其中一管加入格利斯亚硝酸试剂Ⅰ、Ⅱ各 1 滴，如出现红色，则为阳性。如不出现红色则在另一管中加入少量锌粉并加热，再加格利斯亚硝酸试剂Ⅰ、Ⅱ各 1 滴，如出现红色，则证明硝酸盐仍存在，为阴性；如不出现红色，则说明硝酸盐已被还原，为阳性。

4.糖发酵试验

使用乳酸菌生化鉴定的试剂盒（如法国 bioMérieux 公司生产的 API 50 CHL 试剂盒，可以鉴定 49 种糖、醇）进行不同糖、醇发酵鉴定。根据试剂盒说明，接菌培养，对照颜色标准，判定可利用底物情况，初步判定乳酸菌种类。

四、乳酸菌的筛选

1.产酸和生长实验

将调制好的菌液以 3% 的添加量加入 GYP（不含溴甲酚紫）液体培养基中，30 ℃培养 4 h、8 h、12 h、24 h 和 36 h。用 pH 计测定 pH，以培养基为空白，在波长 620 nm 下测定吸光度值。

2.产气实验

将调制好的菌液加入 MRS 液体培养基中，培养基试管中放入杜氏小管，30 ℃培养 2～3 d。观察是否产气，产气为异型发酵乳酸菌，不产气为同型发酵乳酸菌。

3.不同温度、盐浓度和 pH 水平生长试验

用灭菌的牙签蘸取菌液，在 MRS 培养基上划线或者穿刺，分别于 15 ℃和 45 ℃培养 3～5 d，观察生长情况。用灭菌的牙签蘸取菌液，在不同盐浓度（3% 和 6%）的 MRS 培养基上划线或者穿刺，30 ℃培养 3～5 d，观察生长情况。配制 pH 梯度（3、3.5、4、5 和 6）MRS 液体培养基，按 3% 接菌量接种乳酸菌，在波长 620 nm 下测定吸光度值，确定乳酸菌的生长情况。

五、乳酸菌的分子鉴定

1.青贮饲料样品微生物 DNA 的提取

（1）试剂与溶液

0.1 mol/L PBS 溶液：取 1 mol/L 磷酸氢二钠（35.814 g $Na_2HPO_4 \cdot 12H_2O$ 用蒸馏水定容至 100 mL）57.7 mL 和 1 mol/L 磷酸二氢钠（15.601 g $NaH_2PO_4 \cdot 2H_2O$ 用蒸馏水定容至 100 mL）42.3 mL 混合后用蒸馏水定容至 1 000 mL。

组织裂解液：Tris-HCl 50 mmol/L、EDTA 100 mmol/L、NaCl 100 mmol/L、SDS 0.5 %。TE：Tris-HCl 10 mmol/L、EDTA 1 mmol/L。

（2）仪器与设备

细胞破碎仪、高速离心机。

（3）DNA 提取步骤

①取菌液 1 mL，13 000 r/min 离心 10 min，用 1 mL 生理盐水重新悬浊至锆珠管（0.3 g 锆珠，灭菌）中，13 000 r/min 离心 10 min，去上清；加入 1 mL PBS 冲洗，13 000 r/min 离心

10 min,去上清。

②加入 600 μL 组织裂解液、10 μL 蛋白酶 K,用细胞破碎仪破碎 2 次,每次 2 min,置于冰上冷却。

③55 ℃水浴 2 h。

④13 000 r/min 离心 10 min,吸取上清至新的离心管(2 mL)中。加入等体积的 Tris-饱和酚,水平摇床 120 r/min 摇动 10 min。

⑤13 000 r/min 离心 10 min,吸取上清至新的离心管(2 mL)中。加入等体积的氯仿:异戊醇(V:V=24:1),水平摇床 120 r/min 摇动 10 min。

⑥13 000 r/min 离心 10 min,吸取上清至新的离心管(2 mL)中。吸取上清,加入 0.8 倍体积的异丙醇,摇匀,-20 ℃过夜。

⑦13 000 r/min 离心 10 min,去上清,可见灰白色沉淀。

⑧加入 500 μL 70%的冰乙醇(-20 ℃预存)。

⑨13 000 r/min 离心 10 min,去上清,风干,加入 30 μL TE,70 ℃水浴 5 min,溶解 DNA。测定 DNA 浓度及纯度。

2.PCR 扩增及序列分析

PCR 选用细菌 16S rRNA 通用引物,序列具体为 27f(5'-AGAGTTTGATCCTGGCT-CAG-3')和 1 492r(5'-TACCTTGTTACGACT-3')。扩增目的片段长度为 1 465 bp。

PCR 反应体系包括:2×PCR Master Mix 12.5 μL,引物各 1 μL,DNA 模板 1 μL,ddH$_2$O 9.5 μL。

PCR 反应程序为:预变性,94 ℃,5 min;变性,94 ℃,30 s;退火,52 ℃,30 s;延伸,72 ℃,1.5 min,30 个循环;延伸,72 ℃,7 min。

PCR 反应产物使用 1.5 %的琼脂糖凝胶进行电泳。

PCR 产物测序:取片段清晰,大小正确的条带切胶。用凝胶回收试剂盒(Axygen 公司)对 PCR 产物进行回收纯化。胶回收产物经 pUCm-T 载体连接(上海生工),转化到 E.coli DH5α 感受态细胞,在含有氨苄青霉素的 LB 培养基上 37 ℃培养,选择白色菌落,用牙签挑至含有氨苄青霉素的 LB 液体培养基上,37 ℃培养过夜,测序。

序列分析:将测序结果提交到 NCBI 中进行相似性比对,确定微生物种类。乳酸菌序列使用 BLAST 程序在 GenBank 数据库中进行同源性分析,采用 MEGA5.0 软件中的 Neighbor-joining 模型构建系统树。使用 Bacillus subtilis(X60646)作为对照菌株。

★ 本章主要参考文献

郭旭生,丁武蓉,玉柱,2008.青贮饲料发酵品质评定体系及其新进展[J].中国草地学报,30(4):100-106.

冯仰廉,2004.反刍动物营养学[M].北京:科学出版社.

凌代文,东秀珠,1999.乳酸细菌分类鉴定及实验方法[M].北京:中国轻工业出版社.

张丽英,2016.饲料分析及饲料质量检测技术[M].北京:中国农业大学出版社.

张刚,2007.乳酸细菌——基础、技术和应用[M].北京:化学工业出版社.

郑毅,唐鸿宇,李天宇,等,2018.青贮饲料有氧稳定性测定装置的设计与验证[J].草地学报,26

(1):238-242.

Playne M J,McDonald P,1966.The buffering constituents of herbage and of silage[J].Journal of the Science of Food and Agriculture,6:264-268.

Owens V N,Albrecht K A,Muck R E,2002.Protein degradation and fermentation characteristics of unwilted red clover and alfalfa silage harvested at various times during the day[J]. Grass and Forage Science, 57:329-341.

Buxton D R,Muck R E,Harrison J H,2003. Silage Science and Technology[M]. ASAS, CSSA,SSSA Inc.,Madison,WI.

（编写：郭刚；审阅：陈雷、宋献艺）

第十二章 矿物质与维生素的生物学效价评定

生物学效价（biological value，BV）也称生物学利用率（bioavailability），最初指养分进入体组织后用于正常代谢机能的效益，因此被认为有多重含义，包括消化、吸收、代谢、同化、利用性能等，不同营养物质也就有着不同的测定层次和方式。现在学者普遍认为，一种营养素的生物学效价是指动物食入该营养素，其中能被小肠吸收并能参与代谢过程或贮存在动物组织中的部分占食入总量的比率，其表达方式可概括为绝对生物学效价和相对生物学效价。绝对生物学效价常用表观消化率、小肠消化率、小肠利用率、表观吸收率、表观代谢率、沉积率等术语表示，可用消化试验、平衡试验及同位素示踪法等方法测定。消化试验、平衡试验方法参见第四章和第五章，其方法的优点是原理简单，试验不复杂，并且动物处于自然生长状态，结果对生产实践具有指导作用，但由于粪也是内源性矿物质主要排出渠道，所以表观消化率、沉积率等结果并不能真实反映其消化率、沉积率等。同位素示踪法测定生物学效价方法的优点是结果准确。相对生物学效价（relative biological value，RBV）则是以一种生物学效价（利用率）高的物质作为标准物质的某一指标量化反应与待测营养物质该指标量化反应的比。RBV 常用参比法测定，矿物质和维生素的生物学效价常用同位素示踪法，因此，本章对参比法测定 RBV 和同位素示踪法测定矿物质和维生素的生物学效价的方法进行介绍。

第一节 参比法评定反刍动物钴生物学效价

1.概述

钴是反刍动物的必需微量元素之一，参与和调节体内的丙酸代谢、叶酸转化、蛋氨酸和核酸合成、蛋白质和脂肪代谢，对动物的健康十分重要，一旦缺乏就会出现异嗜、拒食、生长不良、消瘦和贫血等症，饲料中可以添加的钴源有硫酸钴、氯化钴、乙酸钴和氧化钴等多种，各种钴源的生物学效价存在差异。本节介绍钴的 RBV 的测定方法（王润莲，2006）。

2.原理

钴是瘤胃微生物合成维生素 B_{12} 的原料，而维生素 B_{12} 是甲基丙二酰 CoA 变位酶和 5-甲基四氢叶酸甲基转移酶等多种酶的辅酶，反刍动物一旦缺钴就会使血液中维生素 B_{12} 含量下降、甲基丙二酸和同型半胱胺含量升高等（Kennedy 等，1990；Mburu 等，1993；Kennedy 等，1994a）。以此，反刍动物缺钴的判定标准物质为维生素 B_{12}。

参比法是通过标准物质的效应与待测物添加量的线性关系评定，即 RBV。通常情况下，考查标准物质与待测物的添加效应，比较两种物质的效应，从而计算出待评定元素相对于标准物质的

RBV。通常采用的研究方法是耗竭-补偿法,即先给动物饲喂低营养素日粮,使动物体内贮存适度耗竭,然后饲喂补加不同营养素水平的日粮,选择敏感的判断指标(生产性能、组织器官浓度、酶活等)来估计生物学效价,其统计方法有:斜率比法、平行线法、三点法和标准曲线法。斜率法的原理是假设判定指标(y)与日粮中待测物含量(x)呈线性关系($y=bx+e$),当待测物(measured,m)与标准物质(standard,s)在 $x=0$ 相交时,即 $m=s$,bm 与 bs 的比值就是待测物相对于标准物的生物学效价。如多种来源物质同时比较时,回归方程中相应化合物的斜率与参比标准物的斜率比就是该物质中待测物的RBV。该方法可以准确而客观地评价待测物的RBV,而且简单易行,但是需要设定一定的浓度梯度,要求试验动物较多。而且其结果会受到试验动物本身(品种、生理阶段和体内元素贮存量)、产品种类和质量、试验期持续期、判定指标和统计方法等的影响。

3.试剂和溶液

Whatman 42 号滤纸、去离子水、0.4% 盐酸、2% 柠檬酸。

中性柠檬酸铵溶液:取 185 g 一水柠檬酸溶于水中,缓缓加入 175 mL 28% NH_4OH,冷却后移至 pH 计,测 pH 并不断搅拌,同时滴加浓 NH_4OH 至 pH 为 6.8,再滴加 20% NH_4OH 至 pH 为 7.0,转移至 1 L 容量瓶中,定容混匀。

4.仪器和设备

原子吸收分光光度计、电化学发光免疫检测仪、THZ-82 型水浴恒温振荡器、79-1 型磁力搅拌器和电热恒温干燥箱。

5.试验动物与饲养管理

试验反刍动物与饲养管理的要求与饲养试验相同,试验前统一饲喂未添加钴的基础日粮(钴含量低于需要量)。

6.试验日粮与试验设计

试验饲粮参考动物营养需要配制,根据动物对钴的需要量确定不同钴源(如硫酸钴、氯化钴、乙酸钴和氧化钴)的添加量,确保饲料中钴的含量相同,以沸石粉作载体逐级稀释预混料后再与精料混合。试验动物按试验设计进行分组,各组分别饲喂由不同钴源配制的试验日粮。

7.样品采集

试验第 5 周连续 2 d 时间用粪袋收粪,对粪样混合、称重,取 10% 于 −20 ℃ 冰箱保存。饲料样和粪样均在 50 ℃ 下鼓风干燥,粉碎过 1 mm 的筛,保存。试验开始及每 2 周的周五,试验羊喂精料后 0 h、2 h、4 h、6 h 和 8 h 通过瘤胃瘘管分别取 20 mL 瘤胃液样,于 −20 ℃ 冰柜保存用于测定维生素 B_{12},试验末的瘤胃液样测定挥发性脂肪酸。试验开始及每 2 周的周日,试验羊早饲前分别采 10 mL 血样,放入装有肝素钠的离心管中,于 2 000 g 离心 15 min,分离血浆后保存于 −20 ℃ 待测维生素 B_{12}。

8.样品分析

(1)钴源溶解度测定

首先将风干样品细磨碎全部通过 1 mm 筛。准确称量 0.1 g 左右样品,一式 3 份于带盖三角瓶中,加待测溶液 100 mL,加盖。然后将三角瓶置于水浴恒温振荡器中 37℃ 恒温振荡 1 h。溶解结束后,定量滤纸过滤。滤液用原子吸收分光光度计测定其中的钴浓度。相对溶解度的计算见公式(1):

$$溶解度 = \frac{溶液中钴元素含量}{所取样品中钴元素含量} \times 100\% \tag{1}$$

（2）饲料的常规养分、微量元素钴的测定

DM、OM、CP、EE、CF(NFE)、Ca、P、NDF、ADF 分别采用第一章和第二章的方法测定。钴按照原子吸收分光光度计方法测定。

（3）瘤胃维生素 B_{12} 测定

瘤胃液样解冻后，将每期每只动物的 5 个样品取等量混合作为 1 个样品，于 3 000 g 混合离心 20 min，取上清液测定维生素 B_{12}。瘤胃液及血浆中的维生素 B_{12} 含量采用 [57]Co 标记维生素 B_{12}、[125]I 标记叶酸的核素双标记电化学发光免疫法。取血浆样品和标准品各 50 μL，加入工作液 1 000 μL（Dithiothreithol 0.05 μL ＋ Trace 1 000 μL 混合成工作液），室温放置 30 min（15～28 ℃），加入 50 μL NaOH/KCN 混匀，水浴 30 min（37 ℃），加入 1 000 μL 结合剂混匀，室温放置 60 min，离心 15 min（3 500 r/min），弃去上清液，上机测定沉淀物放射标记量。

9.不同钴源的相对生物学效价的计算

（1）用瘤胃维生素 B_{12} 合成效率评价钴源相对利用率

各钴源组瘤胃维生素 B_{12} 合成随着试验日粮饲喂时间延长而增加。不同钴源组之间，硫酸钴和氯化钴组维生素 B_{12} 的合成量较高，乙酸钴组显著（$P<0.05$）或极显著（$P<0.01$）低于硫酸钴和氯化钴组，氧化钴组极显著低于前 3 组（$P<0.01$），其平均瘤胃维生素 B_{12} 含量分别为：35.54 nmol/L、34.19 nmol/L、31.43 nmol/L、8.72 nmol/L。结果表明，肉羊饲喂补加不同钴源的日粮后，瘤胃维生素 B_{12} 的合成到第 6 周后达最高值，硫酸钴和氯化钴的合成瘤胃维生素 B_{12} 效率相近，乙酸钴次之，氧化钴较差。

（2）不同钴源对血液维生素 B_{12} 含量的影响

在第 6 周末血浆维生素 B_{12} 的含量（表 12-1），硫酸钴和氯化钴组、氯化钴和乙酸钴组接近，但硫酸钴组显著（$P<0.05$）高于乙酸钴组；3 个组均极显著（$P<0.01$）高于氧化钴组。第 8 周末及第 6、8 周末的平均维生素 B_{12} 含量呈类似规律变化，其平均血浆维生素 B_{12} 含量分别为：1 666.9 pmol/L、1 594.5 pmol/L、1 493.3 pmol/L 和 376.1 pmol/L。结果表明，硫酸钴和氯化钴组血液维生素 B_{12} 的含量较高，乙酸钴组次之，氧化钴组较低。而氧化钴产生维生素 B_{12} 的效率较差，实践中不宜以此形式提供钴源。

表 12-1 不同钴源对肉羊血液维生素 B_{12} 含量的影响

饲养期/周	钴源				SEM	P 值
	硫酸钴 CoSO$_4$	氯化钴 CoCl$_2$	乙酸钴 Co(CH$_3$COO)$_2$	氧化钴 Co$_3$O$_4$		
0	578.2	589.0	568.7	574.0	10.92	0.608
2	877.8[aA]	846.2[aA]	819.0[aA]	592.7[bB]	18.71	<0.000 1
4	1 358.5[Aa]	1 316.0[aA]	1 285.8[aA]	626.2[bB]	42.70	<0.000 1
6	1 647.8[aA]	1 582.2[abA]	1 491.5[bA]	671.0[cB]	41.53	<0.000 1
8	1 686.0[aA]	1 606.8[abA]	1 495.0[bA]	681.2[cB]	51.42	<0.000 1
平均	1 666.9[aA]	1 594.5[abA]	1 493.3[bA]	676.1[cB]	45.83	<0.000 1

注：同行数据中，不同肩标小写字母表示差异显著（$P<0.05$），不同大写字母表示差异极显著（$P<0.01$）。平均数为 6 周、8 周平均值。SEM 为标准误。

（3）不同钴源的相对生物学有效率

本试验在低钴日粮中补加同一水平的不同钴源,根据瘤胃维生素 B_{12} 斜率比法和血浆维生素 B_{12} 浓度斜率比法评定钴的生物学有效率。两种方法得出硫酸钴、氯化钴、乙酸钴和氧化钴的相对有效率分别是:100.0%、95.1%、95.0%、6.3% 和 100.0%、93.4%、84.1%、9.1%(表12-2)。两种方法的平均结果为 100.0%、94.3%、84.6%、7.7%。可见,硫酸钴和氯化钴的有效率较高,其次是乙酸钴,氧化钴很低。

表 12-2　不同钴源对肉羊的相对生物学有效率

项目	钴源			
	硫酸钴 $CoSO_4$	氯化钴 $CoCl_2$	乙酸钴 $Co(CH_3COO)_2$	氧化钴 Co_3O_4
瘤胃维生素 B_{12}/(pmol/mL)	35.54	34.19	31.41	9.72
线性回归	$Y=7.9+91.9X$	$Y=7.9+87.4X$	$Y=7.9+78.1X$	$Y=7.9+5.8X$
斜率	91.9	87.4	78.1	5.8
相对生物学有效率/%	100.0	95.1	85.0	6.3
血浆维生素 B_{12}/(pmol/L)	1 666.9	1 594.5	1 493.3	676.1
线性回归	$Y=577+3\,633X$	$Y=577+3\,392X$	$Y=577+3\,054X$	$Y=577+330X$
斜率	3 633	3 392	3 054	330
相对生物学有效率/%	100.0	93.4	84.1	9.1
平均相对生物学有效率/%	100.0	94.3	84.6	7.7

第二节　同位素示踪体外法评定肉鸡铁生物学效价

1.概述

铁缺乏是世界范围内主要的营养问题,微量元素铁参与了血红蛋白合成,铁的缺乏会引起动物的贫血症,给动物生产带来损失。本节介绍以体外肠翻转法评定微量元素铁生物学效价的方法(Tako 等,2010)。

2.原理

用放射性核素作为示踪剂,研究微量元素等营养素在体内代谢的生物过程。主要是利用放射性核素的原子、分子及其化合物,与普通物质的相应原子、分子及其化合物具有相同的化学、生物学性质这一特征。

3.试剂和溶液

富集[58]Fe 稳定同位素、HCl、抗坏血酸和生理盐水、血红蛋白(Hb)试剂盒、6 mL 肝素真空采血管和导管。

4.仪器和设备

分光光度计、氩等离子质谱仪、蠕动泵等。

5.试验动物与饲养管理

试验动物与饲养管理的要求与饲养试验相同。肉鸡根据体重、性别和血红蛋白(Hb)浓度分组,各组分别喂给高铁日粮和低铁日粮等不同铁含量的日粮。饮水中铁含量 0.38 $\mu g/mL$。每日记录日粮采食量。

6.样品采集

(1)血液样品采集

肉鸡经晚上禁食 8 h 后早晨从翅静脉用 Fisher 微量毛细管采集血液样品,用于分析血液 Hb 浓度。每周采集 1 次。

(2)称重

肉鸡每周测定 1 次活体重。

7.在体肠道灌流并行采血法模型建立

在肉仔鸡 7 周时,3 只仔鸡禁食过夜。动物禁食不禁水 12~18 h,腹腔注射氯胺酮注射液(1 mL/kg BW)麻醉后。右侧静脉插管连接到蠕动泵上进行供血。打开腹腔,迅速取出十二指肠,用 37 ℃生理盐水冲洗干净,用手术线两端结扎十二指肠(图 12-1)。将一个非封闭 22 号导管插入肠系膜静脉中,收集肠系膜静脉流出血液。同时暴露翅静脉,插入一个带有肝素的导管系统,以防试验期间血液堵塞十二指肠套管。试验初从十二指肠静脉采集血液样品。然后往每个十二指肠套环内注射 10 mmol/L 含有 1 mg ^{58}Fe 的抗坏血酸溶液 3 mL。试验期间鸡放置在保温灯下以保持体温,外漏的十二指肠放置在消毒过用温生理盐水浸泡过的垫子上,保持其温度和湿度。在稳定 Fe 同位素注射前,采集一次血液样品,肠段进口处与注射泵相连,将注射泵流速调整为 0.13 mL/min,收集流出的液体和血液,每隔 5 min 收集 1 次,收集持续 2 h,

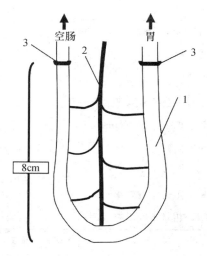

图 12-1 肉鸡十二指肠套环模型示意图

注:1 为稳定同位素^{58}Fe 的抗坏血酸溶液注射位点,2 为十二指肠静脉血液收集位点,3 为结扎位置

共收集 15.6 mL。每隔一段时间更换肠液和血液的收集管,并采用质量法进行水分校正。试验结束后,给试验鸡注射过量麻醉剂致死。灌流液体样品适当稀释后,0.45 μm 微孔滤膜过滤,上氩等离子质谱仪检测。

8.样品处理与测定

(1)血液样品处理

3 000 r/min 离心 20 min,收集上层血浆。

(2)Hb 测定

用分光光度计,根据 Hb 试剂盒说明书进行测定。

(3)Fe 测定

取 50 μL 血样用浓硝酸:高氯酸(1:1)湿法消化至基本干燥,用 15 mL 2%硝酸溶解,然后用氩等离子质谱仪检测 Fe 的含量。

9.铁生物利用率计算

铁生物利用率用 HME(Hb maintenance efficiency)表示,计算见公式(1):

$$HME = \frac{血红蛋白 Fe 含量(试验末) - 血红蛋白 Fe 含量(试验初)}{Fe 采食的总量(mg)} \times 100\% \qquad (1)$$

其中:血红蛋白 Fe 含量计算参照公式(2)。

血红蛋白 Fe 含量(mg)=体重(kg)×0.085 L 血液/kg×血红蛋白(g/L 血液)×3.35 mg Fe/g 血红蛋白 $\qquad$ (2)

第三节　同位素示踪体内法评定维生素生物学效价

1.概述

在自然状态下,动物选择性吸收代谢类胡萝卜素,比如,绵羊、山羊和牛采食相同牧草,而牧草中黄体素含量是 β-胡萝卜素的 5 倍,绵山羊血清和脂肪组织中只有黄体素,而牛血清、肝脏和脂肪中沉积的却是 β-胡萝卜素。即不同物种对胡萝卜素和类胡萝卜素的利用效率不同。本节以 ^{14}C 示踪 β-胡萝卜素与黄体素法评定鸡胡萝卜素与黄体素生物学效价(骆桂兰,2006)。

2.原理

同位素示踪所利用的放射性核素及它们的化合物,与自然界存在的相应普通元素及其化合物之间的化学性质和生物学性质是相同的,只是具有不同的核物理性质这一特点。放射性测定不受其他非放射性物质的干扰。

3.试剂和溶液

螺旋藻、β-胡萝卜素标准品、黄体素标准品、^{14}C-NaHCO$_3$ 和 BST-450 消化液。

4.仪器和设备

液相色谱仪、分光光度计、电热恒温干燥箱、低速离心机和水浴振荡器。

5.试验动物

试验鸡和饲养管理的要求与饲养试验相同。

6.试验方法

(1)口腔灌注液的配制

灌注液 1 的配制:18 mL 乙醇∶水=1∶1(V/V)的溶液,分为 3 等份,每份 6 mL。灌注液 2:将放射剂量为 1×10^7(11 440 848)灌注的总放射性计数(CPM)的 ^{14}C 标记的 β-胡萝卜素溶解于 6 mL 灌注液 1 中,然后迅速振荡至完全溶解。灌注液 3:将放射剂量为 1×10^7(11 809 902)CPM 的 ^{14}C 标记的黄体素溶解于 6 mL 灌注液 1 中,然后迅速振荡至完全溶解。

所有灌注液均现用现配。

(2)动物处理

将试验鸡分为 3 组(对照组、^{14}C 标记的 β-胡萝卜素和 ^{14}C 标记的黄体素),每组 3 只鸡。分别口腔灌注灌注液 1、灌注液 2 和灌注液 3,每只鸡 2 mL,灌注分 2 次进行,中间间隔 1 h。灌注后鸡自由采食、饮水,饲料为常规日粮,每天收集粪尿,并称重。饲喂 48 h 后剪断颈部血管放血处死,分离内脏、肌肉、皮肤等组织,并称重。

（3）样品处理

取组织鲜样小于 50 mg 于 5 mL 离心管,将每只鸡的粪尿样于烧杯中混匀后取小于 50 mg 放入 5 mL 离心管。每管中加入 0.5 mL BST-450 消化液 100 ℃恒温消化 5～6 h 至样品完全溶解,消化液成为透明、均一的溶液。

（4）放射性 β-胡萝卜素和黄体素的测定

将处理好的组织及粪尿样放至聚乙烯闪烁计数瓶中,用吸水纸将瓶体内外擦干净后放入 Beckman LS6500 液体闪烁计数仪中测量。

7.数据收集和分析

（1）数据收集和计算

CPM 为减去空白闪烁以后的数据,对照组中各组织检测出的所有数据作为本底值。放射性分布百分比见公式 1,类胡萝卜素代谢率见公式 2。

$$放射性分布百分比 = \frac{放射性浓度(CPM/mg) \times 组织总质量(mg)}{灌注的总放射性计数(CPM)} \times 100\% \qquad (1)$$

$$^{14}C\text{-类胡萝卜素代谢率} = \frac{灌注的总放射性计数(CPM) - 粪尿排出的总放射性计数(CPM)}{灌注的总放射性计数(CPM)} \times 100\% \qquad (2)$$

（2）计算结果的分析

放射性分布结果见表 12-3。从表 12-3 可知,灌注进入三黄鸡体内的 ^{14}C 标记的 β-胡萝卜素或 ^{14}C 标记的黄体素超过 1/3 的经粪尿排出体外,约 1/3 分布在内脏和肌肉中,另 1/3 分布在皮和其他组织(血、骨和羽毛等)中。沉积在肌肉和皮肤中的 ^{14}C 标记的黄体素显著高于 ^{14}C 标记的 β-胡萝卜素($P<0.05$),而沉积在其他组织中的 ^{14}C 标记的 β-胡萝卜素显著高于 ^{14}C 标记的黄体素($P<0.05$)。有研究显示在禽类生长初期,类胡萝卜素主要分布在肝脏、脂肪、血液、皮肤和羽毛中。

表 12-3　灌注后体内放射性不同类胡萝卜素的分布

放射性分布/%	^{14}C 标记的胡萝卜素	^{14}C 标记的黄体素
排泄物	35.79±3.79[a]	37.24±4.22[a]
内脏	25.68±1.50[a]	24.31±3.00[a]
肌肉	3.37±0.19[b]	7.63±2.24[a]
皮	0.57±0.23[b]	1.43±0.25[a]
其他	34.60±2.86[a]	29.39±1.43[b]
总计	100	100

注:同列数值肩标不同小写字母代表差异显著($P<0.05$),肩标相同小写字母代表差异不显著($P>0.05$)。

不同类胡萝卜素的代谢率分析如下:将口腔灌注 ^{14}C 标记的 β-胡萝卜素或 ^{14}C 标记的黄体素总量与排泄物排出的放射性总量代入公式 2 中计算。结果显示三黄鸡对 ^{14}C 标记的胡萝卜素和 ^{14}C 标记的黄体素代谢率差异不显著,^{14}C 标记的 β-胡萝卜素和 ^{14}C 标记的黄体素代谢率分别为 64.2% 和 62.8%。也就是说,三黄鸡对 ^{14}C 标记的 β-胡萝卜素的利用并不比 ^{14}C 标记的黄体素少,有力地否定了家禽只吸收黄体素而不吸收 β-胡萝卜素的看法。Judy 等研究人口服

β-胡萝卜素 24 h 内粪便中排出量,年轻人和老年人排出量分别为 53%～71% 和 49%～65%。另有研究显示小鼠服用 [14]C 标记的 β-胡萝卜素后 24 h 测得粪中放射性 β-胡萝卜素占总量约 50% ,而尿中仅为 0.6% 左右。本研究结果显示粪尿中排出 [14]C 标记的胡萝卜素和 [14]C 标记的黄体素分别占总量的 35.8% 和 37.2%,这也说明禽类对类胡萝卜素的利用率高于人类和鼠类。

★ 本章主要参考文献

骆桂兰,2006. [14]C 示踪 β-胡萝卜素与黄体素在三黄鸡体内分布[D].南京:南京农业大学.

王润莲,2006.钴对肉羊维生素 B$_{12}$ 营养状况的影响及其生物学效应研究[D].北京:中国农业大学.

Cao J,Henry P,Guo R,et al.,2000.Chemical characteristics and relative bioavailability of supplemental organic zinc sources for poultry and ruminants[J].Journal of animal science,78(8):2039-2054.

Fox T E,Fairweather-Tait S J,Eagles J,et al.,1991.Intrinsic labelling of different foods with stable isotope of zinc ([67]Zn) for use in bioavailability studies[J].British Journal of Nutrition,66(1):57-63.

Liu H W,Liu D S,Zheng L X,2014.Study on Zn relative concentration and chemical state in broilers duodenum by micro-X-ray fluorescence and micro-X-ray absorption fine structure [J]. Livestock Science,161:101-108.

Pimentel J,Cook M,Greger J,1991.Research note:Bioavailability of zinc-methionine for chicks[J]. Poultry Science,70(7):1637-1639.

Schlegel P,Windisch W,2006.Bioavailability of zinc glycinate in comparison with zinc sulphate in the presence of dietary phytate in an animal model with [65]Zn labelled rats[J].Journal of animal physiology and animal nutrition,90(5-6):216-222.

Tako E,Rutzke M A,Glahn R P,2010.Using the domestic chicken (Gallus gallus) as an in vivo model for iron bioavailability1[J].Poultry Science,89(3):514-521.

Wedekind K,Lewis A,Giesemann M,et al.,1994.Bioavailability of zinc from inorganic and organic sources for pigs fed corn-soybean meal diets[J]. Journal of animal science,72(10):2681-2689.

Winichagoon P,2008.Limitations and resolutions for dietary assessment of micronutrient intakes[J]. Asia Pacific journal of clinical nutrition,17(S1):296-298.

Yu Y,Lu L,Wang R,et al.,2010.Effects of zinc source and phytate on zinc absorption by in situ ligated intestinal loops of broilers[J].Poultry science,89(10):2157-2165.

(编写:张春香;审阅:张建新、王聪)

第十三章　饲料的组合效应

　　动物的采食量和日粮中各种饲料的不同搭配、加工调制以及一些营养调控措施都会改变日粮中某一种饲料的消化率和利用率。因此,配合日粮的表观消化率并不等于日粮中各个饲料组分表观消化率的加权值,饲料原料之间的互作使得某一种饲料或整体日粮的利用率发生了变化。大量的试验表明,单个饲料的表观消化率在很大程度上受到与其配合使用的饲料的影响,从而表现出相应的组合效应。然而,我们现行的动物饲养体系是以"可加性"原则为基础的,即假定饲料营养成分之间不相互影响,加工与混合也不会引起营养成分利用率的改变。但是在生产实践中,特别是反刍动物养殖过程中,由于其消化机能和日粮组成的复杂性,饲料间的组合效应更加突出,因此,要准确地评估饲料的营养价值就要考虑组合效应带来的影响。

第一节　概　述

一、组合效应的概念

　　早在 19 世纪末,德国学者就已经发现日粮中各种饲料成分之间存在互作效应,并且提出单个饲料的净能值在很大程度上取决于与其配合的其他饲料。混合饲料或日粮的可利用能值或消化率,不等于组合成该日粮的各饲料的可利用能值或消化率的加权值,这就意味着产生了组合效应。卢德勋指出,日粮的组合效应是指来自不同饲料源的营养性物质、非营养性物质以及抗营养性物质之间互作的整体效应。总结前人研究结果,日粮配合中的组合效应实质上是指来自不同饲料来源的营养物质之间互作的整体效应,包括营养因素与非营养因素或措施之间的互作效应。

二、组合效应的类型

　　根据饲料间互作关系性质的不同,饲料间组合效应可分为以下 3 种类型。
　　①当饲料间的整体互作使日粮中某种养分的利用率或采食量指标高于各个饲料原料数值的加权值时,称为"正组合效应"。
　　②若日粮的整体指标低于各个饲料原料相应指标的加权值时,称为"负组合效应"。
　　③若日粮的整体指标等于各个饲料原料相应指标的加权值时,则称为"零组合效应"。
　　在饲料配合的过程中产生的组合效应究竟属于何种类型受诸多因素的影响,如动物种类、饲养水平、饲料种类、饲料质量、配合比例、加工调制、饲养环境、评定组合效应的方法和指标以及营养调控措施等。在制定研究组合效应的方案时,必须充分考虑这些因素,才能获得真实可靠的结果。

三、组合效应的机制

国内外许多学者对饲料间组合效应的机制进行了大量研究,但由于动物消化机理和饲料结构的复杂性,目前对组合效应的发生机制并未形成完整的理论体系。据已发表的资料,组合效应发生在消化和代谢 2 个层次上,可能有如下的机制。

①影响食糜流通速率和滞留时间。

②影响反刍动物瘤胃缓冲能力、瘤胃发酵底物的相互竞争、瘤胃微生物区系和发酵模式、微生物蛋白质产量及流入十二指肠蛋白质的量和氨基酸组分。

③影响内源营养物质的周转、分配与沉积。

④影响日粮能量和蛋白质浓度。

⑤影响消化酶的渗透和营养物质的吸收,以及影响吸收后的营养物质的平衡。

⑥影响动物本身自我营养调控功能的运行。

饲料间组合效应的机制不是单一的,往往是多种机制同时存在的。例如,对于因瘤胃液 pH 过低(pH<3)所引起的日粮纤维物质消化率降低的负组合效应,当补加碳酸氢钠时,虽然可以部分得到补偿,但却不能完全扭转这种负组合效应,这说明同样一种负组合效应可能是由于多种机制所致,这也表明了组合效应的复杂性。

饲料间的组合效应,特别是对于反刍动物,是一个亟待解决的具有重大学术和经济价值的课题。对于像我国这样一个精饲料资源有限而非常规饲料资源十分丰富的发展中国家来说,它就显得更加重要。实际生产中由于忽视饲料组合效应而造成的潜在经济损失是十分惊人的。卢德勋先生提出的系统整体营养调控技术正是利用组合效应原理所形成的一种整体调控的集成技术,它的科学原理在于充分发挥和利用营养措施和非营养措施之间的多种正组合效应,最大限度地控制和消除负组合效应,形成具有一定优化目标的整体营养调控技术。

第二节　衡量组合效应的指标及评定方法

一、采食量

在反刍动物饲养实践中,精饲料与粗饲料间互作效应的表现最为突出,已有许多研究表明,当以低质粗料为基础日粮时,淀粉精料补充量达到较高水平时,粗饲料的采食量和纤维物质消化率均会显著下降。相反,当精料的补充量较低时,可以消除上述负组合效应,甚至提高粗饲料的采食量和消化率。为了定量地描述上述这种饲料间的组合效应,卢德勋(2000)提出用替代率(SR)作为衡量指标,其计算公式为:

$$SR = \frac{对照组粗饲料\ DMI - 处理组粗料\ DMI}{处理组精料\ DMI - 对照组精料\ DMI} \times 100\%$$

式中:DMI 为相对应的干物质采食量,kg/d。当 SR<0 时,为正组合效应;当 SR>0 时,为负组合效应;当 SR=0 时,组合效应为零;SR 的绝对值则反映组合效应程度的大小。

如前所述,当秸秆饲料为基础日粮时,适当补饲蛋白饲料、青绿饲料或易降解纤维饲料可以明显地提高粗饲料的采食量和消化率,产生正组合效应,此时 SR 值为负值。

二、消化率

除采食量外,消化率是衡量饲料间组合效应的重要指标。日粮中各单一饲料的消化率加权求和即可以作为日粮消化率的期望估算值,将日粮消化率的实测值与期望估算值进行比较,即可以得出日粮组合效应的程度。已有许多研究以饲料有机物或纤维消化率作为衡量指标,研究和评估了补饲蛋白质补充料与低质粗饲料间的正组合效应,以及补饲淀粉类精料或可溶性碳水化合物与粗饲料间的负组合效应。

三、利用率

在消化道层次上产生的饲料间组合效应必然会反映到组织代谢层次上,因此可通过改变挥发性脂肪酸、葡萄糖、微生物蛋白质的产量及其比例和这些物质的吸收,来影响饲料养分和能量的利用效率。在反刍动物日粮中,由于饲料间可吸收养分的差异对代谢能利用率的影响很大,表现出明显的组合效应。有学者指出,在日粮代谢能含量相同的情况下,以粗饲料为基础的日粮产生的体增热比以精料为基础的日粮多,因而,前者的代谢能利用率较低。同时在绵羊和奶牛的研究中发现,当以低质粗饲料或青绿饲料作为基础日粮时,添加足够量的氨基酸或蛋白质补充料,对饲料代谢能利用率具有正组合效应。同样瘤胃甲烷产量受不同日粮组分的影响,导致消化能向代谢能的转化效率产生组合效应。

四、评估饲料间组合效应的方法

评定饲料组合效应的方法主要有:体内法(In Vivo)、体外法(In Vitro)、半体内法(In Si-tu)。体内法要测定的是动物对饲料的采食量、消化率和利用率,并以此评估饲料间的组合效应。体内法需要使用大量的试验动物与饲料,不适于进行批量评定,且由于动物个体间差异较大,结果可能重复性较差,不利于测定的标准化。半体内法也因其低再现性和重复性及难以进行标准化而受到限制。

1.动物饲养试验

应用动物饲养试验,测定动物对饲料的采食量、消化率、瘤胃流通速率、瘤胃发酵、营养物质代谢和动物的生产性能,可以直观综合地反映饲料间的组合效应。有学者通过饲养试验发现随着高水分谷物的比例增加,饲粮的 DMI 呈极显著线性增长。也有研究者通过饲养试验,利用增重和采食量评定了绵羊日粮中苜蓿干草与大麦秸间的组合效应,发现添加苜蓿干草组的绵羊采食量要高于饲喂大麦秸秆的对照组,并认为羔羊的基础日粮中苜蓿至少达到 150 g,才能使大麦秸产生正组合效应。但是,动物饲养试验不但消耗大量的人力、物力和财力,而且由于动物个体间差异较大,试验结果可重复性较差,不利于测定方法的标准化。

2.体内消化代谢试验

饲料间营养组合效应可以通过多种体内消化代谢试验方法进行评定,例如全收粪法、指示剂法、尼龙袋法等方法测定饲料消化率。其中,尼龙袋法由于饲料未经咀嚼和反刍,存在一定程度的失真问题,而且受瘘管动物的瘤胃微生物区系及微生态环境的影响很大,不易标准化;而指示剂法在重复性上也存在一定程度的偏差。

3.体外消化代谢试验

实践中,体外法是研究饲料间组合效应时消化试验应用较多的方法。其中,人工瘤胃产气法简单易行、重复性好、易于标准化,易于实行批量操作和测试,但其也有其局限性,主要是体外产气量与饲料碳水化合物的消化率密切相关,而与饲料蛋白质的关系并不很密切,甚至与微生物蛋白质产量之间存在负相关。因此,如果单纯用体外产气量来衡量饲料的营养价值,就有可能把产气量低而微生物蛋白质产量高的饲料(或组合)淘汰掉。这就有必要将体外产气量与微生物蛋白质产量结合起来,综合能量消化与微生物蛋白质生成两方面的信息来评估反刍动物饲料间的组合效应和饲料营养价值。吴跃明等(2002)在对桑叶与饼粕间组合效应的评定研究中,测定了体外产气量与微生物蛋白质产量,发现两者分开评定结果差异甚大。但若分别以瘤胃产气与微生物蛋白质合成所消耗的饲料量作为权重,将两者综合后建立评估指标进行评定,则获得了较为满意的结果。

到目前为止,评定组合效应所用指标单一,尚没有对瘤胃发酵产物进行过全面、综合的评价,仅是以单纯的补饲进行采食量和消化率等指标的测定。用人工瘤胃产气法又局限于产气量的研究或两种指标(如将产气量和微生物蛋白质产量结合起来)的定性比较,评定结果差异很大。为此,卢德勋(2003)提出用多项指标综合指数(MFAEI)将人工瘤胃产气法各时间点所测的各项指标综合后来评定饲料间的组合效应。MFAEI 的特点是动态性、综合性、量化描述,可对饲料间组合效应进行整体量化,从而直观地反映饲料间组合效应的大小。

$$\text{SFAEI} = \frac{\dfrac{\sum\limits_{n-1}^{n} A_2 - A_1}{n}}{A_3}$$

式中:A_1 为单一粗饲料各个培养时间点各指标(有机物质发酵、微生物蛋白质产量、累积产气量、VFA 产生量)数值;A_2 为单一粗料与精料组合后各个培养时间点各指标数值;A_3 是在每个时间点 A_2 总和的平均数,n 为时间点数。SFAEI 为单项指标组合效应指数,等于某饲料组合条件下各时间点的某单项指标组合效应值。

MFAEI 为多项指标综合指数,是一个综合、量化指标,等于某饲料组合条件下各指标(例如,有机物质发酵、微生物蛋白质产量、累积产气量、VFA 产生量)的 SFAEI 加和值。

例如王旭(2003)采用体外法,应用 MFAEI 对饲料的组合效应进行量化,结果见表 13-1,研究表明 MFAEI 可很好地量化饲料间的组合效应,直接进行组合效应的大小评定。从 MFAEI 可看出,单种粗料与精料组合后发生了明显的正组合效应,尤以羊草为佳,组合指数 MFAEI 为 1.11,其次为沙打旺组合(MFAEI 为 0.76)和玉米秸秆组合(MFAEI 为 0.71),谷草组合指数最小。羊草组合优于另外 3 种粗精组合,这说明高碳水化合物含量的羊草与精料组合后,营养素(能、氮)更加平衡,产生了大的正组合效应,可提高动物生产性能。

表 13-1　单种粗饲料与精料的组合效应

项目	沙打旺+精料	羊草+精料	玉米秸秆+精料	谷草+精料
单项组合效应值(SFAEI)				
OM	0.10	0.29	0.17	0.16
MCP	0.38	0.54	0.51	0.25
GM	0.27	0.28	0.26	0.22
VFA	0.01	0.00	−0.23	−0.20
多项组合效应指数(MFAEI)				
	0.76	1.11	0.71	0.43

注:表中精料为同种精科,粗精比为 7∶3。

第三节　影响饲料间组合效应的因素

饲料间组合效应的产生受动物、饲料等诸多因素的影响,当动物处于较低饲养水平或饲喂较优质的饲料时,通常不会产生明显的饲料间组合效应。反之,当以低质粗饲料为基础补饲优质粗饲料时,则常产生明显的饲料间组合效应。饲料间组合效应的发生机制十分复杂,从现有的资料看组合效应主要发生在消化道和组织代谢两个层次上,可能的发生机制包括瘤胃内环境的改变、瘤胃微生物种群与发酵模式的改变、饲料养分的平衡性与互补、养分吸收和利用效率的改变以及动物本身自我营养调控功能的改变等,而且这些机制通常不是孤立的起作用而是几种机制并存,相互作用。

一、瘤胃内环境的改变

饲料中的营养物质只有在正常的瘤胃内环境条件下才能被降解消化,当瘤胃内环境特别是 pH 改变时,会对纤维物质的消化产生显著的影响。大量研究证明,在以青、粗饲料为基础的日粮中补充较高比例的淀粉类精料时,常会导致纤维消化率的显著下降,产生负的饲料组合效应,究其原因,主要是由于淀粉在瘤胃中快速发酵产生大量的挥发酸,超过了瘤胃壁的吸收速率,导致瘤胃内 pH 急剧下降。当瘤胃 pH 降至 6.0～6.1 时,瘤胃内纤维分解菌活性受到抑制,纤维物质的消化也将严重受阻或完全终止。可见瘤胃 pH 下降所致的纤维消化抑制,是补充高精料导致负组合效应的主要原因之一。实践中常通过提高或控制瘤胃 pH,来缓解或消除这种精料添加的负组合效应,如添加碳酸氢盐以提高瘤胃 pH。除上述的“pH 效应”外,“碳水化合物效应”(或称底物竞争)也是引起负组合效应的重要原因之一。这主要是由于瘤胃微生物具有优先利用易发酵可溶性碳水化合物的特性,当饲料富含可溶性碳水化合物时,瘤胃内非纤维分解菌将优先从可溶性碳水化合物中获取能量,从而竞争性地抑制了纤维分解菌的生长,或者是利用纤维分解产物的纤毛虫从其他途径获取了所需能量,不再与纤维分解菌协同作用之故。此时如果增加优质粗饲料的比例以稀释糖类,将可以消除这种负组合效应。

二、饲料养分平衡性和养分的互补作用

对于反刍动物而言可从 2 方面反映饲料养分的平衡性。一是瘤胃内的能氮平衡,即瘤胃可降解氮/可消化有机物(RDN/DOM);二是肠道内可吸收养分的平衡性。瘤胃内可降解氮与可发酵能之间的比例失衡,可降解氮含量不足或过高都会导致饲料间组合效应的变化。瘤胃可降解氮的不足会导致瘤胃碳氮代谢解偶联,从而引起瘤胃微生物蛋白质合成效率下降。在反刍动物饲养实践中,当饲养水平较高,再补充较高比例的精料和添加脂肪时,常常会发生饲料间的负组合效应,给动物饲养业造成极大的经济损失,应最大限度地予以控制和消除。相反,在以秸秆等低质粗料为基础的日粮中,适当补充蛋白质补充料(或氨基酸)、可发酵氮源、可发酵纤维物质、过瘤胃蛋白质、优质青绿饲料,结合控制瘤胃原虫和产甲烷菌数量,再施以精、粗混饲等营养调控措施,则可激发饲料间的正组合效应,充分发挥饲料的生产效益。第一,补充能量营养和含氮物质,使采食秸秆的家畜瘤胃中乙酸与丙酸比例降低,提高丙酸比例,给瘤胃创造葡萄糖再生的环境。通常的措施有氨态氮的补饲、尿素及尿素糖蜜添砖块的补加和氨化处理;第二,补充过瘤胃蛋白质,提高秸秆日粮中进入反刍动物小肠的蛋白质和有效氨基酸水平,改善瘤胃被吸收养分的平衡,从而提高秸秆的 DMI 及其利用率。试验证明以碱化稻草为基础的日粮补充鱼粉后,育成牛日增重比对照组提高了 28.5％;第三,补充微量元素混合物,可使饲喂秸秆的绵羊瘤胃中氨态氮占总氮的比例下降,真蛋白质比例上升,瘤胃微生物蛋白质合成能力得到改善。以上说明对瘤胃环境条件进行调控,可以极大地激发微生物活性,提高秸秆的采食量和利用率;第四,豆科牧草的补饲,青绿饲料含有动物生长所需的蛋白质、维生素、矿物质等,因此补充青绿饲料尤其是豆科饲料是提高反刍动物生产性能的有效途径;第五,补饲易消化纤维常能提高

劣质粗饲料的采食量和利用率,其作用机理可能是易消化纤维促进了瘤胃纤维分解菌的生长。

肠道中可吸收养分的平衡性,特别是葡萄糖或其前体物如丙酸的吸收量与乙酸之间的平衡关系,也是影响饲料代谢能利用效率和饲料组合效应的重要因素之一。已有的研究证明,当日粮中葡萄糖或其前体物供给不足时,乙酸的利用率很低;而当日粮中添加足够量的氨基酸时,可促进丙酸代谢,产生大量的 NADPH,提高乙酸利用率。绵羊以粗饲料为基础日粮时,瘤胃内丙酸比例很低,若通过瘤胃灌注酪蛋白增加氨基酸供应,则代谢能利用率可从 45% 提高至 57%。其机理可能是改善饲料氮能平衡,增加对瘤胃微生物的蛋白质供应,使瘤胃 NH_3-N 浓度更适宜瘤胃微生物的生长,从而促进了瘤胃微生物的生长和活性,尤其是蛋白质降解产物氨基酸、小分子多肽和支链脂肪酸数量的增加,可刺激瘤胃内纤维分解菌的生长繁殖,提高纤维物质的消化率。

三、瘤胃微生物种群与发酵模式的改变

许多营养和饲养措施都会导致瘤胃微生物数量和种群的变化,进而引起瘤胃发酵模式的改变,导致饲料间组合效应。如添加某些甲烷菌与瘤胃原虫抑制剂、脂肪补充剂及补饲易降解纤维与优质青绿饲料等都会对瘤胃微生物产生不同的影响。日粮中添加少量多不饱和脂肪酸,可显著降低甲烷产量增加瘤胃丙酸比例,提高消化能向代谢能的转化效率,产生正组合效应。

日粮中添加脂肪补充剂超过 $20\sim30$ g/kg 时,瘤胃微生物尤其是纤维分解菌的活性将受到抑制。可使日粮 DM 和 NDF 的消化率显著降低,导致添加脂肪与饲料纤维消化间的负组合效应。

在秸秆等低质粗饲料组成的基础日粮中,补饲适量的优质青绿饲料,可提高秸秆的采食量、利用效率和动物生产性能,产生正的饲料组合效应。其主要机制是补饲青绿饲料可以改善瘤胃内环境,刺激瘤胃内纤维分解菌的生长繁殖,同时还起到"接种"作用,使更多的纤维分解菌迅速扩展到秸秆碎片上,从而促进纤维物质的消化。

★ 本章主要参考文献

卢德勋,2016.系统动物营养学导论[M].北京:中国农业出版社.

吴越明,刘建新,2002.反刍动物饲料间组合效应的研究进展[C].中国畜牧兽医学会动物营养学分会第四届全国饲料营养学术研讨会论文集.

卢德勋,2013.系统动物营养学的进展和展望[J].饲料工业,34(1):2-8.

王旭,2003.利用 GI 技术对粗饲料进行科学搭配及绵羊日粮配方系统优化技术的研究[D].呼和浩特:内蒙古农业大学.

张吉鹍,2004.粗饲料分级指数参数的模型化及粗饲料科学搭配的组合效应研究[D].呼和浩特:内蒙古农业大学.

王加启,冯仰廉,1995.日粮精粗比对瘤胃微生物合成效率的影响[J].畜牧兽医学报,26(4):301-307.

刘喜生,任有蛇,岳文斌,2015.反刍动物饲料间组合效应的评定方法及评估参数[J].中国草食动物科学,35(2):52-54.

张吉鹍,邹庆华,李龙瑞,2003.饲料间的组合效应及其在粗饲料科学搭配上的应用[J].饲料广角,21:26-30.

(编写:霍文婕;审阅:郭刚、陈红梅)

第十四章　全混合日粮品质评定

全混合日粮(total mixed ration,TMR)是根据动物在不同生长发育和生产阶段的营养需要,按营养专家设计的日粮配方,用特制的 TMR 搅拌机将粗饲料、青饲料、青贮饲料和精料补充料按比例充分进行搅拌、切割、混合加工而成的一种营养相对平衡的日粮。全混合日粮最大的特点是动物在任何时间所采食的饲料其营养都是均衡的,具有避免动物挑食、方便确定采食量、维持瘤胃 pH 稳定、防止瘤胃酸中毒、减少代谢病的发生、简化饲喂程序和便于控制饲料成本等优点。由于 TMR 的质量受到 TMR 搅拌机类型、日粮组成、原料性质及其粒度、装料顺序和混合时间的影响,为确保 TMR 的稳定性和营养平衡达到最佳,必须对 TMR 进行质量评估。生产中,主要从搅拌时间、感官、水分、化学成分、粒度、均匀度、饲喂效果及粪便分析等方面对 TMR 的品质进行评定。

第一节　TMR 搅拌时间的评估

1.概述

全混合日粮的搅拌时间取决于 TMR 搅拌车类型、日粮组成、原料性质和装料顺序等因素。搅拌时间决定了 TMR 的混合均匀度和粒度的大小,直接影响反刍动物的生理功能和生产性能,为此,生产中需要对 TMR 搅拌时间进行评估。

2.原理

根据 TMR 搅拌车的类型及其额定的搅拌时间选择不同梯度的搅拌时间,分批次制作TMR,然后采样分析其混合均匀度及粒度分布,对照反刍动物推荐粒度选择适宜的搅拌时间,也可以通过反刍动物饲喂效果及粪便分析选择适宜的搅拌时间。

3.材料

天平(感量 0.01 g)、TMR 搅拌车、闹钟、各种饲料原料、自封袋、相关化学分析试剂。

4.操作步骤

(1)装料前准备

管理员将每一组 TMR 的组分数量落实在纸上,即填制发料单,交给 TMR 加工人员操作。发料单的主要内容包括:本群牛的 TMR 配方、要求加工的 TMR 数量和各种饲料的加入次序。

(2)装料顺序

根据 TMR 配方设计,遵循先干后湿、先轻后重和先精后粗的原则进行装料。固定的装料次序,可以保障 TMR 的均匀度和粒度的稳定。通常饲料的装入顺序为:①浓缩料→玉米面→甜菜粕;②羊草→苜蓿;③全棉籽;④青贮;⑤液体饲料;⑥糟渣类饲料——啤酒糟、酒糟、块根类等。

(3)混合时间

装载饲料时,根据需要,搅龙可缓慢进行搅拌,在最后一种饲料装完后再进行充分搅拌。根据搅拌车类型及其额定的搅拌时间选择不同梯度的搅拌时间,如选择 6 min、8 min 和 10 min。

放入长干草或长的粗饲料数量较多时,应先混合 3~4 min,切短粗饲料,然后再装载其他饲料原料。

(4)样品采集

可以在每批次 TMR 制作完成后,在卸料阶段的全过程分别采集样本;也可以在食槽上或在料槽两端和中间采样。每车 TMR 采集 20 个代表性样本,每个点用手抓几把放入封口袋,约 500 g。

(5)样本评定

根据 TMR 的粒度和混合均匀度结合饲喂效果及粪便分析对 TMR 搅拌时间进行综合评定。TMR 粒度、混合均匀度和饲喂效果及粪便分析的具体方法见本章第四至第七节的内容。

5.结果评定

对照 TMR 日粮粒度推荐值,结合粒度、混合均匀度、饲喂效果及粪便分析结果,最终决定适宜的搅拌时间。

第二节　TMR 感官评定

1.概述

感官评定是最直接有效的经验评定方法,凭借人的五官,依赖对各种原料基本特征及良好 TMR 的质量特征的掌握与积累,对 TMR 的质量做出评价。感官鉴定要求平时注意观察各种原料以及 TMR,在了解和掌握各种原料的基本特征及良好 TMR 的质量特征的基础上,综合运用各种感官的结果,才能做到快速、准确地判别 TMR 质量的优劣。

2.原理

通过感官检查 TMR 的外观性状、气味和质地评定 TMR 的质量。

3.材料

TMR 样本、塑料布。

4.操作步骤

①TMR 样本的采集。按比例采集 TMR 样本,将所有样品平铺于塑料布上。

②眼看(视觉)。看形状、色泽、霉变、异物、结块和夹杂物等。

③舌舔(味觉)。判断是否有刺激性恶味、苦味或辣味等异味。如饲料发霉后会有刺激性恶味,混入芥菜籽饼等会出现辣味,饲料中含有氧化镁和硫酸镁等会出现苦味等。

④鼻闻(嗅觉)。判断 TMR 或原料是否具有固有的气味,有无霉味、氨臭味、发酵酸味、焦糊味、腐败臭味或其他异味。

⑤手摸(触觉)。用手判断粒度大小、硬度、黏稠性、夹杂物以及水分多少。

⑥记录鉴定结果。

⑦不同 TMR 的质量比较。

5.评定标准

从感官上,搅拌效果好的 TMR 是精粗饲料混合均匀,有较多的精饲料附着在粗饲料表面,松散不分离、色泽均匀,新鲜不发热,无异味、不结块。随机从 TMR 中取一些,用手捧起,用眼估测其总重量及不同粒度的比例,一般 3.5 cm 以上的粗饲料部分超过日粮总重量的 15% 为宜。

第三节　TMR 水分评定

1.概述

一般 TMR 水分含量应控制在 45%～55%,冬靠下限,夏靠上限;原料变换或水分含量发生变化时,应重新检测其水分含量,每周测定 1 次青贮等高水分饲料的水分含量。TMR 水分过高或过低都会影响动物的干物质采食量,动物表现出挑食、膘情和生产性能下降等现象。

2.原理

可以采用感官检查和精确分析测定的方法对 TMR 的水分含量进行评定。感官检查是利用手握的方式,结合观察手内的水分判断水分大致含量。精确分析是将试样置于 65 ℃烘箱内烘干至恒重,逸失的重量为水分。

3.材料

TMR 样本、电子天平(感量 0.000 1 g)、电热式恒温烘箱、称样皿(玻璃或铝质,直径 40 mm以上,高 25 mm 以下)、干燥器(用变色硅胶作干燥剂)。

4.操作步骤

(1)感官检查

TMR 搅拌好后,随机从投料口抓一把,用力握紧后松开,如果有水滴滴出,水分为 60%～70%;手内侧能看见一层水,水分为 55%～60%;手内侧能感觉到水,且 TMR 松散,水分为 50%～55%;手内侧干燥,水分为 45%以下。

(2)水分烘干测定

具体测定方法见第一章第一节初水分的测定方法。

5.结果计算

(1)计算

$$水分 = \frac{W_1 - W_2}{W_1 - W_0} \times 100\%$$

式中:W_1 为 65 ℃烘干前试样及称样皿重,g;W_2 为 65 ℃烘干后试样及称样皿重,g;W_0 为称样皿重,g。

(2)重复性

以 2 个平行样算术平均值为结果。测定值相差不得超过 0.2%。

第四节　TMR 粒度评定

1.概述

　　TMR 的粒度分布影响动物的反刍、唾液的产生以及瘤胃的生理状态,可用来检查 TMR 搅拌设备运转是否正常,搅拌时间与上料次序等操作是否科学。目前,对 TMR 的粒度分布主要采用筛分法进行评定,常用的有宾州筛和中国农业大学自制的冲孔筛。各层筛上物的适宜比例与反刍动物的种类、日粮组分、精饲料种类、加工方法及饲养管理条件等有关。以奶牛 TMR 为例,宾州筛粒度推荐值以及针对分群泌乳牛 TMR 的要求分别见表 14-1 至表 14-3。中国农业大学分级筛推荐比例见表 14-4。剩料粒度分布和组成应与喂前的新鲜 TMR 接近,顶层筛高于喂前 10% 就表明有挑食现象。

表 14-1　各种饲料的宾州筛理论推荐比例(美国)

筛层	筛孔直径/mm	玉米青贮(干重)/%	干草(干重)/%	TMR(鲜重)/%
顶层	＞19	2～8	10～20	≤10
中上层	8.0～19	45～65	45～75	30～40
中下层	1.18～8.0	30～40	20～30	30～40
底层	＜1.18	＜5	＜5	≤20

表 14-2　美国宾州大学针对 TMR 日粮的粒度推荐值　　　　　　　　　%

饲料种类	一层	二层	三层	四层
泌乳牛 TMR	15～18	20～25	40～45	15～20
后备牛 TMR	40～50	18～20	25～28	4～9
干奶牛 TMR	50～55	15～30	20～25	4～7

备注:TMR 日粮水分 45%～55%;推荐值适合于精饲料以粉料为主的 TMR 日粮。

表 14-3　美国宾州大学针对分群泌乳牛 TMR 的要求　　　　　　　　　%

阶段	一层(%)	二层(%)	三层(%)	四层(%)
初产牛	＜20	30～50	30～50	5～6
高产牛	＜20	30～50	30～50	7～8
中产牛	＜20	30～40	30～40	＜15

表 14-4　中国农业大学分级筛推荐比例(北京郊区牛场,鲜重)　　　　%

筛层	筛孔直径/mm	玉米青贮	后备牛 TMR	高产 TMR	中低产 TMR	干奶 TMR
顶层	＞19	＜10	20～35	10～15	15～20	30～50
中上层	8.0～19	35～55	20～25	20～25	25～30	15～20
中下层	1.2～8.0	25～35	30～35	35～45	30～40	20～25
底层	＜1.2	＜5	5～10	20～25	15～20	8～15

2.原理

选择标准冲孔筛组,采用手工筛分或机械振动筛分法对 TMR 样品进行筛分,然后分析各层筛面上物料比例,最后进行粒度的综合评价。

3.材料

标准冲孔筛组(孔径为 19.05 mm、7.874 mm、1.18 mm 和底盘)、SSZ-750 型振动筛分机、天平(感量 0.01 g)和 TMR 样本。

4.操作步骤

(1)试样制备

采集动物未采食前和采食剩余料各 400～500 g。

(2)筛理

将样本置于标准冲孔筛组上层筛子上,开动电动机连续筛 10 min,或人工筛分,水平摇动(不要垂直抖动)2 min,每次水平摇动距离为 17 cm,频率每次 1.1 s,每摇 5 下,转 90°,以上共重复 7 次,直到无颗粒通过筛子。

(3)称重

筛完后将各层筛上物分别称重,计算其在日粮中所占比例。

5.结果计算

$$该筛层上存留百分率 = \frac{该筛层上存留 TMR 的重量}{试样重量} \times 100\%$$

计算结果保留 1 位小数。

过筛的损失量不得超过 1％,重复试验允许误差不超过 1％,求其平均数即为检验结果。

第五节 TMR 混合均匀度测定

1.概述

全混合日粮的混合均匀度决定反刍动物能否采食到营养平衡的日粮,同时也为 TMR 搅拌车选择合理的搅拌时间提供依据。在生产中,每周至少应进行 1 次混合均匀度评估,TMR 饲料搅拌车饲料混合均匀度指标应稳定在 90％左右。目前,对 TMR 混合均匀度指标的测定,国外主要采用钠离子分析法、铁离子分析法及营养分析法等方法进行评价,其中钠离子分析法的效果较好。另外,也可以通过额外添加示踪物来评价 TMR 混合均匀度,如在 TMR 制作时添加高粱谷物颗粒。

2.原理

通过对 TMR 制作时添加的示踪物或 TMR 饲料固有的某一组分含量差异的测定来反映该 TMR 中各组分分布的均匀性。如采用示踪物,则将其与精饲料一起加入,待 TMR 制作完成时,检测示踪物在 TMR 样品中的含量,作为反映 TMR 混合均匀度的依据。如采用 TMR 固有成分,如盐分,则在 TMR 制作完成时采样分析盐分含量,以各样品中盐分含量的差异来反映 TMR 的混合均匀度。

3.材料

天平(感量 0.01 g)、TMR 搅拌车、高粱或大麦、各种饲料原料、自封袋、相关化学分析试剂。

4.操作步骤

①加入示踪物:用容重器测定示踪物的容重。示踪物应为经过清洗选择的籽粒饱满且无缺损的种子粮(高粱、大麦等),按饲料搅拌车装载量的 1/100 加入示踪物。示踪物在添加精料的工段加入。

②采样方法:可在卸料阶段的全过程采集样本。在食槽上采样时,每车 TMR 采集 20 个代表性样本,每个点用手抓几把放入封口袋,约 500 g 左右;或在料槽两端和中间采样。

③测定方法:如采用示踪物,首先准确称量小样本质量,然后分拣出示踪物,称取示踪物质量,计算各样本中示踪物所占比例,依次为 X_1,X_2,X_3,$\cdots$,X_{20}。如采用 TMR 固有成分,如盐分,则在实验室分析各样本中成分含量,依次为 X_1,X_2,X_3,$\cdots$,X_{20}。

5.结果计算

以各次测定的示踪物或成分含量的对应值 X_1,X_2,X_3,$\cdots$,X_{20} 计算平均值($\overline{X}$)、标准差 S,其变异系数(CV)与混合均匀度(M)按公式计算。

$$\overline{X} = \frac{X_1 + X_2 + X_3 + \cdots + X_{20}}{20}$$

其标准差 S 为:

$$S = \sqrt{\frac{X_1^2 + X_2^2 + X_3^2 + \cdots + X_{20}^2 - 20\,\overline{X}^2}{20 - 1}}$$

由平均值 $\overline{X}$ 与标准差 S 计算变异系数 CV:

$$CV = \frac{S}{\overline{X}} \times 100\%$$

混合均匀度: $M = 1 - CV$

第六节　TMR 化学成分分析

TMR 化学成分直接关系到是否能满足反刍动物的营养需求,为此,在生产中每周抽检 1 次 TMR 的营养成分,并及时调整配方,以满足动物营养需求和确保 TMR 质量。TMR 中 CP、EE、CF、水分、钙、磷和 CA 含量的具体测定方法见第一章和第二章中相应的内容,TMR 样品的采集方法见本章第五节操作步骤中的采样方法。理想状况下,新鲜 TMR 样品实测数据应接近设计配方。表 14-5 为奶牛 TMR 日粮中营养成分推荐量,表 14-6 为部分实测数据与设计配方的理想变化范围。

表 14-5　奶牛 TMR 日粮中营养成分推荐量(干物质基础)

奶牛体重 /kg	体脂肪含量 /%	体增重 /(kg/d)	奶产量/(kg/d)					泌乳早期	干乳期
500	4.5	0.275	8	17	25	33	41	0~3 周	
600	4.0	0.330	10	20	30	40	50		
700	3.5	0.385	12	24	36	48	60		
能量									
泌乳净能/(Mcal/kg)			1.42	1.52	1.62	1.72	1.72	1.67	1.25
可消化总养分占干物质的比例/%			63	67	71	75	75	73	66
蛋白当量									
粗蛋白质/%			12	15	16	17	18	19	12
食入非降解蛋白质/%			4.4	5.2	5.7	5.9	6.2	7.0	
食入降解蛋白质/%			7.8	8.7	9.6	10.3	10.4	9.7	
纤维含量(最小量)									
ADF/%			21	21	21	19	19	21	27
NDF/%			28	28	28	25	25	28	35
乙醚浸出物(最小量)			3	3	3	3	3	3	3

资料来源:NRC(1989)附录。

NRC(1989)推荐,NDF 中的 70%~75%由粗饲料提供。

表 14-6　TMR 部分营养成分实测数据与设计日粮的理想变化范围

养分	设计日粮的理想变化范围/%
干物质(DM)	±3
粗蛋白质(CP)	±1
酸性洗涤纤维(ADF)	±2
中性洗涤纤维(NDF)	±2

第七节　TMR 的饲喂效果及动物粪便检查

1.概述

动物投料及剩料情况能够反映 TMR 的饲喂效果,粪便检查能提供日粮消化过程和消化部位的信息,反映反刍动物瘤胃和肠道内的状况。因此,对于 TMR 饲喂效果的观察以及粪便检查有助于改进日粮结构,调整 TMR 加工工艺,提高饲料的利用率和动物生产性能。动物粪便检查通常采用感官评定和使用粪便分离筛评估。通过评定,了解粪便中未消化饲料颗粒所占的比例,判断瘤胃的发酵情况。

2.原理

根据剩料量的百分比判定 TMR 的饲喂效果。通过观察粪便的颜色、黏稠度和内容物对粪便进行评分。采用粪便筛用水将粪便冲洗过滤,称重并计算不同筛层上饲料颗粒的百分比,结合推荐值分析 TMR 的品质。

3.材料

天平(感量 0.01 g)、TMR、待试动物、电子秤、粪便筛(孔径 4.64 mm、3.04 mm 和 1.28 mm)、玻璃棒。

4.操作步骤

(1)饲喂效果观察

给动物饲喂 TMR,记录投料量,观察并称重记录每槽剩料情况,剩料量为给料量的 3%～5% 为宜,每周应至少称剩料 1 次,以保证给动物提供足够的料。剩料粒度分布和组成应与喂前的新鲜 TMR 接近,顶层筛高于喂前 10% 就表明有挑食现象。同时观察动物的反刍情况,在休息时至少应有 50% 以上的动物在反刍。

(2)粪便感官鉴定

①颜色。

粪便随饲料品种、胆汁浓度和饲料消化率不同而变化。当采食含较多谷物的 TMR 时,粪便呈黄褐色;如果发生腹泻,粪便呈灰色;痢疾等引发的肠道出血,粪便呈黑色和带血样;细菌感染,粪便呈浅黄色或浅绿色。

②黏稠度。

正常粪便具有粥样黏稠度。碳水化合物在后肠过度发酵和产酸引起腹泻;采食蛋白质或瘤胃降解蛋白质过多产生稀的粪便;饮水不足和蛋白质缺乏常出现坚硬的粪便,严重脱水时粪便呈坚硬的球状。黏稠度和含水量不同造成粪便落地后的形态存在差异,而其形态能在一定程度上反映动物的营养状态和消化情况,奶牛粪便评分及营养因素见表 14-7。

表 14-7　奶牛粪便评分及营养因素

评分	外观	营养因素
1	高水分含量、不成环状、能像稀泥一样流动	蛋白质过量、碳水化合物过量、缺乏有效纤维、矿物元素过量
2	松散、飞溅、少量成形、不成堆、高度低于 2.5 cm、有可识别的环状	类似于 1 分的原因、饲喂大量适口性好、新鲜的牧草
3	粥样黏稠度、堆高 3～4 cm、3～6 个环、中间有浅窝	理想、营养平衡的日粮
4	浓稠粪便、厚、堆高大于 3.8 cm,中间无内陷	瘤胃蛋白质缺乏、碳水化合物缺乏、纤维过量、一般为干奶牛或大于 1 岁的青年牛
5	粪球、干硬、堆高 5～10 cm	类似于 4 分的原因、脱水、高饲草日粮、饮水缺乏

正常情况下牛的粪便状态为:干奶前期粪便落地后堆高 5 cm;干奶后期中间有环;泌乳前期圆形,顶部平;泌乳盛期中间有环;泌乳后期堆高 5 cm。不同阶段的奶牛粪便评分推荐值:

干奶牛 3.5 分,干奶后期 3.0 分,新产牛 2.5 分,高产牛 3.0 分,产奶后期牛 3.5 分。粪便落地后堆高超过 7.5 cm,说明饲料的亲和性差,一般为全饲草日粮而且瘤胃缺乏可发酵能量;高 5~7.5 cm,形状规则,为高粗料日粮,而且瘤胃发酵效率低;高 2~5 cm,圆形,中间有 2~4 个环,为中等精料日粮,而且瘤胃健康,发酵效率高;软,无形,周围有散点,pH<6.0,为高精料日粮,瘤胃健康状况不佳;绿色,液体状有流动性,系精料过多(70%以上精料),瘤胃和大肠发酵异常。

③内容物。

动物对日粮能够均匀一致的消化和利用,则其粪便内容物均匀一致。粪便中有大量未消化的谷物和长的粗饲料,表明瘤胃发酵有问题或较多的后肠发酵,可能是有效纤维采食不够,不能有效刺激反刍和保持正常的瘤胃 pH 所致。干粪表面如呈现白色,说明有未消化的淀粉。粪便中有较多黏液,表明有慢性炎症或肠道受损。粪便中如有气泡,表明奶牛可能瘤胃酸中毒或由后肠过度发酵产生气体所致。

(3)粪便筛分析

①取样。

取样要求有代表性,至少占动物数量的 10%~15%,每头取样 2 L。

②冲洗。

对放入粪便筛中的粪便进行冲洗,处于淋浴状态,慢放快提,至流出和清洗的水清亮为止。

③称重并记录。

冲洗完后,称重并做好记录,如日期、筛检人、动物群、筛上物比例(顶层:完整的谷物颗粒,大的粗料颗粒;中层:破碎的谷物颗粒,中等大小的粗料颗粒;底层:细小饲料残渣)等,然后拍照。

④结果分析。

粪便筛各层推荐比例:上层比例新产牛、高产牛<20%,其他牛<10%;中层比例<20%;下层比例>50%(瘤胃功能健全,瘤胃健康)。

上层长纤维过多原因:瘤胃功能不全,物理有效纤维采食不足(日粮采食不足、挑料),粗饲料品质不佳。

中层或下层过料(玉米)明显原因:如果过料中玉米粒是软的,容易捏碎,则为青贮中玉米粒,需考虑再制作青贮时改善制作工艺,尽量使青贮玉米中玉米破碎;如果过料中玉米粒是硬的,捏不碎,则为精料中玉米粉,需考虑精料加工时玉米破碎粒度,建议玉米破碎时采用 2 mm 筛网。

剩余物中出现黏膜样物体原因:奶牛瘤胃偏酸,需要重点关注奶牛瘤胃健康状况。

5.结果计算

$$剩料百分率 = \frac{剩料量}{投料量} \times 100\%$$

$$粪便筛筛上物留存百分率 = \frac{筛上物重}{粪便总重} \times 100\%$$

6.注意事项

粪便筛分析的数据应与该群体前几次分析的数据记录进行对比,如上层及中层比例明显升高,说明奶牛消化状况出现问题,瘤胃环境可能出现问题。需要考虑奶牛是否有热应激,TMR 物理有效纤维是否充足,奶牛是否挑料等。

不同牧场之间粪便筛评定相比较没有意义。

奶牛粪便筛评定不需太频繁,每月 1 次即可,或奶牛粪便评分有较大变化、奶牛日粮配方有较大变动时做。

奶牛粪便筛评定需要保证有充足的时间。一般一个粪便筛分析从采样开始到洗粪结束需要超过 1 h,如果时间不足,冲洗太快,会影响粪便筛分析的准确性。

★ 本章主要参考文献

冯静安,张宏文,梅卫江,等,2009.立式 TMR 搅拌机的混合原理及其搅龙参数的设计[J].石河子大学学报,(4):503-506.

郭万正,魏金涛,赵娜,等,2015.颗粒 TMR 与精粗分饲对不同品种山羊育肥期生产性能的影响[J].湖北农业科学,(22):5657-5659.

贺鸣,2005.TMR 中粗饲料不同颗粒大小对干奶牛咀嚼行为和瘤胃发酵的影响[D].北京:中国农业大学.

胡迪先,田作华,薛丁萌,2015.奶牛全价混合日粮(TMR)饲喂技术的配方优化程序设计[J].饲料工业,(5):1-5.

雷亚非,2016.奶牛全混合日粮(TMR)饲喂技术特点及关键措施[J].养殖与饲料,(7):35-37.

李胜利,范学珊,2011.奶牛饲料与全混合日粮饲养技术[M].北京:中国农业出版社.

刘慧芳,张轶芬,王学彬,等,2015.规模化舍饲羊场 TMR 饲喂技术及应用中需注意的问题[J].今日畜牧兽医,(7):57-58.

马建民,关文怡,张凡建,等,2016.北京地区牛场 TMR 饲料评价体系调查[J].饲料研究,(7):18-20.

邱昌功,2011.TMR 技术在奶牛场应用效果分析[J].中国奶牛,(3):49-50.

王广银,2007.全混合日粮(TMR)技术在规模化奶牛养殖小区推广和应用的研究[D].泰安:山东农业大学.

王浩波,2014.TMR 饲喂技术在我国奶牛养殖中存在的问题和对策[J].畜牧与饲料科学,12:39-41.

王仪明,郁谦,魏臻武,2012.TMR 饲料质量评价体系的研究[J].中国奶牛,(2):50-53.

文汇玉,2014.探究宾州筛在 TMR 饲喂技术上的应用[J].中国畜牧兽医文摘,(12):196,205.

徐晓明,黄克和,徐国忠,等,2011.不同含水率对奶牛 TMR 发酵过程中饲料品质的影响[J].上海交通大学学报(农业科学版),(1):81-87.

徐晓明,张克春,2011.奶牛 TMR 饲料的研究进展[J].乳业科学与技术,(1):45-47.

闫瑞,2012.TMR 搅拌时间和苜蓿添加量对奶牛采食量、咀嚼活动和生产性能的影响[D].泰安:山东农业大学.

闫益波,张玉换,2016.肉羊全混合日粮技术应用研究进展[J].中国饲料,(2):19-24.

杨晓亮,2009.发酵 TMR 粗饲料配方优化研究[D].兰州:甘肃农业大学.

张健,杨瑶,于立坚,等,2015.TMR 饲喂环节的机械化配置、技术路线及技术要求[J].中国奶牛,(5):47-50.

张兆顺,2011.全混合日粮(TMR)饲养技术在奶牛生产中的应用[J].中国牛业科学,(4):76-78.

赵金艳,2016.奶牛全混合日粮(TMR)饲喂技术要点与注意事项[J].当代畜牧,(5):57-58.

郑博文,张金吉,李德允,2015.不同长度稻草 TMR 对绵羊瘤胃纤维分解酶活力与瘤胃生态的影响[J].延边大学农学学报,(4):316-320.

（编写:刘强;审阅:王聪、张栓林）

第十五章　饲料的安全学评价

饲料从原料生产到加工、贮存和销售运输过程中易受到自然环境和人为因素的影响,受到生物性和非生物性等的污染,对动物健康、正常生长及畜产品食用产生负面影响。饲料安全学评价是保证饲料原料和各种产品的卫生及安全质量的重要手段,本章主要介绍常见的影响饲料卫生与安全的物质的检测方法。

第一节　饲料细菌总数检测

1.概述

饲料中细菌的污染不但能引起饲料腐败变质,导致动物发生疾病和中毒,而且一些病原菌可感染或定植于动物体内,再经食物链传播给人类,引发人类食源性感染。饲料中细菌的污染程度可以用细菌数量和细菌菌相 2 个指标表示,其中细菌数量可以用细菌总数表示。本文介绍饲料细菌总数的测定方法参照 GB/T 13093—2006。

2.原理

饲料试样经过处理,稀释至适当浓度,在一定条件[如用特定的培养基,在温度(30 ± 1)℃培养(72 ± 3)h 等]下培养后,所得 1 g(mL)试样中所含细菌总数。

3.试剂和溶液

①营养琼脂培养基。在 1 000 mL 蒸馏水中加入蛋白胨 10 g、牛肉膏 3 g、氯化钠 5 g,溶解后用 15%氢氧化钠溶液校正 pH 至 7.2~7.4。加入琼脂 15~20 g,加热煮沸,使琼脂溶化。分装于三角瓶内,121 ℃高压灭菌 20 min。

②磷酸盐缓冲液(稀释液)。储存液:在 500 mL 蒸馏水中加入磷酸二氢钾 34 g,用 1 mol/L氢氧化钠溶液约 175 mL 校正 pH 至 7.0~7.2,再用蒸馏水稀释至 1 000 mL。稀释液:取储存液 1.25 mL,用蒸馏水稀释至 1 000 mL。分装后,121 ℃高压灭菌 20 min。

③0.85% 生理盐水。称取氯化钠(分析纯)8.5 g 溶于 1 000 mL 蒸馏水中,分装后,121 ℃高压灭菌 20 min。

④水琼脂培养基。在 1 000 mL 蒸馏水中加入琼脂 9~18 g,加热使琼脂溶化,校正 pH 6.8~7.2。分装于三角瓶中,121 ℃ 高压灭菌 20 min。

⑤实验室常见消毒药品。

4.仪器和设备

分析天平(感量 0.1 g)、往复式振荡器、粉碎机、高压灭菌器、恒温水浴锅[(46±1)℃]、恒温培养箱[(30±1)℃]、微型混合器、灭菌的三角瓶、吸管、离心管、玻璃珠(直径 5 mm)、培养皿、金属勺、刀等。

5.测定步骤

(1)测定程序

测定程序见图 15-1。

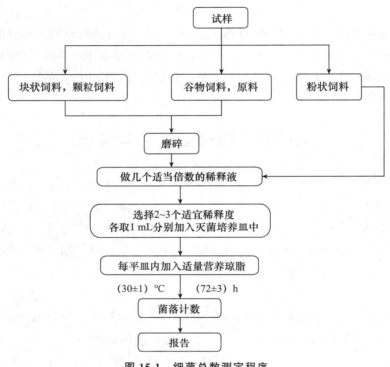

图 15-1　细菌总数测定程序

(2)试样的采集与制备

试样的采集应遵循随机性和代表性的原则,采样过程应遵循无菌操作程序,防止一切可能的外来污染。用粉碎机将具有代表性的样品粉碎,使之通过 0.45 mm 孔径筛。样品应尽快检验。

(3)稀释

以无菌操作称取试样 25 g(或 10 g)。放于含有 225 mL(或 90 mL)稀释液或生理盐水的灭菌三角瓶中(瓶内预置适当数量的玻璃珠)。置振荡器上,振荡 30 min。经充分振摇后,制成 1∶10 的均匀稀释液。

吸取 1∶10 稀释液 1 mL,沿管壁慢慢注入含有 9 mL 灭菌稀释液或生理盐水的离心管中,振摇或用微型混合器混合均匀,制成 1∶100 的稀释液。

按上述操作方法,作 10 倍递增稀释。

（4）培养

根据饲料卫生标准要求或对试样污染程度的估计，选择 2～3 个适宜稀释度，吸取 1 mL 稀释液于灭菌平皿内，每个稀释度作 2 个培养皿。

稀释液移入培养皿后，迅速将(46±1)℃的培养基注入培养皿约 15 mL。小心转动培养皿使试样与培养基充分混匀。从稀释试样到倾注培养基之间，时间不能超过 30 min。如估计试样中所含微生物可能在培养基表面生长时，待培养基完全凝固后，可在培养基表面倾注凉至(46±1)℃的水琼脂培养基 4 mL。

待琼脂凝固后，倒置平皿于(30±1)℃恒温培养箱内培养(72±3)h，取出，计算平皿内细菌总数目。细菌总数乘以稀释倍数，即得每克试样所含细菌总数。

6.结果计算

（1）细菌总数计算方法

做平板菌落计数时，可用肉眼观察，如菌落形态太小时可借助于放大镜检查，以防遗漏。在计算出各平板细菌总数后，求出同稀释度的 2 个平板菌落的平均值。

（2）细菌总数计数的报告

①平板细菌总数的选择。

选择细菌总数为 30～300 的平板作为细菌总数测定标准。每一稀释度使用 2 个平板菌落的平均数，2 个平板其中 1 个平板有较大片状菌落生长时，则不宜采用，而应以无片状菌落生长的平板菌落的平均数作为该稀释度的细菌总数，若片状菌落不到平板的 1/2，而另 1/2 菌落分布又很均匀，即可计算半个平板后乘以 2 来代表全平皿细菌总数。

②报告。

报告方式见表 15-1。

表 15-1　稀释度选择及细菌总数报告方式

例次	稀释液及细菌总数			稀释度选择	稀释液之比	细菌总数 /[CFU/g(mL)]	报告方式 /[CFU/g(mL)]
	10^{-1}	10^{-2}	10^{-3}				
1	多不可记	164	20	选 30～300	—	16 400	16 000 或 1.6×10^4
2	多不可记	295	46	均在 30～300 比值≤2，取平均数	1.6	37 750	38 000 或 3.8×10^4
3	多不可记	271	60	均在 30～300 比值＞2，取较小数	2.2	27 100	27 000 或 2.7×10^4
4	多不可记	多不可记	313	均＞300，取稀释度最高的数	—	313 000	310 000 或 3.1×10^5
5	27	11	5	均＜30，取稀释度最低的数	—	270	270 或 2.7×10^2
6	0	0	0	均无菌落生长，则以＜1乘以最低稀释度	—	＜1×10	＜10
7	多不可记	305	12	均不在 30～300，取最接近 30 或 300 的数	—	30 500	31 000 或 3.1×10^4

第二节 饲料大肠菌群检验

1.概述

大肠菌群是指在一定培养条件下能发酵乳糖产酸产气的需氧或兼性厌氧革兰氏阴性无芽孢杆菌。大肠菌群是饲料被粪便污染的指示菌,饲料中的大肠菌群数以每 1/100 mL(g)检测样品中大肠菌群最可能数(most probable number,MPN)来表示。发酵法(GB/T 18869)是检测大肠菌群数的常用方法,分为乳糖胆盐发酵法和 LST 发酵法,乳糖胆盐发酵法适用于限量要求以 MPN/100 g(mL)为单位的产品,LST 发酵法适用于限量要求以 MPN/g(mL)为单位的产品。本文介绍饲料大肠杆菌的测定方法参照 GB/T 18869—2019。

2.原理

将待测样品稀释至适当浓度并培养后,根据其未生长的最低稀释度与生长的最高稀释度,应用统计学概率论推算表,查出待测样品中大肠菌群的 MPN。

3.试剂和溶液

①水:符合 GB/T 6682 中三级水的要求。

②乳糖胆盐发酵培养基:1 000 mL 蒸馏水中加入蛋白胨 20 g、猪(或牛、羊)胆盐 5 g、乳糖 10 g,溶解后校正 pH 至 7.4±0.2。加入 0.04%溴甲酚紫水溶液指示剂 25 mL,分装每管 10 mL,并放入一个小倒管(杜氏管),115 ℃高压灭菌 15 min。双料乳糖胆盐发酵管除蒸馏水外,其余成分加倍。

③伊红-美蓝琼脂:1 000 mL 蒸馏水中加入蛋白胨 10 g、磷酸氢二钾 2 g、乳糖 10 g,调节 pH 至 7.1±0.2,121 ℃高压灭菌 15 min。临用时加入 17 g 琼脂并加热溶解,冷至 50～55 ℃,加入 2% 伊红 Y 溶液 20 mL 和 0.65% 美蓝溶液 10 mL,摇匀,倾注平板。

④乳糖发酵培养基:1 000 mL 蒸馏水中加入蛋白胨 20 g、乳糖 10 g,调节 pH 至 7.4±0.1。加入 0.04%溴甲酚紫水溶液指示剂 25 mL,分装每管 30 mL、10 mL 或 3 mL,并放入一个小倒管,115 ℃高压灭菌 15 min。3 mL 供证实试验用。

⑤革兰氏染色液:结晶紫染液(结晶紫 2 g 溶于 20 mL 95%乙醇中,与 80 mL 10 g/L 草酸铵溶液混合),革兰氏碘液(碘 1 g 和碘化钾 2 g 溶于 300 mL 蒸馏水),沙黄复染液(将沙黄 0.25 g 溶解于 10 mL 95%乙醇中,然后用 90 mL 蒸馏水稀释)。

⑥月桂基硫酸盐胰蛋白胨(Lauryl sulfate tryptose,LST)肉汤:1 000 mL 蒸馏水中溶入胰蛋白胨或胰酪胨 20 g、氯化钠 5 g、乳糖 5 g、磷酸氢二钾 2.75 g、磷酸二氢钾 2.75 g、月桂基硫酸钠 0.1 g,调节 pH 至 6.8±0.2。分装每管 10 mL,并放入一个小倒管,121 ℃高压灭菌 15 min。

⑦煌绿乳糖胆盐(Brilliant green lactose bile,BGLB)肉汤:将蛋白胨 10 g、乳糖 10 g 溶于约 500 mL 蒸馏水中,加入牛胆粉溶液 200 mL(将 20 g 脱水牛胆粉溶于 200 mL 蒸馏水中,调节 pH 至 7.0～7.5),用蒸馏水稀释到 975 mL,调节 pH 至 7.2±0.1,再加入 0.1% 煌绿水溶液 13.3 mL,用蒸馏水补足到 1 000 mL,用棉花过滤后,分装到有玻璃小倒管的试管中,每管 10 mL。121℃高压灭菌 15 min。

⑧磷酸盐缓冲液、贮备液：称取 34.0 g 的磷酸二氢钾溶于 500 mL 蒸馏水中，用大约 175 mL 的 1 mol/L 氢氧化钠溶液调节 pH 至 7.2±0.2，用蒸馏水稀释至 1 000 mL 后储存于冰箱。稀释液：取贮备液 1.25 mL，用蒸馏水稀释至 1 000 mL，分装于锥形瓶中，121 ℃高压灭菌 15 min。

⑨8.5% 无菌生理盐水。

⑩1 mol/L 氢氧化钠溶液和盐酸溶液。

4.仪器和设备

分析天平（感量 0.1 g）、恒温培养箱（36±1）℃、无菌吸管或微量移液器及吸头、无菌锥形瓶（500 mL）、振荡器、均质器、普通生物显微镜、pH 计或精密 pH 试纸。

5.乳糖胆盐发酵法

（1）试样稀释

以无菌操作采集样品，对于固态和半固态样品：称取 25 g 试样，放入盛有 225 mL 磷酸盐缓冲液或生理盐水的无菌均质杯中，8 000～10 000 r/min 均质 1～2 min，或放入无菌均质袋中，拍打 1～2 min，制成 10 倍稀释的样品匀液。对于液态样品：以无菌吸管吸取 25 mL 样品置于盛有 225 mL 磷酸盐缓冲液或生理盐水的无菌锥形瓶（瓶内预置适当数量的无菌玻璃珠）中，置于振荡器中振荡，充分混匀，制成 10 倍稀释的样品匀液。

用 1 mL 无菌吸管或微量移液器吸取 10 倍稀释的样品匀液 1 mL，沿管壁缓缓注入 9 mL 磷酸盐缓冲液或生理盐水的无菌试管中（注意吸管和吸头尖端不要触及稀释液面），振摇试管或换一支 1 mL 无菌吸管反复吹打，使其混合均匀，制成 100 倍稀释的样品匀液。根据对样品污染状况的估计，依次制成 10 倍递增系列稀释样品匀液。从制备样品匀液至样液接种完毕，全过程不超过 15 min。

（2）乳糖发酵试验

每个样品选择 3 个适宜的连续稀释度的样品匀液（液体样品可以选择原液），每个稀释度接种 3 管乳糖胆盐发酵管，每管接种 1 mL（如接种量超过 1 mL，则用双料乳糖胆盐发酵管），置（36±1）℃恒温培养箱内培养（24±2）h，观察小倒管内是否有气泡产生，如未产气，则可报告为大肠菌群阴性，如产气，则按下文的分离培养和确证试验程序进行操作。

（3）分离培养

将产气的发酵管分别接种在伊红美蓝琼脂平板上，置（36±1）℃恒温培养箱内培养 18～24 h，然后取出，观察菌落形态，并做确证试验。

（4）确证试验

在上述平板上，挑取可疑菌落 1～2 个进行革兰氏染色，同时接种乳糖发酵管，置（36±1）℃恒温培养箱内培养（24±2）h，观察产气情况。凡出现乳糖管产气、革兰氏染色为阴性的无芽孢杆菌，即可报告大肠菌群阳性。

（5）试验程序

试验程序见图 15-2。

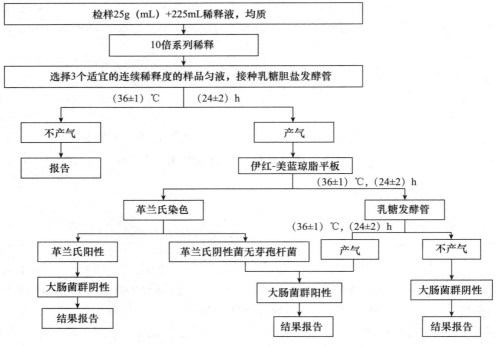

图 15-2 乳糖胆盐发酵法试验程序

6.LST 发酵法

(1)试样的稀释

试样的稀释操作同上文"乳糖胆盐发酵法"中的试样稀释方法。

(2)初发酵试验

每个样品选择 3 个适宜的连续稀释度的样品匀液(液体样品可以选择原液),每个稀释度接种 3 管 LST 肉汤,每管接种 1 mL(如接种品超过 1 mL,则用双 LST 肉汤),(36±1)℃培养(24±2)h,观察小倒管内是否有气泡产生,产气者进行复发酵试验(证实试验),如未产气则继续培养至(48±2)h,产气者进行复发酵试验。未产气者为大肠菌群阴性。

(3)复发酵试验(证实试验)

用接种环从产气的 LST 肉汤管中分别取培养物 1 环,移种于 BGLB 管中,(36±1)℃培养(48±2)h,观察产气情况。产气者为大肠菌群阳性管。

(4)试验程序

试验程序见图 15-3。

7.结果计算

(1)乳糖胆盐发酵法的结果计算

根据确证为大肠菌群阳性的管数,检索乳糖胆盐发酵法大肠菌群最可能数(MPN)检索表(表 15-2),报告每 100 g(mL)样品中大肠菌群的 MPN 值。

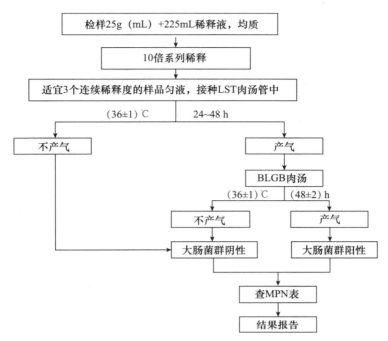

图 15-3 LST 发酵法试验程序

表 15-2 乳糖胆盐发酵法大肠菌群最可能数（MPN）检索表

阳性管数			MPN	95％可信限	
1 g(mL)×3	0.1 g(mL)×3	0.01 g(mL)×3		上限	下限
0	0	0	<30	<5	90
0	0	1	30	<5	90
0	0	2	60	<5	90
0	0	3	90	<5	90
0	1	0	30	<5	130
0	1	1	60	<5	130
0	1	2	90	<5	130
0	1	3	120	<5	130
0	2	0	60	—	—
0	2	1	90	—	—
0	2	2	120	—	—
0	2	3	160	—	—
0	3	0	90	—	—
0	3	1	130	—	—
0	3	2	160	—	—
0	3	3	190	—	—
1	0	0	40	<5	200

阳性管数			MPN	95％可信限	
1 g(mL)×3	0.1 g(mL)×3	0.01 g(mL)×3		上限	下限
1	0	1	70	10	210
1	0	2	110	—	—
1	0	3	150	—	—
1	1	0	70	10	230
1	1	1	110	30	360
1	1	2	150	—	—
1	1	3	190	—	—
1	2	0	110	—	—
1	2	1	150	—	—
1	2	2	200	—	—
1	2	3	240	—	—
1	3	0	160	—	—
1	3	1	200	—	—
1	3	2	240	—	—
1	3	3	290	—	—
2	0	0	90	10	360
2	0	1	140	30	370
2	0	2	200	—	—
2	0	3	260	—	—
2	1	0	150	30	440
2	1	1	200	70	890
2	1	2	270	—	—
2	1	3	340	—	—
2	2	0	210	40	470
2	2	1	280	100	1 500
2	2	2	350	—	—
2	2	3	420	—	—
2	3	0	290	—	—
2	3	1	360	—	—
2	3	2	440	—	—
2	3	3	530	—	—
3	0	0	230	40	1 200
3	0	1	390	140	2 300
3	0	2	640	150	3 800
3	0	3	950	—	—
3	1	0	430	70	2 100
3	1	1	750	140	2 300
3	1	2	1 200	300	3 800

阳性管数			MPN	95％可信限	
1 g(mL)×3	0.1 g(mL)×3	0.01 g(mL)×3		上限	下限
3	1	3	1 600	—	—
3	2	0	930	150	3 800
3	2	1	1 500	300	4 400
3	2	2	2 100	350	4 700
3	2	3	2 900	—	—
3	3	0	2 400	360	13 000
3	3	1	4 600	710	24 000
3	3	2	11 000	1 500	48 000
3	3	3	≥24 000	—	—

注:本表采用 3 个稀释度[1 g(mL)、0.1 g(mL)和 0.01 g(mL)],每个稀释度接种 3 管。

（2）LST 发酵法的结果计算

根据确证为大肠菌群阳性的管数,检索 LST 发酵法大肠菌群最可能数（MPN）检索表（表15-3）,报告每克（毫升）[g(mL)]样品中大肠菌群的 MPN 值。

表 15-3　LST 法大肠菌群最可能数（MPN）检索表

阳性管数			MPN	95％可信限	
0.1 g(mL)×3	0.01 g(mL)×3	0.001 g(mL)×3		上限	下限
0	0	0	<3.0	9.5	—
0	0	1	3.0	9.6	0.15
0	1	0	3.0	11	0.15
0	1	1	6.1	18	1.2
0	2	0	6.2	18	1.2
0	3	0	9.4	38	3.6
1	0	0	3.6	18	0.17
1	0	1	7.2	18	1.3
1	0	2	11	38	3.6
1	1	0	7.4	20	1.3
1	1	1	11	38	3.6
1	2	0	11	42	3.6
1	2	1	15	2	4.5
1	3	0	16	42	4.5
2	0	0	9.2	38	1.4
2	0	1	14	42	3.6
2	0	2	20	42	4.5
2	1	0	15	42	3.7
2	1	1	20	42	4.5
2	1	2	27	94	8.7

阳性管数			MPN	95%可信限	
0.1 g(mL)×3	0.01 g(mL)×3	0.001 g(mL)×3		上限	下限
2	2	0	21	42	4.5
2	2	1	28	94	8.7
2	2	2	35	94	8.7
2	3	0	29	94	8.7
2	3	1	36	94	8.7
3	0	0	23	94	4.6
3	0	1	38	110	8.7
3	0	2	64	180	17
3	1	0	43	180	9
3	1	1	75	200	17
3	1	2	120	420	37
3	1	3	160	420	40
3	2	0	93	420	18
3	2	1	150	420	37
3	2	2	210	430	40
3	2	3	290	1 000	90
3	3	0	240	1 000	42
3	3	1	460	2 000	90
3	3	2	1 100	4 100	180
3	3	3	>1 100	—	420

注:本表采用3个稀释度[0.1 g(mL)、0.01 g(mL)和0.001 g(mL)],每个稀释度接种3管。

第三节　饲料霉菌总数检测

1.概述

饲料中污染霉菌在饲料储存条件不佳时可引起饲料霉变,霉变的饲料不但营养价值降低,而且一些霉菌还能产生毒素,引起动物中毒,毒素还可能经食物链引发人类食源性中毒。饲料中霉菌污染程度,可以用霉菌总数来表示。霉菌总数是指饲料检样经处理并在一定条件下培养后,所得1 g检样中含霉菌的总数。本文介绍饲料霉菌总数的测定方法参照 GB/T 13092—2006。

2.原理

根据霉菌生理特性,选择适宜于霉菌生长而不适宜于细菌生长的培养基,采用平皿计数方法,测定霉菌数。

3.试剂和溶液

所用试剂均为分析纯,水符合 GB/T 6682 三级水规格。

①高盐察氏培养基:1 000 mL 蒸馏水中加入硝酸钠2 g、磷酸二氢钾1 g、硫酸镁($MgSO_4 \cdot 7H_2O$)0.5 g、氯化钾0.5 g、硫酸亚铁0.01 g、氯化钠60 g、蔗糖30 g、琼脂20 g,加热溶解,分装

后,121 ℃高压灭菌 30 min。必要时,可酌量增加琼脂。

　　②稀释液:称取氯化钠 8.5 g,溶于 1 000 mL 蒸馏水中,分装后,121 ℃高压灭菌 30 min。

　　4.仪器和设备

　　分析天平(感量 0.000 1 g)、恒温培养箱{[(25～28)±1]℃}、高压灭菌器、水浴锅{[(45～77)±1]℃}、往复式振荡器、微型混合器(2 900 r/ min)、灭菌的三角瓶、吸管或枪头、离心管、玻璃珠(直径 5 mm)、培养皿、广口瓶、金属勺、刀等。

　　5.测定步骤

　　(1)测定程序

　　霉菌测定程序见图 15-4。

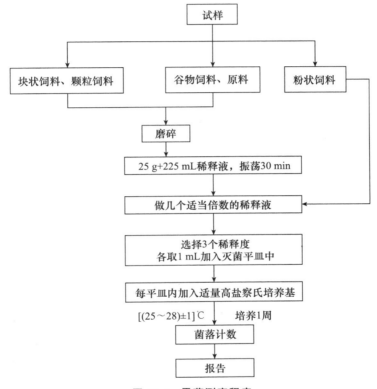

图 15-4　霉菌测定程序

　　(2)试样的采集与制备

　　采样时必须特别注意样品的代表性和避免采样时的污染,粉碎过 0.45 mm 孔径筛,样品应尽快检验,否则应将样品放在低温干燥处。

　　(3)稀释

　　以无菌操作称取检样 25 g(或 25 mL),放入含有 225 mL 灭菌稀释液的玻璃三角瓶中,置振荡器上,振摇 30 min,即为 1∶10 的稀释液。

　　用灭菌吸管吸取 1∶10 稀释液 10 mL,注入带玻璃珠的试管中,置微型混合器上混合 3 min,或用灭菌吸管反复吹吸 50 次,使霉菌孢子分散开。

　　取 1 mL 1∶10 稀释液,注入含有 9 mL 灭菌稀释液试管中,另换一支吸管吹吸 5 次,此液为 1∶100 稀释液。

按上述操作顺序作 10 倍递增稀释液。

（4）培养

根据对样品污染情况的估计，选择 3 个合适稀释度，吸取 1 mL 稀释液于灭菌平皿中，每个稀释度作 2 个平皿，然后将晾至 45 ℃左右的高盐察氏培养基注入平皿中，充分混合，待琼脂凝固后，倒置于{[(25～28)±1]℃}恒温培养箱中，培养 3 d 后开始观察，应培养观察 1 周。

6.结果计算

（1）计算方法

通常选择霉菌数为 10～100 个的平皿进行计数，同稀释度的 2 个平皿的霉菌平均数乘以稀释倍数，即为每克（或每毫升）检样中所含霉菌总数。

（2）报告方式

稀释度选择和霉菌总数报告方式按表 15-4 表示。

表 15-4　稀释度选择及霉菌总数报告方式

| 例次 | 稀释液及霉菌数 | | | 稀释度选择 | 稀释液之比 | 霉菌总数 /[CFU/g(mL)] | 报告方式 /[CFU/g(mL)] |
	10^{-1}	10^{-2}	10^{-3}				
1	多不可记	80	8	选 10～100	—	8 000	8×10^3
2	多不可记	87	12	均在 10～100，比值≤2，取平均数	1.4	10 350	1.0×10^4
3	多不可记	95	20	均在 10～100，比值＞2，取较小数	2.1	9 500	9.5×10^3
4	多不可记	多不可记	110	均＞100，取稀释度最高的数	—	110 000	1.1×10^5
5	9	2	0	均＜10，取稀释度最低的数	—	90	90
6	0	0	0	均无菌落生长，则以＜1乘以最低稀释度	—	＜1×10	＜10
7	多不可记	102	3	均不在 10～100，取最接近 10 或 100 的数	—	10 200	1.0×10^4

第四节　饲料中砷、汞、铅、镉的检测

一、概述

砷、汞、铅、镉属于重金属，超过限量能引起动物中毒，其一般是以金属有机化合物的形式存在于饲料中，测定这些元素先要进行样品的制备和前处理。在样品处理中以不丢失要测成分为原则，先将有机物质破坏，释放出被测元素，经过浓缩和分离后，进行检测。砷、汞、铅、镉的测定方法主要有分光光度法、原子吸收光谱法、示波极谱法等。

二、砷的测定——银盐-分光光度法

(一)原理

银盐-分光光度法是检测饲料中总砷的常用方法,也是国标(GB 19079)中规定的仲裁法。样品经酸消解或干灰化破坏有机物,使砷呈离子状态存在,经碘化钾、氯化亚锡将高价砷还原为三价砷,然后被锌粒和酸产生的新生态氢还原为砷化氢。在密闭装置中,被二乙氨基二硫代甲酸银(Ag-DDTC)的三氯甲烷溶液吸收,形成黄色或棕红色银溶胶,其颜色深浅与砷含量成正比,用分光光度计比色测定。形成胶体银的反应如下:

$$AsH_3 + 6Ag(DDTC) = 6Ag + 3H(DDTC) + As(DDTC)_3$$

(二)试剂和溶液

所用试剂均为分析纯,水符合 GB/T 6682 二级水规格。
① 硝酸、硫酸、高氯酸、盐酸、乙酸、碘化钾、L-抗坏血酸。
② 无砷锌粒,粒径(3.0 ± 0.2)mm。
③ 混合酸溶液(A):$HNO_3:H_2SO_4:HClO_4=23:3:4$。
④ 1 mol/L 和 3 mol/L 盐酸溶液。
⑤ 200 g/L 乙酸铅溶液、150 g/L 硝酸镁溶液、150 g/L 碘化钾溶液。
⑥ 400 g/L 酸性氯化亚锡溶液:称取 20 g 氯化亚锡($SnCl_2 \cdot 2H_2O$)溶于 50 mL 盐酸中,加入数颗金属锡粒,可用 1 周。
⑦ 2.5 g/L 二乙氨基二硫代甲酸银(Ag-DDTC)-三乙胺-三氯甲烷吸收溶液:称取 2.5 g(精确到 0.000 1 g)Ag-DDTC 于干燥的烧杯中,加适量三氯甲烷待完全溶解后,转入 1 000 mL 容量瓶中,加入 20 mL 三乙胺,用三氯甲烷定容,于棕色瓶中存放在冷暗处。若有沉淀应过滤后使用。
⑧ 乙酸铅棉花:将医用脱脂棉在乙酸铅溶液(100 g/L)中浸泡约 1 h,压除多余溶液,自然晾干,或在 90~100 ℃烘干,保存于密闭瓶中。
⑨ 60 mL/L 硫酸溶液、200 g/L 氢氧化钠溶液。
⑩ 砷标准液。1.0 mg/mL 贮备液:精确称取 0.660 g 三氧化砷(110℃,干燥 2 h),加 5 mL 氢氧化钠溶液使之溶解,然后加入 25 mL 硫酸溶液中和,定容至 500 mL,于塑料瓶中冷贮。1.0 μg/mL 工作液:准确吸取 5.00 mL 砷标准储备溶液,加水定容至 100 mL,在后准确吸取 2.00 mL,加 1 mL 盐酸,加水定容至 100 mL,摇匀。

(三)仪器和设备

砷化氢发生及吸收装置、分光光度计(波长范围 360~800 nm)、分析天平(感量 0.000 1 g)、可调式电炉、瓷坩埚(30 mL)、高温炉(温控 0~950 ℃)。

(四)测定步骤

1.试料的处理

(1)混合酸消解法

配合饲料及单一饲料,宜采用硝酸-硫酸-高氯酸消解法。称取试料 3~4 g(精确到 0.000 1 g),置于 250 mL 凯氏瓶中,加水少许湿润试样,加 30 mL 混合酸溶液(A),放置 4 h 以上或过夜,置电炉上从室温开始消解。待棕色气体消失后，提高消解温度，至冒白烟（SO₃）数分钟（务必赶尽硝酸），此时溶液应呈清亮无色或淡黄色。瓶内溶液体积近似硫酸用量，残渣为白色。若瓶内溶液呈棕色，冷却后添加适量硝酸和高氯酸，直到消解完全。冷却，加 10 mL 1 mol/L 盐酸溶液煮沸，稍冷，转移到 50 mL 容量瓶中，用水洗涤凯氏瓶 3～5 次，洗液并入容量瓶中，然后用水定容，待测。

当试样消解液含砷小于 10 μg 时，可直接转移到砷化氢发生器中，补加 7 mL 盐酸，加水使瓶内溶液体积为 40 mL，从加 2 mL 碘化钾起，按下文"还原反应与比色测定"操作步骤进行。

（2）盐酸溶样法

矿物元素饲料添加剂不宜加硫酸，应用盐酸溶样。称取试样 1～3 g（精确到 0.000 1 g）于 100 mL 高型烧杯中，加水少许湿润试样，慢慢滴加 10 mL 3 mol/L 盐酸溶液，待激烈反应过后，再缓慢加入 8 mL 盐酸，用水稀释至约 30 mL 煮沸，转移到 50 mL 容量瓶中，洗涤烧杯 3～4 次，洗液并入容量瓶中，用水定容，待测。当试样消解液含砷小于 10 μg 时，可直接转移到发生器中，加水至 40 mL 并煮沸，从加 2 mL 碘化钾起，按下文"还原反应与比色测定"操作步骤进行。若少数矿物质饲料富含硫，严重干扰砷的测定，可用盐酸溶解样品后，加入 5 mL 乙酸铅溶液并煮沸，静置 20 min，形成的硫化铅沉淀过滤，滤液定容至 50 mL，以下按下文"还原反应与比色测定"进行。

硫酸铜、碱式氯化铜溶样：称取试样 0.1～0.5 g（精确到 0.000 1 g）于发生器中，加 5 mL 水溶解，加 2 mL 乙酸及 1.5 g 碘化钾，放置 5 min 后，加 0.2 g L-抗坏血酸使之溶解，加 10 mL 盐酸，然后用水稀释至 40 mL，摇匀，按下文"还原反应与比色测定"规定步骤操作。

（3）干灰化法

添加剂预混合饲料、浓缩饲料、配合饲料、单一饲料及饲料添加剂可选择干灰化法。称取试样 2～3 g（精确到 0.000 1 g）于 30 mL 瓷坩埚中，加入 5 mL 硝酸镁溶液，混匀，于低温或沸水浴中蒸干，低温碳化至无烟后，转入高温炉于 550℃ 恒温灰化 3.5～4 h。取出冷却，缓慢加入 10 mL 3 mol/L 盐酸溶液，待激烈反应过后，煮沸并转移到 50 mL 容量瓶中，用水洗瓷坩埚 3～5 次，洗液并入容量瓶中，定容，待测。当试样含砷小于 10 μg 时，可直接转移到发生器中，补加 8 mL 盐酸，加水至 40 mL，加 1 g L-抗坏血酸溶解后，按下文"还原反应与比色测定"操作步骤进行。

2.标准曲线绘制

准确吸取砷标准工作溶液（1.0 μg/mL）0 mL、1.00 mL、2.00 mL、4.00 mL、6.00 mL、8.00 mL、10.00 mL 于发生瓶中，加 10 mL 盐酸，加水稀释至 40 mL，从加入 2 mL 碘化钾起，以下按下文"还原反应与比色测定"规定步骤操作，测其吸光度，求出回归方程各参数或绘制出标准曲线。

3.还原反应与比色测定

从上述处理好的待测液中，准确吸取适量溶液（含砷量应≥1.0 μg）于砷化氢发生器中，补加盐酸至总量为 10 mL，并用水稀释到 40 mL，使溶液盐酸浓度为 3 mol/L，然后向试样溶液、试剂空白溶液、标准系列溶液各发生器中加入 2 mL 碘化钾溶液，摇匀，加入 1 mL 氯化亚锡溶液，摇匀，静置 15 min。

准确吸取 5.00 mL Ag-DDTC 吸收液于吸收瓶中，连接好发生吸收装置（勿漏气，导管塞有蓬松的乙酸铅棉花）。从发生器侧管迅速加入 4 g 无砷锌粒，反应 45 min，当室温低于 15℃ 时，反应延长至 1 h。反应中轻摇发生瓶 2 次，反应结束后，取下吸收瓶，用三氯甲烷定容至 5 mL，摇匀，测定。以原吸收液为参比，在 520 nm 处，用 1 cm 比色皿测定。

（五）结果计算

（1）计算

试样中总砷含量 X，以质量分数（mg/kg）表示，按公式（1）计算：

$$X = \frac{(A_1 - A_3) \times V_1}{m \times V_2} \tag{1}$$

式中：V_1 为试样消解液定容总体积，mL；V_2 为分取试液体积，mL；A_1 为测试液中含砷量，μg；A_3 为试剂空白液中含砷量，μg；m 为试样质量，g。

若样品中砷含量很高，可用公式（2）计算：

$$X = \frac{(A_2 - A_3) \times V_1 \times V_3}{m \times V_2 \times V_4} \tag{2}$$

式中：V_1 为试样消解液定容总体积，mL；V_2 为分取试液体积，mL；V_3 为分取液再定容体积，mL；V_4 为测定时分取 V_3 体积，mL；A_2 为测定用试液中含砷量，μg；A_3 为试剂空白液中含砷量，μg；m 为试样质量，g。

（2）结果表示

以 2 个平行的算术平均值为分析结果，表示到 0.01 mg/kg，当每千克试样中含砷量 ≥1.0 mg，结果取 3 位有效数字。

（3）精密度

分析结果的相对偏差应符合：所测饲料中砷含量 ≤1.00 mg/kg，允许相对偏差 ≤20%；砷含量 1.00～5.00 mg/kg，允许相对偏差 ≤10%；砷含量 5.00～10.00 mg/kg，允许相对偏差 ≤5%；砷含量 ≥10.00 mg/kg，允许相对偏差 ≤3%。

三、汞的测定——冷原子吸收光谱法

（一）原理

在原子吸收光谱中，汞原子对波长为 253.7 nm 的共振线有强烈的吸收作用。试样经硝酸-硫酸消化，使汞转为离子状态，在强酸中，氯化亚锡将汞离子还原成元素汞，以干燥清洁空气为载体吹出，进行冷原子吸收，与标准系列比较定量。

（二）试剂和溶液

除特殊注明，所用试剂均为分析纯，水符合 GB/T 6682 二级水规格。

①硝酸、硫酸、盐酸。

②10% 氯化亚锡溶液：称取 10 g 氯化亚锡溶于 20 mL 浓盐酸中，微微加热使其溶解透明，加水稀释至 100 mL，现配现用。

③混合酸液：10 mL HNO_3 ＋10 mL H_2SO_4，慢慢倒入 50 mL 水中，冷后加水稀释至 100 mL。

④汞标准贮备液：按 GB/T 602—2002 中规定进行配制，或者选用国家标准物质-汞标准溶液（GBW 08617），此溶液每毫升相当于 1 000 μg 汞。

⑤汞标准工作溶液：吸取汞标准贮备液 1 mL，加混合酸液定容至 100 mL。再吸取此液 1 mL 定容至 100 mL，此溶液每毫升相当于 0.1 μg 汞。现配现用。

（三）仪器和设备

分析天平（感量 0.000 1 g）、样品粉碎机或研钵、消化装置、测汞仪、三角烧瓶 250 mL、容

量瓶 100 mL、还原瓶 50 mL。

（四）测定步骤

1.试样的处理

称取 1～5 g 试样（精确到 0.000 1 g）置于含玻璃珠的三角烧瓶中，加入 25 mL 硝酸、5 mL 硫酸，转动三角烧瓶，并防止局部碳化，装上冷凝管，小火加热，待开始发泡即停止加热，发泡停止后，再加热回流 2 h。放冷后从冷凝管上端小心加入 20 mL 水，继续加热回流 10 min，放冷，用适量水冲洗冷凝管，洗液并入消化液。消化液经玻璃棉或滤纸滤于 100 mL 容量瓶内，用少量水洗三角烧瓶和滤器，洗液并入容量瓶内，加水定容，混匀。取试样相同量的硝酸和硫酸，同法做试剂空白试验。

若为石粉，称取约 1 g 试样（精确到 0.000 1 g），置于含玻璃珠的三角烧瓶中，装上冷凝管后，从冷凝管上端加入 15 mL 硝酸，小火加热 15 min，放冷，用适量水冲洗冷凝管，移入 100 mL 容量内，加水定容，混匀。

2.标准曲线绘制

吸取 0 mL、0.10 mL、0.20 mL、0.30 mL、0.40 mL、0.50 mL 汞标准工作液置于还原瓶内，各加 10 mL 混合酸液，加 2 mL 氯化亚锡溶液后立即盖紧还原瓶 2 min，记录测汞仪读数指示器最大吸光度。以吸光度为纵坐标，汞浓度为横坐标，绘制标准曲线。

3.测定

加 10 mL 试样消化液，加 2 mL 氯化亚锡溶液后立即盖紧还原瓶 2 min，记录测汞仪读数指示器最大吸光度。

（五）结果计算

（1）计算

计算公式为：

$$w = \frac{(m_1 - m_0) \times 1\,000}{m} \times \frac{V_2}{V_1} \times 1\,000 = \frac{V_1(m_1 - m_0)}{mV_2}$$

式中：w 为试样中汞的含量，mg/kg；m_1 为测定用试样消化液中汞的质量，μg；m_0 为试剂空白液中汞的质量，μg；m 为试样质量，g；V_1 为试样消化液总体积，mL；V_2 为测定用试样消化液体积，mL。

（2）结果表示

以每个试样平行 2 次的算术平均值为分析结果，表示到 0.001 mg/kg。

（3）重复性要求

重复性要求如表 15-5 所示。

表 15-5　重复性要求

饲料中汞含量/（mg/kg）	两次重复结果之间差值
≤0.020	不得超过平均值的 100%
＞0.020	不得超过平均值的 50%
＞0.100	不得超过平均值的 20%

四、铅的测定——火焰原子吸收光谱法

(一)原理

试样经干灰化、酸溶或湿消化后,使铅溶出,用原子吸收光谱仪在 283.3 nm 处测定吸光度值,并与标准曲线进行比较定量。

(二)试剂和溶液

除特殊注明,所用试剂均为分析纯,水符合 GB/T 6682 一级水规格。

①硝酸(优级纯)、高氯酸(优级纯)、氢氟酸。

②0.6 mol/L 和 6 mol/L 盐酸溶液。

③0.5 mol/L 和 6 mol/L 硝酸溶液。

④10.0 mg/mL 磷酸二氢铵溶液。

⑤0.6 mg/mL 硝酸镁溶液。

⑥铅标准储备溶液(1.0 mg/mL):准确称取 1.598 g 硝酸铅[$Pb(NO_3)_2$],加入 10 mL 6 mol/L 硝酸溶液,用水定容至 1 000 mL。贮存于聚四氟乙烯瓶中,4 ℃保存,有效期为 6 个月。或购置有证标准物质配制相应浓度。

⑦铅标准中间溶液(10.0 μg/mL):1.00 mL 储备溶液用水定容至 100 mL。现配现用。

⑧铅标准工作溶液(100 ng/mL):1.00 mL 中间溶液用 0.5 mol/L 硝酸溶液定容至 100 mL。现配现用。

⑨乙炔:溶解乙炔质量符合 GB 6819—2004 中 3.1 的要求,即乙炔的体积分数≥98.0%,硝酸银试纸不变色。

(三)仪器和设备

分析天平(感量 0.000 1 g)、原子吸收分光光度计(附火焰器,铅的空心阴极灯)、马弗炉[(550±15)℃]、无灰滤纸、瓷坩埚(内壁光滑没有腐蚀,使用前用 0.6 mol/L 盐酸溶液煮 2 h,用水冲洗干净)、可调式电热板或电炉、平底柱型聚四氟乙烯坩埚及玻璃器皿(使用前用 0.6 mol/L 盐酸浸泡过夜,用水冲洗干净)。

(四)测定步骤

1.试样的处理

(1)干灰化法

含有有机物较多的饲料原料、浓缩饲料、配合饲料和精料补充料可选择干灰化法。称取试样 5 g(精确到 0.000 1 g)于瓷坩埚中,100～300 ℃可调式电炉上缓慢加热碳化至无烟,放入 550 ℃马弗炉中灰化 2～4 h,冷却后,用 2 mL 水将碳化物润湿。

(2)盐酸溶解法

适用于不含有机物质的添加剂预混合饲料。称取 1～5 g 试样(精确到 0.000 1 g)于瓷坩埚中,加 2 mL 水湿润样品。

在干灰化法或盐酸溶解法中含有湿润试样的瓷坩埚中,逐滴加入 5 mL 6 mol/L 盐酸溶液,边加边转动坩埚,直到溶液无气泡逸出,再加入 5 mL 6 mol/L 硝酸溶液,转动坩埚并在可调式电炉上加热直到消化液剩余 2～3 mL。冷却后,用水将消化液转移至 50 mL 容量瓶中,

加少许水多次冲洗坩埚,洗液并入容量瓶中,定容,用无灰滤纸过滤,待用。

（3）高氯酸消化法

警示：使用高氯酸时注意不要烧干,小心爆炸。

适用于含有机物质的添加剂预混合饲料。称取 1 g 试样（精确到 0.000 1 g）于聚四氟乙烯坩埚中,加水湿润样品,加入 10 mL 硝酸（含硅酸盐较多的样品需再加入 5 mL 氢氟酸）,通风橱里静置 2 h 后,加入 5 mL 高氯酸,在温度低于 250℃的可调式电炉上小火加热消化,至消化液冒白烟为止,冷却后,用水转移至 50 mL 容量瓶中,加少许水多次冲洗坩埚,洗液并入容量瓶中,定容,用无灰滤纸过滤,待用。

2.标准曲线绘制

准确吸取铅标准中间溶液 0 mL、1.0 mL、2.0 mL、4.0 mL、6.0 mL、8.0 mL 于 50 mL 容量瓶中,加入 1 mL 6 mol/L 盐酸溶液,用水定容,导入原子吸收分光光度计。用水调零,在 283.3 nm 波长处测定吸光值,以吸光度为纵坐标,浓度为横坐标,绘制标准曲线。

3.样品的检测

与标准曲线测定相同条件下,测定空白和试样溶液的吸光值,并用标准曲线定量。

（五）结果计算

（1）计算公式

试样中铅含量为 ω,以质量分数（mg/kg）表示,按公式（1）计算：

$$\omega = \frac{(\rho_1 - \rho_2) \times V}{m} \tag{1}$$

式中：ρ_1 为试样溶液中铅的质量浓度,μg/mL；ρ_2 为空白试剂中铅的质量浓度,μg/mL；V_1 为试样溶液总体积,mL；m 为试样质量,g。

（2）结果表示

以 2 个平行的算术平均值为分析结果,结果应表示至小数点后 2 位。

（3）精密度

分析结果的相对偏差应符合：所测饲料中铅含量≤5 mg/kg,允许相对偏差≤20%；铅含量 5～15 mg/kg,允许相对偏差≤15%；铅含量 15～30 mg/kg,允许相对偏差≤10%；铅含量≥30 mg/kg,允许相对偏差≤5%。

五、镉的测定

（一）原理

以干灰化法分解样品,在酸性条件下,有碘化钾存在时,镉离子与碘离子形成络合物,被甲基异丁酮萃取分离,将有机相喷入空气-乙炔火焰,使镉原子化,测定其对特征共振线 228.8 nm 的吸光度,与标准系列比较而求得镉的含量。

（二）试剂和溶液

除特殊注明,所用试剂均为分析纯,水符合 GB/T 6682 二级水规格。

①硝酸、盐酸、甲基异丁酮。

②2 mol/L 碘化钾溶液。

③5%抗坏血酸溶液,现配现用。

④1 mol/L 盐酸溶液。

⑤镉标准贮备液:称取高纯金属镉(Cd,99.99%)0.100 0 g 于烧瓶中,加入 10 mL 1:1 硝酸,在电热板上加热溶解完全后,蒸干,取下冷却,加入 20 mL 1:1 盐酸及 20 mL 水,继续加热溶解,取下冷却后,移入 1 000 mL 容量瓶中,用水定容,此溶液每毫升相当于 100 μg 镉。

⑥镉标准中间液:吸取 10 mL 镉标准贮备液于 100 mL 容量瓶中,以 1 mol/L 盐酸定容。

⑦镉标准工作液:吸取 10 mL 镉标准中间液于 100 mL 容量瓶中,以 1 mol/L 盐酸定容,此溶液每毫升相当于 1 μg 镉。

（三）仪器和设备

分析天平(感量 0.000 1 g)、原子吸收分光光度计、马弗炉、烧杯、容量瓶、具塞比色管、吸量管、移液管。

（四）测定步骤

1.试样的处理

准确称取 5~10 g 试样于 100 mL 烧杯中,置于马弗炉内,微开炉门,由低温开始,先升至 200 ℃保持 1 h,再升至 300 ℃保持 1 h,最后升温至 500 ℃灼烧 16 h,直至试样呈白色或灰白色,无碳粒为止。取出冷却,加水润湿,加 10 mL 硝酸,在电热板或砂浴上加热分解试样至近干,冷后加 10 mL 1 mol/L 盐酸溶液,将盐类加热溶解,内容物移入 50 mL 容量瓶中,再以 1 mol/L盐酸溶液反复洗涤烧杯,洗液并入容量瓶中,以 1 mol/L 盐酸溶液定容。

若为石粉、磷酸盐等矿物试样,可不用干灰化法,称样后,加 10~15 mL 硝酸(盐酸)在电热板或砂浴上加热分解试样至近干,其余同上处理。

2.标准曲线绘制

精确分取镉标准工作液 0 mL、1.25 mL、2.50 mL、5.00 mL、7.50 mL、10.00 mL,分别置于 25 mL 具塞比色管中,以 1 mol/L 盐酸溶液稀释至 15 mL,依次加入 2 mL 碘化钾溶液,摇匀,加 1 mL 抗坏血酸溶液,摇匀,准确加入 5 mL 甲基异丁酮,振动萃取 3~5 min,静置分层后,有机相导入原子吸收分光光度计,在波长 228.8 nm 处测其吸光度,以吸光度为纵坐标,浓度为横坐标,绘制标准曲线。

3.测定

准确分取 15~20 mL 待测试样溶液及同量试剂空白溶液于 25 mL 具塞比色管中,依次加入 2 mL 碘化钾溶液,其余同标准曲线绘制测定步骤。

（五）结果计算

(1)计算公式

试样中镉含量为 X,以质量分数(mg/kg)表示,按公式(1)计算:

$$X = \frac{A_1 - A_2}{(m \times V_2)/V_1} = \frac{V_1(A_1 - A_2)}{mV_2} \tag{1}$$

式中:A_1 为待测试液中镉含量,μg;A_2 为试剂空白液中镉含量,μg;m 为试样质量,g;V_2 为待测试液体积,mL;V_1 为试样处理液总体积,mL。

(2)结果表示

以 2 个平行的算术平均值为分析结果,结果表示至 0.01 mg/kg。

（3）重复性要求

当饲料中的镉含量≤0.5 mg/kg 时,两次重复结果之间的差值不得超过平均值的 50 ％;当饲料中的镉含量在 0.5～1 mg/kg 时,两次重复结果之间的差值不得超过平均值的 30 ％;当饲料中的镉含量＞1 mg/kg 时,两次重复结果之间的差值不得超过平均值的 20 ％。

第五节　饲料农药残留的检测

一、概述

农药是用于防治危害农作物及农副产品的病虫害、杂草和其他有害生物的药物总称,饲料中农药残留能够毒害动物,还可长期随畜产品进入人体,损害人的健康。目前,农药残留的测定方法分为定量和定性方法(筛选)法、单一残留分析法、多残留分析法等,本节介绍的气相色谱-质谱法能在较短的时间内分析饲料样品中是否存在农药残留(可检测出 36 种农药),以及定量被检测物的农药残留浓度。其方法检出限为 0.012 5～0.1 mg/kg,定量限为 0.037 5～0.5 mg/kg。

二、原理

试样经乙腈提取浓缩后,用乙腈定容,加入 PSA 试剂(乙二胺-N-丙基硅烷)净化,采用气相色谱-质谱法测定。

三、试剂和溶液

除非另有说明,在分析中仅使用确认为分析纯的试剂。

①乙腈、正己烷、丙酮、氯化钠。

②正己烷：丙酮混合溶剂：1∶1。

③PSA 试剂：乙二胺-N-丙基硅烷。

④无水硫酸镁：在 500 ℃下灼烧 3 h,冷却后使用。

⑤农药标准物质：纯度≥90 ％(胺硫磷：纯度≥75 ％)。

⑥标准贮备溶液：准确称取 25～100 mg(精确至 0.02 mg)农药各标准物质,分别用正己烷＋丙酮混合溶剂溶解并稀释成 0.5～1 mg/mL 浓度的标准贮备溶液。

⑦混合标准溶液：按照各农药在仪器上的响应灵敏度,确定其在混合标准溶液中的浓度。移取一定量的单个农药标准贮备液于 100 mL 容量瓶中,用正己烷＋丙酮混合溶剂定容。混合标准溶液的浓度参见表 15-6。

⑧混合标准工作溶液：取混合标准溶液用正己烷＋丙酮混合溶剂逐级稀释成混合标准工作溶液。

表 15-6　36 种农药方法检出限、定量限、混合标准溶液浓度、定量离子及定性离子

序号	中文名称	英文名称	方法检出限 /(mg/kg)	方法定量限 /(mg/kg)	混合标准溶液 浓度/(mg/L)	定量离子	定性离子
1	仲丁威	fenobucarb	0.012 5	0.062 5	2.5	121	77 103 150
2	灭草灵	swep	0.1	0.5	20.0	187	124 159 189

续表15-6

序号	中文名称	英文名称	方法检出限/(mg/kg)	方法定量限/(mg/kg)	混合标准溶液浓度/(mg/L)	定量离子	定性离子
3	甲胺磷	methamidophos	0.075	0.25	10.0	94	6 495 141
4	克草敌	pebulate	0.025	0.062 5	2.5	128	132 161 203
5	杀虫丹	ethiofencarb	0.025	0.162 5	6.5	107	7 779 168
6	速灭威	metolcarb	0.025	0.05	2.0	108	7 779 107
7	甲硫威	methiocarb	0.025	0.05	2.0	168	91 109 153
8	α-六六六	α-HCH	0.012 5	0.062 5	2.5	217	181 183 219
9	胺丙畏	propetamphos	0.012 5	0.05	2.0	138	110 194 236
10	γ-六六六	γ-HCH	0.025	0.062 5	2.5	183	181 183 219
11	四氟菊酯	transfluthrin	0.012 5	0.062 5	2.5	163	91 165 335
12	乐果	dimethoate	0.05	0.112 5	4.5	87	93 125 229
13	β-六六六	β-HCH	0.012 5	0.075	3.0	217	181 183 219
14	δ-六六六	δ-HCH	0.025	0.075	3.0	217	181 183 219
15	艾氏剂	aldrin	0.025	0.05	2.0	263	66 265 293
16	胺硫磷	formothion	0.075	0.337 5	13.5	125	93 170 224
17	杀螟硫磷	fenitrothion	0.05	0.075	3.0	277	125 260
18	马拉硫磷	malathion	0.05	0.075	3.0	173	93 125 158
19	对硫磷	palathion	0.05	0.125	5.0	291	97 125 139
20	溴硫磷	Bromofos-methyl	0.025	0.062 5	2.5	331	125 329 333
21	氯硫磷	chlorthion	0.05	0.137 5	5.5	297	125 299
22	除草定	bromacil	0.025	0.087 5	3.5	205	188 190 231
23	4,4'-滴滴伊	4,4'-DDE	0.012 5	0.037 5	1.5	246	248 316 318
24	抑草磷	butamifos	0.037 5	0.112 5	4.5	286	200 232 258
25	丙溴磷	profenofos	0.075	0.262 5	10.5	339	139 208 374
26	2,4-滴滴滴	2,4-DDD	0.012 5	0.037 5	1.5	235	165 199 237
27	2,4'-滴滴涕	2,4-DDT	0.012 5	0.062 5	2.5	235	165 199 237
28	乙硫磷	ethion	0.025	0.137 5	5.5	231	97 153 384
29	4,4'-滴滴涕	4,4'-DDT	0.05	0.125	5.0	235	165 199 237
30	甲氰菊酯	fenpropathrin	0.025	0.05	2.0	181	97 265 349
31	胺菊酯	tetramethrin	0.025	0.062 5	2.5	164	107 123
32	伏杀硫磷	phosalone	0.05	0.175	7.0	182	97 121 367
33	氯菊酯	permethrin	0.025	0.087 5	3.5	183	91 163 165
34	氟氯氰菊酯	cyfluthrin	0.075	0.237 5	9.5	226	163 199 206
35	α-氯氰菊酯	α-cypermethrin	0.05	0.112 5	4.5	181	163 165 209
36	氰戊菊酯	fenvalerate	0.05	0.112 5	4.5	167	152 225 419

四、仪器和设备

分析天平(感量 0.1 g 和 0.01 mg)、气相色谱-质谱仪[配有电子轰击源(EI)]、旋转蒸发器、粉碎机、恒温振荡提取器、离心机、涡旋混合器、鸡心瓶、移液管。

五、测定步骤

1.提取与净化

称取 5 g 试样（精确至 0.01 g），置 50 mL 离心管中，加入 20.00 mL 乙腈，加 1 g 氯化钠与 2 g 无水硫酸镁，混匀，用恒温振荡提取器于 40℃下提取 30 min，5 000 r/min 离心 5 min。精密量取上清液 10.00 mL 于鸡心瓶中，40 ℃水浴旋转蒸发至干，加入 1.00 mL 乙腈溶解，转移至离心管中，加入 100 mg PSA 试剂与 200 mg 无水硫酸镁，涡旋 30 s，15 000 r/min 离心 5 min，取上清液，供气相色谱-质谱的测定。

2.测定

(1)仪器条件

色谱柱：DB-17MS(30 m×0.25 mm×0.25 μm)石英毛细管柱或相当者。

色谱柱温度：50 ℃保持 2 min，然后以 25 ℃/min 升温至 150 ℃，以 1.8 ℃/min 升温至 206 ℃，以 1.6 ℃/min 升温至 224 ℃，以 25 ℃/min 升温至 280 ℃，保持 10 min。

载气：氦气，纯度≥99.999%，流速 1.5 mL/min。

溶剂延迟：5 min。

进样口温度：280 ℃。

进样量：1 μL。

进样方式：无分流进样，2 min 后打开分流阀和隔垫吹扫阀。

电子轰击源：70 eV。

离子源温度：230 ℃。

GC-MS 接口温度：280 ℃。

选择离子监测：每种化合物分别选择 1 个定量离子，1～3 个定性离子。按离子出峰顺序，分时段分别检测，定量离子及定性离子选择见表 15-6，化合物出峰顺序参见图 15-5。

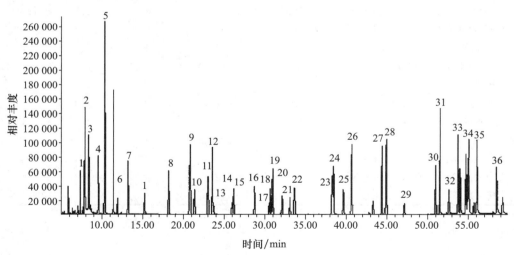

图 15-5　化合物出峰顺序

注：编号顺序同表 15-6

（2）定性测定

混合标准溶液和样品溶液按照气相色谱-质谱测定条件测定，如果检出的色谱峰的保留时间与标准品的保留时间一致，允许限为±0.2 min，所选择的离子均出现，而且所选择的离子相对丰度比与标准品的离子相对丰度比相一致（相对丰度比＞50％，允许限为±10％；＞20％且≤50％，允许限为±15％；＞10％且≤20％，允许限为±20％；≤10％，允许限为±50 ％），则可判断样品中存在这种农药化合物。

（3）定量测定

采用定量离子定量测定，若被测物存在同分异构体，则以各同分异构体峰定量离子的强度总和计算。标准溶液的浓度应与待测化合物的浓度相近。

六、结果计算

（1）计算公式

被测物含量 X，以质量分数（mg/kg）表示，按公式（1）计算：

$$X_i = \frac{A_i \times c \times V_0 \times V_1}{A_0 \times m \times V} \tag{1}$$

式中：A_i 为样品溶液中被测物的峰面积或是样品溶液中被测物各同分异构体峰总面积；c 为混合标准工作溶液中被测物的浓度，mg/L；V_0 为分取试样提取液的体积，mL；V_1 为试样最终定容的体积，mL；A_0 为混合标准工作溶液中被测物的峰面积或是混合标准工作溶液中被测物各同分异构体峰总面积；m 为样品溶液所代表试样的质量，g；V 为加入提取液的量，mL。

（2）结果表示

结果以平行测定的算术平均值表示，保留 3 位有效数字。

（3）重复性

实验室内平行测定间的相对偏差≤15％，实验室间平行测定间的相对偏差≤25％。

第六节　饲料中盐酸克伦特罗的检测

1.概述

盐酸克伦特罗（HCl-clenbuterol），俗称瘦肉精，属 β-兴奋剂类激素。我国政府已明文规定在畜牧生产中严禁使用克伦特罗等 β-兴奋剂。目前，测定饲料中的克伦特罗的方法有气相色谱-质谱联用法、高效液相色谱法和 ELISA 法等，其中，气相色谱-质谱联用法为确认方法，也是在农业部颁布的强制性行业标准中的仲裁法。

2.原理

用加有甲醇的稀酸溶液将饲料中的克伦特罗盐酸盐溶出，溶液碱化，经液液萃取和固相萃取柱净化后，在气相色谱-质谱联用仪上分离、测定。

3.试剂和溶液

除特殊注明，所用试剂均为分析纯，水符合 GB/T 6682 三级水规格。

①甲醇和乙腈：色谱纯，0.45 μm 滤膜过滤。

②提取液：0.5％偏磷酸溶液：甲醇＝80∶20。

③2 mol/L NaOH 溶液。

④乙醚、甲苯、无水硫酸钠、氮气。

⑤0.02 mol/L HCL 溶液。

⑥30 mg/mL 固相萃取小柱或同等效果净化柱。

⑦SPE 淋洗液:(1:含 2％氨水的 5％甲醇水溶液;2:含 2％氨水的 30％甲醇水溶液)。

⑧衍生剂:N,O-双三甲基甲硅烷三氟乙酰胺(BSTFA)。

⑨盐酸克仑特罗标准溶液。

贮备液,200 μg/mL:10.00 mg 盐酸克仑特罗溶于甲醇并定容至 50 mL,储于冰箱中,有效期 3 个月。

工作液,2.00 μg/mL:吸取 500 μL 贮备液,以甲醇稀释至 50 mL。

标准系列:吸取 25 μL、50 μL、100 μL、500 μL、1 000 μL 工作液,以甲醇稀释至 2 mL,相应浓度为:0.025 μg/mL、0.050 μg/mL、0.100 μg/mL、0.500 μg/mL、1.00 μg/mL。

4.仪器和设备

分析天平(感量 0.000 1 g、0.000 01 g)、超声水浴、离心机、分液漏斗、电热块或沙浴[温度可控制在(50±5)℃]、烘箱[温度可控制在(70±5)℃]、气相色谱-质谱仪(装有弱极性或非极性的毛细管柱的气相色谱仪和具电子轰击离子源及检测器)。

5.测定步骤

(1)提取

称取适量试样(配合饲料 5 g,预混料和浓缩料 2 g)精确至 0.01 g,置于 100 mL 三角瓶中,加入提取液 50 mL,超声水浴中超声 15 min,间断振摇。超声结束后,手摇至少 10 s,并取上层液 4 000 r/min 离心 10 min。

(2)净化

吸取上清液 10.00 mL,置 150 mL 分液漏斗中,滴加氢氧化钠溶液,充分振摇。调 pH 至 11~12,该过程反应较慢,放置 3~5 min,再检查 pH。溶液用 30 mL 和 25 mL 乙醚萃取 2 次,令醚层通过无水硫酸钠干燥,用少许乙醚淋洗分液漏斗和无水硫酸钠,并用乙醚定容至 50 mL。吸取 25.00 mL 于 50 mL 烧杯中,置通风橱内,在低于 50℃加热块或沙浴上蒸干,残渣溶于 2.00 mL 盐酸溶液,取 1.00 mL 置于预先已分别用 1 mL 甲醇和 1 mL 去离子水处理过的 SPE 小柱上,用注射器稍稍加压,使其过柱速度不超过 1 mL/min,再先后分别用 1 mL SPE 淋洗液 1 和淋洗液 2 淋洗,最后用甲醇洗脱,洗脱液置(70±5)℃加热块或沙浴上,用氮气吹干。

(3)衍生

净化、吹干的样品残渣及标准系列中加入衍生剂 BST FA 50 μL,充分涡旋混合后,置(70±5)℃烘箱中,反应 30 min。用氮气吹干,加甲苯 100 μL,混匀,上相色谱-质谱联用仪测定。

(4)测定参数设定

色谱柱:DB~5MS,30 m×0.25 mm ID 0.25 μm。

载气:氦气;柱头压:50 kPa。

进样口温度:260 ℃。

进样量:1 μL,不分流。

柱温程序:70 ℃保持 1 min,以 25 ℃/min 速度升至 200 ℃,于 200 ℃保持 6 min,再以 25 ℃/min 的速度升至 280 ℃并保持 2 min。

EI 源电子轰击能:70 eV。

检测器温度:200 ℃。

接口温度:250 ℃。

质量扫描范围:60～400 AMU。

溶剂延迟:7 min。

检测用克仑特罗三甲基硅烷衍生物的特征质谱峰:$m/Z=86,187,243,262$。

(5)定性定量方法

定性方法:样品与标准品保留时间的相对偏差≤0.5%。特征离子基峰百分数与标准品相差≤20%。

定量方法:选择离子监测(SIM)法计算峰面积,单点或多点校准法定量。

6.结果计算

(1)计算公式

计算公式为:

$$X = \frac{m_1}{m \times D}$$

式中:X 为每千克试样中盐酸克仑特罗的质量,mg;m_1 为色谱峰面积对应的盐酸克仑特罗的质量,μg;m 为所称样品的质量,g;D 为稀释倍数。

(2)结果表示

结果以平行测定的算术平均值表示,至小数点后 1 位。2 个平行测定的相对偏差不大于 20%。

★ **本章主要参考文献**

瞿明仁,2016.饲料卫生与安全学[M].北京:中国农业出版社.

张丽英,2016.饲料分析及饲料质量检测技术[M].北京:中国农业大学出版社.

农业部人事劳动司,2004.饲料检验化验员[M].北京:中国农业出版社.

GB/T 13080—2018.饲料中铅的测定 原子吸收光谱法[S].

GB/T 18869—2019.饲料中大肠菌群的测定[S].

史贤明,2003.食品卫生与安全学[M].北京:中国农业出版社.

GB 6819—2004.溶解乙炔[S].

(编写:杨阳;审阅:裴彩霞、夏呈强)

第十六章　益生菌品质评价

　　益生菌是一类摄入足够的剂量时对宿主有益的活的微生物（联合国粮食及农业组织和世界卫生组织,2001),对宿主具有改善微生态平衡、调节营养物质代谢、调节免疫、促进肠黏膜上皮屏障功能和刺激肠道细胞增殖等多种有益作用（朱鹏等,2016;王进波等,2014;吕于明等,2014;王少璞等,2013;高侃等,2013;张春杨等,2002）。我国农业部在 2013 发布的《饲料添加剂品种目录》中列出的可以作为饲料添加剂的益生菌种类有地衣芽孢杆菌、枯草芽孢杆菌、两歧双歧杆菌、粪肠球菌、屎肠球菌、乳酸粪肠球菌、嗜酸乳杆菌、干酪乳杆菌、德氏乳杆菌乳酸亚种（原名:乳酸乳杆菌）、植物乳杆菌、乳酸片球菌、戊糖片球菌、产朊假丝酵母、酿酒酵母、沼泽红假单胞菌、婴儿双歧杆菌、长双歧杆菌、短双歧杆菌、青春双歧杆菌、嗜热链球菌、罗伊氏乳杆菌、动物双歧杆菌、黑曲霉、米曲霉、迟缓芽孢杆菌、短小芽孢杆菌、纤维二糖乳杆菌、发酵乳杆菌、德氏乳杆菌保加利亚亚种（原名:保加利亚乳杆菌）、丙酸杆菌、布氏乳杆菌、副干酪乳杆菌、凝结芽孢杆菌、侧孢短芽孢杆菌（原名:侧孢芽孢杆菌）等 34 种,而其中粪肠球菌、屎肠球菌和乳酸粪肠球菌均属于 *Enterococcus faecium*。目前普遍认为功能最强大的益生菌产品是以上各类微生物组成的复合益生菌,其广泛应用于饲料添加剂。

　　益生菌之所以对宿主有诸多有益的作用,主要是由于其能进入后消化道迅速繁殖、竞争黏附于肠道上皮细胞形成微生物屏障、抑制有害微生物生长、产生各类消化酶促进营养物质的消化等。因此,益生菌饲料添加剂的饲用价值主要取决于添加剂中益生菌的种类和数量、进入后消化道的存活率、对肠道黏膜的附着能力、对有害菌的抑制能力和产生消化酶的种类与活性等方面。益生菌饲料添加剂的饲用价值的综合评定应包括益生菌菌种的鉴定、各种益生菌活菌计数、对胃肠道环境的耐受性、抑菌活性、对肠道黏膜的附着能力、消化酶的种类与活性和饲喂效果等方面,而饲喂效果根据目的不同其试验内容、检测方法差别很大,本章就不做具体介绍了。

第一节　益生菌菌种的鉴定与计数

1.原理

　　益生菌菌种可以通过形态学、生化等传统的微生物鉴定方法进行鉴定,也可以用 PCR 等分子生物学方法进行鉴定,但通常益生菌菌种鉴定以形态学鉴定、生化鉴定等传统的微生物鉴定方法为主。菌种的传统鉴定方法的原理是使用分离培养得到微生物的纯种的单独菌落,根据微生物在特定培养基上的菌落特征进行初步鉴定,然后用显微镜观察其菌体的大小、形态、染色反应等个体特征进一步鉴定,有些还需要运用生化反应、免疫学反应等最终确定的鉴定方法。分子生物学方法的原理是根据各种微生物的基因序列或其他特殊成分的特异性进行鉴定。

益生菌菌种一般通过菌落计数法进行计数,原理是将含有单细胞微生物的悬浮液成分混合均匀后,进行适当稀释,取一定稀释度的细胞悬浮液接种到合适的培养基平板上,在合适的条件下进行培养,然后数每个平板上的典型菌落数,计算样品中相应微生物的数量,单位为菌落形成单位(Colony-forming unit,CFU)。此方法的最大优点是可以计算自然样品中活的微生物数量,并可根据菌种选择使用特殊的培养基。

2.试剂和溶液

营养琼脂(nutrient agar,NA):蛋白胨 10.0 g、牛肉提取物 3.0 g、氯化钠 5.0 g、琼脂 15.0 g、蒸馏水 1.0 L,pH 7.0(参见 NY/T 1461—2007)。

桑塔斯琼脂(Sauton's agar):蛋白胨 20.0 g、$K_2HPO_4 \cdot 3H_2O$ 2.5 g、$MgSO_4$ 0.73 g、甘油 15.0 mL、琼脂 15.0 g、蒸馏水 1.0 L,pH 7.0(参见 NY/T 1461—2007)。

牛肉浸汁培养基(beef extract agar):取去脂肪的牛肉 500 g,切碎,于烧杯中加蒸馏水 1 L,置 4 ℃冰箱中过夜,用棉花过滤,将滤液于水浴中煮沸 1 h,使蛋白质凝固,过滤,在滤液中加入 10.0 g 氯化钠,调节 pH 7.4,并将液体补足 1.0 L,加琼脂 15.0 g,分装后灭菌,备用(参见 NY/T 1461—2007)。

MRS(Man Rogosa Sharpe)培养基:蛋白胨 10.0 g、牛肉膏 10.0 g、酵母浸膏 5.0 g、葡萄糖 20.0 g、吐温-80 1.0 mL、柠檬酸铵 2.0 g、乙酸钠 5.0 g、硫酸镁 0.1 g、硫酸锰 0.05 g、磷酸氢二钾 2.0 g、水 1.0 L、琼脂 15.0 g,pH 6.2-6.6(参见 SN/T 1941.1—2007)。

改良 MRS 培养基:MRS 培养基添加 X-gal(100 μmol/L)、L-胱氨酸(0.5‰)、放线菌酮(10 μg/mL)、LiCl(2 g/L)(参见 Liu 等,2013)。

MRS+$CaCO_3$ 固体培养基:每 15 mL MRS 培养基加入 0.40 g 碳酸钙(参见 热娜·米吉提等,2012)。

改良 MC(modified Chalmers Agar)培养基:大豆蛋白胨 5.0 g、牛肉浸膏 5.0 g、酵母浸膏 5.0 g、葡萄糖 20.0 g、乳糖 20.0 g、碳酸钙 10.0 g、琼脂 15.0 g、水 1.0 L,加热溶解,校正pH 6.0,加入 1%中性红溶液 5.0 mL,分装,高压 121 ℃灭菌 15～20 min,临用时加热熔化,冷却至 50 ℃,加入硫酸黏杆菌素 B 适量(如 10 万 IU/L)(参见 GB/T 20191—2006)。

麦芽汁琼脂培养基:糖化麦芽汁调整为 10°波美度 1.0 L,加入琼脂 20.0 g,115℃灭菌 15 min(参见 NY/T 1969—2010)。

YP 固体培养基:酵母膏 3.0 g、蛋白胨 5.0 g、氯化钠 2.0 g、硫酸镁 0.5 g、水 1 000 mL,pH 6.8,琼脂 20 g(参见 欧小兵等,2013)。

BCG 牛乳培养基:分别配制 A 溶液(脱脂乳粉 20 g,水 100 mL,加入 16 g/L 溴甲酚紫乙醇溶液 0.2 mL,80 ℃灭菌 20 min)和 B 溶液(酵母膏 2 g,水 100 mL,琼脂 4 g,121 ℃灭菌 20 min),灭菌后两溶液混合(参见 李增魁等,2012)。

查氏固体培养基:蔗糖 30.0 g、硝酸钠 3.0 g、K_2HPO_4 1 g、$FeSO_4$ 0.01 g、KCl 0.5 g、$MgSO_4 \cdot 7H_2O$ 0.5 g、琼脂 15～20 g 和水 1 L(参见 崔雨琪等,2014)。

产丙酸丙酸杆菌固体培养基+$CaCO_3$:酵母提取物,1%;胰蛋白酶,1%;葡萄糖,1%;2.5%(wt/vol)半胱氨酸盐酸盐溶液,5%;0.1%刃天青溶液,0.2%;矿物盐溶液,7.5%;

$CaCO_3$,2%和琼脂,2%(参见 Charfreitag 等,1988)。

牛肉膏蛋白胨培养基/LB 培养基:牛肉膏 3 g、蛋白胨 10 g、NaCl 5 g、琼脂 15~20 g、水 1 000 mL,pH 7.4~7.6/LB 培养基(参见沈萍和陈向东,2007)。

PDA 培养基:马铃薯(去皮)200 g,切 1 cm^3 大小的块,加水 1 L,煮沸 30 min,过滤,滤液中加入葡萄糖 20.0 g,琼脂 2.0 g(参见沈萍和陈向东,2007)。

革兰氏染色液、0.85%生理盐水,各种生化反应试剂等(参见东秀珠和蔡妙英,2001)。

3.仪器和设备

恒温培养箱、冰箱、显微镜(放大 400 倍)、高压灭菌锅、烘箱、恒温水浴锅、可调式电炉、气相色谱法、天平、试管、200~1 000 μL 移液器、1 mL 注射器、500 mL 锥形瓶、培养皿、涂布器等。采样工具(如探子、铲子、匙、采样器、试管、广口瓶等)应是无菌的。

4.操作步骤

(1)饲料样品的采集

样品包装为袋、瓶或罐装者,取完整未开封的。样品是固体粉末,应边取边混合;样品是液体,通过振摇即可混匀。样品送微生物检验室应越快越好,一般应不超过 3 h。如果路途遥远,可将样品于 0~5 ℃中(如冰壶)保存。

采样数量和方式按 GB/T 14699.1 执行。

(2)培养基的制备

根据益生菌的种类制备所需的培养基,具体见表 16-1。

表 16-1 各种益生菌所需制备的培养基及其菌落特征

序号	菌种	培养基/培养温度、时间	菌落特征	参考
1	地衣芽孢杆菌	营养琼脂 30 ℃ 48 h	菌落杏仁白色,湿润有光泽,表面略有放射状条纹	NY/T 1461—2007
		桑塔斯琼脂 30 ℃ 48 h	菌落乳脂色,湿润有光泽,不透明,中央凸起	
		牛肉浸汁培养基 30 ℃ 48 h	菌落乳脂色,湿润有光泽,不透明,边缘毛发状	
2	枯草芽孢杆菌	营养琼脂	菌落表面粗糙,不透明,不闪光,边缘扩张,圆形或蔓延成波浪形、不规则形,灰白或微黄色	GB/T 26428—2010
3	两歧双歧杆菌	改良 MRS 培养基 36℃ 厌氧培养 48 h	光滑,圆形凸起,边缘整齐的深蓝色菌落	Liu 等,2013
4	粪肠球菌	MRS+$CaCO_3$ 固体培养基 37 ℃培养 48 h	乳白色菌落,圆形隆起,边缘整齐,有溶钙圈的菌落	东秀珠和蔡妙英,2001;热娜·米吉提等,2012
5	乳酸粪肠球菌	MRS 固体平板培养基 37 ℃,厌氧培养 48~72 h	菌落圆形,边缘整齐,表面光滑,灰白色,扁平隆起	杨霞,2009
6	嗜酸乳杆菌	改良 MC 培养基 36 ℃ 培养 72 h	平皿底为粉红色,菌落较小,圆形,红色,边缘似星状,直径(2±1)mm,可有淡淡的晕	GB/T 20191—2006
7	干酪乳杆菌	MRS+$CaCO_3$ 固体培养基 37 ℃培养 48 h	乳白色菌落,形成钙溶圈	热娜·米吉提等,2012

序号	菌种	培养基/培养温度、时间	菌落特征	参考
8	德氏乳杆菌乳酸亚种（原名：乳酸乳杆菌）	MRS＋CaCO₃固体培养基37 ℃培养48 h	乳白色菌落，形成钙溶圈	SN/T 1941.1—2007
9	植物乳杆菌	MRS＋CaCO₃固体培养基37 ℃培养48 h	乳白色菌落，形成钙溶圈	热娜·米吉提等，2012
10	乳酸片球菌	MRS＋CaCO₃固体培养基37 ℃培养48 h	白色小菌落，形成钙溶圈	热娜·米吉提等，2012；Simpson等，2006
11	戊糖片球菌	MRS＋CaCO₃固体培养基30 ℃培养2 d	菌落四周有明显的透明圈，菌落斜嵌于培养基内的呈菱形，生长在表面的呈规则的圆形，白色扁平	张俊杰等，2004
12	产朊假丝酵母	麦芽汁琼脂培养基28 ℃ 3 d	菌落乳白色、平滑、有或无光泽、边缘整齐或菌丝状	NY/T 1969—2010
13	酿酒酵母	麦芽汁琼脂培养基28 ℃ 72 h	菌落大而湿润、隆起、乳白色、表面光滑无皱褶、边缘清晰	GB/T 22547—2008
14	沼泽红假单胞菌	YP固体培养基，30 ℃厌氧光照培养（40 W白炽灯，光照强度2 000 lx）36～48 h	菌落乳白色、淡黄色及棕红色，菌落边缘整齐，凸起、光滑湿润	欧小兵等，2013
15	婴儿双歧杆菌	改良MRS培养基36 ℃厌氧培养48 h	光滑，圆形凸起，边缘整齐的深蓝色菌落	Liu等，2013
16	长双歧杆菌	改良MRS培养基36 ℃厌氧培养48 h	光滑，圆形凸起，边缘整齐的深蓝色菌落	Liu等，2013
17	短双歧杆菌	改良MRS培养基36 ℃厌氧培养48 h	光滑，圆形凸起，边缘整齐的深蓝色菌落	Liu等，2013
18	青春双歧杆菌	改良MRS培养基36 ℃厌氧培养48 h	光滑，圆形凸起，边缘整齐的深蓝色菌落	Liu等，2013
19	嗜热链球菌	BCG牛乳培养基37 ℃培养48 h	黄色、扁平、边缘不整齐的菌落	李增魁等，2012
20	罗伊氏乳杆菌	MRS＋CaCO₃固体培养基37 ℃培养48 h	菌落圆形，乳白色，表面光滑，形成钙溶圈	SN/T 1941.1—2007；李文静等，2016
21	动物双歧杆菌	改良MRS培养基36 ℃厌氧培养48 h	光滑，圆形凸起，边缘整齐的深蓝色菌落	Liu等，2013
22	黑曲霉	含3%溴甲酚绿的查氏固体培养基30 ℃培养	菌落呈椭圆形，表面突起为毛绒状，边缘粗糙；生长初期菌丝为黄白色，生长孢子后呈黑褐色，菌落周围培养基随着pH变化而变色（溴甲酚绿pH＜3.8显黄色，pH＞5.4显蓝绿色）	崔雨琪等，2014
23	米曲霉	查氏固体培养基28 ℃培养	培养6 d后，圆形菌落乳白色、淡黄色及棕红色，边缘整齐，凸起、光滑湿润形、黄色、大小约5.5 cm、质地疏松、表面干燥有凹凸，呈粉粒状；第12 d菌落铺满整个平板，颜色变为黄绿色，边缘呈褐绿色	解顺昌等，2011

续表16-1

序号	菌种	培养基/培养温度、时间	菌落特征	参考
24	迟缓芽孢杆菌	营养琼脂 30 ℃培养 48 h	奶白色或黄色菌落	Aono,1995
25	短小芽孢杆菌	LB 固体琼脂培养基 37 ℃培养 12 h	菌落呈圆形,表面光滑乳白色,不透明,边缘整齐	郭政宏等,2016
26	纤维二糖乳杆菌	MRS＋$CaCO_3$ 固体培养基 37 ℃培养 48 h	菌落白色,形成钙溶圈	SN/T 1941.1—2007
27	发酵乳杆菌	MRS＋$CaCO_3$ 固体培养基 37 ℃培养 48 h	菌落白色,有光泽,规则圆形,较小,隆起,不透明,形成钙溶圈	李江等,2012
28	德氏乳杆菌保加利亚亚种	MRS＋$CaCO_3$ 固体培养基 37 ℃培养 48 h	菌落粗糙,无色素,直径 1～3 mm,形成钙溶圈	SN/T 1941.1—2007
29	丙酸杆菌	丙酸杆菌固体培养基＋$CaCO_3$,30 ℃厌氧培养	菌落白色,形成钙溶圈	Charfreitag 等,1988
30	布氏乳杆菌	MRS＋$CaCO_3$ 固体培养基 37 ℃厌氧培养 48 h	菌落一般粗糙,扁平,近乎透明,形成钙溶圈	SN/T 1941.1—2007
31	副干酪乳杆菌	MRS＋$CaCO_3$ 固体培养基 37 ℃厌氧培养 48 h	菌落白色,形成钙溶圈	SN/T 1941.1—2007
32	凝结芽孢杆菌	MRS＋$CaCO_3$ 固体培养基 37 ℃厌氧培养 48 h	菌落呈圆形,突起,边缘整齐,灰白色,湿润而有光泽,形成钙溶圈	赵文龙等,2014;姚晓红等,2015
33	侧孢短芽孢杆菌	牛肉膏蛋白胨培养基/LB 培养基	菌落为黄褐色,扁平,边缘光滑,中央突起	陈潺等,2014
		PDA 培养基	菌落为乳白色,边缘锯齿状,中央突起,表面不光滑,菌落直径明显比在前两个培养基上大,呈花状	

(3)样品初始悬液和稀释液的制备

以无菌操作称取样品 25 g(mL),加入 225 mL 0.85%灭菌生理盐水,均质 1～5 min,制成 1∶10 的初始悬液。吸取 1∶10 的初始悬液 1 mL,加入 9 mL 0.85%灭菌生理盐水,经充分混匀后制成 1∶100 的稀释液。根据样品的含菌量,做进一步的 10 倍系列递增稀释。

(4)接种与培养

选择 2～3 个以上适宜稀释度,分别在作 10 倍递增稀释的同时,即以吸取该稀释度的吸管移取 1 mL 稀释液于相对应培养基的灭菌平皿(培养基种类参见表 16-1)内,每个稀释度做 2 个平皿。使用涂布棒尽可能小心快速地涂布接种于琼脂表面,涂布棒不得接触平皿边缘。每个平皿用 1 支无菌涂布棒。涂布好的平皿盖好,置室温中放置 15 min,使接种物完全被琼脂吸收。翻转上述平皿置适宜温度的培养箱中培养适合的时间(参见表 16-1)。

(5)菌落计数及筛选

培养后,选取菌落数在 30～300 个的平板进行计数,计数目的益生菌典型菌落的数目,然后从中选出 10 个以上特征菌落重新划线接种于无菌平板,培养后每个平板选取至少 1 个良好分离的特征菌落,转接保存,进行确证试验。

（6）确证试验

目前一般通过进一步特殊培养基上的生长表现、显微镜检测益生菌细胞个体特征和生理生化特征进行，也可以通过分子生物学方法进行确证。

根据益生菌的种类选择确证的方法（见表 16-2），传统的生理生化鉴定和分子生物学的鉴定可以任选其一，生理生化鉴定的具体测定方法见东秀珠和蔡妙英所著作《常见细菌系统鉴定手册》（2001），各种确证检测基本符合的可以确定为该益生菌。

表 16-2　各种益生菌确证方法

序号	菌种	确证方法	特征	参考
1	地衣芽孢杆菌	30 ℃ 48 h 革兰氏染色显微镜镜检	革兰氏染色阳性，菌体细胞（营养体）呈直杆状，单个、成对或短链排列，大小为 $(0.6～0.8)\mu m \times (1.5～3.5)\mu m$，两端钝圆，有芽孢，芽孢近椭圆形，中生，大小为 $(0.8\times1.3)\mu m$，具有稀疏的周生鞭毛，能运动	NY/T 1461，2007
		生理生化反应	阳性反应：明胶液化，淀粉水解，硝酸盐还原，0.001% 溶菌酶生长，7% NaCl 生长，厌氧洋菜生长，V-P 反应，接触酶反应，能利用柠檬酸盐，酪素分解，牛奶胨化，能利用葡萄糖、阿拉伯糖、木糖和甘露醇产酸 阴性反应：吲哚反应，卵黄反应，苯丙氨酸脱氨，酪氨酸分解，牛奶凝固 生长 pH 范围 5.5～8.7，生长温度范围 15～55 ℃	
2	枯草芽孢杆菌	37 ℃ 48 h 培养革兰氏染色镜检	革兰氏染色阳性，杆状，有芽孢，芽孢椭圆形中生或仅中生，芽孢囊不明显膨大	GB/T 26428，2010
		生化反应	阳性反应：V-P 反应，硝酸盐还原，淀粉水解，明胶液化，能利用柠檬酸盐，7% NaCl 生长，pH 5.7 生长，能利用 D-木糖、L-阿拉伯糖和 D-甘露醇产酸 阴性反应：厌氧生长，利用丙酸盐	
3	两歧双歧杆菌	革兰氏染色镜检 PYG 液体培养基厌氧，36 ℃ 培养 48 h	革兰氏染色阳性 产生乙酸与乳酸摩尔比大于 1	GB4789.34—2012；Gavini 等，1991；Klein 等，1998
		生化反应	过氧化酶阴性，不还原硝酸盐，不产生吲哚，发酵葡萄糖产酸不产气 L-阿拉伯糖、D-木糖、D-甘露糖、水杨甙均不能利用	
		PCR	种特异性引物 1： B_bif-f CTCCGCAGCCGACCCCGAGGTT 和 B_bif-r TGGAAACCTTGCCGGAGGTCAGG 对微生物 DNA 进行扩增，扩增片段长度 233 bp（groEL gene） 种特异性引物 2： BiBIF-1　CCACATGATCGCATGTGATTG 和 BiBIF-2 CCGAAGGCTTGCTCCCAAA 对微生物 DNA 进行扩增，扩增片段长度 278 bp（16S rRNA gene）	Junick 和 Blaut，2012；Matsuki 等，1998

序号	菌种	确证方法	特征	参考
4	粪肠球菌	生化反应	可在葡萄糖肉汤（pH 9.6）、6.5％ NaCl 和40％胆汁肉汤的液体培养基上生长；发酵葡萄糖产酸不产气，pH 可达 4.1～4.6，发酵山梨醇，不发酵阿拉伯糖；精氨酸双水解酶测定试验阳性；硝酸盐还原试验阴性	DBNF-SW-5-Y005，2013
5	乳酸粪肠球菌	MRS 固体平板培养基 37 ℃，厌氧培养 48～72 h 后，革兰氏染色镜检	革兰氏染色阳性，球形或卵圆形，单个、成对或短链状排列	杨霞等，2009
		生理生化反应	能运动，45℃、6.5％NaCl 或 pH 9.6 条件下能生长，能利用半乳糖、葡萄糖、麦芽糖、乳糖，不能利用棉籽糖和甘露糖，接触酶试验、吲哚试验、硝酸盐还原试验和硫化氢试验阴性	
6	嗜酸乳杆菌	改良 MC 培养基36℃ 培养 24～72 h	革兰氏染色阳性，杆状，无芽孢	GB/T 20191，2006
		生化反应	阳性反应：能利用七叶苷、纤维二糖、麦芽糖、水杨苷、蔗糖 阴性反应：过氧化氢酶，明胶液化，靛基质反应，硫化氢反应，硝酸盐还原（多数），利用甘露醇、山梨醇	
7	干酪乳杆菌	革兰氏染色显微镜镜检	革兰氏染色阳性，杆状	GB/T 20191，2006；热娜·米吉提等，2012
		生理生化反应	15 ℃、45 ℃和 pH 4.5 条件下均能生长，能利用葡萄糖和乳糖产酸但不产气，不能运动，不能利用棉籽糖 阳性反应：能利用七叶苷、纤维二糖、甘露醇、水杨苷、山梨醇 阴性反应：触酶试验，硝酸盐还原，硫化氢试验，明胶液化，吲哚试验	
8	德氏乳杆菌乳酸亚种	革兰氏染色镜检	革兰氏染色阳性，杆状	东秀珠和蔡妙英，2001
		生理生化反应	兼性厌氧，不还原硝酸盐，不液化明胶，接触酶和氧化酶皆阴性。能利用苦杏仁苷、七叶灵、果糖、葡萄糖、乳糖、麦芽糖、甘露糖、水杨苷、蔗糖和海藻糖，不能利用阿拉伯糖、葡糖酸盐、甘露醇、松三糖、蜜二糖、棉籽糖、鼠李糖、核糖、山梨醇、木糖，15 ℃不能生长	
9	植物乳杆菌	革兰氏染色显微镜镜检	革兰氏染色阳性，杆状	GB/T 20191，2006；SNT 1941.1，2007
		生化反应	能利用葡萄糖、水杨苷、七叶苷、麦芽糖、甘露醇、蔗糖 阴性反应：触酶，过氧化氢酶，吲哚，明胶液化	
10	乳酸片球菌	革兰氏染色显微镜镜检	革兰氏染色阳性，细胞圆球状，在直角两个平面交替分裂形成四联状，一般细胞成对生，单生者罕见，不成链状排列	Simpson 等，2006
		生理生化反应	不运动，兼性厌氧。35～50 ℃、pH 4.2～7.5 和含 NaCl 4.0％～6.5％均能生长，精氨酸双水解酶阳性，糊精和淀粉产酸阴性	东秀珠和蔡妙英，2001

序号	菌种	确证方法	特征	参考
		PCR	引物 F1:CGAACTTCCGTTAATTGATCAG 引物 R1:ACCTTGCGGTCGTACTCC 扩增片段长 872 bp 引物 F2:GGACTTGATAACGTACCCGC 引物 R2:GTTCCGTCTTGCATTTGACC 扩增片段长 449 bp	Mora 等,1997
11	戊糖片球菌	革兰氏染色显微镜镜检	革兰氏染色阳性,细胞球状,四联或成片状排列,细胞直径约 1 μm	张俊杰等,2004
		生理生化反应	过氧化氢酶试验阴性,石蕊牛奶能产酸,发酵葡萄糖产酸但不产气,pH 4.5,有氧、厌氧或10 ℃条件下能生长,但 pH 9.6、5% NaCl 或45 ℃条件下均不能生长,能利用乳糖、鼠李糖、核糖、麦芽糖、蔗糖、苦杏仁苷等碳水化合物产酸,不能利用葡萄糖酸盐、甘露醇、蜜二糖、甘露糖产生酸	
12	产朊假丝酵母	加盖片的玉米粉琼脂培养基培养28 ℃ 3～7 d	菌落形成假菌丝	NY/T 1969,2010
		葡萄糖-蛋白胨-酵母提取物培养基培养 28 ℃ 3 d	表面无菌膜,液体浑浊,管底有菌体沉淀	
		水浸片或美兰染色	细胞椭圆形,大小(3.5～4.5)μm×(7.0～13.0)μm,以多边出芽方式进行无性繁殖,形成假菌丝,无有性孢子	
		生化反应	发酵葡萄糖、蔗糖,不能发酵麦芽糖、半乳糖、乳糖和海藻糖;碳源同化实验 D-葡萄糖、D-半乳糖、D-木糖、蔗糖、麦芽糖、纤维二糖、海藻糖、棉籽糖、松三糖、可溶性淀粉、D-甘露醇、甘油、D-山梨醇、乙醇、琥珀酸、柠檬酸、DL-乳酸和水杨苷等阳性,L-山梨糖、L-阿拉伯糖、L-鼠李糖、乳糖、赤藓糖醇、肌醇和半乳糖醇阴性;无维生素培养基上可以生长,熊果苷裂解实验和尿素分解实验阳性,抗 0.01%放线菌酮实验和 DBB 实验阴性;可在 37 ℃条件下生长,不能在 50%葡萄糖、10%氯化钠+5%葡萄糖或 1%乙酸培养基中生长,不能形成类淀粉化合物	
13	酿酒酵母	麦芽汁液体培养基 28 ℃ 72 h	菌体紧密沉积于底部,培养液清亮,不形成浮膜	GB/T 22547—2008
		显微镜镜检	细胞呈卵圆形或圆形,单个或成双,偶尔成簇状,多边芽殖	
		生化反应	发酵葡萄糖、麦芽糖、半乳糖、蔗糖、棉籽糖,不能发酵乳糖和蜜二糖,不能同化硝酸盐	
14	沼泽红假单胞菌	YP 液体培养基,30 ℃ 厌氧光照培养	沼泽红假单胞菌最初是白色,1 d 后出现浑浊现象且有白色絮状物;2～3 d 后,试管边缘显现红色,整体颜色不明显;4 d 后,试管呈现淡红色;7 d 的时候,基本上液体已经成深红色或褐红色	

序号	菌种	确证方法	特征	参考
		液体培养至菌液为深棕色,革兰氏染色镜检	革兰氏染色阴性,菌体呈棕红色,菌体呈现杆状或长卵形,大小为$(0.5\sim0.7)\mu m \times (1.4\sim2.1)\mu m$,极生鞭毛,进行不对称出芽分裂繁殖。在老龄培养物中可见有较多的菌体聚集呈丛(呈玫瑰花)状	欧小兵等,2013
		生理生化反应	能利用的碳源基质有乳酸钠、乙酸钠、丙酮酸、苹果酸、丁二酸等;不能利用无机硫化物如硫化钠、硫代硫酸钠作为供氢体;明胶水解试验为阴性;生长的 pH 范围为 5.0～8.5;$(NH_4)_2SO_4$ 是适宜氮源	周茂洪,2001
15	婴儿双歧杆菌	革兰氏染色镜检	革兰氏染色阳性	GB4789.34—2012;Gavini 等,1991;Klein 等,1998
		PYG 液体培养基厌氧,36 ℃培养48 h	产生乙酸与乳酸摩尔比大于 1	
		生化反应	过氧化酶阴性,不还原硝酸盐,不产生吲哚,发酵葡萄糖产酸不产气 不能利用 L-阿拉伯糖、D-木糖、D-甘露醇、D-山梨醇;能利用 D-甘露糖、水杨苷	
		PCR	种特异性引物: FWD　TTCCAGTTGATCGCATGGTC 和 REV　GAAACCCCATCTCTGGGATC 对微生物 DNA 进行扩增,扩增片段长度 826 bp(16S rRNA gene)	Mullié 等,2003
16	长双歧杆菌	革兰氏染色镜检	革兰氏染色阳性	GB4789.34,2012;Gavini 等,1991;Klein 等,1998
		PYG 液体培养基厌氧,36 ℃培养48 h	产生乙酸与乳酸摩尔比大于 1	
		生化反应	过氧化酶阴性,不还原硝酸盐,不产生吲哚,发酵葡萄糖产酸不产气 能利用 L-阿拉伯糖、D-木糖和 D-松三糖	
		PCR	种特异性引物1: B_lon-f CGGCGTYGTGACCGTTGAAGAC 和 B_lon-r　TGYTTCGCCRTCGACGTCCTCA 对微生物 DNA 进行扩增,扩增片段长度 259 bp(groEL gene) 种特异性引物2: FWD　TTCCAGTTGATCGCATGGTC 和 REV　GGGAAGCCGTATCTCTACGA 对微生物 DNA 进行扩增,扩增片段长度 831 bp(16S rRNA gene)	Junick 和 Blaut,2012;Mullié 等,2003
17	短双歧杆菌	革兰氏染色镜检	革兰氏染色阳性	GB4789.34,2012;Gavini 等,1991;Klein 等,1998
		PYG液体培养基厌氧,36 ℃培养48 h	产生乙酸与乳酸摩尔比大于 1	
		生化反应	过氧化酶阴性,不还原硝酸盐,不产生吲哚,发酵葡萄糖产酸不产气 不能利用 L-阿拉伯糖、D-木糖;能利用 D-甘露糖、水杨苷、D-甘露醇、D-山梨醇	

序号	菌种	确证方法	特征	参考
		PCR	种特异性引物1： B_bre-f GCTCGTCGTTGCCGCCAAGGACGTT 和 B_bre-r ACAGAATGTACGGATCCTC-GAGCACG 对微生物 DNA 进行扩增，扩增片段长度 272 bp（groEL gene） 种特异性引物2： BiBRE-1 CCGGATGCTCCATCACAC 和 Bi-BRE-2 ACAAAGTGCCTTGCTCCCT 对微生物 DNA 进行扩增，扩增片段长度 288 bp（16S rRNA gene）	Junick 和 Blaut，2012；Matsuki 等，1998
18	青春双歧杆菌	革兰氏染色镜检	革兰氏染色阳性	GB4789.34，2012；Gavini 等，1991；Klein 等，1998
		PYG 液体培养基厌氧，36 ℃培养48 h	产生乙酸与乳酸摩尔比大于1	
		生化反应	过氧化酶阴性，不还原硝酸盐，不产生吲哚，发酵葡萄糖产酸不产气 能利用 L-阿拉伯糖、D-核糖、D-半乳糖、D-葡萄糖、苦杏仁苷（扁桃苷）、七叶灵、水杨苷（柳醇）、D-麦芽糖、D-乳糖、D-蜜二糖、D-蔗糖、D-松三糖、D-棉籽糖、淀粉、龙胆二糖、葡萄糖酸钠 过氧化氢酶反应阴性，不能利用甘油、赤癣醇、D-阿拉伯糖、L-木糖、阿东醇、β-甲基-D-木糖苷、D-甘露糖、L-山梨糖、L-鼠李糖、卫矛醇、肌醇、甘露醇、山梨醇、α-甲基-D-甘露糖苷、α-甲基-D-葡萄糖苷、N-乙酰-葡萄糖胺、熊果苷、D-海藻糖（覃糖）、菊糖（菊根粉）、肝糖（糖原）、木糖醇、D-松二糖、D-来苏糖、D-塔格糖、D-岩糖、L-岩糖、D-阿糖醇、L-阿糖醇、2-酮基-葡萄糖酸钠、5-酮基-葡萄糖酸钠	
		PCR	种特异性引物1： B_ado-f CTCCGCCGCTGATCCGGAAGTCG 和 B_ado-r AACCAACTCGGCGATGTG-GACGACA 对微生物 DNA 进行扩增，扩增片段长度 268 bp（groEL gene） 种特异性引物2： BiADO-1 CTCCAGTTGGATGCATGTC 和 BiADO-2 CGAAGGCTTGCTCCCAGT 对微生物 DNA 进行扩增，扩增片段长度 279 bp（16S rRNA gene）	Junick 和 Blaut，2012；Matsuki 等，1998
19	嗜热链球菌	革兰氏染色镜检	革兰氏染色阳性，菌体呈球形或卵圆形，排列成长短不等的链状	李增魁等，2012
		生化反应	葡萄糖、七叶苷、乳糖、甘露醇、明胶产酸变色为阳性；阿拉伯糖、半乳糖苷、棉籽糖、纤维二糖、山梨醇、侧金盏花醇为阴性；15 ℃和45 ℃的环境均可观察到菌落的生长	
20	罗伊氏乳杆菌	革兰氏染色镜检	革兰氏染色阳性，菌体形状呈轻微不规则圆形末端的弯曲杆菌，大小（0.7～1.0）μm×（2.0～5.0）μm，单个、成对、小簇同时存在	李文静等，2016

序号	菌种	确证方法	特征	参考
		生理生化反应	过氧化氢酶阴性;异性乳酸发酵,发酵糖类产生 CO_2、乳酸、乙酸和乙醇;能利用葡萄糖、葡萄糖酸钠、果糖、半乳糖、麦芽糖、棉籽糖、阿拉伯糖、核糖、乳糖、蜜二糖和蔗糖;不能利用甘露糖、海藻糖、鼠李糖、甘露醇、纤维二糖、松三糖、木糖、水杨苷、山梨醇和淀粉;能代谢精氨酸产氨,15 ℃不能生长	李正华,2008;熊涛等,2015;Hamad 等,1997
21	动物双歧杆菌	革兰氏染色镜检	革兰氏染色阳性,菌体呈棒状,Y 字形,顶端膨大$(0.63\sim1.25)\mu m\times(3.12\sim6.25)\mu m$	赵婷等,2010
		PYG 液体培养基厌氧,36 ℃培养48 h	产生乙酸与乳酸摩尔比大于 1	GB4789.34,2012;Gavini 等,1991;Klein 等,1998
		生化反应	过氧化酶阴性,不还原硝酸盐,不产生吲哚,发酵葡萄糖产酸不产气。能利用 L-阿拉伯糖、D-木糖;不能利用 D-松三糖	
		PCR	种特异性引物:B_ani-f CACCAATGCGGAAGACCAG 和 B_ani-r GTTGTTGAGAATCAGCGTGG 对微生物 DNA 进行扩增,扩增片段长度 184 bp(groEL gene)	Junick 和 Blaut,2012
22	黑曲霉	PDA 平板载片培养显微镜镜检	分生孢子穗球形,分生孢子梗末端有足细胞	崔雨琪等,2014
		PCR,测序,比对	ITS 通用引物ITS1: 5'-TCCGTAGGTGAACCTGCGG-3'和 ITS4:5'-TCCTCCGCTTATTGATATGC-3',然后测序,测序结果在 GenBank 上进行同源比对	
23	米曲霉	显微镜镜检	菌丝有隔膜,分生孢子梗长度 1.8~2.0 mm,直径 12.3~14.8 μm,粗糙有麻点,顶囊膨大成球形泡囊,顶囊直径 49.9~51.4 μm,小梗双层,分生孢子串生,分生孢子球形,大小 4.4~5.1 μm	解顺昌等,2011
		PCR,测序,比对	ITS 通用引物ITS1: 5'-TCCGTAGGTGAACCTGCGG-3'和 ITS4:5'-TCCTCCGCTTATTGATATGC -3'对样品 DNA 进行扩增,然后测序,测序结果在 GenBank 上进行同源比对	
24	迟缓芽孢杆菌	革兰氏染色镜检	革兰氏染色阳性小杆菌,两端钝圆,芽孢囊不膨大	Aono,1995
		生理生化反应	接触酶阳性;不能厌氧生长;V-P 试验、酪氨酸水解、卵黄卵磷脂酶、吲哚、二羟基丙酮等试验阴性;能发酵 D-葡萄糖、L-阿拉伯糖、D-木糖和 D-甘露醇等产酸,发酵 D-葡萄糖不产气,能水解淀粉,不能利用柠檬酸、丙酸盐,生长不需要 NaCl、KCl、尿囊素和尿酸盐,在 pH 6.8 营养肉汤中能生长,pH 5.7 营养肉汤中不能生长,生长的温度范围为 30 ℃左右。有溶菌酶时不能生长	东秀珠 和 蔡妙英,2001

序号	菌种	确证方法	特征	参考
25	短小芽孢杆菌	革兰氏染色镜检	革兰氏染色阳性小杆菌,两端钝圆,芽孢囊不膨大	郭政宏等,2016
		生理生化反应	接触酶、V-P 试验阳性、V-P 试验培养物终 pH 小于 6,好氧,能发酵 D-葡萄糖、L-阿拉伯糖、D-木糖和 D-甘露醇等产酸,发酵 D-葡萄糖不产气,能水解酪朊和明胶,不能水解淀粉,能利用柠檬酸,不能利用丙酸盐,酪氨酸水解、苯丙氨酸脱氨酶、卵黄卵磷脂酶、硝酸盐还原、吲哚等试验阴性,生长不需要 NaCl、KCl、尿囊素和尿酸盐,在 pH 6.8 营养肉汤中能生长,在 pH 5.7 营养肉汤中不能生长,在 2%～7% 的 NaCl 条件下可以生长,生长的温度范围为 10～50 ℃	东秀珠和蔡妙英,2001
26	纤维二糖乳杆菌	革兰氏染色镜检	革兰氏染色阳性杆菌	Sengül,2006; Rogosa 等,1953
		生理生化反应	异型乳酸发酵,分解葡萄糖产 CO_2,能发酵阿拉伯糖、蜜二糖、棉籽糖、蔗糖、海藻糖、纤维二糖、半乳糖、麦芽糖、葡萄糖和果糖;也可缓慢降解甘露糖、乳糖和水杨苷;但不能发酵松三糖、甘露醇、半乳糖醇、肌醇、核糖醇、菊粉、鼠李糖、山梨糖、山梨糖醇、甘油、α-甲基-D-葡萄糖苷和 α-甲基-D-甘露糖苷。能水解秦皮甲素,但不能水解马尿酸盐。生长需要烟酸、硫胺素和泛酸等维生素。10 ℃,37 ℃ 和 2.5 g/L NaCl 条件下可以生长,5 ℃,45 ℃ 和 6.5% NaCl 条件下不能生长。过氧化氢酶和氧化酶均为阴性	
27	发酵乳杆菌	革兰氏染色镜检	革兰氏染色阳性,短杆菌,单生或短链	李江等,2012
		生化反应	能利用葡萄糖、麦芽糖、蔗糖,不能利用木糖、水杨苷、七叶苷、甘露醇 阴性反应:触酶、过氧化氢酶、吲哚和明胶液化	SNT 1941.1,2007
28	德氏乳杆菌保加利亚亚种	革兰氏染色镜检	革兰氏染色阳性,长杆状,两端钝圆	东秀珠和蔡妙英,2001
		生理生化反应	兼性厌氧,不还原硝酸盐,不液化明胶,接触酶和氧化酶皆阴性。能利用果糖、葡萄糖和乳糖,不能利用苦杏仁苷、阿拉伯糖、纤维二糖、七叶灵、半乳糖、葡萄糖酸盐、麦芽糖、甘露醇、甘露糖、松三糖、蜜二糖、棉籽糖、鼠李糖、核糖、水杨苷、山梨糖、蔗糖、海藻糖、木糖,15 ℃ 不能生长	东秀珠和蔡妙英,2001
29	丙酸杆菌	革兰氏染色镜检	革兰氏染色阳性,不运动	东秀珠和蔡妙英,2001
		生理生化反应	不能 β-溶血,能发酵麦芽糖、蔗糖、L-阿拉伯糖、纤维二糖和甘油产酸,能水解七叶灵,不能水解明胶	
30	布氏乳杆菌	革兰氏染色镜检	革兰氏染色阳性,细胞杆状,不运动	SNT 1941.1,2007
		生化反应	兼性厌氧,异型乳酸发酵,不还原硝酸盐,不液化明胶,接触酶和氧化酶皆阴性。能利用阿拉伯糖、果糖、葡萄糖、葡萄糖酸盐、麦芽糖、松三糖、蜜二糖、核糖,不能利用苦杏仁苷、纤维二糖、甘露醇、甘露糖、鼠李糖、水杨苷、山梨糖、海藻糖,能利用精氨酸产氨,15 ℃ 能生长	东秀珠和蔡妙英,2001

序号	菌种	确证方法	特征	参考
31	副干酪乳杆菌	革兰氏染色镜检	革兰氏染色阳性,杆状细菌,两端平齐,单在或链状排列,宽 2～4 μm,长度 0.8～1 μm	https://en.wikipedia.org/;Collins 等,1989
		生化反应	异型乳酸发酵,不能发酵 L-岩藻糖和鼠李糖,发酵葡萄糖不产 CO_2,在 10 ℃、37 ℃、2.5 g/L 和 65 g/L 条件下可以生长,在 5 ℃条件下不能生长。不能运动。能利用果糖、半乳糖、葡萄糖、D-甘露糖、N-乙酰葡萄糖胺和 D-塔格糖等产酸,不能利用 L-阿拉伯糖、L-阿拉伯糖醇、赤藓糖醇、L-岩藻糖、2-酮基葡萄糖酸、5-酮基葡萄糖酸、α-甲基-甘露糖苷、β-甲基木糖、鼠李糖、木糖醇、D-木糖和 L-木糖等产酸。不能分解精氨酸产氨,尿素酶阴性,鸟嘌呤和胞嘧啶在 DNA 中的摩尔含量为 45%～47%	
32	凝结芽孢杆菌	革兰氏染色镜检	革兰氏阳性,细胞杆状,呈栅栏状排列,端生芽孢,孢囊稍膨大,大小(0.6～0.8)μm×(2.1～5.1)μm	赵文龙等,2014;姚晓红等,2015
		生理生化反应	接触酶、V-P 试验阳性,V-P 试验培养物终 pH 小于 6;能厌氧生长,能发酵 D-葡萄糖产酸但不产气;不能水解明胶,能水解淀粉,不能利用丙酸盐,酪氨酸水解,苯丙氨酸脱氨酶、卵黄卵磷脂酶、吲哚等试验阴性,生长不需要 NaCl、KCl、尿囊素和尿酸盐,在 pH 6.8 和 pH 5.7 的营养肉汤中均能生长,能耐受 2% 的 NaCl,不能耐受 5% 的 NaCl,生长的温度范围为 30～40 ℃。有溶菌酶时不能生长	东秀珠和蔡妙英,2001
33	侧孢短芽孢杆菌	革兰氏染色镜检	革兰氏阳性,细胞杆状,大小(0.5～1.0)μm×(2.0～5.0)μm,芽孢侧生	陈潺等,2014
		生理生化反应	V-P 试验、淀粉水解、反硝化作用、纤维蛋白溶解、硫化氢试验阴性;甲基红试验、过氧化氢酶反应、明胶水解、尿素酶、硝酸盐还原、亚硝酸盐还原阳性;不能利用柠檬酸盐、乳糖、阿拉伯糖、鼠李糖、乙醇、山梨醇、柠檬酸、草酸钠、胱氨酸、色氨酸、苯丙氨酸、半胱氨酸、甘氨酸,能利用酒石酸盐、葡萄糖、半乳糖、果糖、麦芽糖、甘露糖、甘露醇、硝酸钾、$(NH_4)_2HPO_4$;能耐受 2% 的 NaCl,不能耐受 5% 的 NaCl。不产生荧光	

注:阳性表示 90% 以上菌株阳性,阴性表示 90% 以上菌株阴性。

5.益生菌数量结果计算

应选择平均菌落数为 30～300 的稀释度,此稀释度的平板特征性菌落数取其平均值,乘以稀释倍数除以取样量,即为饲料样品该益生菌可疑浓度;若有 2 个稀释度的菌落数均为 30～300,则视两者之比而定,若比值小于或等于 2 则报告其平均值,若大于 2 则选择其中较小的数量进行计算;若所有稀释度的平均菌落数均大于 300,则按照稀释度最高的平均菌落数进行计算;若所有稀释度的平均菌落数均小于 30,则应按照稀释度最低的平均菌落数进行计算;若所有稀释度均无菌落生长,则以最低稀释度小于 1 乘进行计算;若所有稀释度的平均菌落数均不在 30～300,其中一部分大于 300,其他小于 30,则以最接近 30 或 300 的平均菌落数进行计算。

饲料样品该益生菌浓度＝饲料样品该益生菌可疑浓度×检测菌落中确定为该菌的比例

6.注意事项

①所有样品接触的物品均需进行无菌处理。

②所有过程均需无菌操作。

③若平皿上有较大片状菌落生长,不宜进行计数;若片状菌落不到平皿 1/2,而另外一半菌落分布又很均匀,可以计数半个平皿的菌落数,然后乘以 2 以代表全平皿的益生菌数量。

④培养基中可添加目的菌能耐受的抗生素,如细菌计数可添加抗真菌抗生素(新生霉素、万古霉素和制霉菌素等),真菌计数可添加抗细菌抗生素(青霉素、链霉素等)。

第二节　益生菌对胃肠道环境耐受能力的检测

作为饲料添加剂,益生菌在动物养殖中可提高生长速度和畜产品质量、改善饲料效率、防控疾病并降低病死率,其积极作用已被公认。但是在实际应用中存在较多的问题,其中最主要的是其能否到达其起益生作用的位点。对于反刍动物,益生菌可能起益生作用的位点在瘤胃,动物口腔和食道中的环境条件比较温和(主要是一些酶类),对益生菌的存活影响不大;而对于单胃动物,一般益生菌要到达后消化道才能起益生作用。因此,优良的益生菌制剂尤其是用于单胃动物用益生菌菌种,必须能耐受胃肠道环境。

本节试验方法主要参见 Pedersen 等(2004)的方法。

1.原理

目前绝大多数文献报道均采用体外测试,通过模拟动物胃肠道中 pH 和胆盐浓度等环境,测定益生菌在一定时间内的存活率,从而评判益生菌菌株对胃肠道环境的耐受能力,耐受能力越强则菌株越好。

2.试剂和溶液

合成胃液:8.3 g 蛋白胨、3.5 g 葡萄糖、2.05 g NaCl、0.6 g 磷酸二氢钾、0.11 g 氯化钙、0.37 g 氯化钾、0.05 g 胆盐、0.1 溶菌酶和 13.3 mg 的胃蛋白酶溶解在 1 L 蒸馏水中,然后用 1 mol/L HCl 调节 pH 至 2.5。合成胃液加热至 37 ℃,30 min,过滤除菌后即可使用。

含胆汁提取物的液体培养基:含 0、0.1％、0.3％、0.5％、1％和 2％猪胆汁提取物的液体培养基,培养基的种类见表 16-1(不添加琼脂)。

3.仪器和设备

恒温培养箱、冰箱、显微镜(放大 400 倍)、高压灭菌锅、烘箱、恒温水浴锅、可调式电炉、气相色谱法、天平、试管、200～1 000 μL 移液器、1 mL 注射器、500 mL 锥形瓶、培养皿、涂布器等。

4.操作步骤

(1)合成胃液中的存活率测定

在含合成胃液 10 mL 的试管中加入测试样品 1 g 或 1 mL,然后在 37 ℃厌氧条件下放置 0 min、30 min 和 180 min 分别计数,计数方法参见第一节,并计算存活率。

(2)胆汁耐盐性

分别在含 0、0.1％、0.3％、0.5％、1％、2％猪胆汁提取物的 9 mL 液体培养基试管中加入测试样品 1 g 或 1 mL,在 37 ℃厌氧条件下培养 24 h,然后进行菌落计数,计数方法参见本章第一节,产品为液体的可以测定 OD 值,根据微生物数量或 OD 值的变化情况标记,在不同猪胆汁提取物浓度中微生物没有生长、微弱生长(数量比或 OD 值至少比培养前翻一番)或迅速生长。

5.注意事项

所有样品接触的物品均需进行无菌处理。

所有过程均需无菌操作。

第三节　益生菌抑菌活性以及对肠道黏膜附着能力的检测

益生菌抑制肠道病原微生物感染而促进动物健康的功能,与其抑菌能力和附着于肠道黏膜而形成微生物屏障等能力有关。

本节试验方法主要参见 Lee 等(2009)的方法。

1.原理

益生菌抑菌活性是通过测定益生菌的培养液对液体培养的指示菌生长的生长速度(Lee 等,2009),或者是测定斑点接种到含有指示菌的平板上培养后抑菌圈的面积(Strompfová 和 Lauková,2014),而进行衡量的。

益生菌肠道黏膜附着能力的测定原理是将益生菌与肠道黏膜细胞仪器孵育后,显微镜计数每个细胞上黏附的益生菌的数目(Lee 等,2009)。

2.试剂和溶液

益生菌的液体培养基,以及培养基的种类见表 16-1(不添加琼脂)。

指示菌包括沙门氏菌、致病性大肠杆菌等致病菌和肠道非致病菌。

磷酸盐缓冲液、肠上皮样细胞、α-MEM 培养基、甲醇、吉姆萨染色等。

3.仪器和设备

恒温培养箱、冰箱、显微镜(放大 400 倍)、高压灭菌锅、烘箱、恒温水浴锅、可调式电炉、气相色谱法、天平、试管、200～1 000 μL 移液器、1 mL 注射器、500 mL 锥形瓶、培养皿、涂布器、8 孔微孔板、96 孔微孔板、分光光度计等。

4.操作步骤

(1)抗菌活性的测定

液体培养益生菌过夜,离心,上清用培养基倍比稀释,直至 1∶64 倍稀释,每个稀释度取 100 μL 添加到 96 孔板,每孔中再添加指示菌(沙门氏菌、致病性大肠杆菌等致病菌或肠道非致病菌)培养液 100 μL,然后培养 24 h,每 2 h 测定 1 次在 620 nm 处各孔的光密度值,显示指示菌的生长情况,光密度值与微生物的生长成正比。

(2)黏附试验

肠上皮样细胞(如 Caco-2 细胞)在 8 孔微孔板中进行培养至形成单层细胞(1.5×10^5 个细胞/孔),用磷酸盐缓冲液清洗细胞 2 次,加入 200 μL α-MEM 培养基,培养 30 min,加入 200 μL 益生菌培养物(1×10^5 个细胞),37 ℃培养 1 h,再用磷酸盐缓冲液清洗细胞 4 次,去除没有附着的益生菌,然后用 200 μL/孔甲醇固定,300 μL/孔吉姆萨染色 30 min,清洗至洗液无色,培养箱中过夜干燥。随机计数 5 个显微镜视野(放大 1 000 倍)中附着的益生菌,每个样品 3 个重复。

5.注意事项

肠上皮样细胞的培养需要严格无菌、厌氧等条件。

所有过程均需无菌操作。

第四节　益生菌代谢酶的酶谱与活性的检测

益生菌能够改善动物饲料效率,是由于其含有各种消化酶类,而不同益生菌的代谢酶的酶谱和酶的活性存在差异,因此其对饲料效率改善的程度也存在很大差异。

本节试验方法主要参见 Lee 等(2009)的方法。

1.原理

益生菌代谢酶的酶谱和酶的活性采用 API ZYM 系统进行检测。API ZYM 系统由多个小管组成,每个小管都是专门设计的,含有一种酶底物和缓冲液。在小管中接种微生物后进行培养,如含有相应的酶则其中的底物被分解,然后加入显色液 ZYM A 和 ZYM B,分解产物与显色液发生反应而显色。

2.试剂和溶液

固体培养基、培养基的种类见表 16-1、API ZYM 系统。

3.仪器和设备

恒温培养箱、冰箱、高压灭菌锅、烘箱、恒温水浴锅、可调式电炉、气相色谱法、天平、200~1 000 μL 移液器、1 mL 注射器、500 mL 锥形瓶、培养皿、涂布器等。

4.操作步骤

需要测定的微生物纯菌液体培养生长到浑浊度 5~6 McFarland,然后用滴管接入 API ZYM 系统的小管,37 ℃培养 4 h,然后加入 ZYM 试剂 A 和 B 各 1 滴到小管中,5 min 后有颜色变化的相应酶为阳性,根据颜色的深浅可标记 0~5 不同等级,0 相当于阴性,5 为最强的反应,颜色越深则此菌该酶的活性越强。

5.注意事项

所有样品接触的物品均需进行无菌处理。

所有过程均需无菌操作。

显色反应后,阳性反应置试验小管与一个强光源(1 000 W 灯泡)下 10 s,放灯泡于小管上面 4 s,以消除小管中底物的颜色。

★ 本章主要参考文献

Aono R,1995.Assignment of facultatively alkaliphilic *Bacillus* sp. Strain C-125 to *Bacillus lentus* Group 3[J]. International journal of systematic bacteriology,45(3):582-585.

Charfreitag O,Collins M D,Stackebrandt E,1988.Reclassification of *Arachnia propionica* as *Propionibacterium propionicus* comb. nov[J]. International Journal of Systematic Bacteriology,38(4):354-357.

Collins M D, Phillips B A, Zanoni P, 1989. Deoxyribonucleic acid homology studies of *Lactobacillus casei*, *Lactobacillus paracasei* sp. nov., subsp. paracasei and subsp. tolerans, and *Lactobacillus rhamnosus* sp. nov., comb. nov[J]. International Journal of Systematic Bacteriology, 39 (2):105-108.

DBNF-SW-5-Y005, 2013. (北京大北农科技集团股份有限公司内控标准) 饲料添加剂(I)粪肠球菌质量内控标准.

FAO/WHO, 2001. Joint expert consultation on evaluation of health and nutritional properties of probiotics in food including powder milk with live lactic acid bacteria.

Gavini F, Pourcher A M, Neut C, et al., 1991. Phenotypic differentiation of bifidobacteria of human and animal origins[J]. International journal of systematic bacteriology, 41(4): 548-557.

GB 4789.34—2012. 食品安全国家标准 食品微生物学检验 双歧杆菌的鉴定.

GB 4789.35—2010. 食品安全国家标准 食品微生物学检验 乳酸菌检验.

GBT 20191—2006. 饲料中嗜酸乳杆菌的微生物学检验.

GBT 22547—2008. 饲料添加剂 饲用活性干酵母(酿酒酵母).

GB/T 26428—2010. 饲用微生物制剂中枯草芽孢杆菌的检测.

Hamad S H, Dieng M C, Ehrmann M A, et al., 1997. Characterization of the bacterial flora of Sudanese sorghum flour and sorgham sourdough[J]. Journal of applied microbiology, 83: 764-770.

Junick J, Blaut M, 2012. Quantification of human fecal bifi dobacterium species by use of quantitative real-time PCR analysis targeting the groEL gene[J]. Applied Environmental Microbiology, 78(8):2613-2622.

Klein G, Pack A, Bonaparte C, et al., 1998. Taxonomy and physiology ofprobiotic lactic acid bacteria[J]. International Journal of Food Microbiology, 41:103-125.

Lee D Y, Seo Y S, Rayamajhi N, et al., 2009. Isolation, characterization, and evaluation of wild isolates of *Lactobacillus reuteri* from pig feces[J]. The Journal of Microbiology, 47(6): 663-672.

Liu W J, Chen Y F, Kwok L Y, et al., 2013. Preliminary selection for potential probiotic *Bifidobacterium* isolated from subjects of different Chinese ethnic groups and evaluation of their fermentation and storage characteristics in bovine milk[J]. Journal of Dairy Science, 96(11):6807-6817.

Matsuki T, Watanabe K, Tanaka R, et al., 1998. Rapid identification of human intestinal bifidobacteria by 16S rRNA-targeted species-and group-specific primers[J]. FEMS Microbiology Letters, 167: 113-121.

Mora D, Fortina M G, Parini C, et al., 1997. Identification of *Pediococcus acidilactici* and *Pediococcus pentosaceus* based on 16S rRNA and ldhD gene-targeted multiplex PCR analysis [J]. FEMS Microbiology Letters, 151(2):231-236.

Mullié C, Odou M F, Singer E, et al., 2003. Multiplex PCR using 16S rRNA gene-targeted primers for the identification of bifidobacteria from human origin[J]. FEMS Microbiology Letters,222:129-136.

NY/T 1461—2007.饲料微生物添加剂 地衣芽孢杆菌（农业标准）.

NYT 1969—2010.饲料添加剂 产软假丝酵母（农业标准）.

Pedersen C,Jonsson H,Lindberg J E,et al.,2004.Microbiological characterization of wet wheat distillers grain,with focus on isolation of lactobacilli with potential as probiotics[J]. Applied Environmental Microbiology,70(3):1522-1527.

Rogosa M,Wiseman R F,Mitchell J A,et al.,1953.Species differentiation of oral lactobacilli from man including descriptions of *Lactobacillus salivarius* nov. spec. and *Lactobacillus cellobiosus* nov. spec[J]. Journal of Bacteriology,65:681-699.

Sengül M,2006.Microbiological characterization of Civil cheese,a traditional Turkish cheese: microbiological quality,isolation and identification of its indigenous Lactobacilli[J]. World Journal of Microbiology & Biotechnology,22:613-618.

Simpson P,Fitzgerald G,Stanton C,et al.,2006.Enumeration and identification of pediococci in powder-based products using selective media and rapid PFGE[J].Journal of Microbiological Methods,64(1):120-125.

SNT 1941.1—2007.进出口食品中乳酸菌检验方法.

Strompfová V,Lauková A,2014. Isolation and characterization of faecal bifidobacteria and lactobacilli isolated from dogs and primates[J]. Anaerobe,29:108-112.

陈潦,陈升富,王建宇,等,2014.侧孢短芽孢杆菌 AMCC 100017 的分离鉴定及其生防潜力[J]. 微生物学通报,41(11):2275-2282.

崔雨琪,方迪,毕文龙,等,2014.一株黑曲霉的分离鉴定及其对土壤重金属的生物浸出效果[J].应用与环境生物学报,20(3):420-425.

东秀珠,蔡妙英,等,2001.常见细菌鉴定手册[M].北京:科学出版社.

高侃,汪海,章文明,等,2013.益生菌调节肠道上皮屏障功能及作用机制[J].动物营养学报,25(9):1935-1945.

郭政宏,周彪,严亨秀,2016.一株藏绵羊源短小芽孢杆菌的分离鉴定及生物学特性研究[J].中国畜牧兽医,43(6):1610-1617.

李江,李玉,曹月婷,等,2012.发酵乳杆菌的筛选鉴定及其高密度培养的研究[J].食品工业科技,33(8):211-214.

李文静,梁运祥,赵述淼,2016.3 株罗伊氏乳杆菌生物学特性的分析比较[J].微生物学通报,43(5):1035-1041.

李正华,2008.罗伊氏乳杆菌生物学特性及功能性发酵乳的研究[D].无锡:江南大学.

李增魁,黄文明,卓玛,2012.嗜热链球菌的分离鉴定及牛乳样中抗菌药物残留的检测[J].动物医学进展,33(8):127-130.

欧小兵,全亚玲,戴静,等,2013.沼泽红假单胞菌的分离鉴定、纯化及计数培养基优化研究[J].西南民族大学学报·自然科学版,39(3):322-326.

热娜·米吉提,乌斯满·依米提,周秀文,等,2012.饲料乳酸菌的分离鉴定及优良菌株筛选[J].生物技术通报,(6):166-173.

沈萍,陈向东,2007.微生物学实验[M].北京：高等教育出版社.

王进波,初佳丽,齐莉莉,等,2014.益生菌与动物肠道自由基的关系[J].动物营养学报,25(12):3545-3549.

王少璞,董晓芳,佟建明,2013.益生菌调节蛋鸡胆固醇代谢的研究进展[J].动物营养学报,25(8):1595-1702.

呙于明,刘丹,张炳坤,2014.家禽肠道屏障功能及其营养调控[J].动物营养学报,25(10):3091-3100.

解顺昌,倪辉,蔡薇,等,2011.一株甲基对硫磷降解菌——米曲霉 JMUPMD-2 的分离与鉴定[J].微生物学通报,38(7):1007-1013.

熊涛,邓耀军,廖良坤,等,2015.罗伊氏乳杆菌 NCU801 的鉴定及抑菌性能研究[J].食品与发酵工业,41(2):24-29.

杨霞,陈陆,常洪涛,等,2009.乳酸粪肠球菌的分离鉴定与系统进化分析[J].中国农学通报,25(10):1-5.

姚晓红,吴逸飞,杨家帅,等,2015.凝结芽孢杆菌的筛选♯鉴定及抑菌特性的初步研究[J].浙江农业科学,56(7):1091-1094.

张春杨,牛钟相,常维山,2002.益生菌剂对肉用仔鸡的营养、免疫促进作用[J].中国预防兽医学报,(1):53-55.

张俊杰,路文敏,张晓敏,2004.一株戊糖片球菌(Pediococcus pentosaceus)分离与鉴定[J].肉类研究,(2):28-30.

赵婷,韩辉,刘波,等,2010.发酵乳中动物双歧杆菌乳亚种分离及鉴定[J].微生物学通报,37(3):407-412.

赵文龙,王龙,张永红,等,2014.一株抗逆性凝结芽孢杆菌的分离与鉴定[J].北京农学院学报,29(2):36-39.

周茂洪,2001.几株沼泽红假单胞菌的分离和分类特性研究[J].微生物学杂志,21(3):20-23.

朱鹏,龙淼,2016.益生菌兼或益生元对牛肠道菌群调节作用研究进展[J].动物医学进展,(7):75-79.

（编写：裴彩霞；审阅：夏呈强、霍文婕）

第十七章　酶制剂质量评价

　　饲用复合或单一酶制剂多为微生物发酵产品,具有高效、节能和环保等优点,可帮助动物消化饲料中难以直接利用的营养物质,促进饲料营养物质的消化吸收,补充内源酶的不足,从而提高畜禽机体免疫力,减少粪便的排放,降低环境的污染。此外,作为同时具有营养性添加剂和非营养性添加剂双重特性的饲料酶制剂,由原来的提高日粮营养消化利用的营养功能,已经拓展到包括调节动物肠道健康、杀菌抑菌、脱毒解毒及抗氧化等多个功能。实践表明,饲料酶制剂在提高动物生产性能,开发新的饲料资源,减少养殖的排放污染和替抗减抗等多个领域显现其不同程度的应用价值。因此,酶制剂作为一种无残留和无抗药性的绿色饲料添加剂在动物健康、食品安全和环境保护中发挥着越来越重要的作用。酶制剂可根据消化底物的不同,分为植酸酶、蛋白酶、脂肪酶和碳水化合物酶等,也可根据来源分为动物消化道可以分泌的内源性消化酶如淀粉酶、蛋白酶及脂肪酶等,以及动物本身不能分泌的外源性消化酶,如植酸酶和非淀粉多糖酶等。

　　饲用单一或复合酶制剂多为微生物发酵产品,其产品质量主要用有效酶的活性高低来衡量。本节主要介绍了植酸酶、纤维素酶、β-甘露聚糖酶、α-淀粉酶、葡萄糖氧化酶、蛋白酶及脂肪酶的活性测定方法。

第一节　饲用植酸酶活性的测定

一、概述

　　植酸磷是植物中磷的主要存在形式,占植物总磷的 $60\%\sim80\%$,单胃动物体内缺乏分解植酸磷的酶,不但使其中的磷很难被动物体利用,而且其在消化吸收过程中还能与多种金属离子如 Zn^{2+}、Ca^{2+}、Cu^{2+}、Fe^{2+} 等以及蛋白质螯合,形成不溶性复合物,降低动物对营养物质的利用率。植酸酶可用于降解饲料原料中的植酸磷,可显著提高磷、钙、镁、锌、铜、铁、锰等元素的利用率。本节介绍分光光度法测定植酸酶活性的方法,此法适用于作为饲料添加剂使用的植酸酶产品和添加有植酸酶的配合饲料。本方法最低定量限为 130 U/kg。

二、原理

　　植酸酶活性:在温度 37 ℃、pH 5.50 条件下,每分钟从浓度为 5.0 mmol/L 植酸钠溶液中释放 1 μmol 无机磷,即为一个植酸酶活性单位,以 U 表示。

　　测定原理:植酸酶在一定温度和 pH 条件下,将底物植酸钠水解,生成正磷酸和肌醇衍生物。在酸性溶液中,正磷酸能与钒钼酸铵生成黄色的复合物 $[(NH_4)_3 PO_4 NH_4 VO_3 \cdot 16MoO_3]$,可于波长 415 nm 下进行比色测定。

三、试剂和溶液

除非另有说明,在分析中仅使用分析纯的试剂和蒸馏水或去离子水或相当纯度的水。在清洗试验用器皿时,不要使用含磷清洗剂。

①磷酸二氢钾(KH_2PO_4):基准物。

②乙酸缓冲液 1,$c(CH_3COONa) = 0.25$ mol/L:称取 20.52 g 无水乙酸钠于 1 000 mL 烧杯中,加入 900 mL 水搅拌溶解,用冰乙酸调节 pH 至 5.50 ± 0.01,再转移至 1 000 mL 容量瓶中,并用蒸馏水定容至刻度。室温下存放 2 个月内有效。

③乙酸缓冲液 2,$c(CH_3COONa) = 0.25$ mol/L:称取 20.52 g 无水乙酸钠、0.5 g 曲拉通 X-100(Triton X-100)、0.5 g 牛血清白蛋白(BSA)于 1 000 mL 烧杯中,加入 900 mL 水搅拌溶解,用冰乙酸调节 pH 至 5.50 ± 0.01,再转移至 1 000 mL 容量瓶中,并用蒸馏水定容至刻度。室温下存放 2 个月内有效。

④底物溶液,$c(C_6H_6O_{24}P_6Na_{12}) = 7.5$ mmol/L:称取 0.69 g 植酸钠($C_6H_6O_{24}P_6Na_{12}$,相对分子质量为 923.8,纯度为 95%),精确至 0.1 mg,置于 100 mL 烧杯中,用约 80 mL 乙酸缓冲液 1 溶解,用冰乙酸调节 pH 至 5.50 ± 0.01,转移至 100 mL 容量瓶中,并用乙酸缓冲液 1 定容至刻度,现用现配(实际反应液中的最终浓度为 5.0 mmol/L)。

⑤硝酸溶液:硝酸与水 1:2(V/V)的溶液。

⑥钼酸铵溶液,100 g/L:称取 10 g 钼酸铵 $[(NH_4)_6Mo_7O_{24} \cdot 4H_2O]$ 于 50 mL 烧杯中加水溶解,必要时可微加热,再转移至 100 mL 容量瓶中,加入 1.0 mL 氨水(25%)用水定容至刻度。

⑦偏钒酸铵溶液,2.35 g/L:称取 0.235 g 偏钒酸铵(NH_4VO_3)于 50 mL 烧杯中,加入 2 mL 硝酸溶液及少量水,并用玻璃棒研磨溶解,再转移至 100 mL 棕色容量瓶中,用水定容至刻度。避光条件下保存 1 周内有效。

⑧酶解反应终止及显色液:移取 2 份硝酸溶液、1 份钼酸铵溶液、1 份偏钒酸铵溶液混合后使用,现用现配。

四、仪器和设备

分析天平(感量 0.1 mg)、恒温水浴(37 ± 0.1)℃、分光光度计(10 mm 比色皿,检测波长 415 nm)、磁力搅拌器、涡流式混合器、酸度计(pH 精确至 0.01)、离心机(转速为 4 000 r/min 以上)、超声波溶解器、回旋式振荡器。

五、操作步骤

(一)样品制备

固体样品按照 GB/T 14699.1 的规定进行采样,选取有代表性样品,用四分法将试样缩分至 100 g,植酸酶产品不需粉碎,配合饲料需粉碎通过 0.45 mm 标准筛,装入密封容器,防止试样成分变化。

液体样品按照 GB/T 14699.1 的规定进行采样,选取有代表性的样品,用前摇匀。

(二)测定步骤

1.标准曲线

准确称取 0.680 4 g 在 105 ℃烘干至恒重的基准磷酸二氢钾于 100 mL 容量瓶中,用乙酸缓冲液 1 溶解,并定容至刻度,浓度为 50.0 μmol/L。按照表 17-1 的比例用乙酸缓冲液 2 稀释成不同浓度,与待测试样一起反应测定。以无机磷的量为横坐标,吸光值为纵坐标,列出直线回归方程($y = a + bx$)。

表 17-1　标准稀释比例

标准溶液序号	稀释量/mL	浓度/(mmol/mL)
1	0.5→16	1.562 5
2	0.5→8	3.125 0
3	0.5→4	6.250 0
4	0.5→2	12.50 0
5	0.5→1	25.000

2.试样溶液的制备

(1)称样

根据样品植酸酶活性的不同,建议称样量见表 17-2。

表 17-2　建议称样量

植酸酶活性/(U/g)	称样量/g
5 000 以上	0.1～1
1 000～5 000	0.2～1
500～1 000	1～2
1～500	2～5
0.13～1	5～10

(2)酶的提取

①酶制剂样品中酶的提取。

称取植酸酶试样 2 份(参照表 17-2),精确至 0.000 1 g,置于 100 mL 容量瓶中,加入乙酸缓冲液 2 摇匀并定容至刻度。放入一个磁力棒,在磁力搅拌器上高速搅拌 30 min,或在超声波溶解器上超声溶解 15 min,再放入回旋式振荡器中振荡 30 min。

②加酶饲料样品中酶的提取。

称取添加植酸酶的饲料试样 2 份,精确至 0.000 1 g,置于 200 mL 刻度锥形瓶中,加入乙酸缓冲液 2 100.0 mL。在超声波溶解器上超声溶解 15 min,再放入回旋式振荡器中振荡 30 min。

所有提取后的试样必要时在离心机上以 4 000 r/min 离心 10 min。分取不同体积的上清液用乙酸缓冲液 2 稀释,使试样溶液的浓度保持在 0.4 U/mL 左右,待反应。

建议在测定样品时附加 1 个已知活性的植酸酶参考样,便于检验整个操作过程是否有偏差。

3.反应

取 10 mL 试管按表 17-3 的反应顺序进行操作,标准空白加入 0.2 mL 乙酸缓冲液 2。在反应过程中,从加入底物溶液开始,向每支试管中加入试剂的时间间隔要一致,在恒温水浴中 37 ℃中水解 30 min。反应步骤及试剂、溶液用量见表 17-3。

表 17-3 反应步骤及试剂、溶液用量

反应顺序	样品、标准	样品空白
1.加乙酸缓冲液	1.8 mL	1.8 mL
2.加入待反应液	0.2 mL	0.2 mL
3.混合	√	√
4.水浴中 37℃预热 5 min	√	√
5.依次加入底物溶液	4 mL	4 mL(第二步)
6.混合	√	√
7.水浴中 37℃水解 30 min	√	√
8.依次加入终止及显色液	4 mL	4 mL(第一步)
9.混合	√	√
总体积	10 mL	10 mL

4.样品测定

反应后的试样在室温下静置 10 min,如出现混浊需在离心机上以 4 000 r/min 离心 10 min,上清液以标准曲线的空白调零,在分光光度计 415 nm 波长处测定试样空白(A_0)和试样溶液(A)的吸光值,$A-A_0$ 为实测吸光值。用直线回归方程计算植酸酶的活性。

六、结果计算

(1)计算方法

试样中植酸酶活性以 X 表示,单位为 U/g 或 U/mL,按下式计算:

$$X = \frac{y}{m \times t} \times n$$

式中:X 为试样中植酸酶的活性,U/g 或 U/mL;y 为根据实际样液的吸光值由直线回归方程计算出的无机磷的量,μmol;t 为酶解反应时间,min;n 为试样的稀释倍数;m 为试样的量,g 或 mL。

(2)重复性

2 个平行试样的测定结果用算数平均值表示,酶制剂样品保留整数,加酶饲料样品保留 3 位有效数字;统一试样 2 个平行测定值的相对偏差,植酸酶产品不大于 8%,添加植酸酶的各种饲料样品不大于 15%。

第二节　饲用纤维素酶活性的测定(滤纸法)

一、概述

纤维素酶是降解纤维素生成葡萄糖的一组酶的总称,它不是单体酶,而是起协同作用的多组分酶系,是一种复合酶。纤维素酶来源广泛,常用的饲料用纤维素酶主要由木霉和青霉等真菌发酵生产,生产方式主要有液态和固态发酵两大类。不同菌属来源、不同发酵方式生产的纤维素酶在酶系组成及酶学特性上都存在差异。本节介绍滤纸法测定饲用纤维素酶活性,此方法适用于饲用纤维素酶活性的测定,定量检测限为 0.02 U/mL。

二、原理

滤纸纤维素酶活性单位:在 37 ℃、pH 5.5、反应 60 min 的条件下,每分钟降解滤纸释放 1 μmol葡萄糖所需的酶量,定义为 1 个滤纸纤维素酶活性单位,以 U 表示。

测定原理:纤维素酶水解滤纸产生的纤维二糖、葡萄糖等还原糖能将碱性条件下的 3,5-二硝基水杨酸还原,生成棕红色的氨基化合物,在 540 nm 波长处有最大吸收,在一定范围内酶解产生的还原糖的量与反应液的吸光值成正比。

三、试剂和溶液

本方法使用的试剂均为分析纯,水均为符合 GB/T 6682 中规定的二级水。

①酒石酸钾钠($C_4H_4KNaO_6$ · $4H_2O$)。

②苯酚。

③亚硫酸钠。

④氢氧化钠溶液(200 g/L):称取氢氧化钠 20.0 g,加 100 mL 水溶解。

⑤柠檬酸溶液(0.1 mol/L):称取柠檬酸($C_6H_8O_7$ · H_2O) 2.10 g,加水溶解定容至 100 mL。

⑥柠檬酸钠溶液(0.1 mol/L):称取柠檬酸钠($Na_3C_6H_5O_7$ · $2H_2O$)2.94 g,加水溶解定容至 100 mL。

⑦柠檬酸盐缓冲液(0.05 mol/L,pH 5.5):称取柠檬酸($C_6H_8O_7$ · H_2O)10.5 g,加入氢氧化钠 5.0 g,再加 800 mL 水溶解,用柠檬酸溶液或柠檬酸钠溶液调节 pH 至 5.5,再用水定容至 1 000 mL。

⑧ Whatman 1 号滤纸条(1.0 cm×6.0 cm)。

⑨DNS 试剂:称取 3,5-二硝基水杨酸 3.15 g,加水 500 mL 搅拌溶解,水浴至 45 ℃,然后逐步加入氢氧化钠溶液 100 mL,同时不断搅拌,直至完全溶解,再逐步加入酒石酸钾钠 91.0 g、苯酚 2.50 g 和亚硫酸钠 2.50 g,搅拌至溶解,冷却到室温后,定容至 1 000 mL。过滤,取滤液贮存于棕色瓶中,避光保存。室温下存放 7 d 后可以使用,有效期为 6 个月。

注意:处理酸碱和配制 DNS 试剂时,应在通风橱或通风良好的房间进行,戴上保护眼镜和乳胶手套,一旦皮肤或眼睛接触了上述物质,及时用大量的水冲洗。

⑩ 葡萄糖标准溶液(10.0 mg/mL):称取经 105 ℃烘至恒量的无水葡萄糖约 1 g,精确至

0.000 1 g,加柠檬酸盐缓冲溶液溶解,定容至 100 mL。

四、仪器和设备

分样筛(孔径为 0.25 mm 即 60 目)、分析天平(感量为 0.000 1 g)、pH 计(精确至 0.01)、磁力搅拌器(附加热功能)、电磁振荡器、离心机、恒温水浴锅、秒表、分光光度计、移液计(精度为 1 μL)。

五、测定步骤

(一)样品制备

按 GB/T 14699.1 采样,按 GB/T 20195 选取样品至少 500 g,四分法缩减至 100 g,磨碎,通过 0.25 mm 孔筛,混匀,在密闭容器中低温保存。

(二)测定

1.试样溶液的制备

称取 0.2~4 g 试样,精确至 0.000 1 g,加入 40 mL 柠檬酸盐缓冲液,磁力搅拌 30 min,再用柠檬酸盐缓冲液定容至 100 mL,在 4 ℃条件下避光保存 24 h。摇匀,取 30~50 mL,以 3 000 r/min 离心 3 min。取 5.00 mL 上清液,用柠檬酸盐缓冲液做二次稀释(稀释后的待测酶液中纤维素酶活性应控制在 0.04~0.18 U/mL)。如果稀释后的酶液 pH 偏离 5.5,需重新调节 pH 为 5.5,用柠檬酸盐缓冲液稀释定容。

2.标准曲线

分别量取葡萄糖标准溶液 0 mL、2.00 mL、3.00 mL、4.00 mL、6.00 mL、8.00 mL、10.00 mL 于 50 mL 容量瓶中,用柠檬酸盐缓冲溶液定容,配成浓度为 0~2.00 mg/mL 的葡萄糖标准系列。吸取葡萄糖标准溶液各 1.00 mL 于 25 mL 容量瓶中,分别加 2.00 mL 水和 2.00 mL DNS 试剂,沸水浴 5 min。冷却至室温,用水定容至 25 mL,在 540 nm 波长下比色,以吸光度作横坐标,对应标准葡萄糖溶液含糖的毫克数为纵坐标,列出直线回归方程。

3.酶活性的测定

吸取 10.0 mL 经过适当稀释的酶液,37 ℃平衡 10 min。

在 25 mL 具塞比色管中加入滤纸条(滤纸条需对称剪成 32 片并全部放入),加 1.0 mL 柠檬酸盐缓冲液浸润滤纸片,37 ℃水浴平衡 10 min,再依次加入 2.00 mL DNS 试剂、0.50 mL 酶液、5 mL 水,电磁振荡 3~5 s,37 ℃水浴中保温 60 min(用秒表控制),然后在沸水浴中煮沸 5 min,冷却至室温,用水定容至 25 mL。在 540 nm 波长处测定吸光度 A_0。

在 25 mL 具塞比色管中加入滤纸条(滤纸条需对称剪成 32 片并全部放入),加 1.0 mL 柠檬酸盐缓冲液浸润滤纸片,37 ℃水浴平衡 10 min,再依次加入 0.50 mL 酶液、5 mL 水,电磁振荡 3~5 s,37 ℃水浴中保温 60 min(用秒表控制),加 2.00 mL DNS 试剂,然后在沸水浴中煮沸 5 min,冷却至室温,用水定容至 25 mL。在 540 nm 波长处测定吸光度 A_1。

六、结果计算

(1)计算

试样中滤纸纤维素酶活性以 X 表示,单位为酶活性单位每克(U/g),按下式计算:

$$X = \frac{m}{M \times t} \times 1\,000 \times n$$

式中：X 为试样纤维素酶的活性，U/g；m 为根据标准曲线方程上计算得到的$(A_1 - A_0)$值对应的葡萄糖的质量，mg；M 为葡萄糖的摩尔质量，180.2 g/mol；t 为酶解反应时间，min；1 000 为转化因子，1 mmol＝1 000 μmol；n 为试样的总稀释倍数。

（2）重复性

每个试样取 2 份试料进行平行试验，测定结果用其算术平均值表示，保留 3 位有效数字；在重复性条件下的 2 次测定，所得结果的相对偏差不超过 20%。

第三节　饲料添加剂 β-甘露聚糖酶活力的测定（分光光度法）

一、概述

甘露聚糖是植物性饲料中一类抗营养因子，动物采食后会增加消化道酶内食糜黏度，影响动物对饲粮中营养物质的消化和吸收，导致营养物质的消化利用率降低。β-甘露聚糖酶可以使细胞壁中甘露聚糖分解，并促进被细胞壁结构包裹的营养物质释放，降低消化道内食糜黏度，增加肠道绒毛高度，从而增大其表面积，提高动物对营养物质的吸收利用率。畜禽饲粮中添加 β-甘露聚糖酶可以补充内源消化酶的不足，消除和降解饲料中的抗营养因子，从而提高饲料转化效率，提高动物的生长性能。本节主要介绍采用分光光度法测定饲料添加剂 β-甘露聚糖酶活力。此外，木聚糖酶、β-葡聚糖酶以及果胶酶的测定原理与 β-甘露聚糖酶的测定原理相似，均为利用酶降解底物，生成还原糖，然后通过分光光度法测定生成还原糖的含量，确定酶活性高低。因此，本章不再重复介绍。

本方法规定了测定饲料添加剂 β-甘露聚糖酶活力的分光光度方法。该方法适用于饲料添加剂 β-甘露聚糖酶及其复合酶。本方法的定量限为 10 U/g。

二、原理

β-甘露聚糖酶活力单位：在 37 ℃、pH 5.5 的条件下，每分钟从浓度为 4 mg/mL 甘露聚糖溶液中释放 1 μmol 还原糖所需要的酶量为 1 个 β-甘露聚糖酶活力单位（U）。

测定原理：β-甘露聚糖酶能将甘露聚糖降解成寡糖和单糖。还原性寡糖和单糖在沸水浴中与 DNS 试剂发生显色反应。反应液颜色的深浅与酶解产生的还原糖量成正比，而还原糖的生成量又与反应液中的 β-甘露聚糖酶的活力成正比。通过分光光度计的比色测定反应液的吸光度，计算出 β-甘露聚糖酶的活力。

三、试剂和溶液

方法中所用试剂，除非另有说明，均为分析纯。

①水：符合 GB/T 6682 中二级水的规定。

②氢氧化钠溶液（200 g/L）：称取 20.0 g 氢氧化钠，加水溶解，定容至 100 mL。

③乙酸缓冲液（0.1 mol/L）：称取冰乙酸 0.60 mL，加水稀释，定容至 100 mL。

④乙酸钠溶液（0.1 mol/L）：称取 1.36 g 三水乙酸钠，加水溶解，定容至 100 mL。

⑤乙酸-乙酸钠缓冲溶液（0.1 mol/L,pH 5.5）：称取 23.14 g 三水乙酸钠,加入 1.70 mL 冰乙酸,再加水溶解,定容至 2 000 mL。测定溶液的 pH,如果 pH 偏离 5.5,用乙酸溶液或乙酸钠溶液调节至 5.5。

⑥DNS 试剂：称取 3,5-二硝基水杨酸（化学纯）3.15 g,加水 500 mL,45 ℃水浴中搅拌5 s。然后缓慢加入 100 mL 氢氧化钠溶液,不断搅拌,直到溶液清澈透明（在加入氢氧化钠过程中,溶液温度不要超过 48 ℃）。再逐步加入 91.00 g 四水酒石酸钾钠、2.50 g 苯酚和 2.50 g 无水亚硫酸钠。继续 45 ℃水浴加热,补加水 300 mL,不断搅拌,直到完全溶解。冷却至室温后,用水定容至 1 000 mL。过滤,取滤液,储存在棕色塑料瓶中,避光保存。室温下存放 7 d 后使用,有效期为 6 个月。

⑦β-甘露聚糖溶液（6 mg/mL）：称取 0.600 g β-甘露聚糖（Sigma G0753）,精确到 0.001 g,加入 80 mL 乙酸-乙酸钠缓冲溶液,磁力搅拌,间断性加热,直至甘露聚糖完全溶解,停止加热,继续搅拌 30 min,用乙酸-乙酸钠缓冲溶液定容至 100 mL。4 ℃避光保存,有效期为 3 d,使用前应搅拌均匀。

⑧D-甘露糖标准贮备溶液：精确称取预先在 105 ℃干燥至恒重的 1.000 g D-甘露糖,加乙酸-乙酸钠缓冲溶液,定容至 100 mL,得到 10.0 mg/mL D-甘露糖标准贮备溶液。

⑨D-甘露糖标准系列溶液：吸取 D-甘露糖标准贮备溶液 1.00 mL、2.00 mL、3.00 mL、4.00 mL、5.00 mL、6.00 mL 和 7.00 mL,分别置于 100 mL 容量瓶中,用乙酸-乙酸钠缓冲液定容,摇匀,配制成 D-甘露糖标准工作溶液,浓度为 0.10 mg/mL、0.20 mg/mL、0.30 mg/mL、0.40 mg/mL、0.50 mg/mL、0.60 mg/mL、0.70 mg/mL。

四、仪器和设备

分析筛（孔径为 0.25 mm）、分析天平（感量 0.1 mg）、pH 计（精度为 0.01）、磁力搅拌器、恒温水浴锅（37 ℃）、秒表（每小时误差不超过 5 s）、分光光度计（检测波长 540 nm）、离心机（离心力不低于 2 000 g）。

五、测定步骤

1.标准曲线的绘制

吸取乙酸-乙酸钠缓冲溶液 4.0 mL,加入 DNS 试剂 5.0 mL,沸水浴加热 5 min。用水冷却至室温,用水定容至 25 mL,制成试剂空白溶液。

分别吸取 D-甘露糖标准系列溶液各 2 mL 于 25 mL 刻度试管中（每个浓度做 2 个平行）,每个试管分别加入 2 mL 乙酸-乙酸钠缓冲液和 5 mL DNS 试剂,用手微振,沸水浴加热5 min,取出,迅速用水冷却至室温,再用水定容至 25 mL。以试剂空白溶液调零,在 540 nm 处测定吸光度（A 值）,以 D-甘露糖浓度为 Y 轴、吸光度 A 值为 X 轴,绘制标准曲线,获得线性回归方程。

每次新配制 DNS 试剂均需要重新绘制标准曲线。

2.试样酶液的准备

固态样品：固态试样应粉碎或充分碾碎,过 0.25 mm 孔径筛。称取适量试样 2 份,精确至0.000 1 g,分别置于 200 mL 锥形瓶中,加入 100 mL 乙酸-乙酸钠缓冲溶液。摇床或磁力搅拌提取 30 min,上离心机 4 000 r/min 离心 5 min,取上清液,上清液再用乙酸-乙酸钠缓冲溶液做二次稀释,使稀释后的待测酶液中 β-甘露聚糖酶活力控制在 0.04～0.08 U/mL。

液态样品:移取适量试样,用乙酸-乙酸钠缓冲溶液进行稀释、定容,稀释后的待测酶液中 β-甘露聚糖酶活力控制在 0.04～0.08 U/mL。如果稀释后酶液的 pH 高于 5.5,应用乙酸溶液或乙酸钠溶液调整校正至 5.5,再用乙酸-乙酸钠缓冲溶液适当稀释并定容。

3.测定

移取 10.0 mL 待测酶液,置于具塞试管内,(37 ± 0.2)℃水浴 10 min。

称取 2 g(精确至 0.01 g)β-甘露聚糖溶液,至 25 mL 刻度试管中,(37 ± 0.2)℃水浴 10 min。加入 5 mL DNS 试剂,振摇 3 s,加入 2 mL 经过(37 ± 0.2)℃平衡的待测酶液,振摇 3 s,(37 ± 0.2)℃保温 30 min,沸水浴加热 5 min,取出,迅速用水冷却至室温,加水定容至 25 mL 混匀。以试剂空白溶液调零,用 10 mm 比色皿,在 540 nm 处测定样品空白溶液吸光度(A_0)。

称取 2 g(精确至 0.01 g)β-甘露聚糖溶液,加入 25 mL 刻度试管中,(37 ± 0.2)℃平衡 10 min,加入 2 mL 经过适当稀释的酶液[已经过(37 ± 0.2)℃平衡],振摇 3 s,(37 ± 0.2)℃精确保温 30 min,加入 5 mL DNS 试剂,振荡混匀,沸水浴加热 5 min,取出,迅速用水冷却至室温,加水定容至 25 mL,混匀。以试剂空白溶液为空白对照,在波长 540 nm 下,测定样品管中样液的吸光度(A)。

六、结果计算

①试样稀释液中 β-甘露聚糖酶活力以 X_D 表示,单位为酶活力单位每毫升(U/mL),按下式计算:

$$X_D = \frac{(A - A_0) \times k + b}{30 \times M} \times 1\,000$$

式中:A 为样品管酶反应液的吸光度;A_0 为样品空白管酶空白样的吸光度;k 为标准曲线的斜率;b 为标准曲线的截距;M 为 D-甘露聚糖的摩尔质量,180.2 g/mol;30 为酶解反应时间,min;1 000 为单位换算系数;X_D 值应在 0.04～0.08 U/mL,如果不是在这个范围内,应重新选择酶液的稀释度,再进行分析测定。

②试样 β-甘露聚糖酶的活力以 X 表示,单位为酶活力单位每克(U/g)或者酶活力单位每毫升(U/mL),按下式计算:

$$X = X_D \times n$$

式中:X_D 为试样稀释液中 β-甘露聚糖酶活力,U/mL;n 为试样的总稀释倍数。

③重复性。计算结果保留 3 位有效数字;在重复性条件下,2 次独立测定结果绝对差值不超过其算术平均值的 10%。

第四节　饲料用酶制剂中 α-淀粉酶活力的测定(分光光度法)

一、概述

淀粉是动物重要的能量来源,淀粉利用率的高低直接决定了能量利用率的高低。动物在发育初期,由于自身消化道发育的不完善,体内淀粉酶的分泌不足,导致了动物对淀粉利用率降低,造成能量浪费,增加饲料成本。因此,畜禽生产中可选择添加外源淀粉酶来促进内源淀粉酶的分泌,帮助动物消化淀粉,提高养分消化率。α-淀粉酶是一种内切酶,可水解直链淀粉和支链淀粉的 α-1,4-糖苷键,最终将淀粉分解为麦芽糖、麦芽三糖、葡萄糖和少量大分子极限糊精。直链淀粉分子内的葡萄糖单元一般是以 α-构型的 α-1,4-糖苷键连接,当被某种淀粉酶水解后的产物异头碳仍保留了 α-构型,则称该酶为 α-淀粉酶。α-淀粉酶对淀粉的水解,使得淀粉黏度不断变小,呈现液化现象,也称为液化酶。因此,α-淀粉酶在畜牧业中广泛应用。本节主要介绍了采用分光光度法测定 α-淀粉酶的活力。

本方法规定了饲料用酶制剂中 α-淀粉酶活力的单位定义和测定方法,适用于饲料用酶制剂中 α-淀粉酶活力的测定。

二、原理

α-淀粉酶活力单位:在 60 ℃、pH 为 6.0 的条件下,1 h 液化 1 g 可溶性淀粉所需的酶的量,规定为一个酶活力单位(U)。

测定原理:α-淀粉酶能将淀粉分子链中的 α-1,4-葡萄糖苷键随机切断成长短不一的短链糊精、少量麦芽糖和葡萄糖,而使淀粉对碘呈蓝紫色的特异性反应逐渐消失,其颜色消失的速度与酶活性有关,故可通过固定反应后的吸光度计算酶活力。

三、试剂和溶液

方法中所用试剂均为分析纯,水均符合 GB/T 6682—2008 中规定的二级水。

①浓碘液:称取碘 11.0 g、碘化钾 22.0 g,用少量水使其完全溶解,然后用水定容至 500 mL,贮存于棕色瓶中。

②工作用碘液:吸取浓碘液 2.00 mL,加碘化钾 20.0 g,用水溶解并定容至 500 mL,贮存于棕色瓶中,现用现配。

③可溶性淀粉溶液(20 g/L):称取(105±2)℃ 干燥至恒重的可溶性淀粉 2.000 g(精确至 0.001 g),用少量水调成稀糊状,在搅动状态下缓缓加入 70 mL 沸水,继续煮沸至溶液透明,冷却,转移并定容至 100 mL,此液现用现配。

④磷酸缓冲溶液(pH 6.0):称取磷酸氢二钠($Na_2HPO_4 \cdot 12H_2O$)45.23 g,柠檬酸($C_6H_8O_7 \cdot H_2O$)8.07 g,用水溶解定容至 1 000 mL,调 pH 至 6.0。

四、仪器和设备

分析天平(感量 0.000 1 g)、研钵、容量瓶(50 mL、100 mL)、电炉(温度可调)、恒温水浴锅[温控范围(30±0.1)~(60±0.1)℃]、烧杯(250 mL、500 mL)、酸度计(精度 0.01)、秒表、离心机(6 000 r/min)、移液器(精度为 10 μL)、分光光度计、比色管(25 mL)。

五、测定步骤

1.试样的选取和制备
选取具有代表性的试样用四分法缩减至 200 g,粉碎至 0.25 mm,装入密封容器中,备用。

2.待测酶液的制备
①称取试样 1~2 g(精确至 0.000 2 g)置研钵中,加少量磷酸缓冲溶液湿润,研磨 3 min,

加 15 mL 磷酸缓冲溶液,混匀,静置,将上层清液倒入 100 mL 容量瓶中。

②沉渣部分继续研磨 3 min,加 10 mL 磷酸缓冲溶液,混匀,静置,将上层清液倒入容量瓶中。

③重复②操作至少 3 次,将试样全部转移至容量瓶中,用磷酸缓冲溶液定容至刻度,摇匀。

④稀释酶液:量取③中混悬溶液 20 mL,6 000 r/min(2 400 g)离心 10 min,吸取上清液适量,用磷酸缓冲液稀释至酶活力 3.7~5.6 U/mL 供试验用。

3.测定

①准确量取淀粉溶液 20.00 mL 置于 25 mL 比色管中,准确加入磷酸缓冲溶液 5.00 mL,于温度 60 ℃、振摇速度 100 r/min 的水浴摇床中预热 10 min。

②准确量取预先在温度 60 ℃、振摇速度 100 r/min 的水浴摇床中预热 10 min 的稀释酶液 1.00 mL 加入①中的比色管中,置温度 60 ℃、振摇速度 100 r/min 的水浴摇床中反应 5 min (准确计时)。

③反应结束后立即准确量取②中反应液 1.00 mL 加入装有 5.00 mL 工作用碘液的 25 mL 比色管中,摇匀,作为样品测试溶液。

④以工作用碘液为空白对照,在 660 nm 波长处测定样品测试溶液的吸光度,根据测得的试样吸光度在 QB/T 1803—93 附录 A 中查出对应的酶液浓度。

六、结果计算

(1)计算

α-淀粉酶活力按下式进行计算:

$$X = \frac{C \times V}{M}$$

式中:X 为酶活力,U/g;C 为从表中查出的试样溶液的酶活力,U/mL;V 为试样稀释总体积;M 为试样质量,g。

(2)重复性

每个试样应取 2 份平行样进行分析测定,以其算术平均值为分析结果,结果保留整数;2 平行测定结果的允许相对偏差不大于 3.0%。

第五节 饲料添加剂葡萄糖氧化酶活力的测定(分光光度法)

一、概述

葡萄糖氧化酶能专一性催化 β-葡萄糖氧化成葡萄糖酸和过氧化氢。葡萄糖酸可以降低胃肠道内 pH,过氧化氢能够抑制多种有害菌的生长、繁殖,维持动物胃肠道的微生态平衡。集约化养殖极易导致动物机体出现氧化应激,葡萄糖氧化酶能够有效地清除胃肠道内的自由基,缓解氧化应激损伤,保护胃肠道结构和功能的完整性。此外,在青贮饲料中添加葡萄糖氧化酶能够快速消耗氧气,利于厌氧乳酸菌的增殖和发酵,产生的葡萄糖酸和乳酸菌发酵产生的乳酸使得青贮饲料 pH 迅速下降,抑制体系中有害菌的生长和繁殖,从而确保青贮饲料的质量。葡萄糖氧化酶也可抑制霉菌的生长和繁殖,减少毒素的产生,从而保存饲料的营养成分。

工业发酵生产葡萄糖氧化酶的主要微生物为曲霉属、青霉属和酵母菌属的菌种。葡萄糖氧化酶作为饲料添加剂在畜禽饲粮中的应用越来越广泛。本节主要介绍用分光光度法测定饲料添加剂葡萄糖氧化酶活力。

本方法规定了饲料添加剂葡萄糖氧化酶活力的分光光度方法,适用于饲料添加剂、混合型饲料添加剂及其复合酶中葡萄糖氧化酶活力的测定,检测定量限为 60 U/g。

二、原理

葡萄糖氧化酶活力:在 30 ℃、pH 6.0 的条件下,把每分钟将 1 μmol 的葡萄糖氧化成 β-D-葡萄糖酸和过氧化氢所需的酶量,定义为一个葡萄糖氧化酶活力单位(U)。

测定原理:在葡萄糖氧化酶的作用下,葡萄糖发生氧化反应,生成葡萄糖酸和过氧化氢,过氧化氢与无色的还原型 4-氨基安替比林和苯酚在辣根过氧化物酶的催化作用下,生成红色的醌亚胺,生成醌亚胺的量与反应液中葡萄糖氧化酶的活力成正比。通过分光光度计比色测定反应液的吸光度,计算出葡萄糖氧化酶的活力。

三、试剂和溶液

方法中所用试剂均为分析纯,水均符合 GB/T 6682—2008 中规定的二级水。

①磷酸缓冲溶液(pH 6.0):分别称取 12.1 g 一水磷酸二氢钠和 2.189 g(精确至 0.001 g)二水磷酸氢二钠,加入约 800 mL 水,完全溶解后调节 pH 为 6.0±0.02,定容至 1 000 mL。

②葡萄糖溶液(180 g/L):称取 18.0 g 无水葡萄糖,用磷酸缓冲液溶解,定容至 100 mL。

③4-氨基安替比林溶液(50 g/L):称取 4-氨基安替比林 5 g(精确至 0.001 g),加水溶解,定容至 100 mL,棕色试剂瓶存放。

④苯酚溶液(11 g/L):称取苯酚 1.1 g(精确至 0.001 g),加水溶解,定容至 100 mL。

⑤辣根过氧化物酶(HRP)液:称取辣根过氧化物酶 0.001 5 g(精确至 0.000 1 g)于 5 mL 离心管中,加入 3 mL 水溶解,备用。

四、仪器和设备

分样筛(孔径为 0.25 mm)、分析天平(感量 0.1 mg)、pH 计(精度为 0.01)、磁力搅拌器(附加热功能)、恒温水浴锅(30 ℃)、秒表(每小时误差不超过 5 s)、分光光度计(检测波长 500 nm)、离心机(离心力不低于 2 000 g)。

五、测定步骤

(1)试样酶液的制备

固态试样应粉碎或充分碾碎,过 0.25 mm 孔径筛。称取 1 g 试样 2 份,精确至 0.000 1 g,分别置于 200 mL 锥形瓶中,加入 50 mL 磷酸缓冲溶液。摇床或磁力搅拌提取 30 min,上离心机 4 000 r/min 离心 5 min,取上清液,上清液再用缓冲溶液做二次稀释,使稀释后的待测酶液中葡萄糖氧化酶活力控制在 6~10 U/mL。

(2)测定

取 3 支试管,分别移取 0.2 mL 辣根过氧化物酶液,加入 4 mL 磷酸缓冲液,振摇 3 s,加入 0.6 mL 葡萄糖溶液,振摇 3 s,加入 0.8 mL 苯酚溶液,振摇 3 s,再加入 0.2 mL 4-氨基安替比林溶液,振荡混匀。(30±0.2)℃水浴 5 min,取出。

向其中 1 支试管中加入 0.2 mL 水,作为空白调零。

向另外 2 支试管中加入 0.2 mL 试样溶液,振荡混合,立即用 1 cm 比色皿,在 500 nm 处测定吸光度为 A_0,再准确反应 1 min 后,读取吸光度值 A_1,得出 $\Delta A = A_1 - A_0$。

六、结果计算

①试样稀释液中葡萄糖氧化酶活力以 X_0 表示,单位为 U/mL,按下式计算:

$$X_0 = \frac{\Delta A \times f \times B}{887 \times t \times A \times d} \times 1\,000$$

式中:f 为酶稀释倍数;B 为反应液体积,mL;t 为酶解反应时间,min;A 为加入样品体积,g;d 为比色皿的厚度,cm;887 为消光系数,L/mol·cm;X_0 值应在 6～10 U/mL,如果不在这个范围内,应重新选择酶液的稀释度,再进行分析测定。

②试样葡萄糖氧化酶的活力以 X 表示,单位为 U/g 或者 U/mL,按下式计算:

$$X = X_0 \times n$$

式中:X_0 为试样稀释样中葡萄糖氧化酶活力,U/mL;n 为试样的总稀释倍数。

③重复性。计算结果保留 3 位有效数字,在重复性条件下,2 平行测定结果的相对误差不超过 8%。

第六节　饲料蛋白酶活力的测定(福林法)

一、概述

饲料中添加蛋白酶可增强内源蛋白酶的活性,使动物内源蛋白酶难以消化的蛋白质水解为肽和氨基酸,提高动物对饲料蛋白质的消化率,也可降解饲料中抗营养因子,如大豆中的胰蛋白酶抑制因子。在低蛋白质日粮背景下,蛋白酶添加可以提高蛋白质的利用率。断奶仔猪消化器官还未发育完善,消化酶分泌不足,再加上断奶应激,使仔猪体内的酶水平减少,影响营养物质的消化与吸收,导致仔猪生长受到阻碍,因此在断奶仔猪饲料中添加胰蛋白酶,可促进仔猪消化和生长。此外,蛋白酶在禽类和鱼虾饲料中应用也较为广泛,由于禽类的消化道比较短,鱼虾的消化系统不够完善、分泌的内源酶不够充足,因此添加蛋白酶可有效地促进消化,提高饲料利用率和生产性能。饲用蛋白酶分为动物源性、植物源性和微生物源性,其中微生物源性的蛋白酶性质稳定、安全高效,生产成本较低,应用较为广泛。在畜禽日粮中添加的主要是中性和酸性蛋白酶,而碱性蛋白酶很少在饲料中利用。本节主要介绍两种方法——福林法和紫外分光光度法测定蛋白酶活力,全自动生化分析法测定碱性蛋白酶活力以及分光光度法测定饲料添加剂酸性、中性蛋白酶活力。

本方法适用于饲料工业用酶制剂。

二、原理

蛋白酶:能切断蛋白质分子内部的肽键,使蛋白质分子变成小分子多肽和氨基酸的酶。

蛋白酶活力:以蛋白酶活力单位表示 ,定义为 1 g 固体酶粉(或 1 mL 液体酶),在一定温度[(40±0.2)℃]和相应的 pH 条件下,1 min 水解酪蛋白产生 1 μg 酪氨酸,即为 1 个酶活力单位,以 U/g 或 U/mL 表示。

测定原理:蛋白酶在一定的温度与 pH 条件下,水解酪蛋白底物,产生含有酚基的氨基酸(如酪氨酸、色氨酸等),在碱性条件下,将福林试剂(Folin)还原,生成钼蓝和钨蓝,用分光光度计于波长 680 nm 下测定溶液的吸光度。酶活力与吸光度成比例,由此可以计算产品的酶活力。

三、试剂和溶液

除非另有说明,在分析中仅使用分析纯试剂和蒸馏水或去离子水或相当纯度的水。

①福林(Folin)试剂:于 2 000 mL 磨口回流装置中加入钨酸钠($Na_2WO_4 \cdot 2H_2O$)100.0 g、钼酸钠($Na_2MoO_4 \cdot 2H_2O$)25.0 g、水 700 mL、85% 磷酸 50 mL、浓盐酸 100 mL。小火沸腾回流 10 h,取下回流冷却器,在通风橱中加入硫酸锂(Li_2SO_4)50 g、水 50 mL 和数滴浓溴水(99%),再微沸 15 min,以除去多余的溴(冷后仍有绿色需再加溴水,再煮沸除去过量的溴),冷却,加水定容至 1 000 mL。混匀,过滤。制得的试剂应呈金黄色,贮存于棕色瓶内。

②福林使用溶液:1 份福林试剂与 2 份水混合,摇匀。也可使用市售福林溶液配制。

③碳酸钠溶液(42.4 g/L):称取无水碳酸钠 42.4 g,用水溶解并定容至 1 000 mL。

④三氯乙酸溶液(65.4 g/L):称取三氯乙酸 65.4 g,用水溶解并定容至 1 000 mL。

⑤氢氧化钠溶液(20 g/L):取氢氧化钠 20 g,加水 900 mL 并搅拌溶解。待溶液到室温后续水定容至 1 000 mL,搅拌均匀。

⑥盐酸溶液(1 mol/L):取浓盐酸 85 mL,加水稀释并定容至 1 000 mL,即为 1 mol/L盐酸溶液。盐酸溶液(0.1 mol/L):取 100 mL 1 mol/L 盐酸溶液,定容至 1 000 mL,即为0.1 mol/L盐酸溶液。

⑦缓冲溶液。除以下蛋白酶的溶解/稀释缓冲体系外,生产者和使用者还可以探讨使用其他适用的缓冲体系。以下各种缓冲溶液配制时需用 pH 计测定并调整 pH。

磷酸缓冲液(pH 7.5,适用于中性蛋白酶制剂):分别称取磷酸氢二钠($Na_2HPO_4 \cdot 12H_2O$)6.02 g 和磷酸二氢钠($NaH_2PO_4 \cdot 2H_2O$)0.5 g,加水溶解,并定容至 1 000 mL。

乳酸钠缓冲液(pH 3.0,适用于酸性蛋白酶制剂):称取乳酸(80%~90%)4.71 g 和乳酸钠(70%)0.89 g,加水至 900 mL,搅拌至均匀。用乳酸或乳酸钠调整 pH 到 3.0±0.05,定容至1 000 mL。

硼酸缓冲液(pH 10.5,适用于碱性蛋白酶制剂):称硼酸钠 9.54 g、氢氧化钠 1.60 g,加水900 mL,搅拌至均匀。用 1 mol/L 盐酸溶液或 0.5 mol/L 氢氧化钠溶液调整 pH 为 10.5±0.05,定容至 1 000 mL。

⑧酪蛋白溶液(10.0 g/L):称取标准酪蛋白(NICPBP 国家药品标准物质)1.000 g,精确到0.001 g,用少量氢氧化钠溶液(若酸性蛋白酶制剂则用浓乳酸 2~3 滴)湿润后,加入相应的缓冲溶液约 80 mL,在沸水浴中加热煮沸 30 min,并不时搅拌至酪蛋白全部溶解。冷却到室温后转入 100 mL 容量瓶中,用适宜的 pH 缓冲溶液稀释至刻度。定容前检查并调整 pH 至相应缓冲液的规定值。此溶液在冰箱内贮存,有效期为 3 d。使用前重新确认并调整 pH 至规定值。

不同来源或批号的酪蛋白对试验结果有影响。如使用不同的酪蛋白作为底物,使用前应与以上标准酪蛋白进行结果对比。

⑨L-酪氨酸标准储备溶液(100 μg/mL):精确称取预先于 105 ℃ 干燥至恒重的 L-酪氨酸 (0.100 0±0.000 2)g,用 1 mol/L 盐酸溶液 60 mL 溶解后定容至 100 mL,即为 1 mg/mL 酪氨酸溶液。

吸取 1 mg/mL 酪氨酸溶液 10.0 mL,用 0.1 mol/L 盐酸溶液定容至 100 mL,即得到 100 μg/mL 的 L-酪氨酸标准储备溶液。

四、仪器和设备

分析天平(精度为 0.000 1 g)、紫外-可见分光光度计、恒温水浴(精度为 ±0.2 ℃)、pH 计(精度为 0.01)。

五、测定步骤

(1)标准曲线绘制

L-酪氨酸标准溶液按照表 17-4 配制,要求配制后立即进行测定。

表 17-4　L-酪氨酸标准溶液

管号	酪氨酸标准溶液的浓度/(μg/mL)	酪氨酸标准储备溶液的体积/mL	加水的体积/mL
0	0	0	10
1	10	1	9
2	20	2	8
3	30	3	7
4	40	4	6
5	50	5	5

分别吸取上述溶液各 1.00 mL(需做平行试验),各加碳酸钠溶液 5.00 mL、福林使用溶液 1.00 mL,振荡均匀,置于(40±0.2)℃水浴中显色 20 min,取出,用分光光度计于波长 680 nm、10 mm 比色皿,以不含酪氨酸的 0 管为空白,分别测定其吸光度。以吸光度 A 为纵坐标,酪氨酸的浓度 c 为横坐标,绘制标准曲线,得出回归方程,并利用回归方程,计算出当吸光度为 1 时的酪氨酸的量(μg),即为吸光常数 K 值。K 值应在 95~100 范围内,如不符合,需重新配制试剂,进行试验。

(2)待测酶液的制备

称取酶样品 1~2 g,精确至 0.000 2 g。然后用相应的缓冲溶液溶解并稀释到一定浓度,推荐浓度范围为酶活力 10~15 U/mL。

对于粉状的样品,可以用相应的缓冲溶液充分溶解,慢速定性滤纸过滤,然后取滤液稀释至适当浓度。

(3)测定

先将酪蛋白溶液放入(40±0.2)℃恒温水浴中,预热 5 min,然后按下列程序操作。

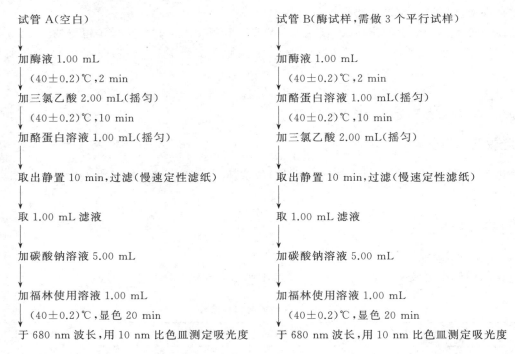

1.398 中性蛋白酶制剂和 166 中性蛋白酶制剂（表 17-5），除反应与显色温度为（30±0.2）℃外，其他操作同上，标准曲线作同样处理。

表 17-5　国内常用的蛋白酶制剂的类别、代号与生产菌

类别	代号	生产菌
酸性蛋白酶制剂	537	宇佐美曲霉（*Aspergillus usamii*，No. 537）
	3350	黑曲霉（*Aspergillus niger*，No. 3350）
中性蛋白酶制剂	1.398	枯草芽孢杆菌（*Bacillus subtilis*，No. 1.398）
	3942	栖土曲霉（*Aspergillus terricola*，No. 3942）
	166	放线菌（*Actinomyces*，No. 166）
碱性蛋白酶制剂	2709	地衣芽孢杆菌（*Bacillus licheniformis*，No. 2709）
	CW301	地衣芽孢杆菌（*Bacillus pumilus*，No. CW301）
	209	短小芽孢杆菌（*Bacillus pumilus*，No. 209）
	SMJ	嗜碱短小芽孢杆菌（*Alkaliphilic bacillus pumius*，No. SMJ）
	CW302	枯草芽孢杆菌（*Bacillus subtilis*，No. CW302）

注：允许在食品工业中使用的蛋白酶制剂的相关要求参见 GB 2760。允许在饲料工业中使用的蛋白酶制剂的相关要求参见农业农村部相关公告。

六、结果计算

（1）计算

从标准曲线上读出样品最终稀释液的酶活力，单位为 U/mL。样品的酶活力按下式计算：

$$X_1 = \frac{A_1 \times V_1 \times 4 \times n_1}{m_1} \times \frac{1}{10}$$

式中，X_1 为样品的酶活力，U/g；A_1 为由标准曲线得出的样品最终稀释液的活力，U/mL；V_1 为

溶解样品所使用的容量瓶的体积,mL;4 为反应试剂的总体积,mL;n_1 为样品的稀释倍数;m_1 为样品的质量,g;1/10 为反应时间 10 min,以 1 min 计。

（2）重复性

所得结果表示至整数,在重复性条件下的 2 次独立测定结果的绝对差值不应超过平均值的 3%。

第七节　脂肪酶活力的测定

一、概述

脂肪酶是一类具有多种催化能力的酶,可以催化三酰甘油酯及其他一些水不溶性酯类的水解、醇解、酯化、转酯化及酯类的逆向合成反应,它可作用于甘油三酯的酯键,使甘油三酯降解为甘油二酯、单甘油酯、甘油和脂肪酸。目前饲料中添加的外源性脂肪酶一般是微生物脂肪酶,它具有比动植物脂肪酶更广的作用 pH 和温度范围,更高的稳定性和活性,对底物有一定的特异性。脂肪为动物体生长和繁殖提供能量,部分中链脂肪酸能够抑制肠道有害微生物,改善肠道菌落环境,促进消化。在饲料中添加脂肪酶,可提高动物日粮油脂的消化利用率,补充幼畜因消化机能尚未发育健全造成的内源性消化酶活性和分泌量的不足,减少因油脂添加量过高而引起的消化不良和腹泻,减少油脂用量,降低饲料成本。本节介绍了饲料工业用酶制剂脂肪酶活力的测定。

二、原理

脂肪酶:能水解甘油三酯或脂肪酸酯产生单或双甘油酯和游离脂肪酸,将天然油脂水解为脂肪酸及甘油,同时也能催化酯合成和酯交换反应的酶。

脂肪酶活力:以脂肪酶活力单位表示,1 g 固体酶粉(或 1 mL 液体酶),在一定温度和 pH 条件下,1 min 水解底物产生 1 μmol 的可滴定的脂肪酸,即为 1 个酶活力单位,用 U/g 或 U/mL 表示。

测定原理:脂肪酶在一定的条件下,能使甘油三酯水解成脂肪酸、甘油二酯、甘油单酯和甘油,所释放的脂肪酸可用标准碱液进行中和滴定,用 pH 计或酚酞指示反应终点,根据消耗的碱量计算其酶活力。反应式如下。

$$RCOOH+NaOH \rightarrow RCOONa+H_2O$$

注1:酯酶的存在会使检测的脂肪酶的活力增加。蛋白酶的存在会降解脂肪酶,从而使检测到的脂肪酶的活力减小。

注2:酶会附着在塑料上,因此应用玻璃器皿溶解稀释,同时用玻璃器皿滴定。在溶液的转移中如果时间很短,可选择适当的塑料材质,可以使用塑料移液枪头。

三、试剂和溶液

方法中所用试剂,均为分析纯试剂和蒸馏水或去离子水或相当纯度的水。

①聚乙烯醇(PVA):聚合度 1 750±50。

②橄榄油:试验试剂。

③95%(体积分数)乙醇。

④底物溶液:称取聚乙烯醇(PVA)40 g(精确至 0.1 g),加水 800 mL,在沸水浴中加热,搅拌,直至全部溶解,冷却后定容至 1 000 mL。用干净的双层纱布过滤,取滤液备用。

量取上述滤液 150 mL,加入橄榄油 50 mL,用高速匀浆机处理 6 min(分 2 次处理,间隔 5 min,每次处理 3 min),即得乳白色 PVA 乳化液。该溶液现用现配。

⑤磷酸缓冲溶液(pH 7.5):分别称取磷酸二氢钾 1.96 g 和十二水磷酸氢二钠 39.62 g,用水溶解并定容 500 mL。如需要,调节溶液的 pH 到 7.5±0.05。

⑥氢氧化钠标准溶液(0.05 mol/L):按照 GB/T 601 配制与标定。使用时,准确稀释 10 倍。

⑦酚酞指示液(10 g/L):按照 GB/T 603 配制。

四、仪器和设备

分光光度计、恒温水浴(精度±0.2 ℃)、自动移液器、高速匀浆机、pH 计(精度为 0.01)、电磁搅拌器、微量滴定管(10 mL,分刻度≤0.05 mL)。

五、测定步骤

1.待测酶液的制备

称取酶样品 1～2 g,精确至 0.000 2 g,用磷酸缓冲液溶解并稀释。如果样品为粉状,可用少量磷酸缓冲液溶解后用玻璃棒捣研,然后将上清液小心倾入容量瓶中。若有剩余残渣,再加少量磷酸缓冲液充分研磨,最终将样品全部移入容量瓶中,用磷酸缓冲液定容至刻度,摇匀,转入高速匀浆机匀浆 3 min 后供测定。

测定时控制酶液浓度,样品与对照消耗碱量之差控制在 1～2 mL。吸取样品时,应将酶液摇匀后再取。

2.反应

取两个 100 mL 容器(电位滴定法容器为烧杯,指示剂滴定法容器为三角瓶),于空白杯(A)和样品杯(B)中各加入底物溶液 4.00 mL 和磷酸缓冲液 5.00 mL,再于 A 杯中加入 95% 乙醇 15.00 mL,于(40±0.2)℃水浴中预热 5 min,然后于 A、B 杯中各加入待测酶液 1.00 mL,立即混匀计时,准确反应 15 min 后,于 B 杯中立即补加 95% 乙醇 15.00 mL 终止反应,取出。

3.滴定

(1)电位滴定法(第一法)

按 pH 计使用说明书进行仪器校正。

在烧杯中加入一枚转子,置于电磁搅拌器上,边搅拌边用氢氧化钠标准溶液滴定,直至 pH 10.3 为滴定终点,记录空白杯(A)和样品杯(B)消耗氢氧化钠标准溶液的体积。

(2)指示剂滴定法(第二法)

于空白和样品溶液中各加酚酞指示剂 2 滴,用氢氧化钠标准溶液滴定,直至微红色并保持 30 s 不褪色为滴定终点,记录消耗氢氧化钠标准溶液的体积。

六、结果计算

（1）计算

脂肪酶制剂的酶活力按下式计算：

$$X_1 = \frac{(V_1 - V_2) \times c \times 50 \times n_1}{0.05} \times \frac{1}{15}$$

式中：X_1 为样品的酶活力，U/g；V_1 为滴定样品时消耗氢氧化钠标准溶液的体积，mL；V_2 为滴定空白时消耗氢氧化钠标准溶液的体积，mL；c 为氢氧化钠标准溶液浓度，mol/L；50 为 0.05 mol/L 氢氧化钠溶液 1.00 mL 相当于脂肪酸 50 μmol；n_1 为样品的稀释倍数；0.05 为氢氧化钠标准溶液浓度换算系数；1/15 为反应时间 15 min，以 1 min 计。

（2）精密度

酶活结果表示至整数。

在重复性条件下获得的 2 次独立测定结果的绝对差值不得超过算术平均值的 2%。

★ 本章主要参考文献

张民，2019.酶制剂在畜禽养殖中的应用研究进展[J].生物产业技术，(3):91-98.

娜日娜，韩晓华，王盛男，等，2018.发酵豆粕与脂肪酶的饲料应用[J].浙江畜牧兽医，(4): 16-18.

GB/T 23535—2009.脂肪酶制剂[S].

祁姣姣，靳改改，周秀芬，等，2021.蛋白酶及禽用复合蛋白酶体外评估[J].饲料研究，(7): 107-110.

王俊苹，2021.饲料中添加蛋白酶对畜禽的影响[J].吉林畜牧兽医，(1):75,78.

王冠颖，2016.酶在饲料中的应用研究进展[J].饲料博览，(1):34-37.

GB/T 23527—2009.蛋白酶制剂[S].

GB/T 28715—2012.饲料添加剂酸性、中性蛋白酶活力的测定 分光光度法[S].

张丽英，2016.饲料分析及饲料质量检测技术[M].北京:中国农业大学出版社.

冯定远，2005.酶制剂在饲料工业中的应用[M].北京:中国农业科学技术出版社.

GB/T 18634—2009.饲用植酸酶活性的测定 分光光度法[S].

王鑫，戴求仲，林谦，等，2021.葡萄糖氧化酶在畜禽饲粮中的应用研究进展[J].饲料研究，(5): 145-147.

DB41/T 1729—2018.饲料添加剂葡萄糖氧化酶活力的测定 分光光度法[S].

殷运菊，闫昭明，陈清华，等，2021.β-甘露聚糖酶的结构、特性及其在畜禽生产中的应用[J].动物营养学报，(5):2535-2543.

GB/T 36861—2018.饲料添加剂 β-甘露聚糖酶活力的测定 分光光度法[S].

GB/T 23874—2009.饲料添加剂木聚糖酶活力的测定 分光光度法[S].

NY/T 911—2004.饲料添加剂 β-葡聚糖酶活力的测定 分光光度法[S].

冯定远，2018.饲料酶制剂应用技术与产业开发现状和展望[J].饲料工业，39(17):1-6.

冯定远，2018.饲用酶制剂对降低动物免疫应激与营养损耗的作用[J].饲料与畜牧，(9):24-28.

王晓亮,周樱,张庆丽,2018.饲料酶制剂在猪生产中的研究进展[J].养殖与饲料,(3):50-53.

王道坤,侯天燕,2017.饲料酶制剂的作用与应用[J].科学种养,(6):51-52.

任远志,2013.饲料酶制剂在畜禽生产中的应用[J].中国猪业,8(4):63-65.

黄小芳,毕楚韵,陈其俊,等,2021.甘薯 α-淀粉酶基因的全基因组鉴定和分析[J].分子植物育种,(3):50-53.

蒋蕊,2019.α-淀粉酶共表达系统的研究及在枯草芽孢杆菌中最优信号肽的筛选[D].昆明:云南师范大学.

DB13/T 1095—2009.饲料用酶制剂饲料用酶制剂中 α-淀粉酶活力的测定 分光光度法[S].

GB/T 23881—2009.饲用纤维素酶活性的测定 滤纸法[S].

(编写:韩苗苗;审阅:张延利、宋献艺)